一个甲子的畅想
——面向未来120项科技预见

主 编／梅 宏　副主编／周 岱　关新平

内容提要

本书是一本关于未来科技预见的著作,分上篇和下篇。上篇是在面向大学、中小学师生和社会人士公开征集基础上,择优评选出的120项未来科技预见作品,带来鲜明的未来畅想特点,涉及数理、化学、生命、制造、材料、资源环境、信息、能源、医学、综合交叉等领域。下篇是科技预见研究,采用定性和定量相结合的方法,分析了科学技术发展前沿热点,研究了海洋工程装备、智能机器人、材料基因组、量子信息、高温超导、脑科学和智慧城市等学科领域的全球发展态势,可为相关领域发展提供数据支撑。

本书适合于高等学校和中小学广大师生、科研院所研究人员阅读,也适合政府公共科技管理部门人员参考。对科技感兴趣的广大公众,亦可从中窥见未来科技发展趋势及其对我们生活带来的影响。

图书在版编目(CIP)数据

一个甲子的畅想:面向未来120项科技预见 / 梅宏
主编. — 上海:上海交通大学出版社,2016
ISBN 978-7-313-14632-8

Ⅰ.①一⋯ Ⅱ.①梅⋯ Ⅲ.①科学技术 —技术发展
Ⅳ.①N1

中国版本图书馆CIP数据核字(2016)第047203号

一个甲子的畅想——面向未来120项科技预见

主　　编:梅宏	
出版发行:上海交通大学出版社	地　　址:上海市番禺路951号
邮政编码:200030	电　　话:021-64071208
出 版 人:韩建民	
印　　制:上海锦佳印刷有限公司	经　　销:全国新华书店
开　　本:710 mm×1000 mm　1/16	印　　张:40.25
字　　数:518千字	
版　　次:2016年3月第1版	印　　次:2016年3月第2次印刷
书　　号:ISBN 978-7-313-14632-8/N	
定　　价:248.00元	

版权所有　侵权必究
告读者:如发现本书有印装质量问题请与印刷厂质量科联系
联系电话:021-56401314

本书编委会

主　编：梅　宏
副主编：周　岱　关新平
编　委（按姓氏笔画排序）：
　　　　王　浩　万德成　朱新远　刘　洪
　　　　许振明　杨　眉　连　琏　张大兵
　　　　张忠孝　陈功友　陈红专　韩泽广
　　　　景益鹏　曾小勤　管海兵　潘　卫

序一

创建世界一流大学是国家的期望,也是交大人的愿景和梦想。在跨越三个世纪的发展历程中,上海交通大学始终把推动国家发展和人类文明进步作为根本使命,始终秉承与日俱进、敢为人先的创新传统,为创建世界一流大学而不懈努力。顺应国家崛起的时代潮流、伴随上海迈向世界城市的节奏,上海交通大学积极探索"中国特色、世界水平"的大学发展道路,学校支撑国家创新发展的核心能力显著提升,总体实力和办学水平已处于国内一流大学前列。

创新能力是一个国家和民族核心竞争力的重要标志。在科学技术日新月异的大背景下,世界科技版图正在悄然发生变化,我国科技创新正处在从"跟跑者"向"并行者""领跑者"历史性转变中。科技预测蕴含着创新的萌芽,是创新思想的先声,已成为大科学时代创新活动的重要组成部分。一定程度上讲,科技预测的能力反映了创新能力,深刻影响着一个国家引领科学前沿,发现和攻克科技制高点的能力和水平。面对科学技术交叉、融合、汇聚飞速发展的态势,科学共同体以各种方式开展科技预见、开放式畅想,超前思考经济社会和人类发展的未来,预判战略性研究领域和突破性研究方向、发现未来重大问题,把握未来科技发展趋势及其对经济、社会、自然、环境的影响,超前构建未来能力,是国家卓越创新能力的体现。

创新是世界一流大学的灵魂,培养创新人才是世界一流大学的根本使命。以迎接建校120周年为契机,上海交通大学与国内兄弟高校协同合作,坚持想象比逻辑更重要、综合比分野更重要的理念,倡导解放思想,鼓励独立思考和原始创新,强调新颖性、突破性,面向校内外公开征集未来科技预见。科技预见活动得到社会各界的热烈响应和广泛共鸣,在征集到的1 400余项科技预见中,充满了奇思妙想。科技预见的提出者既有大学的著名教授和青年教师,也有社会各界人士;既有大学在读研究生、本科生,也有中学生甚至小学生,还有

"中国好作业"活动的获奖作者。这也是当今中国大众创新、万众创业热潮的一个典型缩影,值得高兴。

《一个甲子的畅想——面向未来120项科技预见》一书忠实记录和反映了120项优秀科技预见的新颖思想和对未来科技的畅想,也针对当今热点科技领域和主题的发展趋势,有选择地开展了研究,很有意义。该书既是献给交通大学双甲子华诞的珍贵礼物,也承载着人们对未来新一甲子的畅想和期盼。

2016年4月

序二

预测预见未来是人类长久以来的梦想与追求。憧憬未来、想象未来、预测未来是照亮未来的明灯和打开未来之门的金钥匙。

科技预见与科技创新共生互动，科技创新催生科技预见，科技预见推动科技创新。21世纪以来，科学技术快速发展，跨学科和新兴交叉学科的新理论、新方法和新技术不断涌现，科技创新深刻影响着世界政治、经济、社会发展和人类的工作生活。

科技预见活动是对科学、技术、经济、环境和社会的未来所进行的探索，旨在选择战略研究领域、确定科技发展优先领域和竞争前关键技术。卓越的科技预见就是站在科学前沿、技术前沿，紧紧围绕人类、自然、社会的重大需求，开展超前思考和远景思考，前瞻性地预判科学技术大势大局。半个世纪以来，科技预见在改变人类未来、改善社会生活、革新关键技术、建设国家（地区）创新体系等方面发挥着越来越重要的作用，它有利于把握未来中长期科技发展方向，不断修正对未来科技发展趋势的判断，也有利于在全社会培育一种关注未来的预见文化。与此同时，准确把握未来科技发展趋势及其对经济、社会、自然、环境的影响，超前预判和确定战略性研究领域、突破性研究方向也是一个国家一所大学科技创新能力的重要体现。

第二次世界大战结束后，全球科技预见经历了三次浪潮。现今，科技预见已经演变为一股全球潮流，成为大国战略博弈的重要抓手和提升国家科技创新能力的有力途径，美国、日本、英国、德国等主要发达国家日益重视对科技发展趋势的预见和监测研究，通过实施科技预见行动计划，不断调整科技发展战略与政策。例如，美国《大众机械》月刊2012年对未来110年的科技发展进行大胆预测，美国麦肯锡全球研究院2013年提出12项将对2025年的生活、商业和全球经济产生重大影响的颠覆性技术，中国科学院2011年开展了第六次科技革命预测，如此等等。

大学是科技第一生产力和人才第一资源重要结合点，作为创新人才最密集、创新活力最旺盛、创新创意最丰富的源泉，积极面向世界科学前沿和经济社会发展的重大问题和迫切需要，主动开展"以问题为中心"的科技预见，探索未来科技趋向、发现重大问题，是大学服务国家社会进步发展义不容辞的责任，也是探索中国特色世界一流大学路径的有益尝试。

上海交通大学是我国历史最悠久、享誉海内外的高等学府之一，经过120年的不懈奋斗，已经成为一所国内一流、国际知名大学。交通大学值"双甲子校庆"来临之际，在全国高校率先尝试开展面向未来科学技术预见活动，动员和号召校内外师生和各方面人士积极参与，集聚大众智慧，共同探讨人类社会发展的重大问题，畅想未来科技发展趋势，鼓励大家面向社会进步和人类发展的重大需求，预测战略性技术领域与颠覆性技术；面向世界未来科学的发展趋势，预测战略性基础领域和突破性科学方向；面向制约我国国民经济社会发展和科技发展的关键问题，预测亟待突破的瓶颈性科技领域和关键技术。注重科技预见深度与广度的结合，鼓励通过有视野宽度和纵向深度的思考，提出有真知灼见的颠覆性科技预见。

此次"双甲子校庆"未来科学技术预见活动取得令人欣慰的成果。

所征集的科技预见方案1 400余项，涵盖数理、化学、生命、制造、材料、信息、资源环境、能源、医学和综合交叉等广泛领域。在入选的优秀预见方案中，既有基于专业背景和自身研究成果的"落地型"预见，也有大中小学生和社会人士基于发散性思维的"畅想式"预见，这些都不同程度地闪现着创新的火花。

《一个甲子的畅想——面向未来120项科技预见》把这些珍贵的创新火花汇聚起来，集册出版，推向社会，影响公众，辅助决策，对我国实施创新驱动发展战略，推进大众创新、万众创业无疑将发挥十分有益的作用。

2016年4月

前言

上海交通大学2016年迎来了她120岁华诞。在双甲子校庆来临之际,学校组织开展了"面向未来120项科学技术预见"活动。

2015年6月起,学校面向社会公开征集"面向未来科学技术预见",征集活动鼓励独立思考,突出原创性、新颖性,历时半年。在征集方式上,采用点面结合的征集方式,面向专家学者的重点征集与校内外公开征集相结合。面上开放式公开征集就是运用信息网络,公开征集未来技术预见建议。点上重点征集就是邀约开阔视野、思维活跃的专家学者,提出科技预见。社会各界对征集活动反应热烈,大学、中小学广大师生更体现了高昂的参与热情。科技预见方案呈现了数量多、领域全、来源广、跨越时空大的鲜明特点。共收到应征科技预见1 450余项,涉及数理、化学、生命、制造、材料、资源环境、信息、能源、医学、综合交叉等领域;既有面向未来5年内的短期预见,也有未来10~15年的中期预见,还有未来30年甚至未来60年的远期或远景预见;既有基于现实科技知识的渐进式科技预见,也有颠覆性科技预见和带有畅想特色的未来预见。科技预见提出人既有来自多所高校的专家教授、社会人士,也有在读研究生、本科生、中小学生和"中国好作业"获奖者。这从一个侧面反映了当今中国对科技创新的高度重视。

为保证迎双甲子校庆科技预见活动的顺利开展,学校专门成立多个领域专家组,并组织领域专家组对应征科技预见方案进行了多轮遴选和评审。共有120项优秀科技预见脱颖而出,入选优秀科技预见作品呈现于本书的上篇,且作者均承诺了各自作品的原创性。

本书下篇采用定性和定量相结合的方法,对未来科技发展和前沿热点开展系统性分析。从宏观角度分析科学研究的重大突破与热点主题、主要国家和地区的科技发展规划和经费投入方向,从多个数据源中抽取热点主题;综合运用词频分析、共现分析等文献计量学理论和方法,分析科学研究与技术发展前沿热点；在综合考量国际国内研究前沿基础上，选取海洋工程装备、智能机器人、材料基因组、量子信息、高温超导、脑科学和智慧城市等领域进行了全球发展态势的全景展示和前沿热点探测，这些研究结果可为深入了解相关领域的发展提供数据支撑。

2015年12月10日，在距双甲子校庆120天，学校举办了"面向未来科学技术预见论坛"，多个入选作品作者进行了科技预见汇报；多位专家作了精彩的科技预测报告；教育部有关部门领导和上海市科学技术委员会有关领导出席论坛并对论坛的举办给予高度评价；北京大学、清华大学、复旦大学、南京大学、西安交通大学、华中科技大学、同济大学、华东师范大学等多所国内著名高校科技发展部门负责人及我校师生百余人参加论坛。

本书的顺利出版是集体智慧和汗水的结果。本人作为此次科技预见活动的负责人，确定顶层设计、掌握方向及本书编撰工作。周岱和关新平作为科技预见工作的首席专家，具体编制形成顶层设计和工作框架；前者还担任课题负责人，制订本书方案、执笔撰写有关内容、统稿本书、具体组织专家遴选评选科学技术预见方案等。潘卫和杨眉具体负责组织本书下篇的科技预见研究工作，并执笔撰写相应章节。120项科学技术预见的提出人展示了各自的聪明才智，8个科技预见研究报告凝聚了撰稿人的智慧和心血；他们的名字已经呈现于本书相应的科技预见方案和研究报告之中。在此，还要感谢上海交通大学出版社对本书出版的资助和辛勤工作。

由于时间紧迫，学识、经验、能力所限，本书难免仍存在许多疏漏之处，还请谅解，并欢迎不吝赐教和指正。

2016年4月

目录

上篇　科技预见

- 2　后量子密码替代传统密码算法
- 4　特定轨道动量电子显微镜
- 6　新算法的多学科设计思路
- 8　飞秒级激光直写量子信息芯片
- 11　对神秘暗物质的思索
- 15　发展超快电子衍射成像技术、拍摄分子电影
- 18　无介质高能远程传输
- 20　可编程物质——太极
- 23　空间传送机及配套运送容器
- 25　中子显微镜
- 28　室温超导带材
- 31　基于激光等离子体加速器的新型空间辐射测试技术
- 34　新型碳—碳键定点活化
- 36　高度支化聚合物化学结构的精确控制

40	全人工合成食物的工业化生产
43	智能服装自助合成机
46	糖化学的可控合成及批量制备
49	热降解去聚合
51	人工合成食物和愉快食谱
53	元素转换技术
55	人工光合作用固碳及生产粮食
58	智能水射流切割机器人
61	全生命周期信息物理融合的智能制造系统
64	船体内部实现波浪能吸收的船舶能源辅助与减摇系统
67	涡制导捕鱼器
70	无中生有的高柔性制造技术
72	可长期海底工作的水下智能机器人
75	具有生命特征的建筑
78	空中交通飞行器
80	未来个人飞行器及飞行技术
83	眼镜式视频播放设备
86	自适应吸震房屋
89	以音乐为语言的机器人
92	电磁波全吸收／反射温度调节衣
94	可编程材料技术
97	拓扑材料
99	多功能石墨烯薄外套
102	光合作用纳米金属材料

104	光的超导体材料制造通信和功能性光纤
107	自愈合金属材料
110	贴合人体保护膜
113	空天母舰
116	能源互联网
119	具有拟人交互和认知能力的机器人
122	全感知虚拟现实交互系统
124	为机器人赋予生命
127	梦境记录及分析
130	读取人类记忆
132	全息模拟技术
134	人类记忆和思维的数据化技术
136	脑电波对微型机器人的控制
139	柔性电路
141	多维人体识别系统
144	人类健康与安全智能芯片
146	虚拟屏幕的开发与运用
149	信息三维化感知与交互
152	意识微振动场实验研究
156	基于"电纤"的高速互连新技术
159	公钥密码安全基础困难问题研究
161	容忍密钥篡改的公钥加密算法
163	虚拟现实视野下的未来课堂
165	基于增强现实的汽车导航技术
168	动植物（人）疾病的基因治疗技术

171	生命体健康与疾病状态的转换机制
174	人脑遗传及退行性疾病预测系统
176	皮下植入脑电波分析及增强器
179	大脑资源管理器
182	Forever 22
185	瞬时信息生命
188	诊断检测片名
191	基于合成生物学的先进生物制造技术
194	动态了解自身发生了什么
196	人脑知识存储的破解与复制
198	医疗手术远程化
201	脑声交互电子仿真发音系统
203	癌细胞自检仪器
207	癌症早期诊断和无损伤光量子治疗
210	可个性化精准治疗超级细菌的噬菌体
213	3D打印降低药物研发成本
215	"人工胰岛"技术在糖尿病治疗中的应用
218	疾病的精准细菌治疗
220	仿人体的微型虚拟化工厂
223	电压源型的风电场
226	芯片上的发电厂—纳米催化热离子发电技术
229	海底可燃冰开采的改良
232	全球能源互联网
235	便携式太阳能设备
238	移动式生物质热裂解制取生物油及生物油精

　　　　　制一体装置

240　光能替代电能成为主要能源

242　太阳能高效发电板

245　基于光电子催化技术的太阳能电池

248　转基因能源海藻制油

251　可控核聚变发电

254　森林光伏电站

257　未来二次电池

260　深海电梯

263　深海油气输送分离一体化立管

267　深远海"地球工程"

269　移动式模块城市

272　基于物联网的智能废旧电子产品回收体系

275　城市空间形态重构

278　"绿色"能源建筑

281　企业职业暴露安全实时在线监测系统

284　可循环使用净水器及废弃膜产品工业化回收和再利用

287　海洋平台自动巡航溢油处理监测航行器

290　高仿真假肢

293　意识的数字化

296　无线供电一体化智能车－路系统

299　植入式移动互联网设备

301　人类大脑信息化

303　眼球识别技术在生活中的广泛应用

306 "脑联网"技术

310 低空飞行交通

313 大型深海联合空间站系统

315 心灵转移,感同身受

318 生命信息化

321 大数据革命下的健康机器人

324 中微子地球诊疗仪

327 鱼鳃式潜水呼吸器

下篇　科技前沿与态势分析

330 科学技术研究前沿分析

347 海洋工程装备全球发展态势

390 智能机器人全球发展态势

440 材料基因组全球发展态势

483 量子信息全球发展态势

514 高温超导电力技术全球发展态势

552 脑科学全球发展态势

585 智慧城市全球发展态势

附录　上海交通大学面向未来
　　　科学技术预见论坛

628 后记

上 篇
科技预见

后量子密码替代传统密码算法

郁昱
上海交通大学电子信息与电气工程学院
特别研究员

1 经典密码算法到后量子密码的演化

1.1 传统密码算法不具有量子安全性

传统的经典密码的安全性一般基于标准的图灵机模型和冯诺依曼体系结构的计算机,目前采用的密码(特别是公钥密码)算法标准大多基于以离散对数(Discrete Logarithm)、大数分解(RSA)、椭圆曲线(Elliptic Curves Cryptography)等为代表的数论困难问题。早在20世纪90年代初,数学家Peter Shor就提出了量子模型(见图1),多项式时间内有效解决针对离散对数。随着量子计算机技术的发展和日益成熟,基于以上这些数论问题的传统密码算法(如密钥协商协议和公钥加密方案等)将逐步被后量子密码(post-quantum cryptography)算法替代。

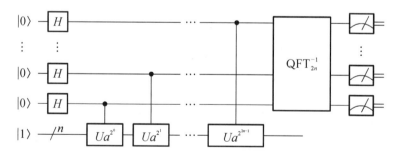

图1 Shor算法的量子部分
(来自Wikipedia)

1.2 新的后量子安全的密码算法

后量子密码是以格密码、学习困难问题(如LWE、LPN等)为代表的新型可抵抗量子计算机分析的密码算法(见图2)。这些新型密码算法不仅支持信息保密性的保护,而且具有高效、并

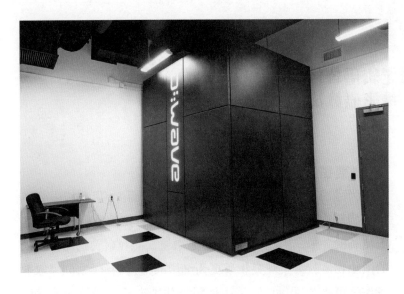

图2 D-Wave公司制造的颇具争议的所谓的量子计算机（来自D-Wave Systems官网）

发、支持全同态加密（fully homomorphic encryption）和不经意传输（oblivious transfer）的功能，料将为数据库隐私保护、安全多方计算等密码学应用提供理论支持和技术保障。

2 应用意义与前景

目前Diffie-Hellman、RSA等传统算法广泛应用于互联网保密通信、磁盘加密存储、智能安全芯片等信息保密性保护的应用，其被后量子密码算法替代将不是一蹴而就的过程。现有的互联网协议（如SSL/TLS、IPSec等）的新版本将逐步加入后量子密码算法作为选项，而传统的密码算法将随着协议的版本更新渐进式地淡出信息保密存储和通讯等密码应用。新的加密算法将标准化成为新的国际和国家标准，与之同步的是新的密码产品与芯片的更新换代。同时，LPN、LWE等后量子算法轻量级的特性，也将进一步提高未来密码算法的实现效率。目前，全同态加密、不可区分混淆等密码应用效率相对较低，引入后量子安全的困难问题有助于进一步解决这些算法实现的效率问题，为最终实用化奠定基础。我国密码学工作者也将为后量子密码算法的更新换代做出更多应有的贡献。

特定轨道动量电子显微镜

祝国珍
材料科学与工程学院
特别副研究员

1 概要描述

为了观察微小物体，光学显微镜应运而生，但其极限分辨率受到一个基本物理原理的限制——即其分辨率大约为所用光源波长的一半。因此，采用光学显微镜仅能观察大约几百纳米的微小物体。为了观察物质更为细微的结构，科学家们采取电子作为短波光源[见图1(a)]，设计并建造了(透射)电子显微镜。有意思的是，电子不仅可以看作物质波作为短波光源，而且可以看作携带不同自旋或角动量的粒子，如图1(b)所示。类似于光学显微镜中的偏振片，可在电子显微镜中设计特定的光阑，从而得到携带特定轨道动量的电子束。利用其作为透射电子显微镜的光源，则有可能实现在单原子尺度对具有特定轨道动量的原子进行成像、衍射或进行其他电子轨道的分析。如已知材料中特定轨道动量的来源，甚至可以在实空间中进行单原子的电子轨道扭曲、畸变等分析。

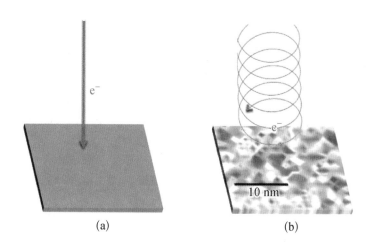

图1 常规电子束成像(a)及特定轨道动量电子束成像(b)

目前，科学家们已经实现了特定轨道动量电子束的分离，但其亮度、空间分辨率及稳定性等都存在着很多需要解决的问题。此外，如何选定特定的自旋态电子束可能还需要技术上的突破。

2　应用意义与前景

该技术若能实现，理论上可以同时实现微观组织观察和物性测试（特别是磁学性能等），并有可能进一步将物性测试推进到单原子甚至于单电子尺度，从而极大拓展目前对材料结构的认知。

新算法的多学科设计思路

王洪桥
上海交通大学数学系
博士研究生

1 概要描述

早期的算法是基于数学和计算机科学通过严谨的数学推导设计完成的。近代,智能算法的提出颠覆了算法仅能通过严谨的数学逻辑推导而得到这一传统观念。新兴的智能算法借助数学作为量化手段,通过不同学科的知识进行推导演绎,抛弃了严谨的数学逻辑推导。例如,现在已有的智能算法有遗传算法、模拟退火算法、人工神经网络、粒子群算法等。它们分别以物理学、遗传学、神经科学等方面的研究成果为基础,如图1所示,利用本领域的知识推导设计算法。这种算法因为其符合人类的逻辑习惯同时效果明显而逐步得到广泛应用。所以有理由预见未来5～15年将会出现更多的智能算法,它们的思想可能起源于人类知识海洋中的各个学科如社会科学、人类行为科学或化学等领域的研究成果。例如,根据博弈论思想可能设计一种另类

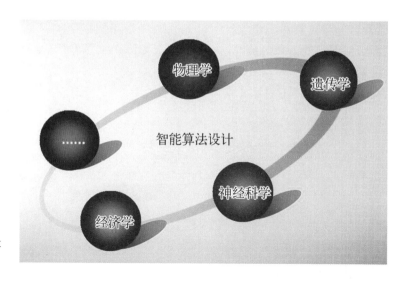

图1 多学科推导的智能算法设计框架

的惩罚性全局优化算法，根据社会科学或心理学知识设计提出应用于统计分类方向的算法等。随着越来越多的智能算法的提出，传统以数学和计算机科学为基础的算法将经过一段时间的沉淀积累后得到进一步完善、发展，与智能算法交替繁荣，共同发展。

2　应用意义与前景

以不同学科知识为基础进行设计的算法将为解决实际工程问题带来更宽广的思路。这样的新算法将多学科知识相互融合，可能使算法的普适性更强，更易推广到不同的领域。像分类、聚合、排序等这样面向人类需求的算法可能是多学科知识算法应用的主要方向。用人类解释世界的知识来构建满足人类需求的算法或许效果更好。

飞秒级激光直写量子信息芯片

1 概要描述与关键技术

1.1 飞秒激光直写量子信息芯片技术

未来通过飞秒激光直写技术，可以定制化地将各种量子线路直接"打印"在空白的二氧化硅（silica）玻璃基片上（见图1）。基本原理是激光在飞秒量级的时间里完成与物质的超快相互作用，实现材料内微米量级区域的改性，主要变现为折射率变化。不同于硅基等传统平面光波导工艺，飞秒激光焦点在材料可三维扫描，突破二维光波导限制。具体实现路径是要针对量子信息技术的特殊需求，发展低损耗、高精度、真三维、高稳定性和可调控等量子信息芯片的核心技术和工艺，研发能符合量子态产生、操控和探测要求的量子信息芯片，最终实现全功能的量子信息芯片（见图2）。

1.2 飞秒激光直写量子信息芯片的颠覆性表现

（1）可以解决目前宏观量子器件的体积和成本限制问题，在很小的芯片上就可以实现非常复杂的量子线路。

金贤敏
上海交通大学物理与天文系
特别研究员

图1 飞秒激光直写技术打印量子线路

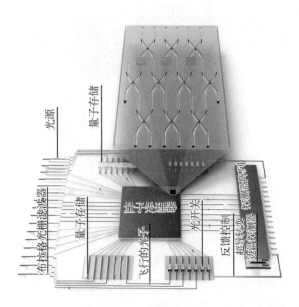

图2　量子信息芯片

（2）量子信息芯片具有高稳定性的特点，使得构建大规模控制量子信息系统成为可能。

（3）飞秒激光直写技术独有的3D加工能力，使得在3D空间上利用对等的光子晶格研究诸如高温超导等凝聚态问题成为可能，为此打开一个基于光子晶格量子模拟的新领域。

正如印刷术的发明推动科学技术的进步，这种飞秒激光直写量子信息芯片技术将作为重要物理载体广泛应用于量子信息技术的各个领域，包括量子通信、量子计算、量子模拟和量子精密测量，推动其走向芯片化、集成化和实用化。

2　应用意义与前景

以光子为信息载体的量子信息技术是量子物理学，计算机和光电子学等交叉发展起来的新一代信息技术。量子信息技术可以实现无条件安全的量子保密通信，计算能力随计算位呈指数增加的超高速量子计算，超越标准量子极限的超精密量子成像和传感等革命性的技术飞跃（见图3）。然而，量子信息技术正面临宏观光学器件的尺寸和集成度的瓶颈性限制，看似技术上的限制其实根本性地使得量子信息技术仍然只是停留在小尺

图3　芯片化集成化量子信息技术

度的实验室演示阶段。在科学上,构建大规模的量子系统将使得人类能够探索全新的量子世界和领域;在技术上,芯片化的量子器件和系统是推动量子信息技术实用化的必然,进而依托量子信息技术推动信息技术变革。

作为5～10年的应用的一个范例是星载量子通信终端芯片。目前我国正在开展的"量子科学卫星"仍然是采用传统的宏观光学构建,接收终端重量达百公斤量级,且在太空复杂环境下有发生变化的风险。星载量子通信终端芯片有望不仅将重量减小几十倍以上,而且在芯片内部光子线路包括光子相位都是非常稳定的,可大幅降低未来量子卫星的成本且带来高的稳定性和可靠性。

飞秒激光直写量子信息芯片技术作为智能制造、微纳加工和量子信息交叉发展起来的新兴技术,将推动量子信息的发展快速进入全面实用化阶段,推动一场新的量子信息技术的革命。

对神秘暗物质的思索

1 概要描述与原理探测

1.1 暗物质及发现它的物理意义

通过大量的天文和宇宙学观测,天体物理和宇宙学家为我们所处的宇宙描绘了一幅图景,其中我们已经了解的普通物质占4.9%,其余由26.8%暗物质和68.3%暗能量组成(见图1)。所有的这些观测证据都来自引力效应,而我们对暗物质和暗能量的微观本质几乎一无所知。可以确信的是,它们无法用粒子物理学中最成功的标准模型(已经获得19次诺奖)进行解释!因此,暗物质和暗能量被誉为21世纪物理学的"两朵乌云",对它们的研究是当前基础物理学最前沿的方向,科学家相信这方面的研究极有可能产生革命性的突破。

刘江来
上海交通大学物理与天文系
特别研究员

理论物理学家提出了许多关于暗物质微观解释的理论模型,其中研究得最多的就是弱相互作用重粒子(WIMPs),种种迹象表明我们可能快要达到发现WIMP的边缘。就像我们普通世界有各种形形色色的基本粒子组成,WIMP也可能是一个

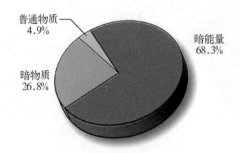

图1 宇宙中能量和物质的分布①

① https://en.wikipedia.org/wiki/Dark_matter.

更大的家族,会在根本上改变我们对基本粒子和相互作用的理解。在实验室发现暗物质并研究暗物质的本质难道不是一个激动人心的预言?

1.2 弱相互作用重粒子的探测

(1) 直接探测:暗物质直接探测实验是通过探测WIMPs和靶物质的原子核发生弹性碰撞后产生的可观测信号来验证其存在的,而这些碰撞事例发生的概率非常之低。因此,控制实验的本底是这些实验所面临的最大挑战之一。为了减少来源于高能宇宙射线的本底信号,暗物质的直接探测实验通常运行于地底深处。例如,中国首个大型液氙暗物质直接探测实验PandaX项目就坐落于中国锦屏极深地下实验室(CJPL)内(见图2)。

(2) 间接探测:WIMPs的间接探测主要是通过探测它们在银河系中的湮灭产物来进行探测。由诺贝尔奖得主、美籍华人物理学家丁肇中所主持的阿尔法磁谱仪项目(AMS,见图3)也是暗物质间接探测的一个例子,其第一个实验结果——已发现

图2 PandaX探测器(谈安迪拍摄)[①]

图3 AMS二期实验示意图

---

① AMS 实验官网, http://ams.nasa.gov/.

图4　ATLAS探测器主体①

的40万个正电子很有可能来自一个共同之源——暗物质。今年年底,中国将发射自己的第一颗暗物质探测卫星,开展暗物质间接探测研究。

（3）对撞机探测：通过对撞高能粒子,直接产生暗物质。通过寻找"能量不守恒"的事例分布来测量暗物质,这样的实验可以在欧洲日内瓦的强子对撞机上的实验装置上（如ATLAS实验,见图4）开展。

可以预言,只有暗物质被多种渠道发现并且结果自洽,人们才会认可暗物质被确信无疑的发现。

2　应用意义与前景

20世纪30年代以来,宇宙学和天文学观测已经积累了大量的暗物质存在并主导当前宇宙质量分的证据,可是暗物质除了引力以外的物理本质我们却所知甚少。常规的物质基本组成单元是标准模型里的各种粒子,而暗物质很可能是一种或是多种

---

① ATLAS实验官网,http://www.atlas.ch/photos/full-detector-photos.html.

超出标准模型的基本粒子,和普通物质有微弱的相互作用。如果暗物质粒子在实验室里被找到,将对粒子物理学开启全新的一个章节。有可能向量子力学和相对论一样完全改变我们对物理世界的认识!

  人类对基本物理规律和宇宙的基本组分的认识一直推动着科学、技术的发展。这些研究促使了20世纪初期相对论和量子力学的诞生,也开创了原子分子、原子核和粒子物理这些学科。历史证明,基础研究不仅仅拓宽了人类对世界的认识,也会在若干年后产生深远的经济和社会价值。暗物质是21世纪的物理学面临的难题,理解暗物质的粒子本质有可能对整个科学界产生革命性的影响。

发展超快电子衍射成像技术、拍摄分子电影

1 概要描述与关键技术

物质世界最本质的过程发生在原子层次,其对应的时间和空间特征尺度分别为百飞秒和埃量级。对物质微观结构进行原子尺度的四维超高时空分辨的研究,是理解和操控物理、化学、生物基本动力学过程的关键。实现对基本结构演变的直接观测,如晶格相变、化学键的形成和断裂等,一直是诸如纳米科学、物理、化学和生物等学科的研究者长久以来的梦想。随着电子储存环X射线源和超高分辨消球差电子显微镜及无透镜衍射成像技术的发展,对超小空间的观测已经达到了原子尺度(埃量级)。同时,基于超快激光的泵浦探测技术也已经使得超快过程和分子动力学等的研究进入了皮秒的时间尺度。但是,对原子尺度物质结构动力学的理解,要求同时具有超高空间和超高时间分辨能力的新技术、新工具。超快电子衍射成像技术,有望实现物质空间上埃量级的结构变化,能够在皮秒时间尺度上一帧帧定格,拍摄成"分子电影"。

超快电子衍射成像技术(见图1),是将目前提供最高空间分辨的电子衍射成像技术和最高时间分辨的泵浦探测技术相融

刘圣广
上海交通大学物理与天文系
研究员

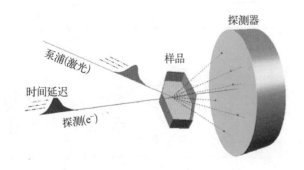

图1 超快电子衍射成像技术示意图

合,技术原理描述如下:用激光泵浦样品,诱导超快的动力学过程发生;高品质电子束做探针,穿过样品,在探测器上形成衍射图像,通过分析,得到样品的瞬间结构及其形态;通过调节泵浦激光和电子束探针之间的时间间隔,就能够获得一帧帧的"分子电影"。

1.1 超快高亮度电子束团

超快电子衍射成像技术中,高亮度电子束是探针,对电子探针的主要要求是单束团电荷量和脉冲宽度。采用光阴极微波电子源技术,用小于40 fs的激光脉冲驱动光阴极,产生光电子,同时将束团内电子数控制在10^4个以下,束团时间可以短于50 fs,通过多发累积得到电子衍射图样;要实现单发衍射,获得足够清晰的衍射图样,束团内电子个数需要大于10^5个,通过较高能量的超短激光脉冲驱动光阴极,获得大于10^5个电子的短于100 fs电子束团。

1.2 超短宽谱泵浦激光

激光泵浦样品,诱导样品的动力学过程发生。不同样品、不同的动力学过程需要不同波段的泵浦激光。为实现覆盖深紫外(DUV)至中红外(MIR)波段的超快泵浦光源(见图2),将采用两套飞秒OPA系统,分别由800 nm飞秒激光(钛宝石激光)

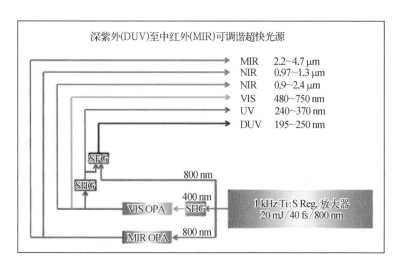

图2 覆盖深紫外(DUV)至中红外(MIR)波段的超快泵浦光源示意图

和 400 nm 飞秒激光（钛宝石激光的倍频）泵浦，先获得可调谐的近红外（0.6～2 μm）和中红外（2～4 μm）飞秒激光脉冲，再结合独创的高效率宽带倍频（SHG）和混频（SFG）技术，产生覆盖深紫外（DUV）至中红外（MIR）波段的超快泵浦光源。

1.3 探测及成像技术

探测及成像可以采用一种以高阻抗硅为基底的位置敏感电离化探测器。它由带有积分开关的像素阵列探测器组成，像素间被势垒隔开，高偏压加在探测器入射窗口的连接处使设备处于待机状态。当电子被吸收产生的电荷漂移到设备的出口一侧，储存在电容器中，这种电容器几乎占据了大部分的像素空间。开关在某相位打开（数据累计），然后关闭（数据被读出），电荷流向 CPU。在 2 MeV 能量区，探测器非常高效，具有 100% 的填充因子、低噪、微秒读出速度、单光子响应（信噪比 >40），而且动态范围高于每帧每像素 1 000 电子。发展"位置敏感衍射成像"技术。通过超快实验中记录的一系列相互耦合、交叉的电子衍射图样，利用在线的快速傅里叶变换方法，在衍射数据中重新找回"丢失"的相位信息。这种技术将有希望从一系列衍射实验数据中迅速提取出局部的结构信息，特别适用于超快电子衍射。

2 应用意义与前景

在未来 5～10 年内，利用超快电子衍射成像技术，人们可以深入到原子分子的微观世界去实时观察，拍摄"分子电影"，进而控制单分子行为。超快电子衍射成像技术是理解和操控物理、化学、生物基本动力学过程的关键，具有广泛的应用前景。它极大地拓展了人类认识世界的视野，让人类拥有前所未有的超高时空分辨能力，去观察物质世界的内部机制（如转运、反应、场、激发、运动等），并试图回答诸如"催化活性中心在光合过程中是如何变化的？""在高温超导材料中电子是怎样关联的？"等重大、基础科学问题。

无介质高能远程传输

陈嘉延
上海交通大学密西根学院
本科生

1 无介质高能远程传输技术的详细描述

科技发展现状是无线电波能以能量为介质进行信息的输送，却不能有效地将能量进行传输。而现有的无线充电技术虽然实现了能量的无线传输，但其传输距离太短而且传输能量量级过低、传输效率不理想而导致应用非常有限。未来的无介质高能远程传输在30年以后，可以将能量在地球上的某处生成，以极低的损耗传输到地球上的任何一个角落，乃至遥远的太空。这项技术不但可以作为能量传输的新方式，更可以作为有效地武器进行全世界范围内的破坏性精确打击，或是给在轨的空间飞行器提供能量助其变轨或飞向更远的星系。这项技术代表着人类对能量的利用与控制达到了一个全新的境界，突破了众多的时空限制实现能量高效且不受限制的传输。

2 无介质高能远程传输的未来影响力

2.1 无介质高能传输的经济价值

无介质高能传输技术的经济价值在于可以完全取代现有的所有输电电缆（见图1），并突破能量的形式限制，进行较纯粹的能量传输。同时可以突破介质的空间限制和传输能量所需时间的时间限制，理论上可以以光速进行能量传输因而在地球范围内的能量传输时间皆可忽略不计。同时，能够为经济社会发展提供宝贵能源，降低能源在传输过程中的损耗，具有里程碑式的意义。

2.2 无介质高能传输的军事价值

无介质高能传输技术可以有效取代常规洲际导弹（见图2），

进行全球范围内的高精度定点打击。在该技术成熟发展的支持下,可以使精确定点打击避开复杂的控制算法,节省超过90%的能量供给,大幅提高打击精度,打击速度极快,打击范围更广。可以完全攻破现有的战略战术防御系统,且对移动目标的追踪性好。

图1 电力输电线①

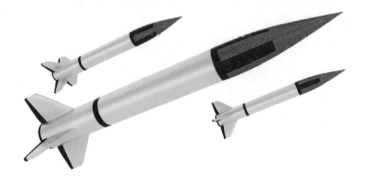

图2 洲际导弹②

---

① http://www.huitu.com/photo/show/20140915/160046481200.html.
② http://www.nipic.com/show/2/24/3975576k6ba963c4.html.

可编程物质——太极

王雨辰
上海交通大学巴黎高科
卓越工程师学院
本科生

1 概要描述与关键技术

1.1 概要描述

随着纳米级微机械、微芯片和分布式信息技术的发展，我们将能够制造可以像软件编程一样个性化、可塑造、可重复编程的物质材料。我们可以将这种材料方便地变形成需要的任何东西，因此，我将之命名为"太极"。

微观上看来，"太极"的基本单位是一种类似纳米机器人的微机械、微芯片结构，其尺寸在微米甚至是纳米级。每个这样的"原子"都有简单的信息传递，能量传递，相互固连等基础功能。其与纳米机器人的区别在于，"原子"无法单独工作，它需要与大量的其他"原子"组合成完备的功能性结构体。"太极"可能由完全一样的一种"原子"构成，也可能由多种不同的"原子"按一定比例组成。

宏观上看来，如图1所示，"太极"就像一种超级橡皮泥，我们可以通过编程的方式，指挥其"原子"单位排列连接，组成任何结构，从而实现我们需要的功能。

1.2 关键技术基础

1) 微机电系统（Micro-Electro-Mechanical System, MEMS）

"太极"的基本单位"原子"本身即是一个纳米级的微电子机械系统，单个"原子"可以实现信息、能量、力的存储和传递，部分特殊"原子"还需要实现计算、传感、表面构成等其他功能。这些功能基本都已实现微型化，然而离达到微米甚至纳米级还有很长的路要走。

这是系统的核心技术，需要超精密机械加工技术，也需要

图 1　"太极"概念展示①

微电子、材料、力学、化学、机械学诸多学科领域的配合发展。

2）分布式计算及存储（decentralized algorithm and storage）

早期版本的"太极"可以和一些关键器件协同工作，如 CPU、发动机等。完整版太极的计算也应当由"原子"们协同完成，这就需要分布式计算和存储这一新兴技术的支持。

3）自组织系统（self-organizing system）

自组织系统即通过本身的发展和进化而形成具有一定的结构和功能的系统。类似生物体，"太极"能以大量的简单"原子"组成自身的具有复杂功能的类有机体，并且在一定程度上能自动修复缺损和排除故障，以恢复正常的结构和功能，这也是其变形能力的基础。如何模拟及应用大自然中普遍存在的这一系统，是实现"太极"变形能力的关键。

1.3　实现路径要点

（1）实现具有信息、能量、力的存储和传递能力的微米级基本"原子"以构成"太极"的基础。这一阶段的"太极"通过

---

① Skylar Tibbits, MIT's Department of Architecture, April 17, 2014, Adaptive Design Lecture: "Self-Assembly & Programmable Materials".

3D打印技术完成形变，可以有限地改变本身的物理化学性能，配合电池、CPU等不易实现的关键部件可以直接3D打印出电脑、汽车等复杂物件，但分解和重组都依赖外部打印装置，不具有自动变形的功能。

（2）实现"太极"的自动变形，意味着其组成的物件可以在通用关键部件的前提下自动相互转换。如"太极"汽车可以自动变形成飞机，共用发动机和能量来源，"太极"手机可变形为电脑，共用CPU。

（3）实现纳米级"原子"，逐步覆盖更多的关键部件。例如，相对于CPU，发动机的结构尺度更大，较易先一步实现"太极"化。最终，达成几乎任意日常用品之间的相互转化。

2　应用意义与前景

目前为止，科学界对所谓可编程物质的探索仍停留在相当宏观且功能单一的阶段，如在电脉冲等刺激下可自行折叠的纸张。这样的物质与可化万物的"太极"仍有着很大的差距。

如果图2这样的"太极"出现，电影《变形金刚》中的汽车人就不再只是梦想，你的汽车可以随时变成飞机、小船、潜艇；你的手机可以随时变成平板电脑、手表、眼镜甚至是一件衣服穿在身上；你的笔帽可以变成一张纸，书写完后变回笔帽，在你需要纸上的内容时又变回写好的纸张；已有的产品可以像软件一样在线升级，购买新的产品已经不需要缓慢而高能耗的实物流通，而只是光速的信息传输……

到那时，信息技术彻底实体化，生活所需的一切非消耗品几乎都可以相互转化。作为人工产物的极致，"太极"不仅极大地方便我们的生活，提高工作效率，更能节省各种其他物质材料的消耗和浪费，降低物流运输需求，保护我们的自然环境。

图2　"太极"概念展示①

---

① Philip Ball, 27 May 2014, Make Your Own World With Programmable Matter.

空间传送机及配套运送容器

刘建星
华中科技大学船舶与海洋工程学院
本科生

1 概要描述

1.1 空间传送机的简要描述

所谓空间传送机就是突破传统的运输方式限制，使物品的输送不受地域局限，直接从发送地到达目的地而不经过其他中间过程的机器。现在对量子纠缠现象（见图1）的研究让我们看到了这种希望。这种传送机利用对粒子的人工操纵实现局部空间扭曲互通，在不同地区架设专用的"传送窗"，作为物品的入口和出口。如果说3D打印技术是"空间传送"的初步探索，那么这种空间传送机将真正实现空间传送，即同一物品的真正瞬移。

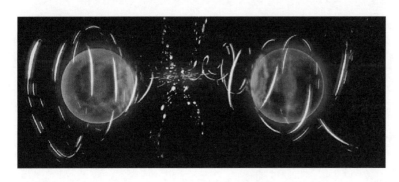

图1 神奇的"量子纠缠"行为[1]

1.2 配套特制运送容器的简要描述

配套的特制容器是指为防止所运送的物品受扭曲空间的影响而用来装盛物品的专用容器。需要成熟应用高硬度材料

---

[1] Http://ccln.gov.cn/kexuejishu/kjdt/60445.shtml。

（如巴基球）和一些高韧性材料组成纳米级甚至更微观的复合材料，使其不受粒子状态的突变而导致的高压或信息丢失等可能出现的问题的干扰。

2　应用意义与前景

这项技术的实现，将对运输业带来前所未有的革新，将大大减少道路交通压力、降低运输成本，使运输过程极速、安全、不受运输工具容量限制等。在改善原有运输条件之外，这项技术还将使许多现在无法完成的物品传送任务变为现实，举个具体例子——海洋资源开发，可以通过在工程船舶上配备空间传送机与内陆资源中心站实现连接，将开采的海底资源大规模连续、及时的运回内陆，效益最大化。当然，技术足够成熟时，就像一些科幻电影中的场景，也可以直接实现人员运送，那么该机器在紧急救援或事故处理中也将大放异彩。

中子显微镜

1 概要描述与要点

1.1 从光学显微镜到电子显微镜，然后呢？

光学显微镜的分辨极限只能到达微米级（几乎是病毒的大小，比可见光波长大了一个数量级），后来在有了电子显微镜和原子力显微镜之后，人类的探测能力提高到了原子级（比电子的物质波波长尺度大了一个数量级）。由上，我们可以猜测，依靠现有各种显微镜，可以进行原子内部结构的直接探测（虽然我们有了很多原子结构模型，但都是通过一些实验现象归纳总结，间接得出的）。

但是，想要对更小尺度进行观察，只能使用波长更短的探测介质，如重子，其中，人类可以轻易获得，又能在探测同时引起更少变化的是中子，也就是中子显微镜。

目前，对撞机可以实现类似的效果，但看看那些人类历史上野心勃勃筹划，最后又不得不放弃的加速器，就知道对撞机的成本高得离谱，只能是精英科学家阶层的昂贵玩具。最后代表未来研究工具的也许就是中子显微镜。

1.2 中子显微镜的可能路径

中子显微镜的原理应当类似于电子显微镜，如图1所示。

中子显微镜第一步：获得足够稳定的高速中子流。

这一步就会出现问题，由于现在人类只能加速带电粒子，现在的中子源全是由天然放射源产生的中子，因此现在还无法将中子加速到表现为很强波动性的程度。加速中子，这将会是在人类对基本力的掌握达到相当高度以后才能实现的，而不再是依赖电磁力进行加速。

印　凯
上海交通大学物理与天文系
本科生

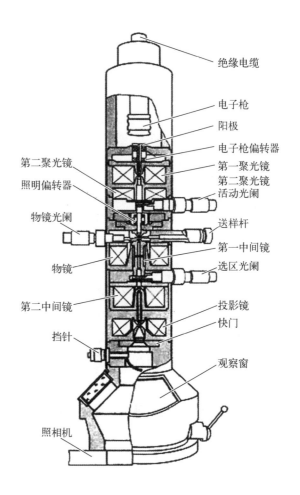

图1　一种电子显微镜的结构

第二步是让中子流对通过检材,获得信息。这一步也许可以参考电子显微镜对检材的处理。

最后一步是对中子携带的信息的解析。同样可以参考电子显微镜,只是由于中子的破坏力远超电子,检测头的老化会严重许多。

同时,由于中子质量比电子大很多,与它的探测对象将会是几乎同一数量级的,所以中子会引起许多无法忽略的干扰,这需要大量实验归纳总结排除干扰。

1.3　中子显微镜的可能运行模式

中子显微镜的可能模式类似于上海光源(见图2),让许多分线站共用一条探测介质发生装置,因为高速中子发生装置也

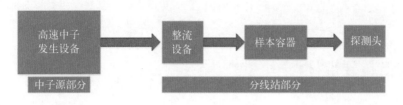

图2 一种可能的中子显微镜的运行模式

许会非常庞大,但是一个发生装置有足够能力同时让许多探测设备开展工作。

2 应用意义与前景

现代社会中,科技正在飞速发展,但每一个发展都离不开基础科学。也许有人会说我们可以使用超级计算机,但是超级计算机的程序算法依然来源于实验,甚至计算机本身的发展都要依赖于基础科学方面的进步,这就意味着我们需要深入了解物质的本原——这也是物理学的研究对象。

中子显微镜可以使这一切更简单、更经济、也更高效。就像望远镜的发明使得天文学突飞猛进,直观地看到并看清楚研究对象总是一件好事。

现在人类正面对一个困局:研究亚原子结构就要用到对撞机,而对撞机数量有限而且成本很高。虽然可以预见的是,中子显微镜依然不会平民化,但至少不那么昂贵,这会加快人类对物质深层结构的了解。最重要的是,基础科学方面的进步总是对人类进步有利的,尽管也许在许多年后才体现出它的价值。

室温超导带材

王斌斌
上海交通大学物理与天文系
硕士研究生

1 概要描述与关键技术

1.1 室温超导带材技术

截至目前，室温超导材料尚未发现，人们更多的寄希望于在新材料体系中发现临界温度在室温以上的材料；与此同时，对于已发现的超导体系，通过施加外部条件（高压、激光诱导等）或者改变其微观环境（界面结构等）也被发现可以实现临界温度的提高。以Y系为代表的第二代高温超导涂层导体是最具应用潜力的超导材料，我国最近已有能力制备临界电流超过300 A/cm的公里级带材（见图1）。随着对超导机制的理解不断加深，制备技术更加成熟，通过诸如纳米掺杂、构建界面结构、外部条件诱导等可能手段，在现有第二代高温超导带材相对成熟的制备工艺基础之上开发出具有更高临界温度乃至室温的超导带材，远景可期。

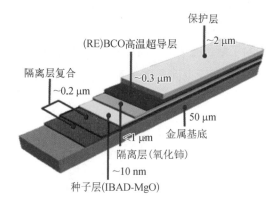

图1 第二代高温超导带材示意图

1.2 室温超导材料的颠覆性表现

（1）可以解决目前超导材料需要在液氮温区甚至液氦温区工作的限制。

（2）大大降低超导材料使用成本，催生一大批颠覆性的新产品和技术。

（3）超导独有的极低电阻可以分别在提高能源利用率和制造磁约束核聚变能源上发挥巨大价值。

正如半导体带来了计算时代、光纤带来了传讯时代，毫无疑问，室温超导的发现和应用还将会催生一系列改变人类生活方式的新技术，给电力、能源、交通等领域带来革命性的技术进步。

2 应用意义与前景

目前，工作在液氮和液氦温区的第二代高温超导材料已经在众多领域实现了应用（见图2），然而过低的工作温度仍然制约了超导材料的进一步推广。室温超导的发现和应用将会产生巨大的经济、社会价值。

仅仅以节能为范例，由于超导材料电阻极小，将能大幅度地降低输电过程中的电力损耗。常规铜或铝导线输电系统中，约15%的电能损耗在输电线路上；2014年全社会用电量55 233亿kW时，全国线路损失率6.34%，年电量损耗高达3 500亿kW

	强电应用
电力能源	高温超导电缆、限流器、电动机、发电机、电流引线、磁储能、飞轮储能、磁流体发电、受控核聚变
交通运输	磁悬浮列车、电磁推进船
生物医学	核磁共振成像装置、核磁共振波谱仪、π介子发生器
高能物理	探测器磁体、输运磁体、加速器磁体
国防军工	超导电磁弹射、超导电磁炮

超高场磁共振成像

超导电缆VS传统电缆

超导电磁炮

超导限流器

超导磁悬浮

超导感应加热

图2 超导应用领域

时，相当于3~4个投资在千亿元以上的核电站总发电容量；同时，伴随国家发展需求及能源结构调整，2000年以来，我国全国用电量增速均值保持在10%以上，这也意味着需要建设更多的传统电网，而如果将现有电网全部改用超导电缆，其负载能力可以提高20倍。

基于激光等离子体加速器的新型空间辐射测试技术

1 概要描述与关键技术

1.1 基于激光等离子体加速器的新型空间辐射测试技术

当一束超短超强激光照射气体靶或固体靶时,激光的超强电场能够将靶电离成由电子、离子以及中性原子组成的新状态:等离子体。激光等离子体加速器存在多种加速机制,其中之一是鞘层加速,即首先在靶的前表面产生大量的超热电子,这些电子在穿过靶后,在靶后表面形成超强的电荷分离场,其电场强度可达 10^{12} V/m,持续时间可达几皮秒。这一电场可将靶后表面的离子加速到几十兆电子伏特。通过这种机制,我们能够产生超宽能谱,即能量从几千电子伏特到几十兆电子伏特(利用气体靶的尾波场加速机制甚至可以到亿电子伏特)的电子束和能量从几千电子伏特到20兆电子伏特的离子/质子束,以及γ光子束流。并且通过调节激光参数和靶参数,可以灵活调节

Thomas Sokollik
上海交通大学物理与天文系
特别研究员

於陆勒
上海交通大学物理与天文系
助理研究员

图1 基于激光等离子体加速器的新型空间辐射测试技术线路

电子束和离子/质子束能谱。利用这些粒子束流来轰击航天器上的芯片（见图1），可以很好地模拟太空环境中航天器电子器件受到的空间辐射。

1.2 基于激光等离子体加速器的新型空间辐射测试技术的颠覆性表现

与利用传统加速器的测试技术相比，利用激光等离子体新型加速器的测试技术有其独特优势：

（1）产生的粒子束流具有更大的发散角，因此能够测试更大面积的电子器件，或者能够同时测试几个电子器件。

（2）产生的粒子束流能谱具有灵活的可调谐性，可以更好地再现空间环境条件。

（3）能够同时产生电子束和离子束的混合束流，这更接近于真实的太空环境。例如，利用激光等离子体加速器我们能够产生能量从几兆电子伏特到几十兆电子伏特，具有指数分布能谱的电子束，这正是太空中外层范艾伦辐射带的能量分布。

（4）由于激光等离子体加速器的紧凑性，以及束流能谱的可调谐性，将大大降低测试装置的成本，从而降低航天器的制造成本，并为进一步提高航天器的可靠性提供重要支撑。

2 应用意义与前景

世界航天航空事业经过数十年的发展，已经取得了卓越成就。中国的航天航空事业在数十年的发展中，各种商业卫星的成功发射（见图2）、载人航天的成功实现、探月计划的有序进行，以及建设中的空间站等，表明中国已经进入这一领域的世界第一梯队。在这种大背景下，对航天器电子器件和电路的测试不仅是太空探测计划（例如火星探测、空间站建设）成功与否的关键，也是一些商用卫星能否正常运转的关键。这是因为太空环境非常恶劣，空间辐射中的电子和离子束流对电子器件的轰击，将大大缩短航天器的寿命，甚至直接损坏航天器。因此，对用于航天器中的电子器件，必须事先在地面上模拟测试空间辐

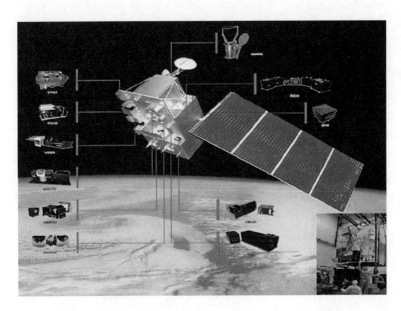

图2 我国自主研制的"风云三号"气象卫星①

射对其的轰击,来评估和延长其使用寿命。通常,人们利用传统射频加速器产生的粒子束流来进行这些测试。然而,这些传统加速器的缺点是其有限的可访问性,无法满足日益增长的测试需求。并且传统加速器产生的粒子束流与空间辐射束流相差较远,因而无法真实模拟空间环境。激光等离子体新型加速器有其独特优势。发展这种新型空间辐射测试技术,将大大降低电子器件的测试成本,从而降低航天器的成本,进而对国家空间计划的发展做出贡献。

---

① 百度图片.

新型碳—碳键定点活化

1 概要描述与关键技术

1.1 碳—碳键的形成——偶联反应

现代有机合成正朝着高选择性、原子经济性和环境保护型蓬勃发展,其中碳骨架的构建是至关重要的一环。因此碳—碳键偶联反应是一个重要的研究方向,自 Ullmann 反应(见图 1)后,Suzuki 偶联、Heck 反应、Stille 偶联、Negishi 偶联等一系列偶联反应在近年被开发,并多次在诺贝尔奖中占据席位,可见碳—碳键偶联反应在化学,尤其是有机合成化学中的重要性。

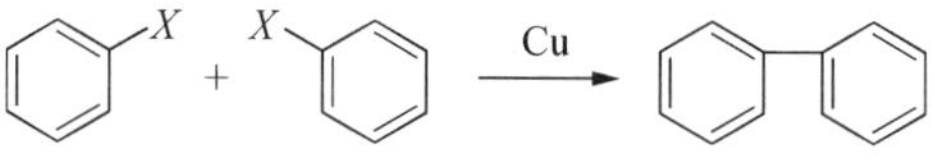

成 炯
上海交通大学化学化工学院
本科生

图 1　Ullmann 反应

1.2 碳—碳键构成的新思路

虽然碳—碳键的形成已是当今的研究热点,但目前的研究方向主要以碳—氢键的活化为主,其在构建碳骨架的同时只放出氢或水,环境友好。

在此,我们提出一种新的绿色合成思路,对于 A–B 型的碳骨架构建,我们可以选择对称的 A–A 和 B–B 作为原料,定点活化两个对称中心的碳—碳键,一步反应实现新的碳—碳键偶联,得到两个当量 A–B 型产物(见图 2)。该合成思路理论原子

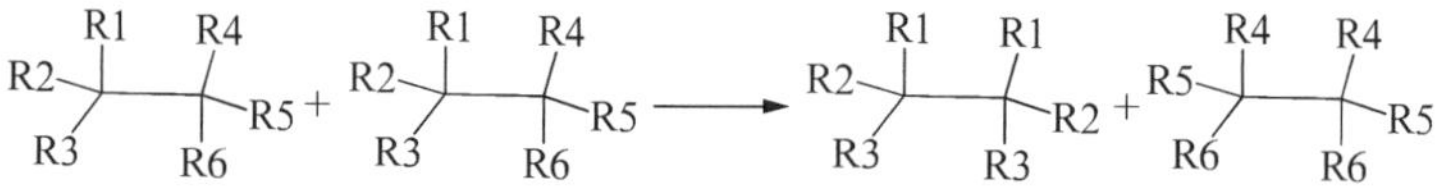

图 2　碳—碳键定点活化偶联反应

利用率为100%，不存在副产物及对环境的危害，十分绿色高效，有望成为有机合成方法学上的新突破。

2 应用意义与前景

若能成功完成碳—碳键的定点活化，并以之建立此合成过程，将会是有机合成化学上革命性的突破，为有机合成化学的进一步发展做出积极贡献。

高度支化聚合物化学结构的精确控制

1 概要描述与关键技术

1.1 高度支化聚合物

聚合物材料与金属材料、无机非金属材料是现代社会最重要的三类材料。聚合物（见图1），是指由众多原子或原子团主要以共价键结合而成的相对分子量在10 000以上的化合物，具有与一般小分子化合物（相对分子量小于1 000）难以具备的力学、流体学及电学性质。高度支化聚合物是一种具有特殊化学结构的聚合物，在聚合物科学领域受到人们的广泛关注。高度支化聚合物因其特殊的高度支化的化学结构而拥有常规线形聚合物不具备的性质。高度支化的化学结构使得高度支化聚合物结构紧凑，几乎没有不同分子之间的链缠绕行为，也无法规整排列形成结晶，因而自身聚集形成相分离的趋势大大降低。此外，高度支化聚合物内部还具有多孔的三维结构，可与小分子化合物进行相互作用。同时，高度支化聚合物的表面还具有大量具有高反应活性的末端集团，使其具有较大的改性修饰空间，是提供材料智能性的重要基础。因此，高度支化聚合物在许多领域，如加工助剂、固化剂、功能膜材料和药物缓释剂等方面均有着广泛的应用。

但高度支化聚合物在各领域的发展和应用还是遇到了一些瓶颈。其中最重要的问题之一在于，高度支化聚合物的化学结构难以精确控制，使得其在生物医药领域的应用难以进一步深入。同时，由于获得的聚合物的化学结构无法精确控制，因而相关的聚集理论无法进一步发展，使得人们无法从最根本的化学结构出发，设计宏观材料的性能。

庞霁
上海交通大学化学化工学院
博士研究生

颜德岳
上海交通大学化学化工学院
中国科学院院士

线形聚合物　　　　支化聚合物　　　高度支化聚合物　　　图1　常见聚合物的分子形态

因而高度支化聚合物的化学结构的精确控制具有非常重要的意义。

1.2　高度支化聚合物结构精确控制的难点——效率、选择性、普遍适用性三者难以得兼

无论是从科学研究的角度还是从大规模生产的角度看，产物生成的效率、反应发生位点的选择性以及对不同反应物的普遍适用性三个特性都是衡量一个反应方法是否优异的重要标准。要精确控制高度支化聚合物的化学结构，也不应过度牺牲以上三者中的任意一个。以目前的理论和技术，要精确控制高度支化聚合物的化学结构，仍具有较大的困难，主要原因是：

（1）传统的聚合方法，如自由基聚合、开环聚合等，虽然能适用于绝大部分的聚合单体，还能保证较高的效率，但由于从机理上看缺乏选择性，进而导致聚合物链增长几乎处于一个不可调控的状态，因而难以精确控制高度支化聚合物的化学结构；

（2）固相合成法虽然在一定程度上可以合成一些在一级结构上唯一确定的聚合物，也能适用于大量的反应物，但合成效率仍不高，难以大规模产业化，因而也无法达到目的；

（3）模板法能为聚合物分子链的增长提供模板，为聚合物链的选择性增长提供了可能，同时也兼顾了效率，但适用的反应物种类仍不多，并且难以获得具有复杂拓扑结构的模板，难以获得结构更加复杂精妙的高度支化聚合物。

由于高度支化聚合物化学结构的精确控制的相关关键技术尚未突破，高度支化聚合物所蕴含的潜能仍未被充分挖掘，仍

有无数的研究和应用领域可供探索和研究。更新更优化的化学反应和兼具能量选择性和立体选择性的催化剂的产生,将为解决这个问题提供可能。

2 应用意义与前景

若高度支化聚合物在绿色温和条件下的化学结构精确控制得以实现,那么现有领域中高度支化聚合物的应用将得到大幅拓展,材料、能源及信息领域将有望取得进一步的突破。

化学结构的精确可控性将带来高度支化聚合物在结构上的规整性,结合高度支化聚合物支化度高、分子间缠结较小的特点,人们将获得高度支化聚合物从纳米尺度到微米尺度甚至毫米尺度等不同尺度上的组装体,为多种结构材料及功能材料的构效关系的研究提供重要的驱动作用,进而促进更多兼具结构强度与智能响应的新型材料的产生。

生命医药领域作为关乎人们生存和生活的关键领域,也将受益于此次革新。结构可控的高度支化聚合物将用于关乎人

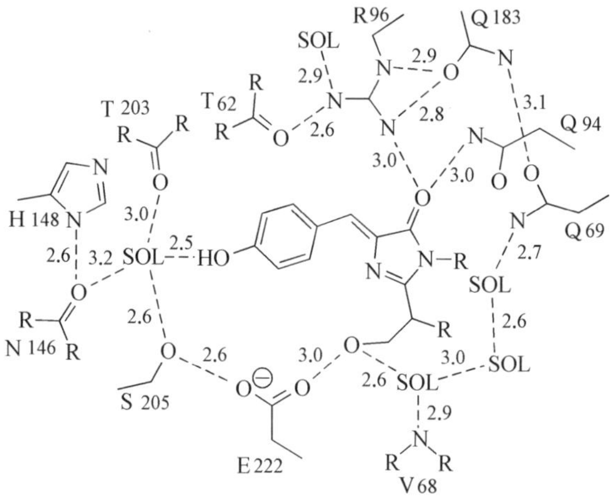

图2 绿色荧光蛋白发色团的固定[1]

[1] Shaner N C, Campbell R E, Steinbach P A, et al. Improved monomeric red, orange and yellow fluorescent proteins derived from Discosoma sp. red fluorescent protein[J]. Nat Biotechnol, 2004, 22: 1567–1572

们生命健康的生命医药领域，一方面可作为现有诊疗的提升途径，进一步改善患者在诊疗时的生存率及生活质量；另一方面可作为一种仿生的新思路，如模拟绿色荧光蛋白（见图2）的刚性桶状结构，确保发色团的荧光发射能力或模拟酶的催化三联体结构（见图3），使酶促反应能适应更多更复杂的环境等，从而为人们对生命体中各项生命活动的研究和大规模重现提供帮助，将带来生命科学和产业的进一步突破。

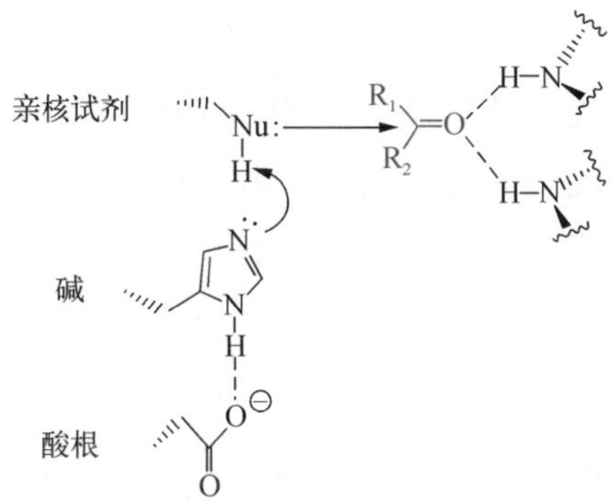

图3　催化三联体对底物的催化

全人工合成食物的工业化生产

郑 浩
上海交通大学化学化工学院
讲师

汤淏溟
上海交通大学化学化工学院
硕士研究生

1 概要描述

1.1 未来世界粮食资源供给形势

预计到2050年,地球上的人口会达到90亿,而气候变化又为全世界的农业生产带来了极大的不确定性,尽管现代农业技术已经较大幅度地提升了粮食产量,但是人口的大幅增长对农业生产也提出了更高的要求。一方面,消除非洲、亚洲诸多发展中贫困国家的饥荒,依然任重道远。另一方面,未来全球中产阶级人数将超过25亿人,他们对于食品品质、安全、营养有着更高的要求。这就意味着,粮食提供可能会从供给充足时代,回到资源紧张时代。"民以食为天",一个潜在粮食危机的世界,不可能是和谐稳定的世界。

1.2 全人工合成食物的工业化生产的可行性分析

现代医学研究表明,人类生活必需的营养成分包括蛋白质、脂类、糖类、维生素、水、无机盐(矿物质)和膳食纤维。这为依托人工合成的食物满足人类的健康成长提供了可能性。在人体所需各大营养元素中,除了蛋白质和高分子多糖之外,其他如脂肪、纤维素、单糖等的工业化合成技术目前已经比较成熟。随着人工合成蛋白质与高分子多糖技术的发展,未来人类所需的各种营养成分都将能通过人工合成实现大规模工业化生产。届时通过合理的营养配比,价格低廉、品种丰富、口味独特、营养全面全人工合成食物会逐渐走进千家万户,走上人们的餐桌。

全人工合成食物我们目前可以预见的合成途径主要建立在三个层面:分子合成层面、细胞合成层面和营养物质提取转化层面。分子合成主要包括利用有机小分子聚合生成、利用微生物发酵合成以及利用模拟光合作用等方式合成氨基酸、多糖等生物大分子；细胞合成主要指通过利用细胞培养技术及细胞克隆技术合成可以供人类食用的人造肉或人造脂肪；营养物质提取转换主要包括从不能直接被人类食用的动植物中提取相关营养成分（如从昆虫或者藻类中提取蛋白质），将植物蛋白等物质按照一定的比例进行混合加工制作成符合人类口味的新型食品（如人造鸡蛋、人造蛋白肉）等。

另据相关报道，目前两家美国公司Hampton Creek Foods（该公司使用植物性原料生产出了口感与鸡蛋极为相似的产品）和Modern Meadow（该公司借助3D打印技术使用肉牛的干细胞片生产人工肉）已经获得数千万美元的风险投资。预计10年后，一批新型人造肉即将面世。

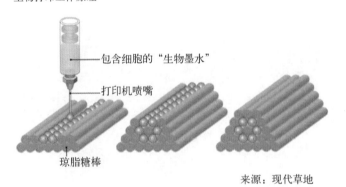

图1　Modern Meadow研发的"3D打印肉"技术①

2　应用意义与前景

全人工合成食物的工业化生产将打破现有农业生产体系对耕地的依赖，减少了依靠食物链合成蛋白质过程中的巨大消耗，能在有限的空间中使用更少的能量，开发出更多种类、更低价格的食物品种。在解决世界饥荒问题的同时，为人类提供更

---

① http://www.bbc.co.uk/news/technology-20972018.

加丰富的食物品种选择，进一步提升现代人类的生活情趣和品质。除此之外，这也为人类未来跨出地球实现超长距离星际飞行、移居外太空提供了基础条件。

随着全人工合成食物进入市场，食品安全和伦理观念等也将会受到冲击，当今"转基因食品""绿色食品"的争议可能会逐渐淡化。但是，这对于未来食品卫生监管也提出了更加严格的要求，如何管控人工合成食物的市场秩序，保证人工合成食物的安全无疑将成为一个新的颇具争议的话题。

智能服装自助合成机

1 概要描述与关键技术

1.1 智能服装自助合成（见图1）

时间紧迫，你是否为挑选不同场合衣服而愁眉不展呢？烈日炎炎，你是否为汗流浃背而尴尬不已呢？身材不好，你是否为衣服的不合体而扭捏不安呢？现在，一种高科技产品出现了，她能够解决你所担忧的一切问题，她就是智能服装自助合成机。首先介绍一下该产品的服装合成路径：① 选择原料，可以是破旧衣物、植物枝叶，动物皮毛，石油化工产品等；② 原料处理，得到各种聚合物混合的本体溶液；③ 智能化，分子之间随环境发生相互作用的变化，通过分子构象、相互作用力以及排列方式等实现遮阳、发光、防水、调节体温、透气、报警等功能，还可以根据功能性基团或者加入染料调节服装的颜色；④ 量体裁衣，仪器会根据使用者的体型自助设计出体现其最佳形象气质的产品。

郑永丽
上海交通大学化学化工学院
工程师

彭宗林
上海交通大学化学化工学院
副教授

张　斌
上海交通大学化学化工学院
高级工程师

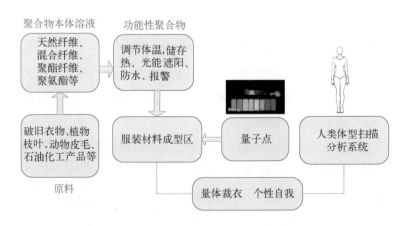

图1　智能服装自助合成路径

1.2 自助合成关键技术——聚合物的分离和大分子的宏观自组装

利用微波技术把原料分解成聚合物链段,在输入要求前,聚合物链段随机分布,形成聚合物溶液。当输入材质、款式和功能要求后,经过程序操作实现聚合物的功能化,然后进入合成空间,最终组装成所需产品。

在这个过程中,需要突破以下几种关键技术:

(1) 所需材料的分离。原料经过微波处理后,所有的聚合物混合在一起,有天然纤维、人工合成纤维、聚氨酯等。而我们要合成的服装可能只需要其中一种或者几种聚合物,将所需的材料分离出来进行功能化是十分关键的一步。不同材料中,都含有碳氢原子,主要区别在于它们含有杂原子的不同,这样我们就可以利用分子间相互作用把他们分离开来。

(2) 智能聚合物的合成。目前,我们对智能聚合物的分子结构进行了大量的研究。储热聚合物具有相变性能,可以调节体温,身体局部热敷;聚合物纳米颗粒的引入不仅具有防水功能,还有很好的透气效果;量子点,具有较好的光谱性能和生物相容性,对人体没有伤害,颜色可以通过颗粒尺寸调节,因而其是一种非常绿色的染料,量子点染色技术具有广阔的发展前景。

(3) 大分子宏观自组装。2004年,颜德岳院士课题组利用超支化聚合物在丙酮中自组装得到宏观的管子,这一重要发现让我们看到了聚合物分子宏观自组装的希望。我们可以将服装的制作看成聚合物分子的宏观可控自组装,不久的将来,人类完全有可能实现这一过程。

在上述三个关键技术中,大分子宏观自组装人类刚刚进入研究的初级阶段,还有很多奥秘等待我们去探索。宏观可控自组装的实现,不仅仅能实现智能服装自助的合成,还将给人们的学习、生活以及工作带来翻天覆地的变化。

2　应用意义与前景

智能服装自助合成机（见图2）将给人类带来更加便利、丰富多彩的生活，由于制造过程的程序化，大大节约了生产成本，减小了劳动量。废弃物的再次利用既有利于节约资源，又有利于保护环境。另外，由于采用"绿色染料"和"纯绿色"工艺，对我们的生存空间完全没有污染，而这正是当然服装界急需解决的问题。

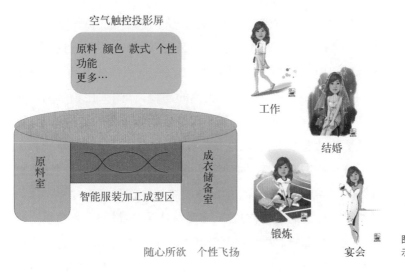

图2　智能服装自助合成机示意图

糖化学的可控合成及批量制备

朱新远
上海交通大学化学化工学院
教授

鲍光明
江西农业大学动物科学技术学院
讲师

金 鑫
上海交通大学化学化工学院
助理研究员

颜德岳
上海交通大学化学化工学院
中国科学院院士

1 概要描述与关键技术

1.1 生物体中的糖

生物体的组成涉及四大基础物质：核酸、蛋白质、脂类和糖类（见图1）。其中糖类化合物是最特殊的一种，因为只有糖类化合物可以与另外三种物质进行组合，形成糖化物质（核糖核酸、糖蛋白和糖脂）；进化度越高的动物，体内糖化物质的含量越高。糖类分子和糖化物质不仅是生物体重要的结构单元，更是重要的功能分子，积极地参与受精、发育、分化、神经系统和免疫系统平衡态的维持，同时涉及炎症和自身免疫疾病、老化、癌细胞的异常增殖和转换、病原体感染等生理和病理过程。作为自然界中最大的生物信息库，多糖被认为是继核酸、蛋白质之后的第三条生命链，人类对生命本质的深入认识和研究将更多地依赖于对糖类分子的研究。糖化学，就是从糖的结构为出发点，研究结构对功能的影响。

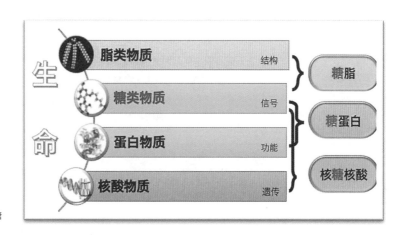

图1 生物体中的糖

1.2　糖化学的挑战——难提取、难合成

依据糖环数量,糖类分子(见图2)主要可分为单糖、二糖、寡糖和多糖,在生物体中主要以糖链(寡糖和多糖)形式发挥功能。以目前的技术,提取天然的糖类分子和合成糖链以前将糖链特异性地降解都困难重重,主要原因是:

(1)自然界中的糖类化合物,常常以微观不均一性、高极性、低含量的形式存在,依靠分离手段从生物资源中提取组分均一、结构明确的糖链非常困难。

(2)化学合成方法虽然在一定程度上可以合成一些结构有限的寡糖分子,但绝大多数糖链具有自身多羟基、多构型、多分支的结构,糖链结构呈复杂且多变,导致糖的合成难以实现高效的自动化、规模化制备。

(3)与蛋白质和核酸不同的是,糖类分子不是基因直接控制的模板复制产物,其生物合成除受酶基因表达的调控外,还受酶活性的影响,所以糖链合成不能像核酸和蛋白质那样可采用扩增的方法和表达的生物手段来实现。

由于糖链合成等关键技术尚未突破,糖链所蕴含的生命奥秘远未被揭示,巨大的研究空间和无数未知领域亟待探索和研究。糖类化合物的可控合成及批量制备,将为糖生物学研究提供坚实基础和重大机遇,有望解决化学、材料、生命和医学等众多领域中存在的关键科学和技术问题。

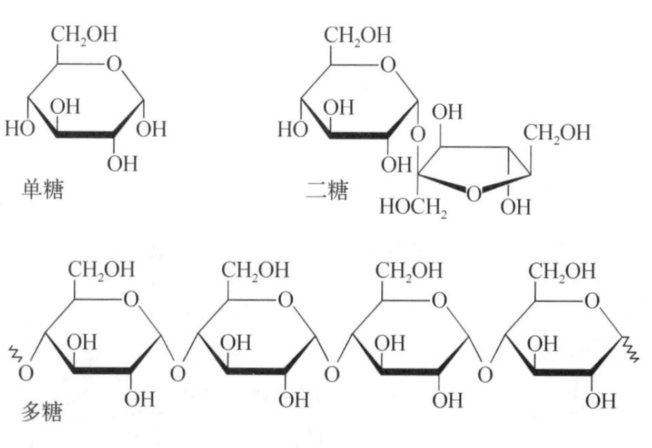

图2　糖类分子化学结构

1.3 糖化学的可控合成及批量制备

未来的糖链合成将在糖化学生物合成的启发下,催生仿生糖化学的发展,从而构建糖分子人工糖受体库。在活化剂的帮助下,以人工糖受体为模版,将非保护的单糖选择性地高效偶联起来,像堆积木一样拼接出目标糖链,实现糖链的可控合成。在此基础上,再附上电脑的程序化软件,便可让糖链的合成在非糖化学专业人士的电脑控制下实现自动化、规模化生产。糖类化合物的可控合成及批量制备,将为生命、健康、能源、信息等众多领域提供重要物质基础。

2 应用意义与前景

糖化学的可控合成和批量制备,是化学领域的一项重大突破,也是未来最为重要且最有影响力的高新技术之一,不仅能为人类社会提供重要物质基础和能源保障,而且为每个生命个体的精准化和个性化医疗提供关键技术支撑。

热降解去聚合

1 概要描述

1.1 聚合物

聚合物在加热时发生降解反应。

热降解反应有三种:

(1) 加热时侧基消除,如聚氯乙烯受热脱 HCl,聚乙酸乙烯酯脱乙酸等,其特点是随加热温度的增高或时间的延长,消除反应加剧、颜色变褐,但一般主链不断裂,对性能影响不大;

(2) 无规降解,加热时聚合物主链从中部弱键处断裂,如聚乙烯、聚丙烯的热降解。其特点是分子量下降、状态变黏,力学性能大幅度下降,但质量变化不大;

(3) 拉锁降解(解聚),从聚合物的链端开始降解,像拉锁一样一个一个地降解为单体。如聚甲基丙烯酸甲酯和聚四氟乙烯的热降解均属此类。

热降解去聚合作用法可以将任何一种具有碳成分的废弃物,以高达85%的效能,转化为可燃气体、燃油及工业用矿物质。轮胎、电脑、拆掉的房子,以及如猪粪等有机废弃物,都能拿来运用。现在对于废弃物的处理基本是捡拾较易回收的部分,如易拉罐、废钢筋等,剩余的各种垃圾通过焚烧发电。

聚合物结构如图1所示。

陈集懿
上海交通大学机械与动力工程学院
本科生

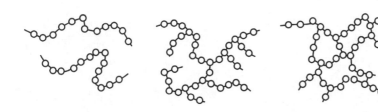

图1 聚合物结构

1.2 热降解的挑战

目前针对热降解的研究大部分只是针对某种具体的物质，因为不同结构的聚合物之间性质相差巨大，所以还是缺少能够比较广泛应用的工艺方法，需要发掘热降解的共性，扩大适用范围。对于热降解的过程应该实现更为理想的控制，设计更佳的路线，可以考虑把不同的过程互相结合，充分利用各自特性，达到既能节省原料、能源，又能得到大量既定产物，有了稳定的流程才适用于开发大规模工业生产。

2 应用意义与前景

随着社会的高度快速发展，所需的能源消费量和相应产生的废弃物必定迅速增加。如果能够对废弃物实现高效环保的回收利用，既可变废为宝，减轻其对环境产生的压力，又能缓解能源危机，促进社会进步。

人工合成食物和愉快食谱

周　飞
上海交通大学生命科学技术学院
本科生

1　概要描述

1.1　背景

当今食物需求量巨大，依靠传统农业需要大量土地和资源，在人口剧增资源紧张的时代传统必须改变。从个人需求来说，食物中营养成分不均衡，每个人对食物要求不一，但是目前对食物的加工使得对美食的追求花费巨大，这无疑阻挡了人对于食品的热爱。

1.2　人工食物

在未来会有一种新型食物，从原材料到加工都由工厂化生产，且味道可由后期加成。具体来说，包括仿生食品例如"假牛肉"（这种牛肉与现有市场上假牛肉的区别在于它是由合成蛋白质，合成维生素等物质经过物理化学加工而成，具有牛肉的口感和更丰富的营养）；还包括创新食品（这种食品与现有食物没有对应关系，因此现在没有名称）。

2　合成方法

2.1　营养成分（见图1）

目前这些成分可以化学合成。另一种手段是，大量培养大肠杆菌等微生物，再提取其中营养成分。

2.2　形态形成

这一步需要让营养成分形成食物外观。一种可能就是用载体

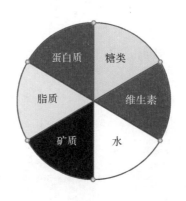

图1　人体必需营养成分

"装着"营养成分,通过载体形态来决定食物形态。对于仿真食物来说,这一步还需要模拟对应的质感(如肉类的纤维口感)。现有形成固体材料有琼脂,在可预见的未来,各种优秀"营养载体"会应运而生。

2.3 加上味道

最后一步就是使产品拥有各种风味。我的猜想是生产丰富的添加剂(要求基本无毒,最好是人体可消化),与现有胡椒粉使用方法类似,但需要自身能均匀分布于食物。

使用的情况,一种是个人购买成形的食物(此时已具有食物形态如鱼子酱形态)再自己添加口味如传统肉味或者"青草口味";另一种是直接购买营养素和"营养载体",自主选择食物口感如嘎嘣脆或者嚼不碎,再添加"调味料"。

3 应用意义与前景

3.1 技术和市场问题

目前添加剂效果不够强,难以形成良好的食物模拟效果,而且没有合适载体形成食物形态。更根本的,现在食物未到匮乏之际,更多人喜欢自然界已存在的食品。从市场需求来说,人们因为思想原因,更倾向于传统食品,推广之路难之又难。

3.2 前景

从发展眼光来看,首先普及的会是医疗行业。Aaron Altschul[①]认为,病人对食物的特殊需要使传统食物无法应对,而全合成食品会帮助解决。

时代潮流是标准化和量化,对于食物,我们更期待自由的味道和全面的营养。

---

① Altschul A(Ed.). New protein foods[M]. Elsevier, 2012.

元素转换技术

1 概要描述与要点

1.1 原子核、质子与元素

原子核（atomic nucleus，见图1）是原子的组成部分，位于原子的中央，占有原子的大部分质量。组成原子核的有中子和质子。其中，原子核中的质子数目决定了它的化学性质以及属于何种化学元素。化学元素（chemical element），指自然界中一百多种基本的金属和非金属物质，它们只由一种原子组成，其原子中的每一核子具有同样数量的质子，用一般的化学方法不能使之分解，并且能构成一切物质。

何迈越
江苏省盐城景山中学高三理科竞赛班
学生

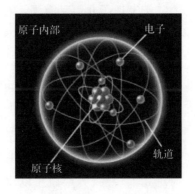

图1 原子核

1.2 元素转换技术的可行性

经过人类的研究，人们发现自然界很多放射性元素可以通过放射出粒子（α，β，γ）转化为其他元素。如镭通过衰变转化为氡。而人类自己也掌握了一些使元素转化的技术，如核裂变与核聚变。其中，核聚变是两个较轻的原子核聚合为一个较重的原子核，并释放出能量的过程。自然界中最容易实现的聚变反应是氢的同位素——氘与氚的聚变。当前，实现可控核聚变是科研者坚持不懈追求的目标。

1.3 当前研究的瓶颈与突破口

当前，元素转化技术的难点，就在于人们对于微观世界的认识尚且不足。想要实现元素转换技术，就必须对原子核内部

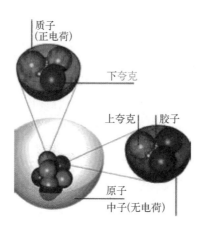

图2 强相互作用

的结构进行改造。而由于原子核体积的渺小,对于原子核的研究陷入了瓶颈,这个瓶颈的突破口之一便是对强相互作用本质的了解与掌握。

强相互作用(strong interaction,见图2)是自然界四种基本相互作用中最强的一种。最早研究的强相互作用是核子(质子或中子)之间的核力,它是使核子结合成原子核的相互作用。自1947年发现与核子作用的π介子以后,实验中陆续发现了几百种有强相互作用的粒子,这些粒子统称为强子。等到人们对强相互作用有更加透彻的认识,原子核内部更多的奥秘向人们展开,元素转换技术或许真的可以实现,从而解决能源、材料众多领域中存在的问题。

2 应用意义与前景

未来,元素转换技术将会极大地推动社会的进步与发展。通过元素转换,人类就可以改变物质的组成元素,合成所需物质,从而消除各种能源危机、资源危机。一些贵重金属(如金、银、钌、铑、钯、锇、铱、铂)和贵重材料也可以通过该技术获取。甚至,当该技术的运用到了登峰造极的程度,人类将有能力改造、合成日常用品。届时,人类社会将会发生颠覆性转变,人类的技术文明也将进入一个崭新的层面,更加广阔的领域任由人类的思维驰骋,一系列的理论或技术突破也会由此展开。

人工光合作用固碳及生产粮食

1 概要描述
1.1 光合作用

光合作用以其高效率的转换太阳能、产生稳定生物能、清洁无污染等诸多优点显现出其独特的优势。

它历经自然亿万年的进化,高效的将太阳能转化为生物能的体系已经相当完善,在未来十大能源排行榜上,人工光合作用位居第一位。它将太阳能转化为有用能源方面的利用率上也是目前所有已知太阳能利用的方式所远远不及的,并且它能够解决许多能源问题,这给寻找新能源的道路指明了新的道路——可以体外模拟光合作用,并加以适当的改造和控制,将太阳能转换为最有用的能源。人工光合作用可以将太阳能电池板捕获的电能直接转化为生物能,固定二氧化碳后可用于生产粮食、生物材料、生物基化学品等。总体光能转化效率可以达到植物光合作用的10倍以上,而且可以在海洋、荒漠等无法种植的场地进行,将引发新的农业革命,彻底解决世界粮食问题,极大缓解人

谢少艾
上海交通大学化学化工学院
高级工程师

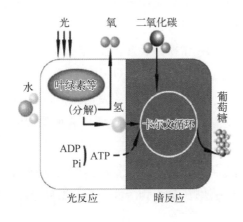

图1 光合作用示意图

类发展对耕地的不断增长的需求,为未来持续发展提供更广阔的空间。

1.2 人工光合作用的研究现状和难题

光合作用吸收、转换能量的过程,提供了利用太阳能来产生新能源的思路。人工光合作用是利用自然光合作用机理来体外建立光合作用系统,人为地利用太阳能分解水制造氢气或固定二氧化碳制造有机物。

1) 利用光合作用进行 H_2O 的分解制 H_2

$$H_2O \xrightarrow{\text{放氧酶}} 2H^+ + O_2 \qquad 2H^+ + 2e \xrightarrow{\text{氢化酶}} H_2$$

(1) 利用有机物为基础进行光合作用系统的模拟。

光合作用的光反应过程涉及光能的捕获、色素激发、能量传递、电荷分离、水的分解等重要过程,而这一系列的反应主要依赖于光敏剂、含 Mn 放氧酶和原初电子受体三大核心物质结构。但是此类模拟光合作用的反应体系较为复杂,并且还需要添加催化剂和电子受体等消耗物质,并且物质原料的合成也非常烦琐,金属化合物的合成还可能对环境造成污染,并且其化学性质也不太稳定。

(2) 以无机半导体材料为基础进行光合作用系统的模拟。

此类光催化体系的催化理论以及制备方法相对成熟,已经设计并制备出一些催化效率较高的体系。但所用催化剂材料成本较为昂贵,催化剂的稳定性和自我修复能力还不是很理想,而且可见光的利用率也远没达到自然光合系统的水平。

2) 人工建立生物化学模拟装置,生成碳水化合物

模拟自然光合作用,固定 CO_2 生成碳水化合物。但是目前为止,此类装置的太阳光能源转化率较低,只有 0.04%,光合成效率也只有自然光合作用的五分之一,合成的产物也不能作为能源使用。

此类模拟器在制备工艺上要根据制备原料的具体特性选用合适的加工方法,满足生物活性物质的温度、酸度等方面的要

求。同时，光合作用涉及的结构复杂，并且微小，设计的反应器有复杂、微小难以加工结构，反应器的制备工艺局限于目前的加工技术水平。

3) 基因工程改造光合作用的固碳过程，引导生产清洁燃料（氢气或甲醇）

不同植物的光合作用原理相同，但是其固碳产物却不一样，这主要是由于不同植物有着不同的固碳基因。

（1）利用DNA序列分析技术对植物细胞进行筛选分析，寻找固碳基因序列；

（2）人工组合产生所需物质的新的基因序列；

（3）利用基因重组技术将供体基因进行重组或利用突变技术、人工诱导技术产生所需固碳基因。

但是对于固碳过程的基因改造过程还有诸多问题，如技术水平尚不够成熟，基因很难控制，容易发生变异，对条件要求比较苛刻，成本相对较高等问题。

2 应用意义与前景

人工光合作用的研究对于解决能源危机具有十分重要的意义，自20世纪80年代人工光合作用概念的提出到目前为止，人工光合作用三大方向的研究已取得很大的进展，例如制备人工树叶产氢、构建人工光和色素蛋白来制造太阳能生物电池、基因改造植物固碳途径等，这些都是非常好的人工光合作用的成果，然而这些成果并未投入工业化生产，主要是由于其转换效率不高、造价过高以及现有技术手段不太成熟等原因，因此在今后的研究中需要不断调整研究思路、创新技术和选用新材料等各种技术手段来建立一套完善的人工光合作用机制。相信在不久的将来，人工光合作用将比自然光合作用更加完善，可以定向生产对人类有用的碳水化合物，并且大量固定二氧化碳，或者光解水产生氢能、电能或其他形式的能源，不仅可以解决能源危机，还将解决温室效应、臭氧破坏等环境问题。

智能水射流切割机器人

陈熠画
上海交通大学船舶海洋
与建筑工程学院
本科生

1 概要描述

1.1 意义与必要性

随着人们对于金属资源需求不断增加、陆地矿产资源逐渐减少，人们逐渐将目光转向了深海采矿。如今，深海采矿已具备技术可行性，数海试验证与比较了不同开采方式的优缺点，但距离大规模商业开采仍较远。

富钴结壳富含钴、锰、镍、铜、铂等金属元素以及稀土元素。结壳厚5～6 cm，主要产在水深800～3 000 m的海山和海台顶部和斜面上。很可能成为战略金属钴、稀土元素和贵金属铂的重要来源。金属钴是生产各种特殊性能合金的重要原料，例如耐热合金、防腐合金等。此外，钴在催化剂、蓄电池等方面的应用也在不断上升。由于富钴结壳的钴含量可达1%，远高于陆地钴矿的含量（0.1%），因此海底富钴结壳被认为是21世纪钴结壳的一个重要来源。随着各国的钴消耗量不断上升，各国海底富钴结壳的勘探与开采研究不断进行。

1.2 科技预见方案

本科技预见"智能水射流切割机器人"（见图1）将勘探与开采一体化，其核心是实现高效、经济的水射流切削技术。本科技预见的主要原理是伽马射线检测技术来区分基岩与富钴结壳，获得精确的富钴结壳厚度。通过编写的程序，确定开启的射流喷嘴数目、水射流压力、喷嘴与基岩之间的距离将富钴结壳完全地从基岩上切削下来，保证能够将富钴结壳完全切削下来且不浪费多余水射流能量、同时不将基岩切削下来而保证极低的贫化率。同时，伽马射线检测技术可辅助路线规划技术，以确定

图1 智能水射流水切割机器人示意图

合理的水射流采矿机器人的行走路线。

本科技所依托的现有科学技术和未来需要攻克的关键科技问题（但不限于）：

1) 伽马射线检测技术

富钴结壳采集现存的一大问题是贫化率较低：一是由于富钴结壳与基岩难以区分，无法确定富钴结壳的厚度；二是机械切割时会将基岩一起切下来。根据富钴结壳的性质，可利用伽马射线区分富钴结壳与基岩。这一技术可以将勘探与开采结合，在前期粗略的勘探之后，即可在开采同时确定钴结壳分布。

2) 智能计算与调节技术

通过伽马射线确定富钴结壳厚度，通过智能计算，自动调节启用的射流喷嘴数目、水射流压力、水射流与富钴结壳之间的对峙距离，以保证切割深度基本等于富钴结壳厚度。在保证开采率的同时降低贫化率。

3) 路线规划技术

结合伽马射线检测技术，与地形情况研究，可以规划出合理、高效的水射流采矿机器人的行走路线，以确保在保持效率的同时能够全面地开采所在矿区内的富钴结壳。

1.3 实施的阶段性

（1）技术开发：实现上述三项技术的功能。如何能使伽马射线检测技术迅速地区分富钴结壳与基岩，并将所得结果传输给智能计算与调节子系统、路线规划子系统。智能计算与调节技术应能够实现根据富钴结壳分布与厚度精确调节水射流参数。路线规划技术应能实现与前两个技术的有机结合而完成合理的路线规划。

（2）产品开发：集合上述三项技术，并通过技术改进实现商业应用。首先可以做出样机在水池中模拟海底情况。等到技术成熟之后应在实际应用之前进行相当规模的海试。

2 应用领域与前景

富钴结壳的钴、锰、镍、铜、铂等金属含量很高，稀土元素总量很高。尽管各国对于富钴结壳的研究已有很多，但富钴结壳开采技术尚未达到商业开采的水平。高压水射流切削相对于传统铰刀切削具有寿命长、贫化率低、振动小等优点，在深海中可以充分利用海水资源达到破岩目的。智能水射流切割机器人可以利用钴结壳与基岩之间的区分点——结壳发出高得多的伽马射线，来区分钴结壳与基岩，通过智能调节水射流参数来完成切割，结合路线规划技术，与常规方法相比能够大大降低贫化率并保证较高的开采率。

全生命周期信息物理融合的智能制造系统

1 运行原理与关键技术

1.1 智能制造系统运行原理（见图1）

智能制造系统将信息物理融合系统（Cyber-Physical System, CPS）的概念和技术贯穿制造系统的整个生命周期，形成从产品设计、工艺、物料供应、制造装配到运维全流程的智能制造。通过使用物联网技术、无线传感器、智能设备和控制器，实现贯穿车间、跨越企业的制造业数据集成，将各车间、工厂互连，协调制造生产各个阶段。应用云计算平台进行制造系统全生命周期内的建模、仿真和数据集成。为了节约能源、优化产品的制造交付，整条生产线和全车间将实时、灵活改变运行速度。同时，广泛应用信息技术来改变商业模式，消费者习惯的100多年的大规模生产工业供应链将完全颠覆。灵活可重构工厂和

秦 威
上海交通大学机械与动力工程学院
讲师

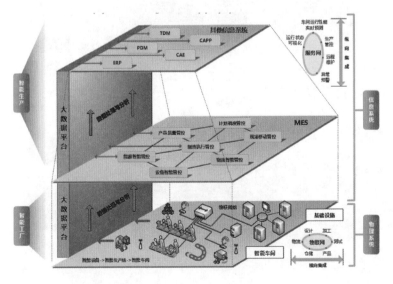

图1 智能制造系统运行原理

最优化供应链将改变生产过程,允许制造商按个人需求定制产品,客户会"告诉"工厂生产什么样式的汽车,构建什么功能的个人电脑,如何定制一款完美的牛仔裤。在基于CPS的智能制造系统中,通过3C技术的有机融合与深度协作,计算、通信与物理系统的一体化设计,实现复杂制造系统的实时感知、动态控制和信息服务。

1.2 关键技术

1) CPS技术

CPS是一个综合计算、网络和物理环境的多维复杂系统(见图2),通过3C(Computation、Communication、Control)技术的有机融合与深度协作,实现大型工程系统的实时感知、动态控制和信息服务,可使系统更加可靠、高效、实时协同。

图2 信息物理融合网络体系

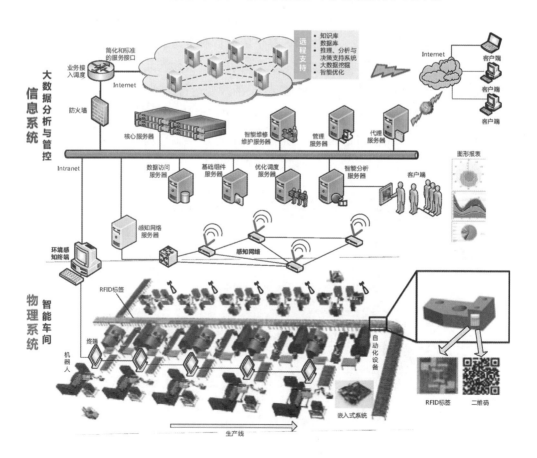

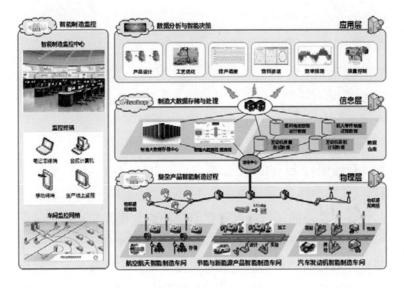

图3 大数据驱动的智能制造系统体系架构

2）大数据技术

在智能制造系统（见图3）中，CPS通过M2M（Machine-to-Machine）通信在机器之间实现信息交换、运转和操控，被制造的产品可以与机器交流，机器可以自组织生产，智能工厂能够自行运转。大数据正是由这样一个工业体系催生出来，是制造业智能化的必然结果，也是制造业智能化的必要条件与基础。

2 应用领域与前景

全生命周期信息物理融合的智能制造系统是一种高度网络连接、知识驱动的制造模式，它优化了企业全部业务和作业流程，可实现可持续生产力增长、能源可持续利用、高经济效益目标。它通过工业自动化与信息技术的融合，从根本上改变产品研发、制造、运输和销售过程，极大提升工厂的生产灵活性，并可节约能源、保护环境、降低成本、提高质量和人身安全。

船体内部实现波浪能吸收的船舶能源辅助与减摇系统

赖哲渊
上海交通大学船舶海洋与建筑工程学院
本科生

1 工作原理与现阶段技术

1.1 工作原理

基于船体内部波浪能吸收的船舶能源辅助和减摇系统是一套综合能源与耐波性考虑的系统。从能量的角度来讲，减摇装置一般是被动消耗波浪能量或是做额外的负功与波浪能抵消。比如减摇水箱、减摇鳍等。从原理上讲，最理想的方法是船舶行进中能吸收横向波浪的能量：一方面，吸收的波浪能能作为船舶能源的储备；另一方面，由于能量守恒，波浪能被吸收了一部分，对船体所做的机械功将大大减少，等效于增大船舶在波浪中的阻尼，从而实现减摇效果。

1.2 现阶段技术

现阶段关于此方面的研究并不多，或者仅从能量与减摇的其中一方面进行考虑。

图1是波浪能量收集船。它是由安装在船只上的浮筒完成能量采集，然后储存到船上的大容量电池中。而船只，可以趋吉避凶绕开风暴。

可以判断的是，船舷两侧的浮筒虽然同时起到了能量吸收与减摇的作用，但无疑会增加船体的附加阻力。更好的办法是将这套系统的实现放在船体内部。因此，也带来了这套系统的最大难题：系统装置不直接与波浪接触，如何能实现横向波浪能的吸收？

图2是解决这难题的一项专利。

该船舶波浪发电减摇装置包括船舶波浪发电机构和船侧受波施力机构。其中发电机构可以是运动磁棒发电装置，也可

图1　波浪能量收集船①

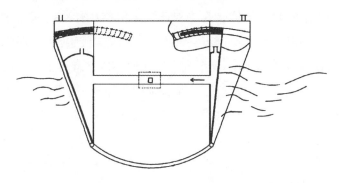

图2　发电减摇装置示意图②

以是风箱风道发电装置。前者通过切割磁感线产生电能，后者则通过气流带动叶轮做功产生电能。船侧受波施力机构是与船舶舷部活动连接、将波浪能传递给发电机构的能量转换动壁。它上端固连着一个弹性部件，内侧黏附着气囊，在波浪力的作用下压迫弹性部件和气囊，波浪能所转化的机械能进一步转化为弹性势能和气体压力势能，当波浪退却，它在上述弹力和气体压力作用下又向外转动，其效果是减摇。

　　这项专利的实用价值有待于研究。但在笔者看来，考虑到船舶的稳定性，除非材料技术发展到一定程度，否则很难做出船

---

① Deborah Braconnier. Cheaper and cleaner electricity from wave-powered ship [EB/OL]. http://phys.org/news/2011-07-cheaper-cleaner-electricity-wave-powered-ships.html.
② 王力丰. 一种船舶波浪发电减摇装置及波浪发电系统[P]. 瑞典, SE:CN201420361832.1, 2015.01.14.

侧的能量转换动壁。但这项技术给了未来实现船体内部波浪能吸收的能源辅助和减摇系统的设计提供了参考思路。

2　应用意义与前景

该系统结合了船舶耐波能力与能源提供,当船舶行驶中的海况越恶劣时,这套系统能从波浪中吸收更多的能量,相对的改善耐波性的程度也越大,系统的经济性和安全性越高。能预期的情况是,这套系统吸收的波浪能量能储存并分配给船舶辅机,从而减轻主机的压力,也能适当地改善船舶耐波性,带来一定的经济价值。未来对此技术的突破性一是从船体外部到船体内部的实现,船体外部直接与波浪接触,工作环境恶劣,而且会附加阻力。而系统实现在船体内部就能很好地避免附加阻力这一问题;二是实现系统的小体积、高效能,体积越小越不影响原先的船体空间配置,效能越高,减摇效果越好,储备能量越多。

涡制导捕鱼器

1 设计背景与关键技术

1.1 设计背景

现代陆上资源已经日益枯竭,海洋成为人类新的资源宝库,海洋生物也成为人类新的营养品。已知的海洋生物有21万种,预计的实际数量在这个数字的10倍以上,即210万种。这个数量是非常惊人的。如果人类能够充分利用海洋中的生物资源,对解决现代社会中的粮食紧缺有着重要意义。而在海洋生物中,已登录的海洋鱼类有15 304种,最终预计海洋鱼类大约有2万种。

经过几十年来来海洋科技工作者的调查研究,已在我国管辖海域记录到了20 278中海洋生物。这些海洋生物隶属于5个生物界、44个生物门。其中动物的种类最多有12 794种。我国的海洋生物种类约占全世界海洋生物总种数的10%。在我国水域海洋生物分布趋势是南多北少,即南海的种类较多,而黄海、渤海的种类较少。

如果能设计出涡制导的捕鱼器,那么对我国乃至世界的海洋捕捞业都有重要意义。

1.2 涡制导技术

涡制导技术是完成涡制导捕鱼器的核心技术。据前人实验可知,斑海豹(见图1)可以在屏蔽视觉、听觉和嗅觉的情况下,利用胡须探测流场来进行循迹捕获猎物。

麻省理工学院(Massachusetts Institute of Technology, MIT)早就开展了关于鳍足类生物利用胡须循迹追踪的实验。由流体力学可知,物体在流场中运动中会对流场产生影响。在自然界

王红亮
上海交通大学船舶海洋与建筑工程学院
博士研究生

图1　斑海豹胡须①

中，物体经过流场时，都会产生涡，例如海水在流经立管时就会产生周期性的卡门涡街。而物体以不同的状态（位置、角度、速度）流经流场时产生的涡也是各不相同的，因此如果能够弄清涡的变化与物体运动状态间的映射关系就可以通过对涡的探测来预测物体的位置。这就是涡制导技术的主要理论基础。

1.3　水下航行器技术

水下航行器技术是完成涡制导捕鱼器的必需技术。民用水下航行器（见图2）比较稀少，因此要完成涡制导捕鱼技术就必须进一步开发水下航行器技术，使其得到进一步普及。此

图2　民用水下航行器②

---

① 王丹,王丕烈,田继光.国家二级保护动物——斑海豹[J].水族世界,2007(5)：140–143.
② 毕凤阳.欠驱动自主水下航行器的非线性鲁棒控制策略研究[D].哈尔滨：哈尔滨工业大学,2010.

外,现代民用水下航行器的航行速度通常较慢,无法满足实现水下捕鱼所需的快速性要求,因此必须进一步开发水下航行器技术。

1.4 自动控制技术

自动控制技术完成涡制导捕鱼器的重要技术。自动控制需要捕鱼器能够自行进行计算,得到鱼类游动轨迹,并根据鱼类游动轨迹进行撒网,从而完成水下捕鱼。

2 应用意义与前景

现在的捕鱼方式大多是从渔船上撒网被动式地进行捕鱼。这种捕鱼方式通常难以将鱼汛时的鱼类资源充分利用。如果能开发出涡制导捕鱼器,就能在水下进行主动式的捕鱼,从而充分利用鱼汛时的鱼群资源。

目前,全世界从海洋中捕捞的6 000万t水产品中,90%是鱼类,其余为鲸类、甲壳类和软体动物等。鱼类种类较多,可食用的就有1 500多种。鱼类营养价值很高,含有大量的蛋白质,还有的具有医疗价值和作为精细化工业的贵重原料。如果能够充分利用海洋中的鱼类资源,一定能够缓解人类的粮食压力,改变人类的营养结构,促进人类的进步。

无中生有的高柔性制造技术

沈 彬
上海交通大学机械与动力工程学院
副研究员

1 工作原理与性能

高柔性制造技术可被看作是增材、减材制造技术与智能机器人、数字化制造、互联网与信息化技术在未来结合发展而成的一种先进制造技术形态,它能够高效、方便地在空无一物的空间中制造出数字模型所表述的物体,实现从无到有的制造过程。增材制造技术是一种通过逐层堆积材料的方式构建三维物体的先进制造技术,它由数字化三维模型直接驱动,大幅简化了传统制造流程,与数字制造技术以及互联网技术具有天然的融合性。传统减材制造技术也在发生深刻的改变,在许多领域,通用机床正被大量带有末端执行器的智能机械手取代,通过机械手之间的协作,高效完成大型零件、结构件的高效精密制造,实现生产过程的高度自动化和智能化。它们的结合应用必将带来新一轮的制造业变革,使得全世界范围内的分布式透明制造成为可能。在未来5~15年,适用于增材制造的各类新型材料将不断被开发出来,满足从宏观到微观尺度下各类零件与整体结构件的性能要求。大量传统制造过程中的通用数控机床将被带有同时具备增材与减材制造功能的末端执行器的智能机器人操作手取代,通过合理配合使用两种制造方式——增材制造过程制造出高质量毛坯,减材制造过程对毛坯进行精加工,实现从无到有的、具有高度柔性化的制造过程。

2 应用领域与前景

结合了增材和减材制造的高柔性制造技术将彻底改变现有的零件,尤其是大型结构件的制造方式,使其制造过程从传统的"零件制造到装配件制造"的流程改为整体结构件的一次成型。由于制造材料与制造过程均具有极高的柔性,这一制造过程可完全实现数字化自动控制,并且可广泛适用于从飞机制造到食品制作,从建筑建造到微细电子线路制造,从机械结构制造到生物结构(如人体器官)制造等诸多个领域的产品制造。

  不仅在工业制造领域,该项制造技术的不断成熟与发展也将对人类日常生活造成颠覆性的变革。产品设计师的想象力获得极大的解放,种类繁多的可视化设计软件将出现,它们可以运行在多种电子设备平台上,在多个领域实现"所见即所想"的开发过程。大量专用产品的制造工厂或将消失,取而代之的是"通用工厂",可生产从汽车到玩具、从衣服到食品等几乎所有的人类所需。任何人完成一项设计方案后,即可通过互联网将其提交到云端并被转化为一个制造任务;这个制造任务会按照用户的个性化需求在指定的时间被发往指定的"通用工厂"中进行生产,生产完毕后直接被自动递送服务交付到客户手中。采用这种制造模式,"隔空传物"在一定范围和领域内将被实现,当人们互相传递物品时,无需传递物品的实物,只需将物品的设计方案,或者是制造任务,提交到云端,并指定递送的时间地点以及收件人信息即可。未来社会的物流成本和交通压力也会因此而大幅降低,自然环境在最大程度上获得保护,整体社会效率获得显著提升。

可长期海底工作的水下智能机器人

张国光
上海交通大学海洋水下
工程科学研究院
副研究员

张延猛
上海交通大学海洋水下
工程科学研究院
高级工程师

薛利群
上海交通大学海洋水下
工程科学研究院
研究员

1 工作原理与性能

1.1 长期海底工作智能机器人工作原理

20世纪末以来，海洋油气开发的工作水深已从400～500 m迅速向1 000 m、2 000 m的大深度，以及2 500～3 500 m的超深水发展。为降低海洋油气开发的生产成本，该领域出现了各种置于海底的水下油气生产处理设施，如全电动海底采油树、海底管汇、增压及注水系统、海底油气分离生产设施，以及油气增压泵站系统等。对于这些设施的水下安装、维护和修理作业，主要通过由大型水面工作母船支持的无人遥控潜水器（remotely operated vehicle，ROV）技术来完成。

未来长期海底作业智能机器人将承担起这一工作。这种海底作业智能机器人具备人类工作的基本能力，预设专家系统及遥控程序，可以通过海底可再生能源充电站进行自身动力补充，长期（比如一年或更长）驻扎、徜徉于大洋海底，从事各种水下生产设备维护、海底监控，以及应急事件的处置等值班工作（见图1）。如同人类工程师在生产现场轮值工作。一般情况下，这种海底机器人通过水面工作船，投放到预定的工作海域，直接下潜到海底就位。工作期间，从一个水下工作站游弋到另一个水下工作站，进行海底生产设施的保养维护或应急事件的处置，转储运作数据或从海底站点充电再充电。待工作任务期满后，海底机器人上浮到水面，由水面工作船回收上岸。长期海底工作机器人的动力供应，将通过利用海洋清洁能源，包括潮汐能、波浪能、海水温差能、海流能或盐度差能，所产生的能量（电能），为海底机器人的水下活动提供所需的电力供应，并且不会

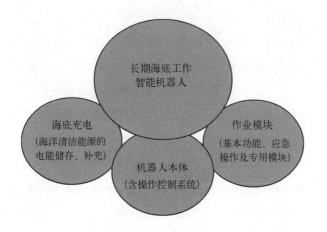

图1 长期海底工作智能机器人的技术要素

产生任何废物污染大海。

1.2 长期海底工作智能机器人性能描述

（1）作业水深：对长期海底工作的智能机器人而言，水深已不是制约要素，主要视其工作海域的实际需要来确定。一般可在3 000～5 000 m水深的海域。

（2）推进方式：电力驱动推进。通过动力定位（dynamic positioning, DP）技术，可实现海底机器人的水下自由悬移和定位。

（3）动力配备：水下可充电系统。定期或随机到海底站点（由海洋清洁能源供电的海底充电桩）通过对接或无线系统进行充电。

（4）基本配置：除满足一般工作任务需要的水下作业机械手、照明及视频或声学设备外，还携带专项操作工具包、维修检测器械包以及预设专家系统等。

（5）主要功能：海底机器人采用模块化设计，可根据预定海域水下任务选择自身配置的不同功能模块进行海底工作。

（6）长期海底工作智能机器人需要兼顾与海底任务对象设施的界面对接问题，这与一般水下作业机器人的要求相似。其最大性能特征在于适应长期海底工作所需要的动力供应问题，亦即在海底的电能储存与充电的技术解决。

2 应用领域与前景

长期海底工作智能机器人的应用领域包括商业以及国防军事等领域。在商业应用领域，用于海底油气资源开发生产，对海底油气开采、生产、加工设施的日常监测保养及应急处置维修，以大大提高海底油气（或其他矿产）资源生产的自动化及智能化，加强水下生产作业安全并降低运营成本。在海洋水下搜救领域，作为大面积快速海底沉船沉物搜寻，挽救生命和加快搜救（search and rescue, SAR）过程的有效工具。在国防军事领域，可长期进行水下巡航或静默于海底，执行领海线或战略性水域水下航道的监听、探测、安全预警等任务，保卫国家海洋安全。

从最初在北美墨西哥湾和欧洲北海油气资源开发中出现无人遥控潜水器（ROV）应用，到如今在水深 2 000～3 000 m 多的海底油气田中商业规模的各种采用无人遥控潜水技术的海底水下油气处理生产设施（包括油气增压泵送、海底气液分离、油井增压注水以及气体压缩系统等），前后不过30余年时间。

长期海底工作的智能机器人，不同于传统意义上的系缆无人遥控潜水器（remotely operated vehicle, ROV）或自主水下运载器（autonomous underwater vehicles, AUV），涉及海洋防腐蚀、防海生物附着新材料及其新技术开发应用，以及海洋水下可再生能源发电，电能存储转化、无线充电及水下工程应用，机器人水下作业等技术领域，其自身应用及所带动相关产业开发的经济价值及未来影响力的前景显然易见。

具有生命特征的建筑

1 工作原理与性能
1.1 具有生命特征的建筑

崇尚自然，喜爱自然自古亘有。先民们早就注意到"天时、地利、人和"的协调统一。让建筑拥有生命，一直在"生长"，就像一个有机生命体一样，这种哲学早存于我们中国人的思想里，也就是中国几千年来提倡的建筑与环境"天人合一"观念。人们处理建筑与自然环境的关系不是持着与大自然对立的态度，用建筑去控制自然环境；相反，乃是持着亲和的态度，从而形成了建筑和谐于自然的环境态度，这正是中华民族在建筑与大自然关系的处理上所体现的独特的环境意识。但遗憾的是，目前大量的建造都忽略了这一点，我们的建筑浪潮，正以极大的消耗和浪费资源为代价进行着。

中国的传统建筑与西方不同，房屋、殿宇等建筑却是以木材为建筑材料，因此被誉为"木头史书"，而木头是生命体和非生命体的双重特性，如何整合和进一步发展木头生命形态（植物）在建筑的应用，使其具有与大自然和谐（自然、节能环保）、自我修复和更新（防止老化）和自我保护（地震和风灾会造成建筑物大幅度震动）是植物学家、系统生物学和建筑学交叉科学发展的方向，建筑与有机生命体一样，从建设决策—设计—建造—使用—拆除，表现出类似于生命体的产生、生长、成熟和衰亡的过程，通过对建筑实例的分析，揭示了建筑的自调节、可生长和自循环等类生命体特征以及以此为基点的建筑创作策略。这一目标的实现，需要通过创作观念的调整，并采取相应的创作手段，使建筑本身表现出类似生命体的基本特征。建筑物的生命存在

许 杰
上海交通大学生命科学
技术学院
副研究员

图1 古代建筑与环境相结合的"天人合一"代表天坛①

图2 现代建筑与环境相结合的建筑②

于项目设计、施工和运营维护的整个阶段,科学、环保的设计和施工方法可以缓解建筑带来的负面影响,甚至能够了解建筑物在整个生命周期的能耗信息,让建筑物生命更加绿色和持久。

1.2 生命特征的建筑性能描述

(1)自调节特征:同所有生命体一样,建筑应当具备自我调节和组织的能力,以利于自身整体功能的完善。这种自调节一方面是指建筑具有调节自身采光、通风、温度与湿度等方面的能力,为可再生性能源的利用提供机会;另一方面建筑又应具有自我净化能力,尽量减少自身污染物的排放,包括污水、废气、噪声等。

(2)可生长特征:新陈代谢是所有生命体的共同特征,它同样也贯穿于建筑的整个生命周期的始终。这意味着建筑不再是建成之后就固定下来,而是继续生长、变化着的。

(3)自循环特征:自循环是生命体的又一显著特征。建筑体系的自我循环,不仅保证了自身系统内物质能源的充分利

---

① http://www.nipic.com/show/7719681.html.
② http://www.yuanliner.com/2011/1130/70911.html.

用,也对整个环境系统健康持续发展具有重要意义。"建筑本是木石构成的有机体,新陈代谢是其发展的客观规律,建筑学理应把建设的物质对象看作是一个循环的体系,按其使用情况分为新建、改建、维护、重建等"。可以说,自循环模式是人类及其建筑存在体系在动态变化中保持和谐、稳定的重要手段。

2 应用领域与前景

由于地震和风灾会造成建筑物大幅度震动,导致崩塌摧毁,因此生命建筑有极好的自我保护功能,科学家们为它们设置了一种计算机程序,这个程序模仿一个真实的神经细胞,它能在突发的建筑事故中,具有判断能力,并由神经网络作相应处理;同时,生命建筑还设置了自动适应系统,以便在必要时自动接换各自的传感器,达到防御灾害的目的。如当地震造成建筑物大幅振动时,生命建筑中的驱动器和控制系统会迅速改变设在建筑物内的阻尼物(如流体箱)的质量,从而改变阻尼物的振动频率,以此来抵消建筑物的振动;可以研究在地震发生时如何让生命建筑之间能自动伸出自己的驱动阻尼器,并连在一起,就像人在摇晃的船甲板上手拉手一样不易跌倒;同时,于生命建筑的自我康复,它的执行元件是充有异丁烯酸中酯黏结剂和硝酸钙抗蚀剂的水管。当生命建筑有裂缝时水管断裂,管内物质流出,形成自愈的混凝土结构。

生命建筑有能获得"感觉"的"神经"。这种"建筑神经",不仅能"感觉"到整座建筑或桥梁内部的受力变化,甚至能感应检测到承受外力时,觉察所受的震动和桥的变形。如果桥梁产生裂缝,"神经"信号就会终止,从而便于预防,并能及时查出建筑的隐患所在。也可以感受建筑物变形和振动的情况,在建筑物的合成梁中埋植记忆合金(SMA)纤维,由电热控制的SMA纤维能像人的肌肉纤维一样产生形状和张力变化,从而根据建筑物受到的振动改变梁的刚性和自动振动频率,减少振幅,使框架结构的寿命大大延长。

空中交通飞行器

苑兆涵
上海交通大学机械与动力工程学院
本科生

1 空中交通飞行器

1.1 交通现状

目前,随着科技的迅速发展,人们的出行日益方便,但交通每况愈差。

通常公认交通堵塞的原因如下:

(1) 汽车使用率增加是导致交通堵塞的主要原因。

由于汽车的方便,导致市区内车流日益升高,每逢高峰时间,上班的、旅游的、购物的车流从四面八方涌入市中心。但汽车的一大缺点,就是十分浪费空间,但数量又不断增加,导致现有道路无法负荷如此大的车流量,而造成堵塞的情形。

(2) 道路容量不足亦为造成塞车的因素。

现今如北京、伦敦、罗马等许多历史悠久的都市,都在交通方面恶名昭彰,原因就在于道路容量不足,其市区内的道路原来大多是供马车行走的,但汽车的数量不断增加,而道路扩建的速度又跟不上车流量增加,使得市中心的道路拥挤不堪。

(3) 平面道路交叉(即十字路口)处过多也经常导致交通堵塞,因为交通号志会暂时阻断车流行进,若车流量过大,就会产生回堵的现象。铁路平交道也会造成回堵,行经城市的铁路,其附近的道路经常堵塞。

1.2 解决方案

1) 兴辟拓宽道路

此方法是解决交通堵塞最为基本的方法,因为当汽车使用率增高时,就需要有更多的道路来容纳车流。

不过此方法的流弊在于仅能"增加"道路面积,而无法"根治"交通堵塞，因为汽车数量并未随之减少。甚至有时，兴辟道路等于是在无形之中，鼓励更多的驾驶人开车上路。

2）收费

用收费以抵制驾驶人的开车意愿，而减少汽车量的方法，称为"塞车费"，目前新加坡及伦敦等都市已开始实施，纽约市亦计划采取。

3）减少道路交叉

此种方法包括高架道路、地下行车道、铁路地下化等。

然而，随着地下资源的开发殆尽，我们需要拓展一种新的交通方式。在这种大环境下，空中交通，即空中飞行器的应用也就应运而生。

1.3 空中飞行器

新型空中飞行器，可以像汽车一样，使个人可以空中飞行，方便人们出行，有效缓解交通拥堵；也可以设计成大型飞行器，类似于地铁，进行大范围的人或货物的运输。我们当前需要一种全新的发动机，来提供飞行器的动力，一种装置保证飞行的稳定性；并颁布空中交通法规，保障空域的秩序和安全。

2 空中交通飞行器设计和前景

目前现有的飞行器都难以解决其体积过大、能耗过大、价格昂贵等问题。我们参照电影中的科技设想，如钢铁侠等设计，发明个人飞行器；根据时空飞行器等设计，发明大型交通工具。

空中交通飞行器的应用，能够有效缓解交通拥堵，方便人们出行；与此同时，它也会彻底改变人们的生活方式，将"空"真正融入人们的生活中。

未来个人飞行器及飞行技术

宋文滨
上海交通大学航空航天学院
副研究员

1 关键技术路径

1.1 高度自主个人飞行器

无论自然界鸟类的扑翼飞行,还是人类设计的各种固定翼、旋翼及其他类型飞行器,飞行的原理尽管早已被充分解读,也出现了众多尝试,但实现单人的自由、持续、安全、可靠的例行飞行仍然未成现实,人体的物理特征无法满足人类不借助外力的自主飞行。尽管无人飞行器的不断发展将满足未来越来越多的信息收集、通讯中继、快递运输等需求,实现单人飞行器的自主安全持续飞行不但具有科技意义,也对交通模式具有很大的应用价值。

尽管具有飞行能力的鸟类的扑翼飞行效率很高,但其最大体重在 20 kg 左右,更大的禽类则丧失了飞行能力,对于携带有限救生设备的单人来说,其载荷介于较大的扑翼鸟类和目前的载人固定翼和旋翼飞行器之间,扑翼飞行的效率难以能够满足持续长久飞行,单人固定翼飞行器的设计需要更好的权衡飞行和起降的需求矛盾,也难以实现垂直起降,而旋翼飞行则存在噪声等问题。预想的单人飞行器可以分为两类:一类速度要求不高,在有限城市空间使用;另一类航程相对较远,用于中短距飞行,速度适当提高。两类机型的设计要求存在差异,后者类似增加了垂直起降能力的小型通航飞机,而前者更具挑战,需要找到一种垂直起降和有限空间高效但低速安全飞行的解决方案,更具挑战,应该采用一种混合方案。NASA 提出一种方案(见图1),飞机姿态改变来实现单一动力装置满足所有要求;第二种方案类似倾转旋翼机,付出了额外机构带来的重量和可靠性的代

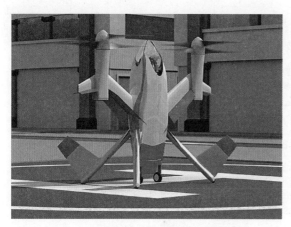

有效载荷：100～200 kg
最大起飞重量：500～1 000 kg
垂直起飞/着陆能力
巡航速度：200～300 km/h
续航时间：5 h
噪声水平：≤75 dB（起飞/着陆）
可分离座舱/防护服
动力装置：涵道风扇（Ducted E-Fan）
发动机数目：2～4

图1　NASA提出的Puffin（海鹦）方案设想图①　　　　图2　未来个人飞行器关键指标和概念技术方案

价；可以预期还可能存在更多的方案，但是都需要更好地解决这一经典矛盾，关键性的技术环节包括更高效、环保和可靠的动力装置，低成本、高强度、可变形新材料，高速计算芯片和无线传感技术，静音技术等（见图2）。

1.2　有限城市空间自主飞行技术

实现具有实用价值的单人飞行器的自主飞行需要具备三个要素：自主垂直起飞和着陆，大量飞行器的在有限城市空间的持续安全飞行，以及低噪声和低排放的优异环保特性。到目前为止，NASA的Puffin试验飞行器以及Martin公司的JetPack方案提供了一些原型设计的案例②，但距离实用以及对新技术的应用仍有巨大的空间。随着技术的发展，可变形材料及结构、高速计算芯片及无线传感网络、智能算法、清洁可靠的动力源、高度适变的飞行控制率等技术的发展为实现单人持续可控实用飞行带来可能。与飞行器的方案设计及工程实现相比，在有限城市空间的自主飞行技术的实现面临更大的挑战，最终需要发展具备像禽类一样的感知和飞行规避能力，需要在无线传感技

---

① http://www.nasa.gov/topics/technology/features/puffin.html.
② http://www.gizmag.com/martin-jetpack-p12/29215/.

术、高速智能芯片技术、多源信息处理及学习能力、低空大规模自主安全飞行技术,甚至声控乃至意念控制等方面取得突破,并实现飞行器设计与使用之间的最优综合集成。

表1 自主能力的层级分类①

层级分类	传感器需求	计算量需求	监督需求	成熟度
传感-驱动(sensor-motor)	很少	小	需要	大量使用
反应性自主(reactive)	少,分布式	中等	较少	开始应用
认知类自主(cognitive)	少量分布式,和大量,高密度	高、实时	无需	少

图3 自主飞行能力的实现架构

2 应用意义与前景

作为具有15～30年时间跨度的潜在技术研究应用,该技术涉及制造、信息、材料和控制等专业领域,不但对多项基础性技术学科的发展具有重大的牵引作用,推动非定常空气动力学、智能材料、高效能源和推进技术、大规模有限空间飞行控制技术的发展;同时具有重要的社会实践价值,有利于发展新的交通模式,缓解城市拥堵,同时,相关技术对民航技术的发展具有重要的工程价值。可以开辟新的交叉学科研究,促进多项技术交叉融合,大幅提高现有技术水平,开辟新的领域,催生新的产业,有着更广泛的应用前景。

---

① Floreano D and Wood R J. Science, Technology and the future of small autonomous drones[J]. Nature, 2015, 521: 460–466.

眼镜式视频播放设备

1 产品实现的功能及实现原理

1.1 产品需要实现的功能

眼镜式视频播放设备是一种小型的视频播放设备,如图1所示。它的形状与一副眼镜比较相似,只是在镜片的部分添加有盒状的设备。盒中有显示屏与各种光学设备。它可以由使用者佩戴在眼睛上,使得使用者的双眼可以直接正对视频的显示屏。这种产品可以让使用者大大减少使用电视等实体显示屏的频率,让人在躺卧的状态下就可以观看视频,而且在观看中的视角更大且真实感更强,观看效果在普通的电视设备之上。

除了普通的观看视频的功能以外,本产品还可以通过配套的手柄来进行各种辅助操作。在使用者观看视频的同时,他可以通过手柄的按键、滚轮等来对希望播放的视频进行选择,并能够实现视频的暂停、快进、快退乃至截屏的功能。这种产品可以大大方便人们的生活,提高人们的生活乐趣。

许凤麟
上海交通大学机械与动力工程学院
本科生

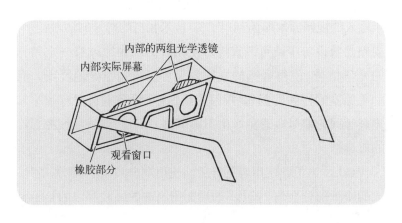

图1 眼镜式视频播放设备外观图

1.2 产品功能的实现原理

首先,这个设备需要实现能够获取视频资源的功能。因此,在设计中本设备可以通过蓝牙与使用者的手机进行无线连接。在连接到手机之后,就可以将手机中的网络资源共享到这个视频播放设备上面,本设备也就相当于手机的另一个显示屏了。

在产品的使用过程中,考虑到其过大的体积会给使用者带来很糟糕的用户体验,因此屏幕与人的双眼间的距离一定要相当小。而在另一方面,考虑到屏幕距离眼睛过近会对人的眼睛造成相当的疲劳感,长时间使用也会严重影响视力,因此在播放视频的时候一定要让屏幕的像成在距离人眼较远的一个位置。因此,在这个设备中有必要加入一组透镜,使得成像位置在一个不会对人眼造成明显疲劳的位置。

然而,一旦在设备中引入光学透镜,就势必会使得所成的像发生一定的扭曲变形,从而造成视频的失真。为了解决这一问题,我们可以在最初的视频文件中进行一定的补偿。为了使用这一视频播放设备,在使用者的手机中必须安装有为此特别设计的应用软件。在软件中会有专门针对各种视频的解码器。它会在解码时对视频中不同位置的数据进行适当的调整。这种调整可以与通过特定形状的透镜时的位置和亮度变化相抵消,从而使一个没有明显失真的视频展示在使用者眼前。

除此以外,在实际的成像中还要考虑到人的双眼效应。如果输入的视频原本即为利用了3D技术拍摄的影片的话,在这个视频播放设备中就可以直接对使用者的双眼输入有一定差异的光学信号,使得视频的立体效果可以得到很好地展现。而如果原本的视频即为2D视频的话,这个设备则会对双眼输入完全等同的信号以避免产生不协调感,从而影响观看视频影片的质量。

最后,为了让使用者更舒适地使用本产品,在实际佩戴时,人的眼眶部位会与"镜片"的后面所附有的橡胶制成的垫子紧密贴合。一方面，它可以避免较重的"镜片"部分持续压迫眼眶，造成不适感；另一方面，它也可以隔绝外部光线，提升观看体验。

2 应用前景与展望

2.1 应用前景

在现代的家庭中，越来越多的人倾向于购买大尺寸的液晶电视，其原因在于屏幕越大，其占据观众的视角也越大，观众的现场感也越强烈。而如果这种眼镜式视频播放设备可以投入生产，并在千万个家庭中流行的话，它将很有可能取代这种硕大的电视机的地位。首先，这个产品的体积小、重量轻，可以戴在鼻梁上，即使人在仰卧时也可以观看视频节目。因此，它相对于无法随便搬运的电视机来说有着相当大的优势。其次，这个产品是直接放置于观众眼前的，因而观众的视角可以变得相当广阔；同时观众由于无法获得来自设备外部的信息，因此会有在影院之中一样的体验。除此以外，这个设备也能够很好地支持3D视频，可以大大提升观众的真实感。这就是其可以取代传统的电视机的原因。

2.2 展望

随着各方面技术的进步，眼镜式视频播放设备也会随之有相应的改进和提升。首先，如果对人的脑电波的分析技术足够成熟的话，就可以利用这个设备直接采集大脑中产生的控制信号，通过视线的移动来直接控制对视频的各种操作，而不再需要单独连接一个手柄来进行无线控制。

在另一个方向上，如果技术足够成熟，我们也可以对这个设备的体积进行不断的压缩，直至其达到与实际的眼镜同等大小。在这种尺寸下，我们甚至可以将整个设备制作成透明的，令其所显示的图像与人眼实际捕捉到的图像相叠加，作为辅助日常生活的产品来加以使用，从而大大扩充人们的现实生活。

自适应吸震房屋

赖华辉
上海交通大学 BIM 研究中心
博士研究生

汪东进
上海交通大学 BIM 研究中心
硕士研究生

韩文洋
上海交通大学 BIM 研究中心
硕士研究生

吴祎菲
上海交通大学 BIM 研究中心
硕士研究生

刘思铖
上海交通大学 BIM 研究中心
硕士研究生

1 概要描述

1.1 背景与意义

地震是地球上给人类社会造成损失最大的自然灾害之一。地震一般是地壳快速释放能量过程中所造成的振动，8.0 级地震释放的能量约为 6.3×10^{16} J，相当于约 15 百万 t TNT 炸药，在 2008 年发生的汶川地震亦为 8.0 级。我们可以想象，这么大威力的能量所造成的破坏。目前的抗震措施一般是通过加强建筑房屋结构以达到抗震的作用，即主要以"抵抗"性质为主。但面对如此巨大的能量，为何不能被我们人类所使用呢？随着科学技术的发展，我们所生活和工作的房屋在适应地震的基础上，快速"吸收"地震所释放的能量，将地震能量采集为人类可以使用的能量，将成为人类社会发展的重要课题，这不仅可以大大降低地震所带来的影响，也将为人类在地球上的可持续发展提供支撑。

1.2 工作原理

自适应吸震房屋工作原理如图 1 所示。

（1）智能化计算：地震来临时，房屋建筑及时获取地震参数，结合自身的结构参数，如地下基础形式、连接节点刚度、建筑材料性能等，由房屋智能控制系统数据库计算选取一种最适合当前地震下的结构形态，并将计算结果的指令发送到房屋相关系统。

（2）协调性变形：根据房屋智能控制系统的计算结果，由智能材料、设备建成的房屋将自动调节自身形态及工作参数，以适应地震所产生的震动。当地震来临时，房屋整体结构能够自动变形，与震动的大地保持相对协调，避免由于发生相对位移导致房屋倒塌。

图1 自适应吸震房屋工作原理示意图

（3）转化式存储：地震所释放的巨大能量，可通过房屋振动智能吸收系统进行采集、转化并存储。房屋振动智能吸收系统可将地震的机械能转存为电能，一部分电能供房屋后期的日常使用，如家居电器、车辆充电等，其中一大部分电能传输至社区能量存储库。

（4）记忆态恢复：地震来临时，房屋将处于地震的特殊状态。地震结束后，房屋智能化控制系统可根据地震前的"记忆"状态，智能化地恢复到房屋的原始状态。同时，房屋将记录此次的地震参数及房屋的地震表现数据，反馈至控制系统，以优化后期的房屋地震状态控制。

2 技术发展与突破

自适应吸震房屋是人类社会未来发展的重要研究课题。目前，已有科学家与工程师开展了相关理论与技术的研究，为自适应吸震房屋的研究提供理论基础与技术支撑：

（1）建筑信息模型（building information modeling, BIM）技术：一种存储、表达并管理房屋建筑数据的三维信息化技术，能够为房屋智能化控制系统提供房屋全生命期大量的建设与管理数据。目前，上海中心等复杂项目均有应用。

（2）形状记忆合金：一种对形状有记忆功能的合金材料，具有自适应、自感知和自诊断的功能。据研究，镍钛记忆合金在弹性性能上比目前建筑用钢的提升约30%。

（3）振动能量采集器：一种可用于将机械振动能量转换成电能的能量采集器，目前已有公路系统振动能量压电发电的研究。该研究是在路面内安装压电装置，或采用压电材料作为路面组成部分，当公路上的汽车造成振动时，即可产生电能，可作为电力加以存储和利用。

可以预想，随着科学技术的进一步发展，房屋智能系统控制、房屋多维信息集成、建筑结构创新体系、智能复合材料、能量采集与转存、地震预测等方面的技术将进一步突破，人类将能够居住在安全、智能、可持续的自适应吸震房屋中。

3　应用意义与前景

自适应吸震房屋技术是一项融合建筑体系、系统控制、信息集成、计算机软硬件、化学材料等多学科交叉协同创新的新技术。随着科学技术的发展，在未来，自适应吸震房屋的投入使用，能够大大提高房屋建筑的安全性能，有效降低地震（尤其是特大地震）对国家、社会和人民所造成的生命财产和经济的损失。同时，自适应吸震房屋从传统的"抗震"模式变为"用震"模式，能够存储并充分利用地震释放的巨大能量，优化能源使用格局，有利于改善地球能源使用的各种问题，如资源枯竭、环境污染和生态失衡等，为新型能源的使用提供新的思路。另一方面，自适应吸震房屋对其他领域类似技术具有广泛的借鉴价值，如自适应汽车，能够自动协调应对复杂的道路状况、突发交通事故等。

房屋作为国内外发展智慧城市的重要载体，自适应吸震房屋能够为人类提供安全、智能、可持续的生活环境，进而降低地震等自然灾害带来的严重影响，并促进能源使用的可持续性发展，在人类社会发展中具有广泛的应用意义及前景，必将推动一场智能制造技术的变革和智慧城市的新一轮发展。

以音乐为语言的机器人

1 概要描述与关键路径要点

1.1 以音乐为语言的机器人技术描述

机器人与人工智能技术不断发展。机器人之间发展到也需要相互交流。科学家们认为人类语言的声音不易识别，语言的种类五花八门，语言的意义与声音的关系过于抽象。于是科学家决定为机器人创造一门自己的语言。这种语言要适合机器发出与识别，另外，还要优美动听。

科学家们想到了音乐，他们用大数据技术整理过去所有的音乐，并加以诠释。综合各种音乐风格，形成了可以表达世间万物的音乐语言。科学家们将音乐语言存入机器人的芯片，并为不同的机器人设定不同的发声音色。机器人彼此通过聆听对方发出音乐的节奏与旋律，来理解其他机器人的想法。

在机器人使用音乐语言的过程中，将不断通过机器学习技术完善自己的音乐语言系统，科学家也将不断对音乐语言加以完善，使之更加优美、清晰、明确。使用音乐语言的机器人可以广泛应用于娱乐业与服务业。

董一帆
上海交通大学船舶海洋
与建筑工程学院
博士生

1.2 以音乐为语言的机器人的颠覆性表现

无论科技如何发展，人类存在的本体不会改变，听觉是人类最重要的感知之一。人类所使用的语言与他们所存在的世界息息相关。全新的语言形式代表了人类生活的新品质。音乐是世界的语言，如图1所示，由于其背后的数学严谨性与信号处理的方便性，可适用于作为机器人的交流语言。

图1 音乐语言的组成

音乐语言的量化与形象化，使之成为机器人语言的一部分，不仅提升了人类的生活品质，而且丰富了人类的语言库，提高了全人类的艺术修养与认知。

2 应用意义与前景

人类的语言形式多种多样，有以英语为代表的符号语言，有以汉语为代表的图形语言，未来随着科技与人类智慧的发展，音乐语言作为一种拟声语言将逐步成形。以音乐为语言的机器人的研究，已经在信息时代渐渐展露了它的雏形，数字音乐数据库与音乐识别、机器人演奏、机器人作曲、"音乐、语言与大脑"的关系等的研究都在蓬勃开展，本文预测以音乐为语言的机器人的应用将主要分为两个阶段。

1）音乐语言的初级阶段（音乐教育的普及）

音乐过去是一种稀缺资源，现在仍是，但是过去王公贵族才能欣赏的音乐，今日通过CD与MP3等形式，已经可以被大众所欣赏。目前，高品质的音乐教育仍然是一种稀缺资源，关键在于大师级的音乐教育家人数很少，普通人家的孩子在童年很难接受到良好的音乐教育。在今后借助于网络公开课、音乐机器人、电子乐器等可以实现音乐教育的普及,孩子们可以利用音乐机器人、网络等来学习和体验音乐。借助于普及的音乐机器人,有朝一日,几乎每个人都可以用音乐来表达自己的情感,能够用音乐和世界各地的人进行沟通交流。人们能够不仅演奏别人的音乐,而且创作自己的音乐。从而音乐初步成为一种世界性的语言。

2) 音乐语言的高级阶段(拟声语言的形成)

随着越来越多的人,理解和使用音乐,人类对于音乐的认识不断加深,认知科学大踏步发展,音乐形式也不断推陈出新,音乐所阐释的对象也越来越丰富,万事万物都可以用拟声手段来进行表达。人们开始运用音乐去表达日常生活的情景,并将这种拟声语言应用于机器人的交流,音乐机器人被大量生产。人类的音乐思维也不断发展,形成了利用直接拟声去表达的系统语言,即兴演奏就如同说话一样成为人们生活的一个部分。而音乐成为真正意义上人类的共同的语言。

电磁波全吸收/反射温度调节衣

刘颜铭
上海交通大学材料科学
与工程学院
博士研究生

1 概要描述和关键路径要点

本项技术旨在颠覆传统衣物的概念。人们对传统的衣物的理解即穿在身上可以起到保暖的作用,而本项技术不仅用一件衣服替代很多件衣服起到加热保暖的效果,关键是颠覆"保暖"的概念,即衣服也可以起到降温的作用。

电磁波全吸收/反射温度调节衣,是将衣物的正反两面涂上不同结构和材料的纳米涂层。具体来说,衣物的正面涂有对电磁波全吸收的纳米粒子和结构,利用其高效的光热转换效率,对太阳光进行全谱吸收转化为热量。在冬季或者寒冷的地区,这种衣服可以将太阳光全部转化为热量用于供暖,这样人们

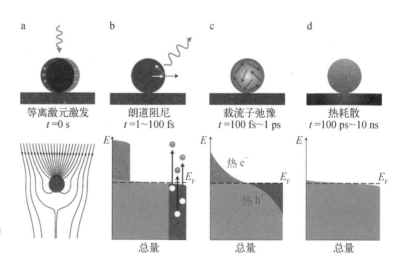

图1 纳米粒子等离激元共振效应示意图①

---

① Brongersma M L, Halas N J, Nordlander P. Plasmon-induced hot carrier science and technology[J]. Nature nanotechnology, 2015, 10(1), 25–34.

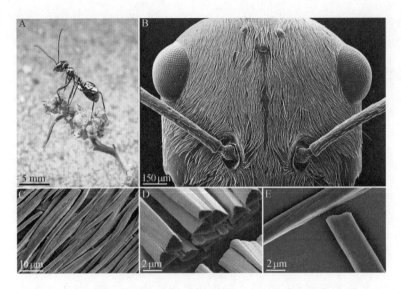

图2 撒哈拉银蚁表面的增强的光反射和散热结构①

就可以告别以往要穿又多又厚的衣服,而仅需穿一件这样的衣服就可以供给热量。另一方面,在衣服的反面,涂有对电磁波全反射的纳米粒子和结构,当光照射到衣服表面时,绝大多数能量被反射掉,这样人体就不会被太阳光晒热;同时,这种材料还具有非常高的红外发射率,对于人体产生的热量可以快速地散发出去。在夏季或者热带地区,这样一件衣服既可以防晒,又可以带走大量的热量,起到降温的效果。

2 应用意义与前景

如果利用本项技术生产的产品问世,必然会引起社会轰动。一方面,这是技术的巨大革新,以及新技术在生活领域中的实现和应用;另一方面,这种技术颠覆了人们对传统衣物的概念,会引起人们的广泛关注和购买,这必将产生巨大的经济效应和社会价值。

---

① Shi N N, Tsai C C, Camino F, et al. Keeping cool: Enhanced optical reflection and radiative heat dissipation in Saharan silver ants[J]. Science, 2015, 349(6245): 298–301.

可编程材料技术

冯 睿
上海交通大学材料科学
与技术学院
博士研究生

1 工作原理与性能

1.1 可编程材料工作原理

造物,是自古以来人类试图窥探"神之权柄"的象征,彰显了人类自身对于世界的认知程度。早在文艺复兴时期,近代科学家就已经开始了科学的研究探索化学合成和加工新的材料,对造物的执着贯穿着整个近现代科学发展的历史。然而在急剧变革的时代发展中,我们该如何更深层次地探索这一领域呢?

可编程材料(programmable material)技术,顾名思义,就是可以向材料传导或者输入的数字电子信号(甚至可以是脑电波经过编译之后的信号)、热信号和光信号,材料根据输入的特定信号而被诱导作用,从而定向、有序地改变分子间的排布和分子间结构,甚至是破坏固有分子形态,产生超出原本属性的物理表现。这跟传统的材料制备和合成工艺有着根本上的区别,传统的大

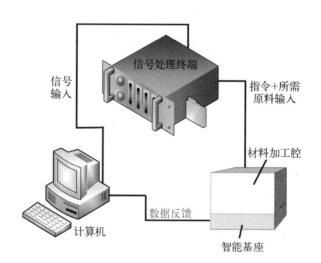

图1 可编程制备技术装置示意图

规模材料制备工业中,只能粗糙地,不能精确地制造出所需要的部件,工艺过程中不可避免地会让零件或者材料产生缺陷和变形或者功能和性质上的偏差,从而难以适应未来越来越严格的精细和高度定向的材料设计要求(航空航天与军事领域)。而可编程这个概念,则将计算机语言精细功能化、模块化、智能化的基础特征融入功能材料设计与制备工艺中,通过数控终端用自动化、智能化的汇编语言来实现对材料的进行定向地精确地光诱导、热处理、表面化学合成、修饰、刻蚀、电磁激发等各种物理化学处理(见图1)。

1.2 可编程材料的特点和优势

(1) 精确化:由于科技的限制,许多要求在微观尺度(1 nm～100 um)下进行加工或者制备功能材料的工艺远远达不到理论的要求,更不要说是工艺步骤中产生的绝对误差,无论是表面物理化学处理,还是微纳米结构材料的加工或合成,将有一种更加微小的,集成化的工具指导进行精细加工,在形状,物理化学性质等方面对局部都做到近乎理想情况的水平;另外由于计算机语言量化的特性,决定了在加工制备的过程基本不会有无意义的消耗。

(2) 集成化:作为处于数字化工艺生产的终端的材料本身,在传统工艺上步骤分离的加工方式在这里将像现代硅基半导体芯片一样进行集成化,这种集成化不仅仅只是在将多步骤的工艺融合到一体一步的地步,并且不同化学物理的加工处理方式上也将统一到同一个基体内,连续化的工艺减少了不可预计的误差产生。

(3) 模块化:对不同功能命令的模块化处理可以使使用者更加的方便简洁的通过界面来操作。

(4) 智能化:由于未来计算机语言将具有明显学习特征,终端作为处理命令的一部分也将服从系统的智能特性,能够应对更加复杂情况做出正确选择,另外智能化的推进也将大大增强技术自我修复和弥补的功能。

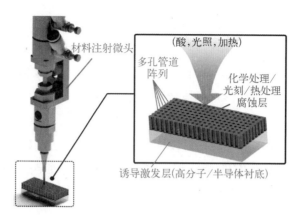

图2 其中一种可能实现的多孔功能材料的可编程处理加工示意图

（5）工业化：以上的特点注定了该项技术具有可大规模工业生产的特征，并且在未来有更大拓展潜力。

2 应用领域与前景

就近期而言，电子技术和计算机智能化日趋腾飞的浪潮已经孕育出了可编程材料技术发展的土壤，将该领域的优势特征交叉到材料（金属、非金属、有机无机复合等）的研究和发展这个领域也给我们提供了一些新的思路。由于未来材料领域的发展方向将立足于微观领域和功能化领域，因此这种精细自动化的思考和技术将有助于材料领域的科研人员更好地去探索和应用材料本身的基础特性，这是一种工具化的思维。另外，该项技术亦非常利于与当今的材料基因组和微尺度下物理现象探究等重大项目相结合起来，使我们能够更加深入地探索和了解材料微观领域的本质。相信在不久的将来，人们基于对该技术的开发和利用和对材料更加本质的理解将最终能够开发出一种真正意义上的"可编程材料"（碳基硅基或更多），能够识别编译输入的光、热、电、磁等信号从来诱导自身进行相应的结构变化，以达到定向改造的功能为人类的未来社会服务。

拓扑材料

1 概要描述和关键路径要点

1.1 拓扑材料描述

"拓扑"本是用于描述物体几何特征的数学用语,着重关注的是几何图形或空间在连续改变形状后一些性质是否具有不变性。图1中的樱桃与饭碗、甜麦圈与茶杯,他们各自在几何上是等价的,因为前者都没有洞($g=0$),后者则都有一个洞($g=1$),如图1所示。用"拓扑"来定义材料,是为了表征这类材料所具有的特殊的电子结构,不会随着材料的几何形状的连续变化,而出现本质上的改变。比如说拓扑绝缘体、这种材料的内部从能带结构上来看是一个绝缘体,无法导电;但它的表面却始终具有导电能力,不论该材料的几何形状如何变化。这种表面导电能力的决定因素,正是来源于受到某种对称性,比如时间反演对称性,或者晶格对称性,所保护的表面能带结构的拓扑不变性。具有这类拓扑不变性的电子结构的材料,就称为拓扑材料,包括拓扑绝缘体、拓扑半金属和拓扑超导体。这些拓扑电子结构的另一共性是电子的自旋由于和原子轨道的相互作用很强,导致

刘灿华
上海交通大学物理与天文系
研究员

贾金锋
上海交通大学物理与天文系
讲座教授

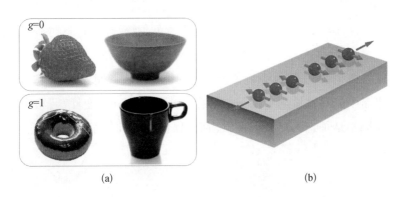

图1 "拓扑"的概念与拓扑材料的导电特性

电子自旋和电子动量是耦合在一起的。如图1(b)所示,材料表面上的电子(蓝色小球),自旋方向(蓝色小球上的绿色箭头代表自旋方向)不同,则其运动方向(红色箭头)相异。

1.2 拓扑材料的颠覆性表现

(1) 拓扑材料的电学性能对材料的细节不敏感,因为决定其电学特性的电子结构受到内禀的对称性保护,具有拓扑不变性。

(2) 拓扑材料的电子输运过程中,电子自旋和运行方向是关联在一起的,这有助于抑制输运过程中的电子散射以及由此而带来的能耗。

(3) 拓扑材料是诸如马约拉纳费米子和外尔费米子等非常特异的准粒子的温床,是支持"拓扑电子学"和"量子计算机"等颠覆性技术的材料基础。

2 应用意义与前景

首先,拓扑材料可用于以自旋为信息载体的低能耗自旋电子器件的开发应用。这有两方面的优势:第一个优势是拓扑材料的电子自旋易于控制,其相反电流方向的电子自旋是完全相反的,有助于实现百分之百的自旋极化的信息流;第二个优势是由于拓扑材料当中的电子输运行为是各行其道,互不干扰的,这让自旋流伴随着电子流在传播时的能耗可实现极大的抑制。

其次,拓扑材料可用于容错性高的拓扑量子计算,这方面的应用基础主要是拓扑超导体所承载的准粒子——马约拉纳费米子。马约拉纳费米子遵循的是非阿贝尔统计规律,这种统计规律的最大特点是在对粒子做交换操作时,其叠加态的相位变化将被记录下来,用于量子计算时的信息承载。而且,拓扑超导体当中的马约拉纳费米子的长程关联具有拓扑不变性,可极大地抑制量子态的退相干现象,从而保证了拓扑量子计算的高容错性。

多功能石墨烯薄外套

1 概要与要点描述

1.1 石墨烯薄外套的多功能性

自2004年问世以来，石墨烯作为新兴的超轻薄纳米材料，依靠其良好的导电性能、超高的机械强度、完美的透光性，迅速在世界科学界激起了巨大的波澜。它的发现者（盖姆和诺沃肖洛夫）也因此获得了2010年的诺贝尔物理学奖。利用这些杰出的特性，科学家们正在积极探索石墨烯纳米材料在防弹衣、柔性触摸屏、传感器、太阳能电池、超级电容、电子纺织品、微型处理器等领域的应用。

结合这些应用，再加上石墨烯自身轻薄的特点，我们预见它将可以做成一件多功能石墨烯薄外套［见图1（a）］，并将具备以下特性：它只有原子层那么薄，比羽毛还要轻，穿在身上完全感觉不到它的重量［见图1（b）］；它可以挡住快速飞来的子弹［见图2（a）］；它能高效吸收太阳能，大量存储电能［见图2（b）］；通过触摸控制，它能显示任意的彩色图案［见图2（c）］；它能测量体温，并能智能调节自身温度使人体达到最佳舒适度［见图2（b）］。

朱文欢
上海交通大学物理与天文系
博士研究生

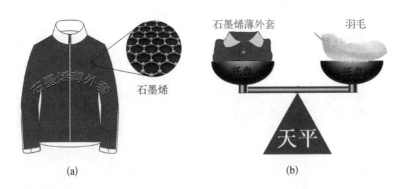

图1　石墨烯薄外套
(a) 石墨烯薄外套
(b) 外套的轻薄特性

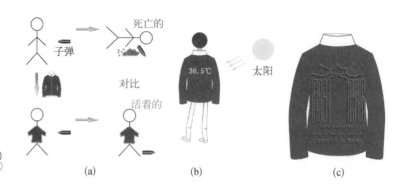

图2 外套的(a)防弹、(b)储能、测温和(c)显示特性①

1.2 面临的挑战

这样的一件石墨烯薄外套将是对传统服饰的彻底颠覆,然而要实现它,困难在于如何充分发挥石墨烯纳米材料的各种特性,如何完美融合它在多领域的应用。因此,它需要大量跨学科、跨地区的科研人员的戮力合作(见图3),需要人类在石墨烯纳米电子技术上取得历史性地突破。

图3 制备石墨烯薄外套需要多学科的共同努力

2 应用意义与前景

迄今为止,石墨烯纳米材料已经得到了世界各地的研究人员和工业界,甚至是政府官员的广泛关注,世界顶级学术期刊

---

① 图2(c)中外套上显示的图案为上海交通大学120周年校庆纪念徽标。

《自然》和《科学》每年都在乐此不疲地刊登有关石墨烯的文章。从发现到现在,短短十一二年,科学家对石墨烯的研究已经取得了辉煌的成就,很多成果已经迅速产业化。国际知名跨国公司Intel、IBM凭借着对半导体发展命脉的长期掌控,未雨绸缪、捷足先登,率先成立了石墨烯研究中心。

作为有望取代硅材料而成为下一代新型半导体材料的石墨烯,在不久的未来,必将在纳米技术领域大展拳脚,为人类的科技进步发挥至关重要的作用。借助于石墨烯的超高性能,我们预见的多功能石墨烯薄外套,一旦实现产业化,那么它将给传统服装领域带来一场全新的技术革命,将给人类带来一次完美的穿着体验。其中蕴含的经济效益将是无法估量的,它将对提升世界人民的生活水平起到关键性的作用。

光合作用纳米金属材料

1 工作原理与性能

随着纳米技术的不断发展，人类对微观事物的操控达到前所未有的高度。与此同时，人类已经在生物领域取得了跨越性的进步，对光合作用的原理和机制已经非常熟悉。因此我们可以将光合作用的原理融入材料生产中。利用纳米技术根据光合作用的原理，直接用特殊金属打造纳米级的光合作用发生器，使这种金属变成由无数个纳米级的光合作用发生器构成的材料，每一个纳米级别的构成粒子都是更微观级别上的一台光合作用发生器。鉴于金属的特性，亦可以采取材料和生物跨领域交叉的做法，做出无机和有机相结合的有机金属，即在纳米层级上，它是一个具有生物基（如叶绿体，ATP）的金属粒子。将生物物质在纳米层级和金属粒子相结合，是金属粒子具有生物物质对光合作用催化的作用。

同样，对于这样的金属，我们将采取在其中融合纳米级金属导管，类似于树叶中筛管的存在，用来导出纳米级光合作用发生器所产生的葡萄糖等营养物质，导管所导出的生物质可以作为生物质能源，其导出接口可以装在金属的横截面上，导出金属所产生的生物质能源。

这样的光合作用纳米金属只要在有水、二氧化碳和阳光的条件下就能自行产生生物质能源并将其储存，同时还将释放氧气。每一块金属都充当着绿叶的作用。

这样的一项发明将是对现有纳米技术的突破，是人类对更微观事物操控的突破，也是对纳米材料生产技术的突破，它要求人类掌握光合作用的整个流程及细节，制造出仿叶绿体体系并

姚 帅
上海交通大学船舶海洋
与建筑工程学院
本科生

能在非生物体表面维持活性,同时要求纳米微粒能进行物质的运输。

2 应用领域与前景

（1）能源方面：将打破对太阳能的利用受到天气限制的现有局面,由于其产生机制是生产生物质能源,所以可以在阳光充足时把多余的能源物质储存起来,在天气情况不佳时使用；现有能源体系依然会给环境带来极大的污染,光合作用既产生氧气又产生清洁能源,将极大改善现有环境；应用光合作用纳米金属材料将从根本上解决人们的能源危机,重新构建人类的能源体系。

（2）机械制造方面：新型金属的产生将重新让人们对金属材料进行定位,金属不再只是构造材料,同时也将成为动力装置；配合专门的发动机,类似于现有的生物质能源引擎,提供足量水,将产生的能源直接用于材料制作出的机器,可制造出某种意义上的永动机,极大的提高人类社会的生产效率。

（3）科技进步方面：如果用上述所说的特殊引擎和纳米光合作用金属制造机器人,将大大提升机器人的续航能力,再提高机器人的智能化就可以造出完全不需要人类去控制和干涉的真正意义上的智能机器人——永远可以为人类工作的机器人。

光的超导体材料制造通信和功能性光纤

1 工作原理

1.1 光的超导体工作原理

就像在室温下是高电阻的陶瓷在液氮温度下（77 K/−196℃）可以实现的电超导零电阻一样，开发在特殊条件之下使光导材料实现零衰减系数的特性。

目前通信用光谱在 1 310～1 550 nm 的近红外范围内实现了衰减系数达 0.18～1 dB 石英光纤中的有效传播，无中继距离达到约 150 km，实验室研究达到了 0.1 dB 250 km 无中继，Halide-Research 实验室研究已经达到 0.01 dB 衰减系数，实现 3 500 km 无中继通信传输，如图 1 所示。所以开发出～0 的光超导体材料是可能的。

目前国际上塑料光纤已经实现衰减系数为 31 dB，进一步

江平开
上海交通大学化学化工学院
教授

图 1 全球光纤无中继传输示意图①

---

① Http://news.yesky.com/359/61872359.shtml.

的研究可以实现更低的衰减系数材料,比如在某种特殊环境下用高品质的透光石墨烯制备高分子复合纤维材料,也可以做成空心光纤、量子晶体光纤和渐变光纤等结构,保证光的全反射和无衰减。

1.2 光纤发热工作原理描述

光纤发热是通过光子激发热声子或者激发电子跃迁再激发热声子,以及激光引发辐射热实现光纤发热。光子激发热声子和激发电子跃迁再激发热声子示意图如图2所示。

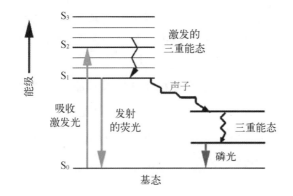

图2 光子激发热声子和激发电子跃迁再激发热声子示意图

2 光的超导体和光纤发热应用

(1)随着光的超导体出现,真的全光网会出现。随着材料科学技术的进步,超低衰减系数材料将会出现,如将光纤制备成光的超导体后,无衰减和接近0衰减的光纤,就不需要稀土掺杂光纤在光纤激光器、放大器上用于光放大,而实现无中继的通信光纤,直接实现全球无衰减通信;同时,目前可见光光纤通信已经实现,可以由此拓展到照明用光纤,照明用光纤就可实现地球东西半球对称"借光",如图3所示,而无需照明用电,节约能源。

(2)由于光的超导体出现,我们可以制备高密度光子储存材料,比如,设计光纤封端的类Fabry-Perot激光谐振储光器件,实现白天"充光",晚上照明,类似夜明珠材料,如图4所示,但

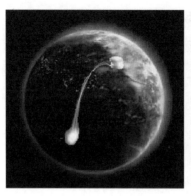
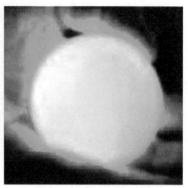

图3 地球东西半球对称"借光"　　图4 夜间照明：类似夜明珠器件

不是荧光而是实现白光和暖色光长时间照明，而且无需光电转换和储存，因为光本身就是电磁波。

（3）如实现高功率的发热光纤制备和加热器件光子化，就可以全面实现无电发热元器件，替代电阻发热电缆、PTC电缆、供暖热水管等，从而实现无需电绝缘的安全发热器件，这将会改变人类取暖的传统方法。

上述设想的各种方法安全、节能又环保，如果实现将为人类带来福祉。

自愈合金属材料

邓乃铭
上海交通大学船舶海洋
与建筑工程学院
本科生

1 概要描述与关键路径要点

1.1 金属疲劳断裂原因及修复方法

金属材料凭借自身良好的力学性能（如强度高、自重轻、塑性好等优点），现如今已在机械工程、工业建筑等领域有了广泛的应用。但当材料受到交变载荷作用时，材料本身会产生疲劳微裂纹，随着应力循环周次的增加，微裂纹会进一步拓展延伸，最终造成材料的脆断。而这种脆断往往发生突然，无塑性形变，因此经常会造成巨大的财产损失和人员伤亡。为了避免此类意外的发生，就需要对材料进行定期地监测和维护。当前对金属材料的裂纹修复主要有物质补给和能量补给两种方法。物质补给法即通过向裂纹中填充物质来实现对裂纹的修复；能量补给

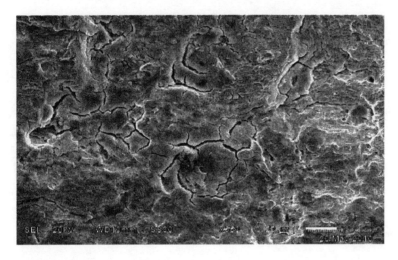

图1 金属材料疲劳微裂纹示意图①

---

① http://r.search.yahoo.com/.

法主要分为加热和施加脉冲电流两类。由于疲劳裂纹十分微小,肉眼难以察觉,因此对其进行监测和维护常常需要耗费大量的人力、物力和财力。

1.2 自愈合金属材料工作原理

生物体在受到创伤后通常都有自愈能力,比如伤口结痂等。受此启发,未来可能出现一种可以自我修复疲劳微裂纹的智能仿生金属材料。当材料由于交变应力、温度变化、腐蚀等多种原因而出现微裂纹时,其自身就会"分泌"出一种物质,自动对裂纹进行填充与胶合,防止裂纹进一步拓展延伸,从而增加材料的疲劳强度。这种用来修复裂纹的物质只有当材料产生裂纹的时候才会被释放,并且能够通过毛细作用主动寻找裂纹的位置,随之注入裂纹实现材料的自愈合。随着现代材料科学的不断进步,自愈合混凝土和自愈合复合材料已经开始被研究并取得一定进展,相信在未来的10~20年里,自愈合金属材料也能够被研发出来,并且广泛应用于机械工程、海洋工程、工业建筑等材料疲劳问题显著的领域。

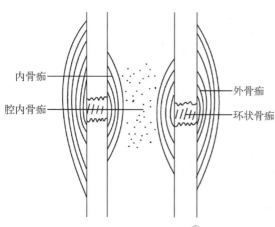

图2 骨折后自愈机理示意图①

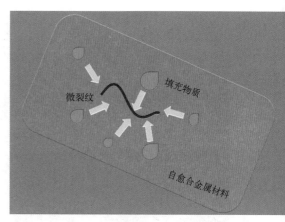

图3 自愈合金属材料工作原理示意图

① http://ipkc.fimmu.com/yr/nfydfylm/bingli/pp9151.shtml.

2 应用意义与前景

自愈合金属材料的研究发展将对未来的机械、建筑等结构形式产生颠覆性的作用。在当前的技术条件下,对机械零件、桁架等结构的设计过程中,往往要重点考虑材料的疲劳问题,如设计时应避免尖角形状等。这在很大程度上限制了对结构功能的设计。该智能材料将突破这一限制,从而设计出更多的结构形式,实现更多功能。由于自愈合材料能够及时修复裂纹,材料突然脆断的问题得以解决,大大提高了材料的可靠性。将这种材料应用于桥梁、房屋的建设,既可以增加建筑的使用寿命,又极有效地保障了人身财产安全。虽然自愈合金属材料在制造成本上要比普通的金属材料高,但由于其自我监测、自我修复的能力,从而省去了后期的监测维护费用。可以说,自愈合金属材料的应用将会同时满足工程结构的经济性和安全性,具有良好的应用前景。

图4 FPSO的结构疲劳问题[①]十分显著

① http://www.bluewater.com/fleet-operations/what-is-an-fpso/.

贴合人体保护膜

曾 婕
上海交通大学凯源法学院
本科生

1 工作原理与性能

1.1 贴合人体保护膜原理

英国BAE系统公司研制新型"液体防弹衣",被用于防弹衣设计的神奇液体被称为切变致稀性流体(shear thickening),其又可称为拟塑性流体(pseudoplastic fluid),使得防弹衣具有超轻、超薄、超防护能力。由此,我们可以产生联想。如果这样的技术不仅仅限于防弹衣,如果这样的技术与其他相结合能够产生更大的作用将如何?

综合纳米技术以及上述技术,制作出一种具有延展性的薄膜,作为新一代的可穿戴装置,将有非同一般的作用及意义。首先,要通过"液体防弹衣"相关材料与技术的迁移,实现薄膜的外在形式,实现其可穿戴性。随后,运用纳米技术将相关功能镶嵌进薄膜中,配合另一迷你遥控装置以便使用操作。另外参考太空宇宙服的设计,实现有氧气供应,做到最贴合人体以及穿戴时能够达到最适宜的状态。最后,利用3D投影技术将操作界面可视化,真正实现"轻便"的可穿戴装置。

1.2 贴合人体保护膜性能

(1) 具有延展性的薄膜;

(2) 可穿戴覆盖在人体之外;

(3) 有氧气供应;

(4) 透明无形;

(5) 实现贴合人体,舒适状态;

(6) 有各式科技镶嵌其中,将自动控制温度湿度在人体适宜范围,防护外界不适如雨水烈日等;

（7）实现超轻的可穿戴装置；

（8）将3D投影技术运用在该保护膜的操作界面上，需要将科技变轻变隐形，配合另外的遥控装置使用。

2 应用领域与前景

对于应用领域来说，贴合人体保护膜一旦被实现，可以得到广泛的应用。小到社会各露天服务行业，大到极端地形探索甚至军事领域，为社会的方方面面带去益处。

举例来说，自然界的阴晴雨雪从来都不是人类能够轻易操纵的，大部分时间，我们生活节奏都要跟着大自然走。如果今天下雨或者下雪，那我们就要带伞穿雨鞋，这是人类已经习以为常的生活。但是大部分人依然会觉得下雨天不方便，因为雨水容易弄脏衣物，并且容易造成行动不便等，温度湿度等方面都不如大晴天对于人类来说舒适度高。然而如果有了这样的一种保护膜，那么在其中增加一个"四季如春"模式，便能够使我们一年四季免受雨雪风霜的不便，享受到四季如春的最适宜生存亦是最适宜生活的状态。

例如极地从来都是人类向往但难以彻底探索的一块"难得"之地。我们遇到的困难最主要的便是气候无法适应的问题。那么这样的问题在贴合人体保护膜真正实现之后便能够得到很好的解决。首先，我们能够保证勘查队员在极地的生存，得益于其调控温度、氧气等功能。其次，对装置进行进一步的改良，将摄影摄像技术同样镶嵌于可穿戴装置之上，便能实现同步勘测，同步记录，甚至同步返回基地。如此，一来方便了极地勘测者们自身的工作，二来也为勘测数据的保存及传输做好了充分的保障。同样的，在军事领域也可以得到应用。如果有一天，战争真的再一次发生，便可以使得双方不再受到外在因素的影响，而真正实现军队实力的对抗，这样的装置有利于保证公平与秩序。

综合来看，贴合人体保护膜不仅仅在生活方面给予进一步人们"征服"自然、不被自然牵着鼻子走的能力及信心，同时为社会工作以及科研工作的开展开辟了更加宽阔的道路。与此同时，贴合人体保护膜同样能够促进产业结构的升级，对国家经济，乃至于世界经济的发展起到不同寻常的作用。

我们说，每一种新科技的诞生都催生了新一批的经济机遇。而这样的贴合人体保护膜由于其广泛的应用领域，关系到人类社会方方面面，机遇尤为多。就拿旅游业来说，类似于上文所提到的在极地勘测，通过将这种可穿戴装置卖给有需要的旅行者们，一是为旅行社增加了一种商机，两者也拓宽了旅游者们可以到达的地方。以往，对于极地的观光与参观，或者是高峰的攀登，都是人类极限的挑战，有许多有志之士都在途中失败以至于付出了丧失生命的代价。在几十年人们的探索与努力下，有了贴合人体保护膜的作用，便能对我们进行全方位更好的保护，为我们的旅行保驾护航。去极地可以不用再为气候的问题担心，也是专注于非同寻常的景色，拓宽人类的眼界，以观世界之大景。在对于攀登高峰时，有着氧气的补充便可减少风险，不惧严寒、大雪、海拔高度的限制，使得人类以真正踏遍千山万水，览遍世界广博。在增长自身修养眼界的同时，也为旅游业的蓬勃发展起到了促进的作用。

如果有了这样的贴合人体保护膜，那么不可能的事情将会变成可能。它能够进一步增强人类对抗自然界不适气候或环境条件的能力，增强人类在自然界中耐受力和在体感不适环境下的行动力。在全人类与原本自然界的相处中，进一步主导人类的发展。

空天母舰

1 概要描述与关键路径要点

1.1 空天母舰技术

未来的空天母舰采用分段式发射，用火箭运载发射升空；再根据不同作战需求，取某一高度为运行轨道，类似于空间站的组装方式进行拼装成型，并通过变轨来调整空天母舰运行姿态与路径（其具体分段划分见图1）。

在舰载机的发射方式上，使用坠落式起飞。顾名思义，就是利用舰载机从空天母舰上坠落时的重力势能来提升自身动能的方式。由于升力与速度是平方倍数关系。坠落式起飞时，空天母舰能提供给舰载机海上航空母舰所没有的重力势能。在不能弹射起飞的情况下，飞机跃出甲板时速度低，攻角向下，法向过载远小于1，这时飞机类平抛，随后重力势能转换为动能，飞机加速飞行，使平抛曲线改变，此时法向过载慢慢增加，到超过1时，飞行员改变飞机机翼姿态，进而改变攻角，舰载机由俯冲转为爬升。以上充分证明了坠落式起飞方式在理论上的可行

李 奇
哈尔滨工程大学船舶工程学院
本科生

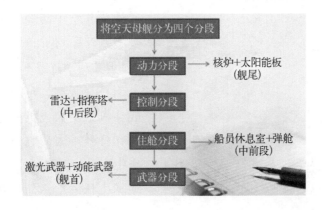

图1 分段发射方法

性。同时也可以通过电磁弹射方式来发射舰载机。

1.2 空天母舰的颠覆性表现

（1）航天技术方面：控制上用自身动力加速减速来改变轨道高度，并结合更复杂的控制方式来实行各方向变轨，这对航天控制技术是一项挑战。

（2）材料方面：作为空天母舰，不仅要具备航空能力，也要能穿梭大气层具备航天能力，所以对所选材料要有极高的要求。该材料必须具备材质轻且抗高温高压的基本性能。

（3）动力能源方面：考虑核能与火箭推进器。为了节约能源，结合不同环境的要求，大气层内与外太空所用的推进方式不同。

尽管空天母舰的设想较多基于科幻电影的想象，但很多科幻电影中的想象已经变成了现实，未来的发展还需要我们大胆的设想与努力，更何况走向宇宙也是人类社会进步的必然趋势！空天母舰不仅仅作为一种武器，它的研发也将会带动一系列产业技术的发展升级，将使人类走向新的时代。

2 应用领域（见图 2）与前景

随着中国对空天战略认识的逐步深入，对外太空防御意识的增强，再比照中外空天力量的对比差距。我国空军转型"空天一体化"的战略思想就变得愈加必要。

空天母舰是以舰载机及动能武器、激光武器等为主要武器并作为其空中活动基地的大型飞行器，类似于航空母舰，但其活动范围不是在海上而是在天空。可随时为战斗机或空天飞机补充燃料和弹药。因为它是在天空中，可以在极短时间去往地球上任意地点而不是只

图 2　应用领域

局限于海上。所以可以做到大范围快速打击。且攻守兼备,可有效进行对地表打击以及太空反导、反航行器。无论是在战术威力上,还是战略威慑上,都有重大意义。

空天母舰将是人类战争从陆海空到空天领域的转型性新式武器。它将促进现有航天技术的发展,推动航空与航天结合进程。将会是中国发达基础工业所带来的技术升级结晶。无论对人类未来全球格局划分,还是对中国维护世界和平的主张都有着重要意义。

能源互联网

王新兵
上海交通大学电子信息
与电气工程学院
教授

1 概要描述

当今世界的高速发展强烈依赖于不可再生能源（煤炭、石油）的快速消耗，伴随产生了一系列环境问题（温室效应）。其次不可再生资源的集中分布特点造成日益紧张的能源竞争态势以及能源供给的不平衡。顺应社会信息化快速发展的趋势，能源互联网融合了未来信息网络与能源供给网络（如电网），旨在改变当今能源供给网络中：① 供能与用能缺乏互动，信息不对称；② 能量供给方过于集中分布，传输线路固定，局部故障对全局影响较大；③ 过度依赖于不可再生资源，使得不可再生资源消耗过快等不利局面，大幅度提升能源供给网络对于可再生能源的开发与利用。

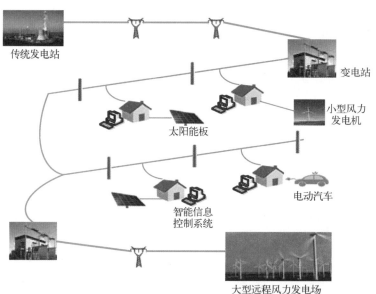

图1　能源互联网构想模型

能源互联网基于可再生能源发电与分布式储能装置：① 使得网络中各个节点可以利用多种可再生能源（太阳能、风能、地热等）进行发电与储能，拥有供能的能力，实现大规模、分布式的能源供给方式；② 建立并加强网络中各节点之间的即时能耗信息的交换与获取力度，力求以用户需求为主导，实现即插即用，大幅度提升对于能源（尤其是不可再生能源）的利用率。能源互联网相比传统供能网络高度，融合了互联网信息技术，实现了强鲁棒性的分布式供能方式，强化了用户的主导性，实现了网络中各节点的能耗信息互通，对于实现不可再生能源的高效利用以及加强可再生能源的开发与利用具有重要意义。

2 应用领域与前景

能源互联网将带动经济增长，实现绿色、协调、高效发展，加速能源供给、消费、体制和技术的革命。在未来能源互联网的发展中，大数据与人工智能技术将成为核心推动力。在传统的能源行业以及相应的能源供给网络中，大数据以及人工智能并不处于核心地位，因为传统能源行业的供需模式相对静态，而且商业模式属于公共事业类，缺乏双向互动机制。发展能源互联网应该积极推动拓展能源大数据采集范围与力度，逐步覆盖电、煤炭、油、气等能源领域及气象、经济、交通等其他领域；实现新能源、电动汽车、储能电站、输变电、配用电、终端用能等大数据的集成融合；利用互联网技术逐步实现能源大数据资源的集成和共享。利用互联网手段，在大型建筑、场馆、园区、岛屿、城镇等不同规模的范围内开展能源互联网技术应用、商业模式和政策创新试点，内容包括多种类型的能源供给网络的协同优化建设与运营、清洁能源互联网化的交易，电动汽车与储能互联网化运营、能源大数据应用服务等。分布式储能及发电基础设施的建设是推动能源互联网发展的关键因素。小区储能电站、充电桩的建设将加快能源互联网的分布式储能基础设施的部署，相应地对于电动车的引入，尤其是分布式电站的建设具有十分重要的意义。另外,能源互联网势必将改变原有能源交易的商业模式。新的基于能源互联网的能源市场交易体系,支持能源资源、设备、服务、应用的资本化、证券化,为基于互联网的B2C、B2B、C2C等多种形态的商业模式创新提供平台;促进能源领域跨行业信息共享与业务交融,培育能源云服务、虚拟能源货币等新型商业模式;鼓励面向分布式能源的PPP、众筹等灵活的投、融资手段,促进能源的就地采集与高效利用。

具有拟人交互和认知能力的机器人

1 科学发展背景

目前,机器的认知能力是人机交互研究的主要方向之一,机器上使用的语音、图像、触感等技术的研究正是机器人在拟人化过程中嘴巴、耳朵、眼睛、皮肤等感官的基础。各个细分技术正随着其可用性的提升而逐步产业化,进入人们的生活。在今天,越来越多带有智能这个标签的硬件开始进入人们的视野,这些智能硬件正是这一系列细分技术的载体。

可以说,在机器出现的时候,其对数据处理的能力就已超越人类,不过那时,机器离具有"像人一样的智能"还差得很远。而在提供认知能力的"拟人部件"在近些年取得巨大发展的当今,出现的形态是各种细分领域的智能。而机器人的拟人交互设计,是以上技术最终能够打破单独应用场景,被整合应用于机器人使其拥有"像人一样的智能"需要的重要步骤。

机器的认知技术在过去几十年已经达到可用,传统弱认知下的交互已经做过无数实验,催生出一批相关产业。可以预见,在未来使用认知能力的"拟人部件"作为输入源,结合语义理解、交互控制、知识管理等信息处理模块,以自然语言、手势、触

俞 凯
上海交通大学电子信息
与电气工程学院
特别研究员

图1 智能陪伴机器人 Jibo①

---

① http://www.indiegogo.com/projects/jibo-the-world-s-first-social-robot-for-the-home#/.

图 2　智能音响 Amazon Echo①

感等方式为输出的交互方式的拟人机器人将会成为各项技术的碰撞点和爆发点。

2　原理

具有拟人交互和认知能力的机器人强调机器人在任务完成、信息交换和环境感知方面的拟人特性,把机器人作为双向信息交互中的一个"认知主体"。我们将系统分为三个层次,其中最外部的输入输出层(IO层)是对物理层面信号的处理,通过将各类通道信息融合的多通道输入输出技术,提升输入输出的信息带宽。最内部的知识层是对领域任务相关知识的管理。控制层对IO层得到的编码进行语义解释,维护对话系统的认知状态空间,管理知识的交互式提取和交换,并进行对话推理和决策。起到认知作用的控制层部分包含了非精确条件下的理解、基于不确定性的推理及决策控制、交互自适应及进化、诱导式信息生成及传递四类技术来进行语义理解、对话管理和信息生成。这三个层次共同构成具有拟人交互和认知能力的机器人。

---

① http://www.theverge.com/2015/7/8/8913739/amazon-echo-re-review-in-the-real-world.

3 应用领域与前景

具有拟人交互和认知能力的机器人的独特之处体现于其拥有智能,可以与人进行非配合的、类人的智能口语交互。这样的机器人可以直接与人打交道,进入人们的生活,给人带来便利。机器人可以以各种形态出现,具体如下:

(1) 智能车载设备,如车载导航、车载后视镜、车载助手等;

(2) 智能家庭控制,如灯、厨房用品、电视机、冰箱、路由器等;

(3) 人形机器人,如陪伴机器人、助理机器人、销售机器人等;

(4) 智能穿戴,如智能手表、眼睛、衣服、鞋等;

(5) 智能背景,如智能背景音乐系统等。

由于智能的存在,机器人可以面向个体进行学习,将习得的知识经过智能处理后,为每个人提供定制化的服务。人机交互会与大数据资源结合,作为"自然交互入口",使得机器人可以自由地获取并影响大数据云计算的信息,成为未来大数据和任务型服务的入口。

具有拟人交互和认知能力的机器人会慢慢进驻人类社会的服务业,在大规模使用后,社会结构将发生巨变。由于人类生活将因此变得更方便快捷,这也是更进一步解放人类双手,让人类更快速地朝着下一次产业革命前进的重要助推力。

全感知虚拟现实交互系统

1 工作原理与性能

现有虚拟现实技术主要通过视觉、听觉实现，也有部分先进技术通过刺激大脑放电能直接向动物大脑内植入意识。但是，目前的技术还很局限，所能交互的内容也很少，用户能够清楚地辨别出这些只是虚拟场景。未来的全感知虚拟现实交互系统能够通过头戴式的交互设备，直接获取大脑放电，经过电脑解码后获得设备使用者的当前状态与自我意识。同时，通过模拟大脑放电作用于使用者的大脑皮层，就能够直接实现与大脑的全感知交互，能够带来等同于现实世界的感受，使用者甚至无法区分虚拟世界与现实的差别。

潘 登
上海交通大学机械与动力工程学院
本科生

图1 全感知虚拟现实交互系统示意图

2 应用领域与前景

这种全感知交互技术，能够运用到军工、教育、生产、消费、娱乐等各种场合。士兵不再需要大型的训练基地，仅仅通过这样一套设备，就能够全方位地对射击、爆破等科目进行有效训练。普通民众能够不出家门体验所有想做的事情，如购物、旅游、派对等，完全地模拟真实世界。由此可见，该项技术有着广阔的应用前景，如果在未来15～30年间成功攻克技术难关，必将产生井喷式发展。

为机器人赋予生命

王恩泽
上海交通大学致远学院
本科生

1 概要描述与关键路径要点

1.1 认知的基本过程

认知学习是生命的基本性质。人区别于机器之根本在于可以进行认知、学习。一般地,认知的过程与科学发现的过程相类似,包括猜测、实践、总结等。以学习四则运算为例,在进行四则运算的实践前,我们已经知道了一些最基本的规律,称之为"先验的预设"。假设我们不懂得进位的规律,我们得到的结果与实际会出现矛盾。若要使我们今后得到正确的四则运算方法,必然会有老师对我们脑中的规律进行纠正。经过不断纠正总结,我们预设的四则运算规律会不断趋近于正确的状态(见图1)。

1.2 认知过程的模拟及其困难

机器人的认知能力,归根结底就是"实践预设经验——总结结果——学习并修改经验"(见图2)的循环过程。但是这

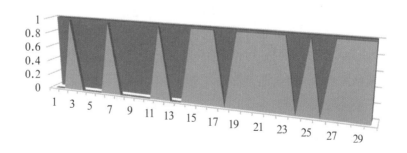

图1 四则运算的真值趋势

一模拟过程会有诸多困难，而这些困难，也正是机器人认知的关键。

（1）机器人必须对所看见的事物有界定能力。现代高级传感处理设备可以解决识别人脸、指纹等简单的操作。但是在认知过程中，机

图2　认知的基本步骤

器人必须对"所见所闻"有更高的理解。这项技术，不仅使得机器人记忆的存储大大简化，化具象为抽象；也使得机器人对外界的理解增强。

（2）真值的相对性。以上举的四则运算具有真值绝对性。实际情况将会比这复杂许多。有些事情没有绝对的对或绝对的错，而且一件事情对错的标准也在与时俱进。机器人应该如何理解给予它的介于0、1之间的不断变化的真值。一言以蔽之，机器人必须理解真实的社会。而且机器人应该有质疑外界"惩罚"的意识或能力；有变动之前积累经验的权限等。这样机器人的学习认知系统才会适应变动的标准。

（3）机器人心理学和伦理学。正如"机械公敌"中所刻画的，当机器人拥有超高的学习认知甚至自我意识的时候。我们该如何面对机器人的世界。机器人是否会质疑现有的社会结构，甚至反抗人类的统治；机器人是否会拥有如人一样的心理疾病；机器人在人类社会中的地位到底是奴隶还是工具；它们是否暗暗更改了预设的"机器人三大原则"。随着超人工智能的兴起，这一切都有待解答。

2　应用领域与前景

赋予机器人以生命不是荒谬的科学尝试，而是人类技术的一大飞跃。它的兴起必须依仗数学、计算机、心理学、电子信息，甚至化学与量子物理的强大支撑，将带动相关学科的巨大进

步。将人类思维和记忆复制到机器人上，人就等效于"永生"。拥有了异己的思考群体，人类社会将不再单调。人类在工作中将可以像"钢铁侠"一样与机器人同步交流。这会使人类工作效率大大提高。

当然我们不能忽略其中的巨大隐患，人类数千年称霸地球的地位将受到另一个智能体的挑战，人类将不能不忽略机器人的感受和想法，随着机器人思考的深入和运用的广泛，它的任何一个错误的举动甚至是思考过程的失误都会导致极大的灾难。当然两面性是任何一个技术创新说必须面对的。让我们一起期待机器智能时代的到来吧！

梦境记录及分析

1 核心技术要点

梦境记录及分析的核心是记录,可以从两个层次来实现。第一个层次,大概在50～100年左右的时间可以实现,也就是通过无创传感大脑梦境显示区域;第二个层次应该是终极层次,也就是基于人脑做梦机制解密以后,通过建立起人脑小世界和宇宙大世界谐振映射关系后,完全逼真地重建梦境。大概在300～500年及更长的时间内才能实现。梦境分析,涉及梦境记录以后的应用。

1.1 无创传感大脑梦境显示区域

目前的研究已经可以帮助我们部分地定位大脑梦境显示(及情景记忆)的核心功能区域:如大脑内侧颞叶在情景记忆和图形知觉等方面起着重要作用。我们预见,未来可以通过无创的光、声、磁等标记和编码方式,以及包括新型的原位神经元阵列成像技术,来标记(及成像)并编码这些梦境显示功能区域群的各个单元。一旦这些功能区域的各个单元开始活动,就会触发每个单元,同步并行发出和梦境显示内容相关的光、声、磁等阵列编码

秦斌杰
上海交通大学生物医学工程学院
副教授

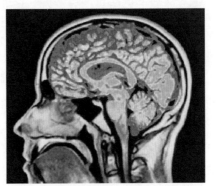

图1 脑图像[①]

---

① Miller G. What is the tbiological basis of consciousness?[J]. Science 2005, 309(5731): 79.

信号，这些阵列信号被睡梦者的无创光、声、磁等传感设备所接受，并且把这些同步并行阵列信号进行解码后，在计算机屏幕上可以还原显示在人脑梦境区域上显示的时空场景。

一方面，如果上述传感（包括原位神经成像）技术足够逼真，从人脑传感出的梦境可以被直接逼真还原。其次，如果不能做到逼真还原，则需要梦境的解码分析。解码时，要用到人类梦境数据库，该数据库记录不同人、不同梦境的不同光、声、磁等信号和相对应的梦境回忆记录，这些信号和其他如功能磁共振、脑电记录信号综合运用，和被测试对象的梦境回忆记录进行逐一对应，以便进行准确解码。

1.2 人脑小世界和宇宙大世界之间的谐振映射

现实中，人的梦境可以准确记忆过去事件，又可以预测即便是千里之外的未来事件：过去发生的事情，在历史轮回的同一时间上又在梦境中非常准确地重现；梦境中预见的千里之外事情，在未来一段时间得到验证，这些都在现实生活中时有发生。我们认为即便是梦境，它的发生机制也是遵循因果论的，也必然是有因（输入）才有果（输出）的。梦境体现了人脑小世界通过特定维度空间的对接（不仅仅是时空维度）和外部（宇宙）大世界进行谐振映射的能力：在特定维度空间下，处于能良好接受外部世界传导信息，又能主动谐振这些外部世界传导信号的人，具有在梦境中与过去和未来进行空间对接的能力；或者说，人脑小世界和宇宙大世界表达进入同一空间时，两者就可以进入信息映射和谐振关联状态。因此，一旦从哲学、物理学、数学、生命科学等众多科学领域得到突破，理论解释并能实验验证这种更高维度空间下、人脑小世界和宇宙大世界的谐振映射机制，就可以完美再现梦境。

2 应用前景

梦境记录后的分析，体现了其应用前景。

从梦境分析入手可以帮助研究人类意识和人类的发展，进而可以帮助研究人类小世界和宇宙大世界发展的方向和走势。一方面，荣格等人的研究从人类集体潜意识角度研究人类的梦境。人类感觉信号的80%都是通过眼睛获得的，梦境可以说是人类集体视觉感知的沉淀。另一方面，梦境代表记忆，记忆又是人类意识研究的重要突破口。现实中，历史上一个时间点上发生的事情，在历史轮回的同一时间点上还可以在梦境中非常准确地重现，为啥有些梦境具有这种准确的生物钟可以精确还原过去？有的梦境又能准确预测未来？人类梦境是人类集体意识遗传的话，那人类意识遗传的基础是什么？梦境对过去和未来的感知，能否帮助揭示出意识作用的物质基础是什么？

更进一步，如果从根本上解密了人脑小世界和宇宙大世界的谐振映射机制后，就可以深入意识和物质的相互作用机制，帮助人类更好地开发自己的潜能指导自己的实践取得成功，这种成功实践又反过来促进人类和自然界整个世界的和谐。

读取人类记忆

劳昕彦
上海交通大学安泰经济
与管理学院
本科生

1 原理

20世纪60—80年代，神经科学家们在脑的一个神经结构——海马中发现了长时程增强效应（LTP）。于是许多人都认为海马极可能就是脑的专职"记忆中枢"。经过后来的研究，科学家们又在其他神经结构中发现了LTP现象。这就需要科学家们拓展思路。似乎记忆并非存储于大脑的某个特定区域，即认为记忆储存是弥散性的，也就是说，记忆分布在整个大脑。除了LTP，科学家们还发现反响回路和突触结构也记忆两种与记忆相关的脑神经机制。

对记忆的脑神经机制有了初步了解，那么记忆形成的生物化学机制又是怎样的呢？

近年来，关于记忆蛋白的研究十分热门。科学家们在老鼠的大脑中发现了一种蛋白，这种蛋白存在于负责回忆恐惧的脑区。通过移除这种蛋白质，就能够永久删除老鼠的创伤性记忆。如果我们弄清楚了外部刺激如何影响蛋白的形成，那么我们就离读取记忆近了一大步。此外，RNA, DNA和一些激素可能也在记忆形成中起了作用。

2 应用领域与前景

目前科学家们还没有弄清楚记忆的形成机制，况且不同种类的记忆（如短期记忆和长期记忆）形成机制有着较大的区别。因而在短期内，恐怕人类是不能对记忆进行读取了。而且人类会遗忘，记忆也有可能随着时间而发生变形或残缺。如果只能读出这样的记忆，那么其意义就要大打折扣了。

读取出来的记忆可以用来帮助公安部门调查案件，以还原现场。如果我们将记忆像电脑硬盘中的数据那样储存起来，或许还可以帮助未来的历史学家进行研究。个人或其他组织若出于个人目的希望将某个事件永久记录下来，则也可以使用该项技术。我们还可以用这项技术帮助人们进行心理治疗，譬如说对一些不好的记忆进行删除或修改。

　　但我们必须要牢记一点，就是这项技术的运用建立必须在本人同意的基础上。记忆可以说是人最重要的隐私了，如果记忆被泄露，可能会对个人生活产生十分严重的影响，那时，一些科幻电影中令人毛骨悚然的场景可能就要真的发生了。

全息模拟技术

丁 帅
上海交通大学航空航天学院
本科生

1 概念与技术应用

1.1 概念阐述与此项技术能够发展的原因

"全息模拟技术"是以电信号直接刺激大脑，模拟人类所有感知的技术。我们知道，人的所有感知感觉其实是有各种器官作为接收器反馈于大脑，大脑做出反应，只会我们才会"看到""听到""感觉到"等。而且，作为大脑传递这些信息的载体，就是往来神经元之间的电信号。我们尚未完全知道，人类产生各种感知时大脑的部位以及这些电信号具体的参数，但基本的原理是不会改变的。

为什么这项渐进型技术一定会发展并在未来实现呢？好奇心是人类的天性之一，促使着我们不断的探索，向外探索我们的环境：地球，太空；向内探索我们人类本身：基因，大脑。人类基因组计划已经进行了快26年，当今美国也在实施脑计划。对于脑部的探索，是势在必行的，在这样探索具有一定成绩时，全息模拟技术当然会应运而生。

1.2 技术应用即为全系实现的理由

（1）创造第二世界 现实世界是由各种元素组成，包括有机物、无机物和阳光等，繁复而宏大。第二世界的构成很简单，网络和代码，电子信号和链接入网路的大脑们。当电子信号可以模拟人类感知的时候，将有那么一个世界，人类生存的法则可以由人类自己制定。在这个世界里你所体验到的只会比现实更加丰富多彩。完全可以畅想，在这样的世界中构架神话、魔幻、自然的、太空的等各种各样的场景，无论是健康的，还是残疾的，在这样的由代码构建本身的世界中，人人都是平等的，并且是充满了无限可能的。

（2）肢体与器官再生　在未来，残疾，器官的缺失将不会如现在这般让人束手无策。材料学和生命科学的发展肯定会给人们发明出越来越契合的义肢。当全息模拟技术运用到这些义肢上的时候，这些义肢自然会变成我们身体的一部分，因为我么可以通过这些本不属于我们身体的材料去感知这个世界，所感受到的温暖、柔软、细腻和原来肌肤的感知并无区别，甚至更加的敏感和准确。同时，我们知道，人体内的脏器调节其实是由大脑调节的，并且，脏器的结构和组织相较于大脑来说简单许多，当我们将同样功能，适合人体的"材料器官"植入体内，并以全息模拟技术连接至大脑，那么与我们本身的器官并无区别，甚至可以更加强劲。我想到那时，疾病基本不会再成为困扰人类的难题，"身体"这个概念将会与脑部区别，或许那个时候才会有真正现实意义的"躯壳"。

（3）意识的延伸　正因为这样技术的存在，可以让人的感知寄托在虚拟的网络代码世界当中，也可以寄托在无比庞大或者无比渺小的个体上。当植入人体的小机器人在执行手术计划的时候，它所感受到的即为人所感受到的，操作也会更加的精细和准确，而对于其他未知领域的探索，我们完全可以做到"身临其境"，记不得哪位哲人所言"人的思想可以到达任何地方"，而全息模拟技术可以让"人的感知和意识到达任何地方"。

2　"胆大包天"的猜想

人类探究基因，明白不同碱基排列组合所合成的蛋白质，从何理清碱基和人体的关系，最终人类可以通过修改细胞核中基因的排序来改造人体，甚至发展到极处，我们可以"造人"，是"造"，不是无中生有也不是克隆。而全息模拟技术，将会使人摆脱"身体"这个概念，基因计划提供的也许是不能那些靠机器合成的物质，或者人体内奇妙而又不能够被代替的结构组织，到那时候，脑部不死，人就不会死亡，再或者将人的感情思维等脑部活动全部具化为代码，那时灵魂等哲学上的概念会被解释，"人"也许将会以另一个形态永生。

人类记忆和思维的数据化技术

叶维熊
上海交通大学机械与动力工程学院
本科生

1 基本概念

1.1 人类记忆和思维的数据化

人类的记忆会随着年龄的增长和时间的流逝变得模糊黯淡，但倘若能够将这样的思维和记忆以数据化的方式记录下来，将会有很多颠覆性的影响。

为实现记忆和思维的数据化记录，首先需要通过对人脑记忆及思维信号的采集和分析，对人脑的记忆特征和方式进行定量化的解码，然后以数据的形式记录移植在人脑内的芯片上，当需要这些数据的时候，再以相逆的转码形式，将这些数据返回到人脑的信号接收器官中。

1.2 人类记忆和思维的数据化的颠覆性表现

（1）大大增大人脑的容量，防止人脑的记忆随着时间的流逝，及防止人脑在外界环境，如剧烈脑撞击中导致记忆丧失；

（2）应用于记忆的储存，将上一代人的记忆数据化后遗传给下一代，实现一个记忆的云盘储存，大大提高人类知识的传播和继承；

（3）将思维数据化之后，人们可以选择性地将其分享，这对艺术的创作有着颠覆性帮助；

（4）与通信等信息技术的结合，甚至可以突破人与人之间现有感官的交流限制，实现脑脑直接交流。

正如硬盘读写技术的发明和改进对信息产业的颠覆性改变一样，这种人类记忆和思维的"读写"技术的实现，对人类的感知认识有着颠覆性改变，对医疗、教育等社会领域有着深远影响，可以推动人类的认知领域走向一个更广阔的平台。

2 应用意义与前景

这一项技术应用到不同领域会有不同的深远影响。若应用到对犯罪分子的审查,可以通过此技术提取他的思维和记忆,而不是通过语言沟通的方式去侦查破案;若应用到教育方面,则这种技术可以实现不通过视听说等感官,而直接将相关的记忆和思维导入到受教者的脑中;若应用到通讯中,甚至可以不通过如视频或者音频等媒介实现远程交流;若应用到医疗方面,可以帮助视听患者对外界的理解和交流,甚至可以实现对社会有深远价值的逝者进行记忆提取。

除了在人类自身改变的方面之外,这项技术还可以对人机交互产生深远影响,如脑控电视、汽车等日常设备,使得意念控制不再只是传说。

脑电波对微型机器人的控制

秦康春凤
上海交通大学医学院
本科生

1 概要描述

1.1 脑电波控制技术与微型机器人技术

脑电波控制技术,正是人们常说的"意念控制",相关的科学研究已经持续了半个世纪,而这个听起来"神乎其神"的想法已经变为现实。正如人类进行每项生理活动机体都会产生电流,大脑在思考时也会产生微弱的电流,用仪器测量便可看到波浪般起伏的"脑波"。通过对于脑电信息的分析解读,并进一步将其转化为动作指令,就是脑电波控制技术的关键所在。目前这项技术大多应用在医学领域,如癫痫的治疗、思维控制的义肢等。

大规模集成电路制作设备与技术之上的微型机械技术的发展,则为微型机器人的产生提供了良好契机。组成微型机器人有四个关键部分:微执行器、微传感器、微能源、控制系统,而这四部分都少不了微型机械技术的应用。目前国外从事微型、超微型机器人开发研究的国家主要是美国、日本、德国,而日本东京大学Mamoru等人研究的机器人微作业系统可用于外科手术。

1.2 脑电波控制微型机器人的挑战

将脑电波控制技术和微型机器人技术结合在一起,带来的效益是不可估量的,目前,国内也陆续有一些脑电波控制微型机器人出现,如图1和图2所示,然而在技术控制层面却也面临着巨大的考验。

就脑电波控制技术来说,一方面人脑的结构过于复杂,人类对它的研究还在比较初级的阶段;另一方面,由于头盖骨结

 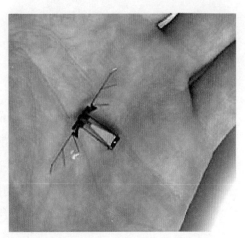

图1　脑电波控制的Thynkbot机器人① 　　　图2　昆虫大小的微型机器人②

构致密，屏蔽了大量脑电信号，使得脑电波测量困难，阻碍技术进一步发展。就微型机器人的制造，在与四个组成部分对应的微执行器技术、检测技术、能源供给、控制技术方面都有不同的瓶颈：

（1）微执行器技术　作为微机械发展的关键部分，实用性的微执行器还很少，且存在设计、控制精度、环境影响等重要问题。

（2）检测技术　作为机器人的感觉器官，传感器必须满足拾取信息、传递信息的功能，同时还需满足尺寸小、分辨率高、稳定性和可靠性好、时间响应快等特点。

（3）能源供给　对于无缆微型机器人，电源分为内部供应型和外部供应型两种。内部型主要用电池储能，其连续性好但很难小型化。外部型的四种主要供能方式：① 光供应；② 电磁供应；③ 超声波；④ 机械振动都存在不同程度的技术问题。

（4）控制技术　微机器人的控制关键是在微小控制水平

---

① 中国品牌网．
② 重庆商报．

上的集成,即集成的机载控制器。目前这个技术还没有很好地解决,有待计算机和部分外设集成技术的突破。

2　应用前景

脑电波控制的微型机器人可用于各个领域:若应用于医学领域,脑电波控制可使微型机器人在人体内特定部位准确取样,投放药物,甚至是进行手术,相对于大规模手术即降低成本,又最大程度地减少了患者的痛苦,同时也更加准确高效;应用于机械制造与维修,对于大型精密的器械,有着精巧身体和人类大脑操控的微型机器人相比于人手维修更有优势;除此之外,农业(如防治害虫等)、通讯(在极端地区储存传输图像等)、军事(信息侦查等)等领域也可有脑电波操纵的微型机器人的一席之地。

柔性电路

1 柔性电路
1.1 柔性电路的制造

柔性电路是一种将电子元件安装在柔性基板上组成的特殊电路，基板通常为如聚酰亚胺塑料、聚醚醚酮或透明导电涤纶等高分子材料。采用SMT加工技术的柔性电路可以制造得很薄、很精巧，绝缘厚度小于25 μm，这种柔性电路能够被任意弯曲并且可以卷曲后放入圆柱体中，以充分利用三维体积。它打破了传统固有使用面积的思维定势，从而形成充分利用体积形状的能力，这能够在目前常规采用的每单位面积所使用的导体长度上，显著地增强有效使用密度，形成高密度的组装形式。柔性电路的基层薄膜是涤纶薄膜，采用波峰焊接技术进行焊接。就SMT而言，柔性制造技术（见图1）是由计算机控制，以数控加工设备为基础，自动元件上料装置（如卷带上料器、震动上料器、吸力上料）为条件的连接在一起的一种自动加工系统。它可以在不停机的情况下，灵活地变换加工各种产品。这项技术不仅能够节约成本、提高效率，更重要的是反应快速。它能快速稳妥地适应各种形势的变化。自从20世纪80年代初期以来，柔性电路与SMT技术相结合已取得了很大的成功。当明白了对于薄膜基片而言的各种要求一般都能够得到满足。

李佳勋
上海交通大学材料科学
与工程学院
本科生

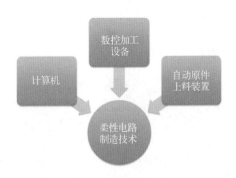

图1　柔性电路制造技术

1.2　柔性电路性能描述

（1）单面柔性电路板的成本最低。当对电性能要求不高，而且可以单面布线时，应当选用单面柔性电路板。

（2）双面柔性电路板是在基膜的两个面各有一层蚀刻制成的导电图形。金属化孔将绝缘材料两面的图形连接起来形成导电通路，以满足挠曲性的设计和使用功能。而覆盖膜可以保护单、双面导线并指示元件安放的位置。

（3）多层柔性电路板是将三层或更多层的单面柔性电路或双面柔性电路层压在一起，通过钻孔、电镀形成金属化孔，在不同层间形成了导电的通路。

2　应用领域与前景

柔性电路的应用领域有柔性电子显示器、柔性薄膜太阳能电池板、柔性电子皮肤与FRID结合。

柔性制造技术是人们在自动化技术与信息技术及制造技术的基础上，将以往企业中的相互独立工程设计、生产制造及经营管理等过程，在计算机与其软件的支持下，构成一个覆盖整个企业的完整而有机的系统，以实现全局动态最优化、总体高效益、高柔性，并进而赢得竞争全胜的智能制造技术。它作为当今世界制造自动化技术发展的前沿科技，为未来机构制造工厂提供了一幅宏伟的蓝图，将成为21世纪机构制造业的主要生产模式。

多维人体识别系统

1 原理描述和关键路径要点

安全,是人类永恒关注的话题。随着犯罪事件的高发和全球恐怖主义横行,确认一个人的身份变得越发重要。而在日常生活中,我们对于个人身份验证的要求也十分常见,小到登录QQ微信,大到银行贷款、护照办理。我们总是需要一遍遍地输入密码,提供各种证件。这给人们的生活带来了极大的不便。基于此,我们提出用个人体征建立个人人体识别系统。将人的体征根据机密和仿造及识别的难易程度不同,分为不同的加密层级。从而解决证明"你是谁"的问题。

王雪剑
上海交通大学电子信息
与电气工程学院
本科生

1.1 现有的人体识别武器

在体征识别技术的发展中,先后出现了图像识别、指纹识别、手指静脉识别等技术,甚至基因测序也可以算作一种隐私度极高的体征识别技术(见图1),通过对某个特定部位的图像特征提取和比对,可以实现极高的辨识度,对于指纹或静脉这样不易多次尝试的特征,基本可以认为是安全的。如支付宝前段时

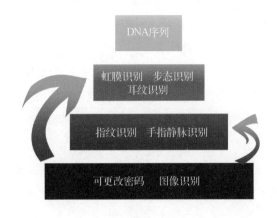

图1 人体体征识别系统金字塔体系

间推出的"空付"功能,便是基于图像识别和特征提取,对图像进行预处理去除噪声后与系统中的特征码进行比对,可以进行小额的实付。

更为高端不易仿造的体征还有虹膜、眼纹、耳纹和在电影中出现过的步态分析技术。在实际生活中一般很少用到,但是可以作为顶层的综合比对使用,尤其是当指纹识别出现重复或错误时。

1.2 集成人体识别系统

我们可以为每个人建立一个个人人体体征系统,将人的各种具有辨识性的体征采集起来,用来在日常生活或者特种场合验证个人身份。对自身信息进行加密可以采用顶层体征和底层的密码或图像结合的方式。个人可以根据系统的硬性要求或自由决定把哪一级的体征加密应用于特定需要验证的地方,用于验证个人身份。

在一些特定的场合可以采用密码和体征结合的方式,提高加密的安全性。在系统中可以只存储特定图像经过单向哈希之后的值用以比对,不直接存储图像数据以防止个人体征信息外泄,且可以减小存储所需空间,大大提高验证效率。

2 应用前景

通过多组人体识别系统可以脱离传统的仅仅依靠证件和照片的验证,使得个人信息验证更加准确,且免去了在日常生活中记忆各种账号密码的麻烦。对需要验证的地方直接以个人体征进行验证,方便而准确性高。

将人体体征与个人账户绑定,则可以不进行刷卡或其他电子凭证,直接"刷指纹",如在搭乘公交地铁时直接按指纹进入,则免去了不同卡片互认的麻烦,其他地方的居民即使不办理当地的公交卡也可以享受便利的公共交通。

如果建立了个人的体征系统,可以说其中存储的经过验证的体征越多,这个人的"信用"越高,而如果一个人并未经过任何验证,则很可能是逃犯或者是偷渡而来,可触发报警机制。若一个社会中连搭乘地铁或者进银行取钱都需要体征验证时,没有体征的人将会有极大的生活不便,这也是有效防止不明身份的人在社会中作乱的方式。

体征识别对于国家安全也有很大意义。如果国家系统之间可以互认,则可以避免恐怖分子或者逃犯潜逃至他国,甚至于,只要进入他国的外国人,都进行一定程度的体征提取作为备忘。

体征识别系统不仅效率高、方便快捷、正确率高,还具有无可比拟的安全性。这一技术的推广使用,必将成为沟通虚拟网络和现实生活的重要桥梁,对现代人生活中的衣食住行都产生颠覆性的影响,应用前景极其广泛,推动信息技术和现实生活的全面绑定化的新技术革命。

人类健康与安全智能芯片

李大松
上海交通大学电子信息与电气工程学院
本科生

1 工作原理与性能

1.1 人类健康与安全智能芯片工作原理

（1）人体健康——建立独立强大的免疫系统　将健康与安全智能芯片植入人体，芯片释放出智能因子，遍布人体各处，可以帮助没有特异性免疫的人建立起一套特殊且强大的免疫系统，在正常人体内可以和三级免疫系统协同合作。包含智能处理系统的芯片和疾病预防中心数据库连接，可以及时接受更新的生物病毒信息与数据。由该芯片建立的免疫系统以智能芯片为核心，利用人体的生物智能工作，将人体内的有效物质转化成对异物灵敏度极高的智能因子和特制抗体。这个系统不分第几级，只要有外来异物或者病毒入侵，就立刻识别它们，由散布于人体的特制抗体消灭它们。即使是极其少数无法消灭的病毒，也会先将它隔离，芯片然后向疾病预防中心报告病毒的数据，会很快得到解决办法消灭病毒。

（2）提醒人类健康饮食锻炼身体、监控环境的健康质量
每天测量人体内脏脂肪含量、体脂率和体重等关键数据，评价人体的健康情况以及生理状态。对人的每天摄食、锻炼量进行监

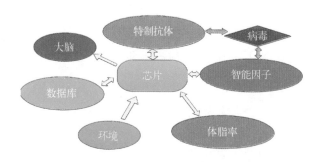

图1　芯片健康功能示意图

控。该芯片与大脑皮层连接,可以使人脑产生合理摄食以及加强体育锻炼等对身体有益的想法。监测环境质量,环境中有人体无法感觉到的危害物质,芯片可以感知到环境的危害,及时告诉人们。

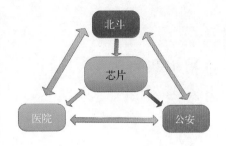

图2　芯片安全功能示意图

(3) 北斗卫星定位与公安医院系统联网：北斗定位系统定位芯片位置,当人体身体状况突然不好时,通知医院前来救护。当大脑产生要报警的感觉时芯片通过信号报警。

(4) 芯片具有身份智能识别功能,可以代替身份证的使用。

1.2　人类健康与安全智能芯片性能

(1) 能量来源于人体的生物智能。

(2) 芯片体积微小,智能集成,分功能操作,工作噪声小,不会对人体产生任何危害。

(3) 北斗定位系统定位芯片精确度在 3 m 以内。

(4) 与公安、医院和疾病预防中心进行交流时间小于 1 s。

2　应用前景

科技的产生是为了提高人类生活质量,植入人体智能芯片可以覆盖了安全与健康功能智能芯片可以芯片可以帮助人们养成良好的生活习惯,会经常提醒人们减少喝酒,减少抽烟,多吃有益食物。有了智能芯片可以及时发现病毒并处理。芯片和公安系统联网,有紧急情况,当大脑产生报警的念头时。人们不用打电话报警了,智能芯片可以直接报警,加上卫星定位系统,快速保护人们安全。

虚拟屏幕的开发与运用

廉贞洁
上海交通大学材料科学
与工程学院
本科生

1 背景与工作原理

1.1 关于虚拟屏幕预见产生的背景

科幻电影往往在某种程度上具有一定的科技预见性。遨游太空、机器人等突破性的想法都一部分来源于这些富有想象力的电影之中。这个科技预见也源于此。我们常常在电影中，尤其是在各种科幻类的或是以未来为背景的电影中看到那些未来的人们按一下他们手腕上所佩戴的一个特殊的小巧设备或是按一下眼睛上的一个按钮，眼前便出现了一个虚拟的屏幕，上面可以显示出各种信息、数据以及任务，你通过手指轻触屏幕便可以进行处理，而在看完后，再按一下，眼前的虚拟景象便又消失了，如图1所示。由此看到了这种虚拟屏幕的技术在未来的发展前景。

1.2 虚拟屏幕的大致工作原理

可以将人们的眼睛加以改造，在上面搭载一个体积足够

图1 科幻电影中的虚拟屏幕

小，重量足够轻的微处理器，通过它来将一些电子信号转化成图像，从而可以被显示在虚拟屏幕上，并且将人在屏幕上的轻点转化成一个个电子信号，在内部进行处理与储存。同时还需要一个微型的投影设备，将处理器发出或产生的影像转化成人们可视的图像，投影于人们面前，让人们可以看到，从而进行处理。必要的话，可以再加上一个透镜，让影像可以被放大，便于使用者能够更清晰地看到一些微小的影像。最后在这"眼镜"上当然还需要一个有足够储存容量的小型可充电电池，保证整个显示与处理系统的供电与运作。这一个处理、显示和供电的系统构成了这个虚拟屏幕的大致工作原理，如图2所示。

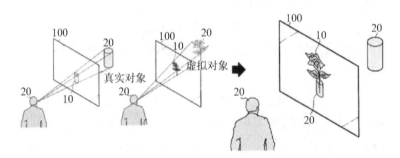

图2　虚拟屏幕工作原理①

2　应用前景以及局限性

虚拟屏幕的诞生，可以让图像、信息等的显示突破屏幕对其显示地点、空间的限制，从而使人们完全可以随时随地可以摆脱手机、电脑、投影仪等设备对显示的局限，对自己接收到的信息进行查看、处理、分享。它可以让人的各种电子设备如手机、电脑等得以更自然地融为一体，从经济学的角度来说可谓是极大地提高了生产的效率。而且由于体积的缩小，这种虚拟屏幕设备将会更加方便人们的携带。它们大多都会设计成眼睛或是手环的外观，戴着他们，日常的活动与行为也不会受到影响，从而扩大它在人们心中的接受度。而携带的方便必然将促进人们

---

① 来源百度图片．

工作的效率,以后可能不再需要打开你的手机或是电脑,轻点在你面前投射出的虚拟屏幕,便可以下达指令、完成任务。

由于它的可移动性较手机和电脑高出许多,可以让人们突破手提电脑对空间的限制。故可以广泛运用于医学、科技、军事等领域中。比如医学可以用这种虚拟的屏幕通过手的触碰,模拟手术的过程,为实际的手术做好充足的准备;科学中可以用它模拟机械系统、材料结构、网络构型等,对理论的实践以及真正实施前的可能性认知必定大有帮助;军事中可以通过多个虚拟屏幕的设立对各个战场及其战况进行全方位的监控与了解,有利于命令的及时下达以及其正确性的保证。可见它必将对未来的经济以及军事方面具有较大价值。

可能需要解决的问题便是对其续航能力的探讨。由于体积的限制,其电池的大小与容量也必定随之受到影响。可见它的续航能力可能会受到设备体积的缩小所带来的不利影响。参照现在的笔记本电脑,其续航能力往往仅在3个小时,运行大程序时更是会不足2个小时,而虚拟屏幕的设备必然远远小于笔记本电脑,其电池的容量与其所能提供的续航时间可想而知。可能在未来还需要发现一种储电密度大的电池才行。

但不论如何,虚拟屏幕的使用在未来必将得到普及与流行,随着时代的发展,其技术也必将变得越来越成熟。

信息三维化感知与交互

1 概要描述

1.1 信息三维化感知与交互描述

我预测未来信息的获取将以三维的形式实现，信息会通过视觉、触觉、听觉等多感官交互实现，目前的全息投影实现了人的视觉直观感受，而全息投影则更进一步，就是获取三维信息，短期内通过视觉、听觉、触觉获取信息，再进一步实现嗅觉的突破。举个例子是：你在手机上搜索信息，资料会投影在你的上方，你可以用手触摸它，感受它的三维感觉，也可以和信息智能交互，当你要求更精确信息的时候，计算机检索和投影信息会更加精准显示。预测实现依赖于四种技术支持，分别是语音交互算法、人工智能芯片、全息投影、虚拟触控，以及随之必需的云计算能力，与现有信息获取技术最具有突破性的一点是可以在计算机前感受到物理触感、物理视感，而不需要跋涉千里去感受，如图1和图2所示。但感觉到的其实是人工智能芯片根据云存储的数据算法运算出来提供的虚拟体验，归根结底还是信息交互层面，这就是突破之处。

施理壮
上海交通大学船建学院
本科生

1.2 颠覆性表现

（1）可以改善目前信息获取距离感过强的缺憾，使得科技信息更近人。

（2）全息投影技术带给不同于以往图片、图纸、模型信息量，结合触觉、听觉后，无比真实。

（3）搭载于高计算能力芯片之上的云算法数据，将信息各要素做最大程度整合，呈现出现有超级计算机不及的数据处理能力，进一步提升信息反馈的体验与效率。

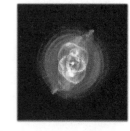

图1　那个大提琴手怎么样了①

图2　自己看吧②

正如浮力定律的发现推动海洋事业的进步，这种搭载全息投影技术的云计算三维信息获取将广泛应用于信息技术的各领域，包括军用雷达、民用航空、科研教学、智能化家居、绿色城市建设。

2　应用前景：信息三维化带来的颠覆

基于全息技术的发展，在邮局、大型货运公司以及自动化传输系统中可以使用全息图像扫描仪来确定包裹的三维尺寸，

---

① https://unsplash.com.
② https://pixabay.com.

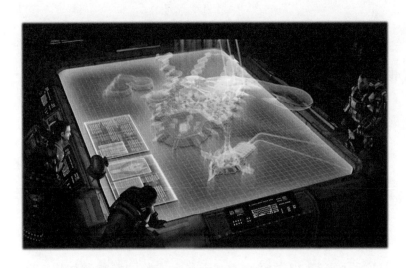

图3 《超能陆战队》电影截图

还可以加载重量选别秤,来在给定的体积内自动的打包,可以更好地用于卡车等大型货物运输装置。

在科研、军工领域,人们很关心数据的记录与提取方式,基于信息三维的全息存储,利用内部芯片搭载的高效率算法以很高的密度在晶体内部和光聚材料上存储信息。这种数据存储技术的优点是数据不仅仅记录在表面上,而且也记录在材料的内部,读取与写入速度预计可达 100 GB/s 级别,加之可以采用基于页的存储方式,每一记录的全息图像都包含有大量的信息,可用亚微米的微型全息图像来实现三维光存储解决方案。

在智能家居方面的突破更不用多说,基于全息投影的高计算能力,可以做到实时监控房子的每一个信息,包括它的建筑构件寿命和材质载荷。结合起家具方面,可以做到智能控温和自动排风。娱乐设施,如电视机,电脑,家庭影院,都会因为全息技术呈现立体化而更加光彩夺目!

基于全息投影的信息化三维交互值得期待!

意识微振动场实验研究

段　力
上海交通大学电子信息
与电气工程学院
副教授

1　概要描述

本预见通过水结晶实验，研究水的生命信息体征，并大胆地、颠覆性地提出用科学实验的方法证实意识微振动场对于客观的科学实验的可重复性和规律性。通过3D动态水晶实验研究意识微振动场对于科学实验的影响和作用（To study the subtle vibration of "positive or negative energy" by water crystal experiment）。借助于21世纪新颖的科学技术，如3D微成像、动态微摄影，"与时俱进"地系统地、精确地从科学的角度进行水结晶实验研究，尤其注重人脑意识微振动场强（电+磁）对于科学实验的"主观性"影响。

人的意识场，就是现在常说的"正能量"，是一种微振动场，目前没有科学仪器可以表征测量，这是科学对于人与世界贡献的一个软肋点。"正能量场"的事实确实客观存在：吵过架的空气里，气氛可以被感觉到，这个实验的重复率大家是认可的。人脑意识微振动场强（电+磁）对于科学实验是否存在"主观性"的影响？这项预见不仅具有重要的科学意义，而且具有巨大的技术应用意义。比如，可以模拟正能量场修正、改进，制造含有水分子成分的载体，如人体、饮料、商品等，形成对整个人类健康态的整体提升。

笔者拟通过这个颠覆性预见，研究意识微振动场对于科学实验的"主观性"影响，这个"联谊"一旦成立，将开辟一片全新的领域，建立社会科学和自然科学的一座桥梁，正能量场也可以用科学的方法进行表征、重复和推演，其应用天地不可限量。研究水的生命规律及表征具有生理和健康意义，人体毕竟不是机器，70%以上都是水，精子的水分则达到90%以上。这项面向未来科学论题，前无先例。钱学森学长在后期（两弹之后）的研究领域里对主观与客观相互"反应"（interaction）方面的科学论题曾有过兴趣和研究，众所周知，钱老不仅是火箭专家和两弹元勋，在美国政府禁止钱老参与火箭研究那几年，钱老利用"业余时间"写了《工程控制论》，也是一本前无古人的创新巨作，后来和宋健部长（两院院士）又在1980年与时俱进的合写了《工程控制论》的修订版，是一个多学科和哲学领域的大学问家。因此，本预见也旨在继续钱学森学长在这个超前领域的事业。21世纪期待新一代的重大理论突破和依此联动的科技革命，例如近期的美国科学家宣布探测到引力波，第一次切实证明了爱因斯坦于100年前提出的广义相对论，引起了国际媒体的广泛关注。同样地，以"空间微振动场"引发的科学与人文整合的划时代研究也将引发一系列的科技和人文的工程应用并将造福全球。

笔者调研了一下目前国际流行的研究者，他们从有两个角度和思路来研究水的结晶：

1）从科学的角度

典型的研究有美国加州理工大学物理系主任Kenneth Lebbrecht[①]，研究雪花的成型晶向与电磁场环境对于结晶态的影响分析，还有斯坦福大学材料科学与工程系教授 William A. Tiller[②]，研究外界微振动场对于pH值的影响。这些研究都有十年多了，研究工作都没有新的发展。

2）从主观的角度研究水结晶实验研究

典型的水结晶研究者是日本的Emoto博士，他从1994年做起，做了大量的水结晶实验（-5℃水由冰→结晶→结晶融

---

① Kenneth G Libbrecht. Study of growth of ice crystals from the vapor phase[J/OL]. http://www.its.caltech.edu/~atomic/.

② William A Tiller. Electronic device-mediated pH changes in water[J/OL]. http://www.scientificexploration.org/journal/jse_13_2_dibble.pdf.

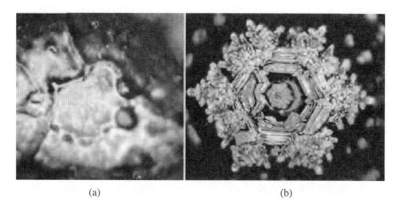

图1 水结晶的显微镜照片①
(a) 污染的湖水
(b) 澄净的湖水

化,并由高倍显微镜观察),但是研究的角度和初衷是美学和灵性,所以对试验参数的取材和表征内容没有被传统的科学工作者所认可。图1是他做的一项实验:污染的湖水和澄净的湖水的水结晶照片。图片表明了完整的结晶形态和"不成形"的结晶形态。

笔者猜测,由于Emoto博士实验的科学性(比如实验的重复性、实验程序的规范等)的欠缺,以及对实验结果过于形而上学化的诠释,影响了实验工作近年来的进一步推进,这也是笔者未来试验工作的关键方向。

2 通过3D动态水结晶实验研究意识微振动场对于科学实验的影响和作用

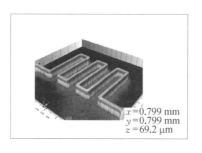

图2 上海交通大学微纳院课题组最近微制造课题中拍摄的三维形貌

早期(20世纪90年代)的Emoto的实验条件是比较简陋。随着这几年高科技的迅猛发展,动态的、3D微成像技术有了长足的进展(见图2)。配置以低温的精确和智

---

① Masaru Emoto. human consciousness effect on water crystallization experiments [J/OL]. www.masaru-emoto.net/.

能化控制系统，3D动态水结晶实验已经成为可能。佐之以智慧和独特的实验思路和设计，我们可以进行这一套独特的科学人文实验。具体的实验硬件条件是一台高质量的动态3D显微镜，其放大倍率在微米量级，同时需要专门设计低温达−25℃的温度控制装置，需要改装一间实验室并形成一套实验装置满足（−25℃～＋4℃）低温3D微成像的要求。

这项研究面向未来科学课题，一旦突破，将是科学发展的重大突破口，文章论文的投稿目的地直指《自然》*Nature*期刊。

基于"电纤"的高速互连新技术

毛军发
上海交通大学电子信息与电气工程学院
教授

1 基本原理与性能

大数据时代来临,超大容量的数据传输需求使得互联这一环节成为限制高速电路系统性能的重要瓶颈。传统的金属互连线受结构、材料、工艺等限制,信号完整性问题严重,限制了系统的性能,由此产生各种新型互联技术,如最重要的光互联技术。光互联(如光纤)在长距离数据传输中优势显著,但对于芯片级互联,由于需要光电转换和调制解调,光互联面临巨大挑战。为此,我们提出"电纤"的概念,希望电信号在"电纤"上的传输损耗能够接近光信号在光纤上的传输损耗,且无需进行光电转换,如基片集成波导互连,甚至无需调制解调,如基片集成同轴互联。"电纤"一方面用于芯片级高速互连,同时可取代目前大量使用体积大、价格贵的金属电缆。

1.1 基片集成波导互联

基片集成波导互联(substrate integrated waveguide, SIW)是由上下导体板和通孔阵列构成的近封闭式电子带隙结构,如图1所示。SIW兼具封闭波导的信号传输特性和微带线的工艺简单、易集成的优点。与传统微带线相比,基片集成波导互联的信道呈

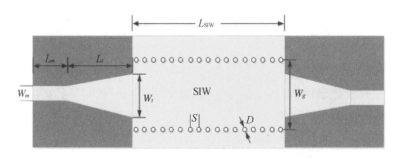

图1 基片集成波导互联结构

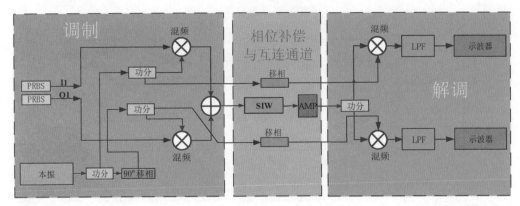

图2　基片集成波导互联的 QPSK 调制解调系统

现高通、宽频带、抗电磁干扰强的优点。由于基片集成波导的高通特性，在传输基带信号时，需要将基带信号进行调制，以方便信号在波导互联信道中传输。为了提高信道的频谱利用率，可以采用多种调制解调方式，如正交相移键控（QPSK），如图2所示，2路并行信号通过正交载波调制，合成后经过基片集成波导互联传输，可以成倍提高信道利用率；正交振幅调制(QAM)，把多进制与正交载波技术结合起来，进一步提高了频谱利用率。

1.2　基片集成同轴互联

基片集成同轴互联将同轴波导集成到平面电路，如图3所示，包括单通道结构与多通道结构。基片集成同轴互联的主模是TEM模，是一种非色散波，保证了基片集成同轴互联具有从直流至毫米波波段的超宽带特性。单通道基片集成同轴互联自上而下分为五层，第一层为金属层，第二层为介质层，第三层为金属层，第四层为介质层，第五层为金属层。第一层金属与第五层金属通过侧壁处的两排金属过孔相连，构成基片集成同轴互联的外导体，第三层金属为基片集成同轴互连的内导体。此外，由于相邻互联的外导体可以共用，其多通道高密度布线为数据的并行传输提供了优良的信道。表1比较了多通道相同尺寸的微带线、带状线与基片集成同轴互联的单路带宽性能，基片集成同轴互联在多通道并行传输数据时，其带宽远大于微带线与带状线，且宽频带的性能优势随长度的增加而更加显著。

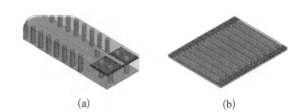

图 3 基片集成同轴互联
(a) 单通道结构
(b) 多通道结构

互联长度/cm	微带线/GHz	带状线/GHz	基片集成同轴互连/GHz
3	20	20	40
6	10	20	40
9	8	16	40

表 1 微带线、带状线与基片集成同轴互联的带宽比较

2 应用领域与前景

基于"电纤"概念的高速互联具有频带宽、损耗低、抗电磁干扰的优点，其数据传输率接近光互联，不需要光/电、电/光转换，甚至不需要调制解调；与现有标准集成电路工艺兼容，成本低、易集成。在大型数据中心、超级计算机、Peta 比特量级路由器为代表的高速电路系统设备、封装、芯片上具有广泛的应用前景，可解决目前由于传统铜互联的瓶颈作用所导致的系统数据传输速率低、电磁干扰现象严重的问题，还可取代目前大量使用的体积大、价格贵、电磁干扰问题严重的金属电缆。基于"电纤"的高速互联技术将是数据传输技术的一次革命性突破，实现低成本太比特量级的数据传输速率。

公钥密码安全基础困难问题研究

1 概要描述

1.1 公钥密码安全基础困难问题

目前,大部分公钥密码的安全性是基于数论中的计算困难问题。RSA密码、椭圆曲线密码(ECC)是最为广泛应用的公钥密码。

RSA密码的安全基础是大整数分解问题:给定整数N,且已知它是两个素数的乘积,求这两个素数。ECC密码的安全基础是椭圆曲线离散对数问题(ECDLP):给定椭圆曲线上的两个点P和Q,求整数k,使得$Q=kP$。

1.2 公钥密码安全基础困难问题的重要性(见图1)

公钥密码已经在国防、金融、通信、电力等行业广泛应用。密码是信息安全的核心,如果底层的困难问题被求解,上层的信息安全就不复存在。为了使我国的信息安全自主可控,切实把握RSA、ECC等密码的安全性,及时、准确地掌握大整数分解、离散对数问题的研究进展就显得格外重要。

谷大武
上海交通大学电子信息与电气工程学院
教授

顾海华
上海交通大学电子信息与电气工程学院
博士后

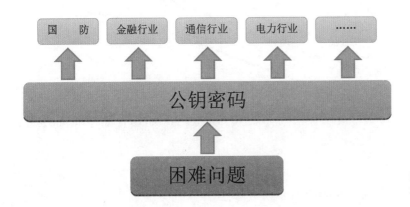

图1 安全基础困难问题的重要性

2 应用前景

为了鼓励深入研究整数分解问题和ECDLP问题，RSA公司和Certicom公司分别向全球发布了RSA悬赏列表和ECC悬赏列表。2004年，ECC悬赏列表中109比特的ECDLP被求解，当时共有2 600人通过互联网参与了计算，共耗时17个月；2010年，RSA悬赏列表中768比特的RSA数被分解，分解过程中使用了几百台计算机，共计3 404个核，花了大约2.5年完成，换算成一台计算机大约2 000年。这两张列表中更大规模的困难问题，到目前为止还没有被求解出来。

2015年，我国"天河二号"超级计算机，以每秒3.39亿亿次的浮点运算速度，成为全球最快的超级计算机。"天河二号"有16 000个节点，每节点配备两颗Xeon E5系列12核心的中央处理器、三个Xeon Phi 57核心的协处理器，计算核心总数达312万。

随着新材料的不断涌现，电子元器件的性能越来越高，超级计算机的运算速度也越来越快。所以，目前看似安全的计算困难问题也可能将被求解。预计1 024比特的RSA数将在未来5到10年内被分解；预计将在未来15到20年内将求解256比特ECDLP。

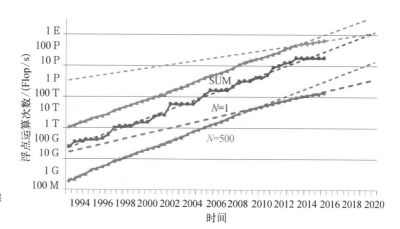

图2 超级计算机性能发展时间表[1]

① http://www.top500.org/statistics/perfdevel/.

容忍密钥篡改的
公钥加密算法

1 概要描述

随着智能卡和移动电话等智能设备的广泛普及和应用,越来越多的设备都使用了密码算法对设备中所存储信息以及和外界交互的信息进行保护。本预见所使用的密码算法的安全性建议在如图1所示的基础上:敌手只能看到设备的输入和输出,不能篡改设备的内部状态。特别是存储在设备中的密钥,敌手不但看不到,而且不能影响密钥的数值。

随着智能设备兴起,设备丢失、病毒入侵、硬件被篡改等问题层出不穷,密码算法遭受密钥篡改攻击的风险。敌手很有可能通过硬件干扰、硬件故障、硬件暴力篡改等手段改变硬件里所存储的密钥。然而,传统密码算法抵御密钥篡改攻击的能力是非常脆弱的,当前迫切需要研究新的密码技术保护设备免受此类攻击。

硬件防密钥篡改的能力可以由篡改函数集合来刻画。可以容忍篡改的函数集合越大,那么硬件防篡改能力也越大。本研究的关键问题是如何对密钥进行有效编码,针对特定的篡改函数集合,保证篡改密钥在译码时验证出错,而正确编码后的密

刘胜利
上海交通大学电子信息
与电气工程学院
教授

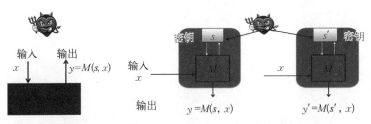

图1 敌手对只能观察设备的输入和输出

图2 敌手对设备内部的密钥进行篡改

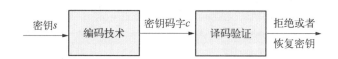

图3 使用编码技术防止篡改

钥则可以有效地恢复。

本研究探讨合理的密钥篡改攻击模型及相互之间的区别和存在的联系，分析不同模型中密钥篡改函数范围的存在性及必要或充分条件，从而系统地解决抗密钥篡改公钥密码方案的效率问题、参数受限问题以及篡改函数范围问题。

2 应用意义与前景

对抗密钥篡改方案的研究及其安全性证明必将丰富和完备抗密钥篡改密码学理论，也为将来更广泛实现安全的密码设备提供理论、方法和技术支持。同时，防篡改算法也可能用于其他密码体制及复杂的密码协议中。

密钥防篡改技术的直接应用是密码硬件芯片，芯片中的密码算法的运行有效地抵抗外界对芯片的故障分析攻击、密钥的损害和篡改。具体可以包括：

- 对银行芯片卡中的密钥/口令的保护；
- 对USB Key中的密钥/口令的保护；
- 对手机SIM卡中的密钥/口令的保护等。

虚拟现实视野下的未来课堂

1 技术原理与性能

未来课堂作为教育技术学的新领域,是一个前瞻性的研究。培养适应未来社会发展需要的学习者和人才,需要我们更多地从教育、技术、空间的角度来思考。未来教学场所和活动的设计,以促进学习者的学习和发展为中心,建立一个体现为学生而设计,能够满足多种不同形式的知识、情感与技能的教学与交流,体现先进、舒适、方便、高效、人性化、自由、和谐等特点的未来课堂。课堂是教学场所的主要承载体之一,记录了学生成长的主要轨迹。利用高速发展的科技知识武装未来的课堂,可以对教学质量做出量化评估,用于快速提高教学质量。同时可以将学生的学习状态和课程的内容联系,为每个学生做出个性化的辅导。图1和图2分别阐述了教学质量量化评估的方案和学生个性化辅导的方案。

盛 斌
上海交通大学电子信息
与电气工程学院
讲师

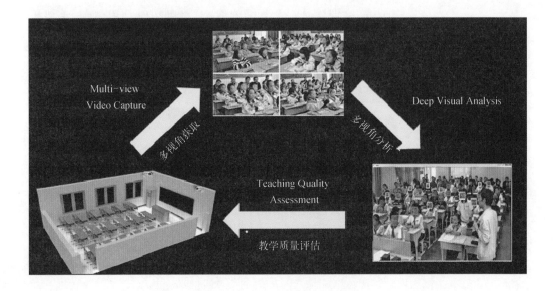

图1 教学质量评估

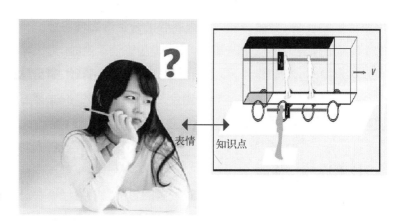

图2　学生个性化辅导（图为表情和知识点的一一对应）

2　未来课堂的发展趋势

未来课堂的发展是以促进学习者的学习和发展为中心，并能够满足多种不同形式的知识、情感与技能的教学与交流，具有以下发展趋势：

1）未来课堂是高科技的、高互动的教室

未来课堂中使用的设备是高科技的设备，包括机器人老师、触屏与三维立体显示等，这些设备体现出高互动的性能，方便学生进行合作、协作及与资源之间的互动。

2）未来课堂是高智能的教室

未来课堂是一个智能的教室，教师可以利用声音、手势等来控制交互屏幕的显示，教学机器人会给每位同学传送不同的学习内容。

3）未来课堂是舒适的教室

未来课堂应是一个舒适的教室，学生上课时就像坐在太空中，或是坐在一个深海里的海底世界。

4）未来课堂的教学应是接近生活的

未来课堂里的教学活动和内容是接近生活的，老师可以带领同学到大自然中，亲近自然，观察自然等。

课堂作为教与学的主要场所，在高科技的武装下，必将会给教育领域带来一场新的变革。

基于增强现实的汽车导航技术

1 概要描述

1.1 现有汽车导航技术的不足

汽车驾驶需要驾驶员综合感知大量行车信息并实时进行认知处理,给人们带来很多挑战。汽车导航技术能够帮助驾驶员获取和理解行车相关信息,日益成为人们必不可少的驾驶辅助手段。然而,现有的汽车导航面板、导航仪和手机导航等方式使用不方便,需要驾驶员经常将视线和注意力离开路面去查看相关导航信息,容易导致驾驶员分心,而且驾驶员身处车内,难以对所驾驶车辆四周的行车环境和其他驾驶相关信息进行全方位感知和直观理解,妨碍了驾驶员对复杂驾驶环境信息的综合判断能力和临场应变能力,容易带来行车安全隐患,影响城市交通。

1.2 汽车增强现实导航技术

增强现实是一种将虚拟信息和真实场景相融合的信息呈现技术,能帮助人们更直观快捷地理解身处的环境(其界面示意图如图1所示)。基于增强现实的汽车导航技术结合增强现

杨旭波
上海交通大学电子信息
与电气工程学院
教授

图1 汽车增强现实导航的界面示意图

实、投影显示、图形可视化、感知认知心理、人机交互等方法，通过增强现实的虚实合成注册算法，将汽车的路径导航信息、车速和油量等汽车状态信息、路面的车辆和行人等交通状况信息，以及餐饮和旅游等生活服务信息以直观的三维可视化方式直接呈现在驾驶员眼前的行驶路面上，避免了驾驶员在驾驶时将视线离开路面和分心看导航信息，保持了驾驶员对路面状况的注意力，减轻了驾驶员的认知负担，大大增强了驾驶员对驾驶环境的实时感知认知能力和反应能力，提高了驾车的安全性。

基于增强现实的汽车导航技术一方面通过在所驾驶车辆上安置雷达和深度摄像机等多种传感设备，实时采集和分析路面的驾驶环境信息，另一方面利用车内安装的传感设备动态监控驾驶员的视线和状态，通过增强现实的实时虚实注册技术将驾驶环境信息、导航信息和其他辅助信息直观可视地呈现给驾驶员，可采用投影技术在汽车挡风玻璃上直接成像，或者利用为驾驶员特制的增强现实眼镜成像（见图2），使得驾驶相关信息与行车路面环境直接可视融合，驾驶员可利用按钮、语音、手势等方式与所呈现的导航辅助信息直观交互。

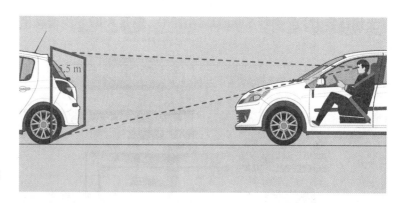

图2 汽车增强现实导航的成像示意图

2 应用意义与前景

随着信息社会飞速发展，由信息构成的数字世界和人们身处的物理世界之间存在着巨大的界面鸿沟，给人们对身处环境的理解和认知带来很大挑战,在今天的汽车驾驶过程中,驾驶员日益需要实时综合处理路况、车况、导航、生活等多方面信息,而现有汽车导航技术在信息获取、信息理解和信息表达上存在很多不足,无法很好地帮助驾驶员对复杂环境的感知认知,妨碍了行车安全和驾驶体验。

基于增强现实的导航技术通过三维图形可视化的虚实合成手段,无缝地填补了这一信息表达与认知的界面鸿沟,使得驾驶员可以非常直观方便地获取和理解实时驾驶相关信息。该技术预计将在5年左右颠覆替代现有的汽车导航面板、导航仪和手机导航等方式,成为汽车导航领域的新一代主流界面,为驾驶员的行车过程提供全面的直观感知和高效认知手段,减轻驾驶员认知负担,增强驾驶员的注意力,提高行车安全性和驾驶体验,改善城市交通。同时,增强现实技术在帮助提高人们在其他应用领域的感知认知能力方面也有着广阔的应用前景和发展潜力。

动植物（人）疾病的基因治疗技术

陈功友
上海交通大学农业与生物学院
教授

邵正尧
上海交通大学生命科学技术学院
本科生

陆冬锐
上海交通大学巴黎高科学院
本科生

方　菁
上海交通大学生环平台
本科生

1　概要描述

1.1　动植物（人）疾病的发生

动植物（人）在生长发育过程中，由于自身遗传的缺陷或者基因变异（疾病发育基因），或者受到病原微生物的侵染（转录因子过量或低量表达导致疾病发育基因不正常表达），或者营养元素的过量摄入（疾病发育基因表达），导致动植物（人）疾病产生（见图1）。传统的动植物（人）疾病治疗，主要是阻断病原物的侵染（使用抗生素或者隔离）或者引入干扰素降低疾病发育基因的表达，而对于癌症和遗传缺陷型疾病，人类似乎还没有很多办法。飞速发展的现代科学技术揭示，动植物（人）疾病发生都与基因密切相关。因此，从基因水平上探测和分析疾病的起因，从基因水平上通过基因治疗（gene therapy），将成为未来动植物（人）疾病精准治疗的方向。

图1　动植物（人）疾病发生基本元件

1.2　动植物（人）疾病的基因治疗

生物学中心法则揭示，动植物（人）疾病的发生，要么是疾病发育基因表达的结果（包括正常基因突变），要么是转录因子（包括微生物来源的）结合在疾病发育基因的启动子上使疾病发育基因表达的结果，要么是转录因子需要借助化合物形成复合体启动疾病发育基因转录表达。能否有一种工具，像手术刀一样，把疾病基因启动子被转录因子结合的元件切除

(见图2(a))或则切除疾病编码基因(见图2(b)),阻止疾病基因表达,从而基因治疗动植物疾病。以目前的生物技术发展速度推测,发展这种手术刀技术进行疾病治疗已为时不远,主要原因是:

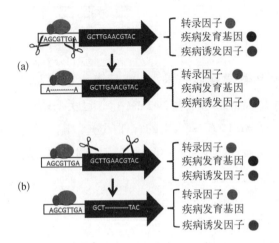

图2 动植物(人)疾病治疗示意图

(1) TALEN技术:2011年TALEN技术被评为十大科学发现之一。其主要原理是,引起植物疾病的黄单胞菌TAL蛋白,结合DNA密码被破译,在其基础上发展为TALEN手术刀(见图3)。通过转基因技术把手术刀置于植物和动物体内,待目标DNA被修饰后,再把手术刀取回。修饰的动植物可以健康生长。

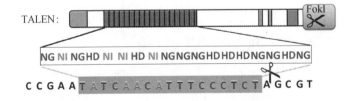

图3 TALEN手术刀

(2) CRISPR/Case 9技术:2012年CRSIPR/Case 9技术被评为十大科学发现之一。其基本原理是CRISPR/Cas 9利用一段先导小RNA来识别并剪切DNA以达到DNA被剪切的目

（见图4）。CRSIPR/Case 9技术被发现后其实用性迅速取代了TALEN技术,因为其操作性更方便。

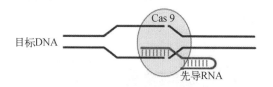

图4　CRISPR/Case 9技术

（3）病毒学载体技术：虽然病毒可以引起动植物（人）疾病,但遗传重组的病毒因去除了引起疾病的因子,可以将TALEN或CRISPR/Case 9中的合理部分重组,发展为有关像口服液或者输液等途径从而达到治疗疾病的目的,从而实现疾病治疗的精准化和个性化。

2　应用前景

受植物病毒基因沉默和TALEN技术以及微生物的CRISPR/Case 9技术启发,未来的动植物（人）疾病的基因治疗,一定是朝向简便、精准和个性化方向发展,以保护生命的完整性为基本出发点,能够像打靶一样,对于疾病发育基因进行精准遗传修饰；以个体基因组学为参照,实现动植物疾病的个性化治疗,并且在疾病发育早期进行精准诊断。动植物（人）疾病的新的基因治疗技术,不仅是生命学领域的重大突破引擎,也是未来最为重要且最有影响力的高新技术之一,将为每个生命个体的精准化和个性化治疗提供可能,也不将有大量的抗生素（化学农药）的应用而导致的环境污染。

生命体健康与疾病状态的转换机制

1 概要描述

未来生命与医学以及交叉学科的发展,可以使人类更清楚生命体在正常(健康)与疾病状态下的调控及关键信号机制,可以通过激活(唤醒)内源性的调控机制或外加干预,有效地从疾病状态转变到健康的状态。从小疾病到重大疾病,逐步实现突破。

1.1 生命体健康与疾病状态

生命体其内在通过细胞-组织-器官-系统等层次构成了复杂的具有调控能力的体系,可以对外界刺激做出响应。正常情况下,生命体以健康、稳定的状态存在(见图1,健康"谷"),在一定程度上可以应对外界刺激产生协调,自动地恢复到"稳态"。然而随着衰老及致病累积效应的出现,生命体发生内在机制失调(如基因突变),或者接受外来刺激超过其"自愈"范围,生命体越过了保持健康的防卫机制(见图1,"峰"),不可避免地进入到非健康的状态(见图1,其余"谷"):从健康态,到亚健康态,再到小病、大病及不治之症,最终到生命体的消亡。这个进程,受衰老制约不可抗拒,但其进度往往也受内因(个体基因差异)和外因(环境、压力和生活方式等)

夏伟梁
上海交通大学生物医学工程学院
教授

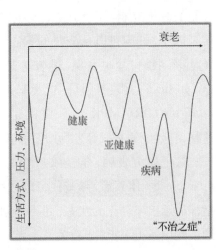

图1 生命体健康与疾病状态的演化

的影响。从古到今，保持和恢复健康以及延缓衰老是普遍存在的需求；健康地衰老更是当下老龄化社会的呼声。

1.2 生命体状态改变的调控机制

对症下药，这是传统意义上从疾病状态重新转化为健康状态的常用手段。通过抑制或消除致病源，恢复和提升生命体机能，让"生命体天平"回归到健康态（见图2）。治病、强体、延寿，如何找到更为有效的方法？改变生命体健康与非健康状态的调控机制是什么？抗衰老等最近的研究提供了一些思路。

2012年诺贝尔奖获得者山中伸弥的研究告诉我们，单个

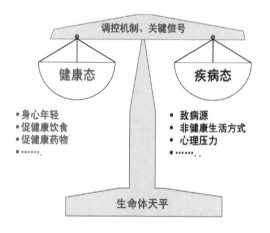

图2 生命体健康与疾病状态天平

细胞的分化潜能（干性）可以发生转化。通过外源性激活数个转录因子，细胞可以从分化的状态变成未分化的干细胞状态。转基因动物实验也发现，过表达某类基因可以延长动物的寿命（如Sirtuin家族基因）。这类基因与代谢信号通路关系密切（IGF-I/mTOR/AMPK）。一定程度上，限食可以激活这类信号通路，有效地延长低等生物乃至哺乳动物的寿命。

最近研究表明，年轻鼠与年老鼠通过连接血管形成共生（parabiosis）体系后，年老鼠可以在神经系统、运动系统等多个指标显示出年轻化的状态；进一步研究发现这与年轻鼠血液中的细胞因子（GDF11）有关。今年二甲双胍抗衰老的临床试验

也开始了。这是单个药物干预延长人体寿命的第一个临床试验。二甲双胍可能通过激活 AMPK 等途径影响人体代谢和寿命。这似乎提供了一种重启健康状态的简单方法。更为复杂的是肠道菌群调控寄宿生命体健康的研究。肠道菌群的健康与否系统性地影响宿主的整体健康状态。总之，从单个因子调控到系统性的改变，这些研究指向了生命体状态调控的实际操作可行性。

调控生命体状态的信号通路十分复杂，目前研究提示应该存在关键性的信号分子或者核心调控节点，控制关键代谢通路。针对这些关键分子或节点，可以筛选或设计干预的药物，甚至通过药物组合（个性化的治疗模式）以达到更优效果。急性的疾病，以急性调控机制控制致病源，恢复体质；远期的调理，注重慢性调控机制，养身健体延年益寿。而对于如神经退行性疾病等严重病症，减缓疾病进程也是调控生命体状态的途径。调控的关键是克服"非健康态"到"健康态"的障碍"峰"（见图1）。

2　应用意义与前景

随着技术发展，未来我们将找出调控生命体健康与非健康状态的核心节点（关键基因、蛋白或信号轴），通过药物或生活方式改变，调节这些核心节点的状态，可以有效地将生命体的状态从非健康（疾病）转归到健康。这些研究将有着深远的社会意义。

致谢

关于本预见的设想源自作者在 Med-X 研究院教学科研工作过程中的积累，受山中伸弥 iPS 细胞、敖平教授的核心调控网络理论以及传统中医思想等影响。在此致谢。

人脑遗传及退行性疾病预测系统

宋 纤
上海交通大学生命科学技术学院
硕士研究生

平 勇
上海交通大学 Bio- 中心
副研究员

1 概要描述

我们对"大数据"已经并不陌生。从人类基因组测序完成起,生命科学研究中部分工作即与基因大数据关联起来。通过几代测序技术的升级,现在我们不仅降低了测序成本,而且在精度上有了很大的进步。因此,在过去几年中,发现与脑遗传疾病相关的基因越来越多。考虑到人脑的复杂性以及脑疾病的多样性,我们需要开发处理并综合这些易感基因遗传基础、蛋白功能以及信号分子的技术,进而找出可能的药物靶向位点,这是神经转化医学的重点内容。对于较为复杂多基因疾病,如精神分裂症、自闭症等,我们需要综合统计学、临床病理以及生物学研究分析各基因对某种疾病产生的具体影响(见图1)。全世界脑科学科研工作者正在努力勾画人脑遗传疾病机理的宏伟蓝图,我们相信在未来10年间,我们会确认更多与脑疾病相关的基因,并认识其功能。例如,在出生后我们即跟踪对每个人进行基因序列和表观遗传分析,可以建立个人脑疾病实时评估和预测系统。

我国已进入老龄化社会,脑退行性疾病正更为严重的危害着老年人的健康。退行性疾病如阿尔兹海默病大部分(约90%)

图1 DNA解析大脑-神经基因组学①

---

① Alexander Arguello. Focus on neurogenomics[J]. Nature Neuroscience, 2014, 17(6).

不具备遗传性，因此从遗传基因角度，我们无法预测这类散发性脑疾病的发生。为此，我们需要从疾病发生的环境因素到神经系统功能的检测等方面着手，进而预测这类疾病的发生。目前，我们通过正电子发射计算机断层显像（Positron Emission Tomography, PET）技术可以观察脑内淀粉样蛋白的含量进而预测阿尔兹海默病的发生，但远远不够精确，比如淀粉样蛋白聚集到疾病发生还有漫长的时间，几年到几十年不等，这样可能对潜在患者产生较大的心理负担。目前研究已发现淀粉样蛋白的大致作用机制，特别是下游作用分子，如生长因子受体等。因此，很有可能在未来10～20年间，我们可以更为精准地通过下游分子水平变化评估和预测阿尔兹海默病。同样，对于其他疾病，如脑创伤恢复后患癫痫的风险评估等，也将在生物医学和临床病例研究基础上，进行更为精准的疾病风险评估。

生命科学研究的目的即认识生命的本质，保障人类健康。通过各种疾病的病例研究，我们也可以将把疾病和不同脑区风险联合起来。通过对各脑区功能评估，针对性进行日常必要的自我料理，包括特殊营养物质摄取和锻炼等。在未来，对于人脑的认识，我们每个人可以了解更多。

2 展望

随着多国脑计划进行，人类在10～20年内将基本完成人脑各区网络结构和主要功能解析。脑遗传和退行性疾病发生可能均有类似于病毒的潜伏期，在该时间段内，相应脑神经元已经开始变化，我们通过检测那些已经通过大量基础研究确定参与的那些因子，即可起到一定的预测作用。脑疾病的预测系统，将很大程度上增强人体素质，延长人类寿命。如果愿意，活到120岁不再是梦想。

皮下植入脑电波分析及增强器

华立群
上海交通大学电子信息与电气工程学院
硕士研究生

1 概要描述

1.1 脑机接口技术的实现

脑机接口（brain-computer interface, BCI）技术作为一种连接脑部和外部电子设备的实时通信系统，对于计算机和生物医学工程等领域早已不再陌生，这一技术最基本的硬件设备——脑电波传感器的检测电路早在20世纪80年代就曾被提出。而脑机接口技术得以实现的原理在于，当大脑产生不同的想法时，脑部神经系统的电活动也会发生相应的变化，这种电波变化属于可以侦测到的信号，通过固定在头部的导电电极去感应神经元活动通过离子传导至大脑皮层的微小电压变化，并把此电压变化作为人脑形成动作意识之后和动作执行之前的特征信号，通过使用转换算法对这些特征信号进行分类识别，辨别出产生此类脑电波变化的动作意图，同时对其进行编程，即可实现在不依赖肌肉和外围神经的情况下，将人脑的想法翻译成命令信

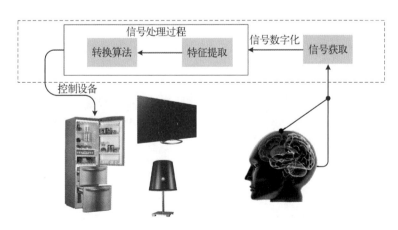

图1　BCI系统示意图

号传达到外部设备上使其驱动运行。

1.2 人体芯片与脑电波传感器相结合

脑电图是通过脑电波传感器记录的有关脑细胞群的自发性电活动，它反映了大脑的各种功能状态，包含了大量的生理与病理信息，其图形包括振幅、相位、周期等基本特征。目前绘制脑电图的导电电极主要有三类：一是常用于医院研究的湿电极，外观是帽子模样，内置依照10～20系统放置的若干电极；二是常用于健康医疗的干性电极，外观是耳机模样，电极位于额头前端的金属触点，但数据精度不够理想；三是比较前沿的植入式电极阵列，外观是芯片型针状阵列，直接埋入头皮使用。三者的原理异曲同工，通过电极获取微弱的电压变化，经金属导线接连到脑电图机滤波、放大信号，把脑细胞运动引起的电位差的波形记录下来，成为脑电图。

然而由于脑电波产生的电压变化是微伏级，且头部运动、空气湿度和面部肌肉运动等形成的干扰信号幅值大于微弱的电压变化，脑电图的实际绘制有着不小的误差。因此，结合近些年纳米级芯片和皮鞋植入技术的发展，提出在靠近耳侧的头皮中植入人体芯片，代替现有电极去检测脑电波的变化，增强并解析所得信号，并通过芯片中集成的通信模块对装有相应信号接收传感器的家用电器进行远距离隔空控制，完成如开关电冰箱、电视机换台、睡眠自动熄灯等操作。随着微小电脉冲技术和去噪等数据处理能力的提升，把脑电波传感器做成微型植入式芯片将不易受各种外界变化的干扰，人类也能真正实现意念控制的壮举。

2 应用意义与前景

皮下植入脑电波分析及增强器完全不需要肌肉和外围神经的直接参与，也不需要任何便携设备的配合使用就能实现大脑和外部电子设备的通信，这对完全没有活动能力的患者，如患有脑中风、肌肉萎缩症、原发性侧索硬化及脑瘫等疾病的人们有重大意义。利用这一技术,四肢瘫痪患者可以通过脑电波直接控制机械臂去移动轮椅或者拿杯子喝水,而对于连说话能力也失去的闭锁综合征病患,这一技术能使他们表达自己的意愿、重新获得基本沟通能力,除此以外,此项技术还能帮助到骨折等需长期康复阶段病人的生活起居。

皮下植入的方式大大提高了脑电波控制的便携性,从而使得在军队、国防等领域也能形成一定应用,尤其是在特殊环境中满足对外部设备的控制,在航天航空中同样有相当的应用,例如飞行员用大脑控制飞机的起飞和降落。

这一技术便携化的同时,也意味着它有商业化的潜力,无论是在控制可穿戴设备、优化游戏娱乐体验,还是隔空操作大型电器上,都有很大的价值。甚至在未来物联网的布局中也能发挥意想不到的作用,从而增加生活的便利性,提高生活的幸福感。

大脑资源管理器

1 灵感来源与可行性分析

1.1 大脑资源管理器灵感来源

新的发明创想往往来源于生活中的烦恼，劳动力成本的飙升催生了机器人产业，而对超高计算能力的需求则促进了计算机的诞生。生活中你有没有遇到过这样的场景呢，一部曾经带给你无限乐趣的影片在某一个时刻当你与朋友谈起时却很难记起它的名字或是情节，而一部儿时看过的恐怖片中的某个镜头却在你成长的许多年中清晰地存在于你的脑海里；又比如生活中其他的一些困扰，一场突如其来的灾难给一个人的内心留下永久的创伤；你身边的某个人忽然不能记起曾经你们共同经历的点滴，这个时候你有没有幻想过有这样一种科技，它可以像管理你的计算机上的文件一样管理你自己的记忆，把最美好的部分永久存留，而那些最痛苦的回忆则丢进屏蔽区；在未来的某一天，你可以像翻开一本书一样，打开自己的记忆管理器，看看曾经的那些美好。也许50年之后，这样的科技真的会诞生，并且像今天的手机一样成为你生活中不可或缺的一部分。

张少锋
上海交通大学机械与动力工程学院
本科生

1.2 方案可行性分析

1.2.1 对记忆形成机理研究的日渐成熟

人类对记忆产生机理的研究从未间断过。古希腊人帕蒙尼德认为，人的记忆是由明暗（或冷热）两种物质构成的混合体；柏拉图的"蜡板假说"把记忆的形成比作有棱角的硬物放在蜡版上留下印记；而德国著名心理学家艾宾浩斯首次对记忆过程进行了深入研究，并绘制了著名的"艾宾浩斯记忆遗忘曲线"。

如今人类对大脑记忆形成机理的研究已经取得了重大的

突破，科技的进步使得人们可以从微观上对大脑进行研究并且对一些大脑的行为提出合理的解释。目前最广为接受的理论认为脑部并没有特定的记忆中心区域专司记忆，但是一些器官明显与记忆过程有关，如海马体与杏仁核、小脑、纹状体、大脑皮层等，这些器官在不同的记忆形式的产生中起到重要作用。而记忆一般有如下四个过程，分别是编码（吸收新的信息进入长期记忆）、储存（通过有规律的读取达到储存重要信息的目的）、读取（将储存的资源取出以回应某些暗示和事件）和遗忘（记忆信息的丢失或是因信息间的竞争而导致读取失败），这与电脑处理信息的过程类似。我们有理由相信经过数年的研究人类对大脑记忆的形成机理将会有更全面的认识，而这将为"大脑资源管理器"的出现给出必要的理论基础。

1.2.2 脑机接口技术的快速发展

脑机接口（brain-computer interface, BCI）是利用脑电信号与计算机通信建立起来的一种控制外部设备或与外界信息交流的手段。通俗来讲，就是指大脑利用脑电信号与计算机建立联系，再通过计算机外接设备来完成一定的动作而不用通过肌肉运动来实现。其系统组成如图1所示。根据工作原理，我们不难看出这一技术最重要的部分就是对大脑信息的读取与识别，而这也正是我们所要建立的"大脑资源管理器"所需的最基本的技术。

目前脑机接口技术的研究已经达到了较高的水平。国外已经有了一些针对这一技术开发的公司以及商品化的实体。例如在美国上市的Cybernetics神经技术公司，其产品包括基于美国犹他大学的Richard Normann研发的"犹他"电极阵列的BrainGate电极阵列；主要生产侵入式脑机接口产品和一种可回复言语功能植入设备的Neural Signals公司；以及生产消费级别的脑机接口可穿戴式设备BrainLink的Macrotellect宏智力科技公司等。国内脑机接口的研究也取得了很大的成就。浙江大学于2012年通过脑电控制机械手完成了拿杯子等动作；华南理

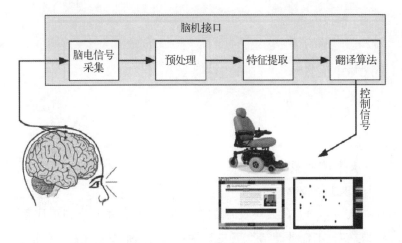

图1 脑机接口系统组成框图[①]

工大学的脑机接口实验室,实现了通过脑电自由控制轮椅的移动;上海交通大学今年完成了人脑控制蟑螂的实验。

人脑接口技术的进一步发展为"大脑资源管理器"提供了切实有效的技术支持。

2 应用前景

50年对于科技的发展来说是一个很大的时间跨度,经过这么多年的发展"大脑资源管理器"极有可能成为现实,这一科技对于个人生活来说,意义不言自明,人们可以通过它来实现对自己记忆的管理,留存有益的,屏蔽痛苦的,由此让生活更加美好;同时在这一基础上也许可以开发辅助记忆的设备。另一方面,这一发明更可被用在医学领域,用来辅助治疗诸如阿尔茨海默病等脑部或是心理方面的疾病,这对人类健康有着重要的推动意义。

但科技的发展不应超越伦理的限制,再伟大的发明如果使用不当都会成为危害人类社会的定时炸弹。因此,给技术以道德的限制,是任何科技产品都应遵守的底线。

---

① 白莉娟.基于脑机接口的资源管理器[D].华南理工大学,2014.

Forever 22

乔一鸣
上海交通大学材料科学
与工程学院
本科生

1 永生的猜想

1.1 永生所依靠的技术

从古至今,在人类文明的各个阶段从千古一帝到平民百姓,我们无不在梦想活得更长久些——获得永恒的生命。然而,科学技术发展到今天,我们知道人体由各种各样的细胞及细胞产物组成,每一个细胞都有它固定的生命周期和分裂次数。当这些细胞逐渐衰老,我们的身体机能也随之减退,直到最后无法抵御外界对身体造成的损伤,这个由大自然创造的精密无比的机器将最终停止运转,死亡。

由生命体的代谢过程得知,人的衰老和死亡是由细胞的衰老造成的。所以如果能通过技术手段使细胞保持活力,那么机体就能保持活力,生命能够得以延续。但生命的代谢过程必然会对细胞造成损伤,所以我猜想未来可以通过获得人的胚胎干细胞,在需要时培养成新的器官和组织,用以替代衰老的器官,使人体保持活力。想象一下,我们可以像修理汽车一样,取下体内损伤或老化的器官,再装入一个全新的,源源不断地为生命输入新活力,从而做到永生。

图1为人胚胎干细胞图片,由于这里做的是科技预见,要做到详细地用图片

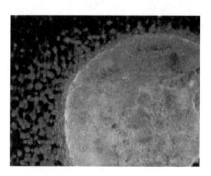

图1 人胚胎干细胞图片①

---

① 陈亮.绵羊类胚胎干细胞的分离与克隆[D].西北农林科技大学,2010.

说明还是不现实的,所以仅用这张照片向大家诠释主题。

为了完成这个过程,我们需要具备的技术有:提取胚胎干细胞的技术、准确将胚胎干细胞培养至特定组织器官的技术以及确保将培育器官成功植入人体的技术。

1.2 通过胚胎干细胞实现永生的方法

(1)首先要获得胚胎干细胞,直接对正在发育的人类胚胎操作是不合人类伦理道德的,而通过获取治疗对象的健康细胞使其转化为干细胞是较为可行的。

(2)之后对得到的干细胞进行操作,诱导其分化成为治疗对象所需的组织细胞。

(3)最后要运用相应的医疗手段,将培育成功的组织器官植入人体用以替换已经衰老的无法完成正常生命功能的器官。

2 技术难题及局限性

2.1 技术难题

直接将由干细胞培养出的器官植入体内避免了直接将干细胞植入体内后出现的干细胞老化、癌变等不良特性,但这对胚胎干细胞的定向培养提出了更高要求。不仅是控制具有全能的细胞定向分化,还要控制其进一步生长成由多种细胞组成的完整器官。这需要非常成熟的操作技术以及对人类胚胎发育过程的充分了解,才能从容地控制细胞生长成成熟器官。

另外,道德方面,在技术成熟的未来,以何种标准来衡量给哪些人提供这种"永生治疗"呢?若仅以金钱来判断恐怕并不妥当,毕竟这不是简单的疾病治疗,而是获得一个新的充满活力的生命。但如果不对这种技术加以限制,人口数量只增不减,我们的资源一定不足以养活所有人。到那时,有谁会放弃自己生存的机会来维持生态系统的平衡吗?

2.2　局限性

通过获取胚胎干细胞将其培养得到特定器官的方法的确可以保持机体的活力,但这种治疗方法有一个重要前提,就是在实施治疗时患者还能保持生命体征。也就是说如果一个人因为突发灾难收到重创或死亡,将没有时间替换或修复受损器官,此时上述方法无法挽救他的生命。

瞬时信息生命

1 概括描述与关键路径要点

1.1 熵效应

瞬时信息生命可以理解成对程序做往复处理的拥有高级意识的微型计算机。没有显示屏和键盘，电路板中的稀有气体指示标可以使人看清它的运行过程。计算机内置简易地输入输出或链接口，但通常情况下都被人用插件连接至一起以对计算过程进行重启，从而使编译器与处理器呈扭结状运作（见图1）。其程式不会如普通计算机一样进行记忆存储或逻辑计算等。虽然插件病毒的复制是有限的，但它的植入仍会对计算机构成威胁的假象，由于计算机没有搭载防火墙，它只能以进化扭结处理器的方式延缓或阻碍插件病毒。由一扭结变为多扭结，越多的

王 林
上海交通大学船舶海洋
与建筑工程学院建筑系
教授

方天越
上海市风华中学
学生

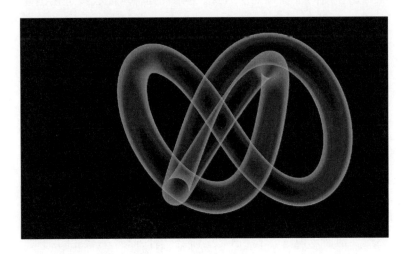

图1 扭结①

---

① www.58pic.com.

扭结结数代表着越复杂的编译路径和越多的扭结变种。这样产生类似于熵的效应，使程序瞬间膨胀，当人将插件去除后，瞬时信息生命上的程序已被复杂化，或能够在效率不减的情况下编译更复杂的语言。而至于计算机，它有自我成长的性质和丰富的智能思维，可被称为生命。

1.2 智能思维

因目前为止如三叶结至八字结的直接转换无法被完成，且扭结在二维平面无意义，所以微型晶体计算机需引入三维坐标的概念，即位于不同位置活动芯片上稀有气体指示标所示的区号。计算机需在统筹芯片的位移后才能对程序实施控制，这时一种近似立体思维的思维方式可以使程序在二维平面限定扭结格式后，通过对于交点的坐标调整变化出新的程序扭结，而扭结与扭结之间的不同，体现在瞬时信息生命的对比逻辑。

由于引入坐标概念，使得思维不再局限于因果非与逻辑，而是对相近坐标的运算程式进行对比。得出对比是计算机将现有故障程序模式衍生至二维平面再变化扭结的关键。

立体思维也包括计算机对于程序扭结不同剖面的分析，从而确定扭结的种类和变形方式。当然，插件可能会被进化出多扭结数的计算机，这时扭结程序中的每一个处理路径都将会被计算机当作连接点，从而干涉扭结程序的运作，变为瞬时信息生命的消亡期。

2 应用意义与前景

瞬时信息生命是一种对程序进行完善的手段。将插件置入任何程序内，再将程序加载入瞬时信息生命都可使程序的运作效率和运作模式得到极大的提升与改变。更重要的是，操作瞬时信息生命的微型计算机本身会渐渐培养出立体思维和高等逻辑。前面也说过，瞬时信息生命是一种细胞，高智能的细胞。这意味着建立在瞬时信息生命基础上或是以瞬时信息生命参与组装的人工智能机械发展能极大限度地接近守恒状态。

理论上，自然界中的生命和静物是两种相对的守恒状态。但生命要维持内部的有序循环就得与外部循环采取对立态度，构成循环的物质是内部循环的规则所在，但却受外部循环制约故不能守恒。而因为瞬时信息生命这种智能细胞的存在，机械体能在构建内部循环的同时维持静物固有的对称性，并且时刻保持本质。

　　扭结是可见一维空间在可见三维空间的交叉形式，由此我们可以推导出二维空间在可视四维空间肯定也会有扭结的形式存在——也许是我们不可见的力学反转的空间。如果以瞬时信息生命的构成物去进行观测，对它们说不定就是可见的。这在将来一定能实现，因为大自然也没想到自己会怀上人类这样的逆子啊！那时候机械生命是否被称为人，人是否是我们的谥号无所谓了，就如尼采所言"人性是兽性至超人性的过渡"。当程序有了更丰富的思维去理解扭结、拓扑的时候，它们也会感受到吧。

诊断检测片名

1 概要描述

1.1 背景

结合我国的国情来看，医患关系以及医疗效率很大程度上取决于诊断的准确性和诊断的效率，目前的情况是，主要靠医生结合自己的经验和知识进行第一阶段的诊断，并结合各种各样或大型或小型的医疗机械和进一步的检测手段来进行医疗诊断。这种状况会在很大程度上增加医生的负荷，据相关资料显示，在中国，每位医生每天需要接待近百位病人，而在美国，这个数字大概为20。可见，提升诊断的效率和准确率的重要性，基于此，结合相关的科学发展，我提出了关于诊断检测片的科技预想。

1.2 性能及原理

这种设想中的诊断片是一种有非常多的传感器的有机薄片，可以随时检测身体中的各种指标，如血压、血糖、血脂、温度，以及血液中的其他蛋白等成分的浓度。为了制成这样的诊断检测片，需要将各种各样微型而灵敏的传感器以及一些抗体抗原集成在一个微型的有机芯片上，并且需要在这个芯片上集成一个微型的处理器，使其具有自主计算能力，在诊断芯片工作时，就会局部与相应的检测样品结合，各个传感器等会在样品中寻找相关的受体并予以捕捉，就好比在一个微型试验台上同时进行着上千种微型实验，并转化成数字信号，结合当下的计算机科学，可以将病人的检测结果直接输出，一目了然。并且，有的疾病是多元性的，难以通过一个方面的检测来判断疾病的是否发生，但是通过诊断检测片，就可以智能比对各种各样的检测数据以得出科学的结论，检测的效率和速度大大提升。

焦 南
上海交通大学材料科学与工程学院
本科生

这种诊断检测片可分为两种：第一种为普及型，它的特点是：价格低，诊断范围有限，可用于日常家庭的储备用。考虑到很多的检测仍然需要大型机械和很多专业的辅助操作来作为检测支持，可利用此芯片直接测得病人的血压、血糖、血脂、温度以及一些相对较为容易检测的病原体。

图1　集成的各种微型生物检测装置①

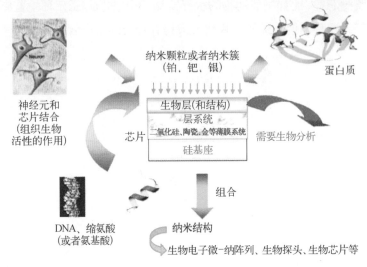

图2　诊断芯片工作示意图②

---

① http://cn.capitalbio.com/cms/wwwroot/medicine/gxwm/jsbs/3190.shtml.
② http://blog.sina.com.cn/s/blog_538648430102v57o.html.

第二种为专业型,这种诊断检测片制作更为复杂,所需要的配套机械功能也必须要更加强大,如这个机械可以通过各种手段提取到病人的检测样品如尿液、便便、血液等,通过强大的检测片的作用可以迅速地诊断出病人所患疾病。

2 技术难点分析及展望

2.1 技术难点分析

结合当下的科技发展,目前发展处这样的检测芯片还是很难的,其技术难点有:

(1)芯片的基体材料需要具有超薄、无毒、抗拉、耐磨能与人体贴合等性能,目前这样的材料还处于研制中。

(2)微型的生物传感器还需要进一步发展。

(3)生物检测手段还需要进一步完善和发展。

2.2 展望

当我们的生物传感器以及相关的集成技术发展到一定程度的时候,不但能够制成诊断芯片,还能够制作出各种各样的监测芯片,比如饲养动物的状况监测、环境监测、工厂环境监测等。这种高度集成的芯片将大大提升社会的生产效率。

基于合成生物学的先进生物制造技术

1 工作原理与性能

什么是合成生物学？合成生物学就是采用标准化（standardization）等工程化设计理念，通过创造或改写基因组（好比电脑的程式码），对生物体进行有目标的设计、改造乃至重新合成，去了解生命运作的法则，创建赋予非自然功能的"人造生命"，让生命表现出预期的行为，执行预定的工作，以进行系统化设计与开发相关应用。

合成生物学是紧密结合工程学（engineering）与生物学的一门跨领域的新兴学科（见图1）。与合成生物学结合的领域包括分子生物学、基因组工程、资讯科学、统计学、系统生物学、电机电子工程等。分子生物学与基因组工程是合成生物学的根基，因为必须透过剪接DNA，才能写出所需要的作业系统；资讯科学、统计学与系统生物学，专精于生物资料的收集、分析与模拟；电机电子工程则是负责控制逻辑回路的设计。然而，有时候我们会把生命的方程式写"坏"了，就像你把电脑的作业系

钟建江
上海交通大学生命科学技术学院
教授

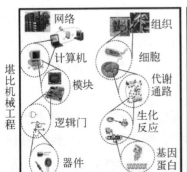

凸显标准化、模块化、工程化特征

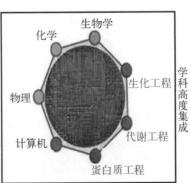

图1 合成生物学的标准化、模块化与工程化特征示意图

统弄坏了一样；电脑会因此开不了机，而生命机器也会因此不正常或是死亡。藉由尝试错误的过程，累积成功与失败的经验，人们就会渐渐了解生命程式的规则与语法，进而掌握撰写生命蓝图的法则。

在生命科学领域，第一次革命的代表是发现DNA结构和中心法则，第二次革命的代表是"人类基因组"计划，第三次革命是生物学的工程化，即合成生物学。从读取自然生命信息到写出人工生命信息，合成生物学即是由理解生命到创造生命的革命，打破了"非生命"与"生命"的界限。2006年以来，合成生物学发展进入了新阶段，研究主流从单一生物部件的设计，快速发展到对多种基本部件和模块进行整合；通过设计多部件之间的协调运作建立复杂的系统，并对代谢网络流量进行精细调控，从而构建人工细胞行为来实现药物、功能材料与能源替代品等的大规模生产。

2 应用领域与前景

利用合成生物学方法和理论，对生命过程或生物体进行有目标的设计、改造乃至重新合成，创造解决生物医药、环境能源、生物材料和特种化学品等问题的微生物、细胞和蛋白（酶）等新"生命"，基于合成生物学的先进生物制造技术将在医学、制药、化工、能源、材料、农业等领域均发挥十分重要的作用，预期带来新一轮技术革命的浪潮（见图2），对于解决与国计民生相关的重大生物技术问题有着长远的战略意义和现实的策略意义。它有助于人类应对社会发展中面临的严峻挑战，从而从根本上改变经济发展模式，在带来巨大社会财富的同时，促进社会的稳定、和谐发展。

合成生物学所要催生的下一次生物技术革命正在取得迅速进展，包括更有效的疫苗的生产、新药和改进的药物、利用可再生资源生产可持续能源、环境污染的生物治理、可检测有毒化学物质的生物传感器等。特别是以人类的意愿和需求

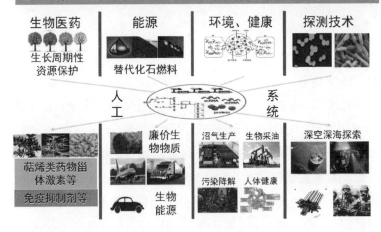

图2 基于合成生物学的先进生物制造技术将发挥巨大作用

为目的,以工程学为指导,设计人工合成生物体系已成为微生物药物发展新的驱动力,从而理性地实现微生物药物创新和优产。

致谢

在材料准备过程中,得到生命科学技术学院邓子新院士、冯雁教授、林双君教授、夏小霞特别研究员、杨广宇副研究员、于睛博士等的支持和配合,特此致谢。

动态了解自身发生了什么

齐颖新
上海交通大学生命科学技术学院
研究员

1 科技背景

近年来,随着分子标记技术和计算机辅助图像分析技术的飞越式发展,我们已经可以在亚细胞-细胞,或者组织-器官-整体水平观察和研究某些分子的运动和变化情况。例如基于荧光能量共振转移技术(fluorescence resonance energy transfer, FRET),能够检测活细胞内特定分子活性变化及其在亚细胞水平的时间、空间分布;正电子发射型计算机断层显像(positron emission computed tomography, PET)技术,已广泛应用于肿瘤的临床诊断和疗效评估;而动物活体荧光成像系统,能够在组织和整体水平动态、实时的检测特定细胞迁移、分布和聚集情况。上述技术已经广泛应用于生物学和医学研究,在生命体生理现象地揭示、疾病病理机制的研究和临床诊断、治疗等诸多方面取得了巨大的成就。然而,我们是否可以走得更远?

2 技术预见

50年后,我们的家中可能会出现一台小小的手执式扫描仪。当打开电源用它轻轻扫过自己,只要短短5分钟,就可以准确、动态、全息地展示身体内正在发生的大大小小的事情,这会是多么奇妙的事情!

不需要预先特殊标记,不需要任何有放射性或有毒有害物质的摄入,这台扫描仪可以特异性识别我们体内的某些基础物质(如碳原子、氮原子、H_2O等),高分辨率的重构机体内正在发生的所有事件。我们可以通过放大(zoom out)或缩小(zoom in),在不同层面观察、了解身体内部正在发生哪些变化。比如运动的时候看看心脏跳动、肌肉收缩的动态全系图像,吃到自己喜欢的食物的时候看看大脑兴奋区域变化、胃肠运动情况。不仅在整体和组织器官水平,我们还可以通过不断 zoom in,逐渐进入到细胞、亚细胞甚至分子层面,清晰、动态地看到心肌内的钙火花,巨噬细胞吞噬清除坏死细胞,细胞分裂的动态过程,吃下去东西如何消化、分解、吸收、代谢,等等。

这台仪器会大大改变我们的生活。首先,我们可以更为直观、准确地了解我们自身,与解剖、生理课本等专业而且略显枯燥的文字相比,我们可以通过这台小小的机器"看见"身体内部的结构和各种生命活动。其次,可以用于疾病的预防、早期诊断和治疗,如"看到"不良生活习惯的危害(饮酒后的肝损伤,吸烟后的呼吸道异常,等)相信会更有利于良好习惯的培养,而通过与大量自身正常图像信息的比对分析,可以更早地发现异常并做疾病预警。还有,通过累积个体化的动态图像信息,可以为个体化医疗和精准医疗提供有力的平台。

科技改变生活,未来无限美好!

人脑知识存储的破解与复制

张澜庭
上海交通大学材料科学与工程学院
教授

1 概要描述

DNA晶体结构的解析揭开了生命的奥秘,然而人脑知识存储的奥秘依然未解,更何况知识的复制与传递。某位大思想家的去世意味着知识的消失,虽然通过著作等方式可以部分实现思想的传承,然而由于理解的不唯一性,后人不太能够精确地传承相应的思想。

从唯物主义的观点出发,人脑的知识/思想一定有其物质载体,通过某种结构的排列将信息存储下来,传统的观点认为大脑皮层的皱褶是记忆的载体,然而有关皱褶如何存储记忆的密码一直没有破译。从知识存储的密度和数据通量考虑,宏观肉眼可见的皱褶未必是记忆的载体,因此一定存在更小尺度的载体。人脑大约包含160兆亿(10^{12})神经触突节点(见图1),在 1 mm³ 的体积内大约需要 5 nm 的分辨才足以解析其结构特征(图1右上角)。蛋白质类物质的晶体结构由于其亚纳米级的

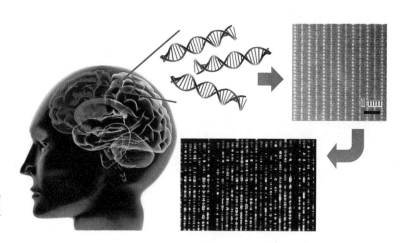

图1 人脑知识存储物质结构解析及信息提取过程假象图

尺度特征以及其结构组合的无穷多样性，以及可再生性和衰退性，符合记忆存储的通量要求和记忆形成衰退特征，有可能是记忆的真正载体。纳米领域科学的发展大大提高了物质空间尺度和时间尺度上的表征能力，为我们破解记忆的奥秘提供了技术基础；同时，信息科学大数据处理的理论与方法的成熟，为信息解析指出了新的方向（图1中下）。因此预测人脑知识存储的破解与复制作为未来科技突破之一。

2 应用意义与前景

一旦记忆的物质奥秘被破解，相关的复制就顺理成章，将引发人类知识交流方式和学习的革命。可以想象，在这种前提下，先哲的思想能得以完整保留，从而供后世在此基础上进一步挖掘；人类将构建除图书馆以外的知识库，能够提供检索和知识的复制服务。在更深的层次上，可以进一步思考：未来学校的作用将是什么；人在成长过程中学习的阶段需要维持多少年；一个生物体的大脑能承受多大密度的知识通量。从法律、伦理的角度，知识的破解和复制将不可避免地涉及隐私等信息，这些信息的甄别与处理都将面临挑战。

医疗手术远程化

刘雨霆
上海交通大学电子信息
与电气工程学院
研究生

1 工作原理与性能

复杂的手术可能持续时间数小时，该时间段内要求医生长时间在手术台前进行手术操作，高强度的体力消耗可能带来医生专注度上的降低，无疑对医生和患者来说都是有着巨大风险的因素。另一方面来说有些手术器械会带来的辐射对于手术台前的医生与护士来说都是有非常大害处的。

目前对于微小创口手术的需求越来越大，患者和医生都寻求一种能够达到手术治疗效果的同时，能够恢复快、感染概率小的手术方案。依靠微小直径的手术机械臂实现微创手术，可以通过远程遥控手术操作，实现手术动作。医生可通过远程的图像或其他传感器来实时了解机械臂在体腔内的动作以及状态，而本人可在安全舒适的工作环境内利用力反馈手柄等工具进行手术。

手术机械臂与上位机操作系统形成主从操作系统。机械臂内嵌手术操作工具（如活检钳、镊子、剪刀、激光能量刀以及消融工具等）进行必要的手术操作，另外设计符合机械臂工作环境的嵌入传感器（力传感器、距离传感器、视觉传感器）来传输操作端的信息供医生操作参考；医生通过传感器数据得知体腔内的实时手术环境，还可以通过已有的技术了解判断更多患者的情况（如X射线成像、核磁共振成像或心电图等），如图1所示。

进行体腔手术时会受到心跳以及呼吸作用的影响而对复杂精密的手术操作进行干扰。呼吸作用对肝脏、心脏等多器官的手术均会形成影响，往往造成较大的动作浮动；而心跳对

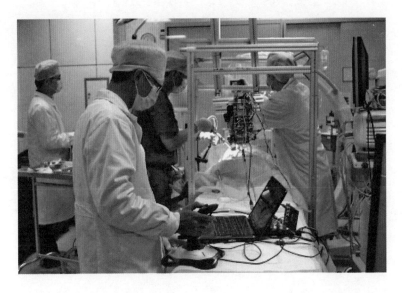

图1 医生通过手柄远程操作进行手术

于心脏手术影响较大，造成心脏进行较大加速度的周期运动。传统的方法依靠局部施加吸力或者压力进行局部组织停跳，从而获得较为稳定的手术操作环境；另一种方法是使用心肺支持系统，通过外界器械代替心肺保证手术过程中的体内循环正常进行，然而这两种方法都对人体器官组织有所伤害，也增长了患者的康复时间。依靠跟踪算法或者心脏运动模型可以通过闭环控制驱动机械臂自动补偿器官组织运动，消除心跳等对于手术的影响。保证医生可以在遥控段获得相对稳定的操作环境以及视野。研究表明依靠手动操作医生无法无相位和幅值的跟踪器官运动[1]，而对于心脏的动态跟踪技术可以通过系统响应自动完成这一操作，减少医生的负担，保证手术的准确进行。

2 应用前景

医疗资源不足和分布不均是社会和谐发展的重要的影响

---

[1] Volkmar F. Manual control and tracking — a human factor analysis relevant for beating heart surgery[J]. Annals of Thoracic Surgery, 2002, 74(2): 624–628.

因素之一。也时常听到重症病人获得社会救助，通过直升机运送到拥有医疗条件的医院时，由于耽误时间太长而错过抢救时间的悲剧。而远程医疗技术正是解决此问题的答案，拥有手术经验技术的医生不用千里迢迢去地方医院对于病患进行手术，而身患重病的患者也无需在饱受病痛的同时遭受路途颠簸的双重折磨。

脑声交互电子仿真发音系统

1 概要描述

1.1 脑声交互电子仿真发音系统描述

随着生命信息科学技术发展，脑电波的精细捕捉及解读有了极大的进步，也已设计开发一些先进的脑电采集系统（见图1）；而大脑对于不同感知、不同表达（文字、声音、肢体等）均会在大脑的相应区域产生不同的生物电，该系统可以通过脑机接口、交互技术开发通过脑电进行精细选择的交互识别，分辨大脑表达的文字并进行智能输入，继而通过无线传输到由生物相容性材料制成的微型语音合成系统，该系统可根据发音损伤前的录音进行仿真模拟，植入喉部或颈部进行仿真发音（见图2）。

徐成志
上海交通大学医学院附属第九人民医院
主治医师

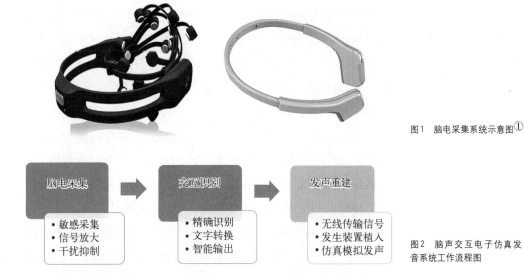

图1 脑电采集系统示意图[①]

图2 脑声交互电子仿真发音系统工作流程图

① https://emotiv.com/store/.

1.2 脑声交互电子仿真发音系统的颠覆优势及技术难点

（1）与目前适应证相对单一的辅助发声设备不同,可以解决脑功能正常的患者几乎所有原因导致发声障碍,应用范围非常广。

（2）依托脑机接口技术的突破,借助无线传输,可以达到脑声同步,极大提高无障碍交流的社交价值。

（3）可以凭借既往录音达到发声仿真模拟,这是目前任何一种辅助发声手段都难以达到的。

1.3 脑声交互电子仿真发音系统的技术难点

（1）脑电波采集、识别需准确,能够快速分辨需要表达的指令信息。

（2）文字输出需要准确、迅速（由于发声并不需要准确的文字,拼音可以作为一种可采用的手段）。

（3）输入输出阶段需要高保真及无线传输,需要最大程度降低周围混杂信号干扰。

2 应用意义与前景

随着人类预期寿命的不断延长,由于头颈部肿瘤发病率的不断升高导致全喉切除、甲状腺等颈部手术致喉返神经损伤、车祸、高位瘫痪等原因,造成许多患者发音系统丧失或严重受损,目前主要的发音手段如电子喉、食管发声等存在发音失真、困难的缺点,食管发音钮费用高昂、需定期手术更换且有术后气管异物等多种并发症在世界范围还难以普及应用,在我国则更为匮乏。而这类患者往往处于需要关怀互动的虚弱生存阶段,丧失言语交流能力将严重危害该类人群的社交能力及社会价值,也极易导致抑郁症及自杀倾向,严重影响生活质量及生存时间。该系统可以极大程度地恢复患者发音,从生理及心理上重塑健康生活。当前脑机接口、交互技术处在不断进展的阶段,而无线传输、语音合成、生物相容性材料均已是较成熟的手段,如能加以有机结合,通过手术植入微型发音系统,对这类失语人群的生活质量的提高及社会价值的实现将有不可估量的作用。

癌细胞自检仪器

秦思月
上海交通大学外国语学院
本科生

1 概要描述

1.1 血液循环

血液循环是由体循环和肺循环两条途径构成的双循环。血液由左心室射出经主动脉及其各级分支流到全身的毛细血管，在此与组织液进行物质交换，供给组织细胞氧和营养物质，运走二氧化碳和代谢产物，动脉血变为静脉血；再经各级表肪汇合成上、下腔静脉流回右心房，这一循环为体循环。血液由右心室射出经肺动脉流到肺毛细血管，在此与肺泡进行气体交换，吸收氧并排出二氧化碳，静脉血变为动脉血；然后经肺静脉流回左心房，这一循环为肺循环。

1.2 癌症病因

根据现代科学成果可知，癌症是由于各种环境问题、生活习惯、遗传基因导致的单个细胞的染色体基因异常发展，从而激活致癌因子，使细胞发生转化（见图1）。而被转化的细胞通过复制、克隆，经过一个漫长的多阶段演进过程，形成恶性肿瘤。

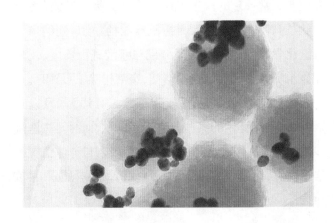

图1　癌细胞

致癌的因素可分为外界因素和内在因素,外界因素包括化学因素,如多环芳烃类化合物、氨基偶氮类和亚硝胺类等;物理因素,如辐射、紫外线、石棉纤维等;生物因素,如病毒等。内在因素则与遗传、内分泌、免疫系统有关。

除了这两大因素,癌症或与人的情绪也有联系。时常抑郁的人,更易罹患癌症。

而随着生活水平的上升,癌症的发病率在逐年上升,已成为一个世界性的严重问题。但现代医学、科学技术有限,并不能完全治愈癌症,在早期治愈的希望较大,但到了中、晚期,几乎难以治愈,但大部分人被确诊时,已处在中、晚期。故而,被确诊为癌症,对患者而言不仅是生理上的打击,更是心理上的打击。

1.3 癌细胞自检仪器作用机制

根据现有医学已知,体循环,是携带氧和营养物质的动脉血经过一系列循环交换,它与肺循环同时进行。假定,两大循环可以致使流向肺部的血液中夹带癌细胞,并在肺部停留,随呼气的唾液而带出。而癌细胞是由于化学、生物、物理等方面因素造成的细胞变异,与正常细胞有所不同,那么可以推出癌细胞或会产生异于正常细胞的化学物质,抑或某种化学元素的含量会特别高。

那么,在癌细胞自检仪器中加入各种能够与身体器官中特定的化学物质发生明显反应的化学试剂(每种试剂单独存放),根据发生非正常反应的试剂来反推断出现发生病变的器官。

向吹气口呼气,一层滤网拦截颗粒物,接口处纳米滤网过滤唾液。化学试剂进入反应区分别与唾液进行反应,反应结果出现在显示屏,结果记录,自动清洁,废液排除(见图2)。

一次检测的数据可能有误,但连续累计达5次及以上发生异变,就可以推测身体的某些器官出了问题,此时可去医院做更进一步的检查,并且通过将用户的检测数据与身体情况经由联网发送至医院,可以让医生帮助判断病情,起到预防和早期发现的作用。

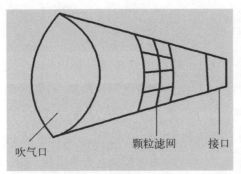

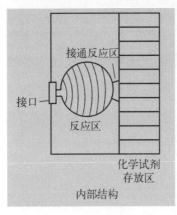
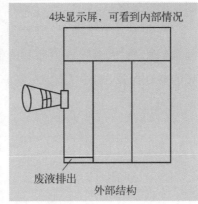

图2　癌细胞自检仪器

2　应用意义与前景

已知癌症已成为全球致死率第二高的疾病，每三个人中就有一人有可能在任何阶段罹患癌症，其致死率高，治愈率低。主要有以下几点原因：

（1）癌症实际上是一种慢性疾病，早期身体并未出现过多不适现象，因而极易被忽略，然早期发现的治愈率较高，若被长期忽略，等到人无法忍受才去医院救治，则多数已到中期或晚期，错过了最佳治疗时间。

（2）常规的体检，并未涵盖对癌细胞的监测，故而不易察觉。

（3）由于学习、工作、生活等种种压力，现代人不经常去医院做检查，所以如果可以设计出一种能够在家里进行自检癌细胞的仪器，可以有助于预防、早期治疗癌症。而医院常规检查一般是通过对血液、尿液、粪便进行检验，或进行 x 光检查、核磁共振等方式，在家中缺乏专业仪器的情况下很难实现。

综上，如果可以在家中通过唾液的检测进行自检，如连续几次发现有异常情况，可以选择去医院做进一步检测，避免癌症患者到了中/晚期症状明显、疼痛难忍才不得已去医院检测，错过最佳治疗时机。且可以将仪器与医院系统相连，记录病患的身体情况和病情变化数据，对医生做出诊断具有参考价值，利于制定治疗方案。

这种仪器可以有助于降低癌症致死率，突破了癌症发现困难的瓶颈，起到挽救生命和降低医疗成本的作用，是人类健康的安全保障，对个人健康、家庭幸福、社会和谐，都有极大的助推力。

癌症早期诊断和无损伤光量子治疗

1 系统原理和结构特点

采用双包层光纤和单光子带隙光纤，通过双光子荧光（TPF）和二次谐波振荡（SHG）成像技术研制成柔性全光纤3D（三维）非线性光扫描内窥荧光成像和光量子治疗一体化集成系统。利用"绿色荧光蛋白"（GFP）的发光效应，在活体细胞组织中观察和研究基因的分子生物学过程，无组织伤害性，通过观察发光效应分析细胞、分子、基因的活动，跟踪活体细胞内部和外部分子的实时变化，查明化学反应在细胞、组织

高立明
上海交通大学材料科学
与工程学院
副教授

赵连城
上海交通大学材料科学
与工程学院
中国工程院院士

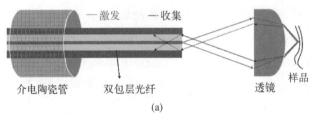

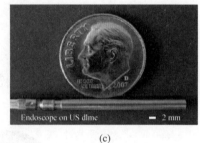

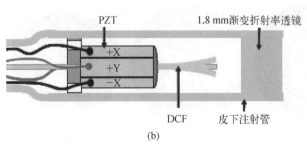

图1 （a）光纤光扫描内窥镜结构示意图（双包层光纤用于激发和聚集） （b）探针结构示意图 （c）探针末梢外形像，由压电换能器管（PZT）、光纤扫描器和图像输入镜组成，套皮下管，外径2.4 mm[①]

---

① Yicong Wu, Yuxin Leng, et al. Scanning all-fiber-optic endomicroscopy system for 3D nonlinear Optical imaging of biological tissues[J]. Optics Express, 2009, 17(10): 7907–7915.

之间的传递过程。实现以光学截面显示深层分辨活体细胞显微像,用非线性光学成像排除自发荧光干扰和焦外光损伤,使细胞自体荧光几乎不存在,图像清晰,以荧光信号示踪,在亚细胞层次进行活体观测,成像灵敏度高,无组织创伤,可多次重复在不同时间检测自身对照。在五分钟内实现快速扫描成像,并可在同一体内获得一定时间内的完整数据,减少个体差异,实现病灶的精确定位,连续观察,并能在分子量级探明疾病产生机制及特征,组织穿透力强、生物相容性强、发光性能稳定、靶向明确,活体组织穿透深度达到 2 cm 以上,稳定性超过 48 h。

2 癌症早期诊断

利用"绿色荧光蛋白"(GFP)成像构成的分析检测系统,可定量分析目的基因的表达水平,通过基因的分子生物学分析,查明目的基因在肿瘤细胞内的位置和量的变化,可以照亮癌症早期肿瘤萌生的特征,观察有害细菌的生长,研究者如同在电视旁通过"现场直播"观察被标记蛋白的运动、定位、互动等。研究目的基因在肿瘤病发生的早期过程中的作用和分子机制,为肿瘤病检查上皮组织细胞和亚细胞达到适时鉴别,并可与高

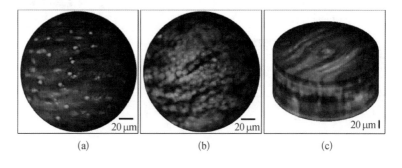

图2 吖啶橙橘状脑部组织深层分析双光子荧光像①
(a) 深度 10 μm
(b) 深度 50 μm
(c) 3D叠层双光子影像显示出从表层到底层细胞密度渐增

① Yicong Wu, Yuxin Leng, et al. Scanning all-fiber-optic endomicroscopy system for 3D nonlinear Optical imaging of biological tissues[J]. Optics Express, 2009, 17(10): 7907–7915.

数值孔径的微型棱镜组合,达到细胞间的结构分析趋近本质,为光量子治疗奠定基础。

3 光量子治疗前景

介入性光量子治疗是采用特定的宽光谱强脉冲光照射病灶,通过新型靶向光敏物质,产生光化学作用,使光照下由基态激发所吸收的能量量子化有利于促进细胞再生。将分子内窥荧光成像和光量子治疗光纤器件形成一体化集成系统,将实现内脏器官癌症等重大疾病的早期检测,病灶的精确定位、靶向量子治疗与实时在线跟踪等功能一体化。

可个性化精准治疗超级细菌的噬菌体

孙建和
上海交通大学农业与生物学院
教授

1 概要描述

1.1 噬菌体——高效、特异的抗菌机制

噬菌体是一类可感染细菌的病毒,绝大多数噬菌体都是通过感染、裂解细菌完成其感染和复制周期(见图1(a))。其中拥有双链DNA基因组的噬菌体因携带高效、特异的裂解酶-穿孔素(lysin-holin)裂菌系统,直接发挥对细菌细胞壁肽聚糖和细胞内膜的裂解和破坏作用,最终导致细菌崩解(见图1(b))。据此可实现基于噬菌体的抗菌治疗。

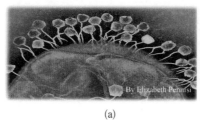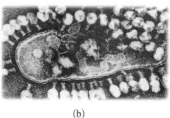

图1 噬菌体感染细菌(a)[1]和细菌崩解(b)的电镜照片[2]

(a)　　　　　　(b)

1.2 噬菌体——未来抗菌治疗的主力

科学家研究发现,生物圈存在海量的噬菌体,总数达10^{31}。例如,一滴海水经荧光染料染色,便可在显微镜下看到数量庞大的噬菌体荧光点(见图2)。同样,生物圈中也存在海量的细菌,总数约为10^{30},而且其中很大比例的细菌呈现对抗生素的严重

---

[1] Elizabeth pennisi. BIOLOY, New proteins may expand improve genome editing[J]. Science 2015, 350(6256): 16–7.
[2] Jed Fuhman. Brock biology of micro organisms[M]. 14th edition, Pearson Education, 2015, 261.

耐药和多重耐药，导致超级细菌的不断出现和人类束手无策。全球范围内每秒钟发生噬菌体感染事件达10^{23}，维持着噬菌体和细菌总量的动态平衡。未来，噬菌体作为超级细菌的克星必将大放异彩。

噬菌体感染具有高度宿主细菌特异性，基于这一特性，通过筛选特异性噬菌体可确保其在使用过程中不会干扰人体肠道正常菌群。而噬菌体在自然界如土壤、空气、水或生物体内的广泛分布，也赋予其高度的遗传多样性，可针对不同个体、不同耐药细菌提供足够种类和数量的特异性噬菌体，满足个性化、精准医疗的要求。

1.3 噬菌体——革命性的抗菌应用策略

那么如何匹配噬菌体与耐药超级细菌以及人体肠道菌群，实现在高效裂解耐药细菌的同时，维持肠道微生态平衡？未来将建设三大数据库，即噬菌体库、超级细菌库、肠道菌群库，通过云储存和云计算，建立三大数据库之间的内在关联和神经网络，实现针对不同人群、不同个体、不同耐药细菌的噬菌体个性化、精准治疗。这些云数据库包括噬菌体库、噬菌体基因组数据库、噬菌体裂解酶数据库、噬菌体裂菌谱数据库

图2　应用荧光染料SYBR Green染色显示海水中大量的噬菌体（绿色小点）[1]

---

[1] Jed Fuhman. Brock biology of micro organisms[M]. the 14th edition. Pearson Education, 2015, 261.

等；同时，包括耐药病原菌库、耐药病原菌库基因组学、蛋白质组学、代谢组学数据库等，以及不同人体肠道微生物组学等宏数据库。

2 应用意义与前景

未来，一旦出现耐药病原菌感染，通过对临床样品中病原菌的单细胞基因测序和基于生物信息学的功能分子分析，并基于未来互联网技术的超级计算，可快速筛选出与耐药细菌和肠道菌群匹配的噬菌体，实现高效、个性化、精准抗菌治疗（见图3）。

未来，超级细菌不再可怕！

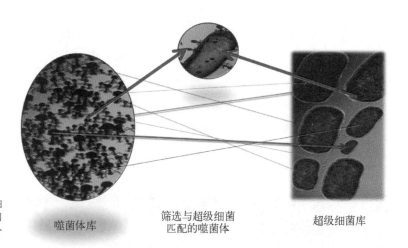

图3　基于噬菌体库、超级细菌库和肠道菌群库的神经网络系统和云计算技术实现个性化、精准抗菌治疗

3D打印降低药物研发成本

1 概要描述

1.1 3D打印药物研发器材技术描述

未来可以应用现有的3D打印技术,将药物研发的相关器材进行精细化,在一定的程度上实现研发原料的微量化、精确化,这将极大地降低国家对于药物科研成本。其基本原理是将药物合成、分类、生产的器材进行设计,使其能够在微量水平上消耗原料和精细化作用;然后利用3D打印技术,将该器材打印成型,并推广应用于全国药物科研应用领域。

伏根永
上海交通大学药学院
本科生

1.2 3D打印药物研发器材的颠覆性表现

(1)微量、精细的药物研发器械将大大降低原料的浪费,从而降低国家在药物研发领域的成本。

(2)微量、精细化操作将大大提升药物研发的准确性和成功率,流水化的操作更将促进药物研发成果出产的时间缩短,为人们脱离疾病争取时间。

（3）在药物研发成功之后，3D打印又可以设计打印出快速有效生产目的药品的机器，可以进行关键、精细的调控，进而促进药物质量的提升，有利于解决当前药品质量存在的安全隐患。

正如指南针的发明促进航海技术的发展，3D打印技术在医药研发方面的应用，将推动药品研发和生产发展，也会为人类健康问题的解决带来新的福音。

2 应用意义与前景

3D打印技术与药物研发器材生产的学科交叉，一方面3D打印技术在新的领域的应用不断成长更新，得到进一步完善和发展；但更重要的是其推动药物研发成果带来的效益。目前我国国内掌握成熟的3D打印技术的公司不乏其数，且随着3D打印器材和操作的逐渐简化，3D打印技术应用到药物研究的可能性也越来越强，并且随着公司内部的合作与交流，3D打印技术在药物研究领域引领的技术革新将会很快来临。

"人工胰岛"技术在糖尿病治疗中的应用

1 概要描述

1.1 主要系统构架

糖尿病的发病率逐年增长,尤其在亚太地区的发展中国家。据国际糖尿病联盟(IDF)数据,2003年,中国糖尿病患病人数约为2 300万,预计至2025年,将激增至4 600万,已造成严重的医疗负担和社会问题。由于生命科学的复杂性和医疗水平的限制,目前还没有根治糖尿病的医学手段。世界卫生组织推荐的治疗糖尿病的主要手段是对患者进行血糖的自我监测,及时地调整口服降糖药物和胰岛素的用量,从而预防或减轻并发症的发生。目前,微创式血糖监测配合开环式胰岛素泵(开环式)是控制患者血糖的常用治疗模式,其缺点显而易见。因此,无创式血糖监测技术+胰岛素泵,也就是"闭环式"技术有望实

刘 珉
上海交通大学医学院附属
第三人民医院内分泌科
住院医师

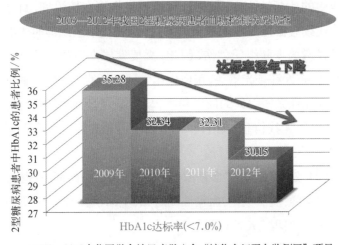

2009—2012中华医学会糖尿病学分会"糖化血红蛋白监测网"项目

图1 我国2型糖尿病控制现状

现真正的"人工胰岛",闭环系统可使患者从烦琐的输入和操作中解放出来,实现真正自动化血糖调节。

1.2 主要系统构架

闭环系统主要由血糖感应器、反馈调节系统和胰岛素输注器三部分组成,是无创CGM(动态血糖监测)和CSII(持续皮下胰岛素输注)的有机整合,旨在实现真正的"人工胰腺"。

(1)血糖感应器:渗透液传感器模块贴片用来接触皮肤,此模块包含一个微弱的电流并且通过微透析技术,利用透出皮肤的皮下组织液,测定其组织液的含糖量,组织液中的葡萄糖水平,其理论依据为血糖值和组织液中的糖量基本上是对等的。

(2)反馈调节系统:利用无线传输技术将血糖数据从感受器传至植入式胰岛素泵,根据设定的计算程序(数据模型),自动、快速计算胰岛素用量。

(3)胰岛素输注器:胰岛素输注器接受程序指令进行基础胰岛素及大剂量胰岛素输注,无需手动输入。

1.3 关键技术

(1)无创血糖监测技术:基于人体组织间液的方法是基于组织间液与血液中葡萄糖浓度之间存在相关性,通过测量组织间液中的葡萄糖浓度,根据计算模型来推算血糖浓度,目前使用的连续血糖监测技术基于该方法,但在提取组织液时仍然会造成轻微的皮肤组织创伤,因此,需要发展全无创皮肤贴片技术,可结合近红外光谱法,用现代化学计量学的手段建立血糖浓度与近红外光谱之间的回归模型,实现真正意义上的实时和无创。同时,无线信息传输技术的开发可简化导管线路装置,"无线"操控胰岛素泵的运行。

(2)建立理想的"血糖浓度-胰岛素用量"的回归模型,根据不同人群、疾病类型、血糖波动时相、生活饮食习惯等,进行个体化编程,实现"人工智能"。

(3)胰岛素输注器在传统胰岛素泵的基础上,开发传输、

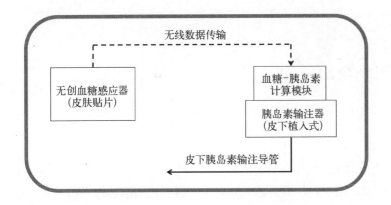

图2 "人工智能胰岛"示意图

接收电子遥测仪的数据；同时研究开发置入式胰岛素泵，实现"人工胰岛"的体内移植。

2 应用意义与前景

糖尿病是威胁人类健康的第三大杀手，在疾病治疗中需要补充胰岛素以维持体内血糖的正常，目前，比较接近于正常人体的持续分泌短效胰岛素方式的胰岛素泵，正逐渐替代分次注射的传统给药方式，成为当前的最佳治疗方案。但该方式仍存在缺陷：① 不能在线获取人体血糖浓度，开环控制模式无法实现精确的血糖浓度控制；② 胰岛素的加注模式选择有局限性，患者很难决定合适的给药方式。同时，在调整胰岛素治疗方案及疾病自我监测过程中，有创血糖检查方法的缺点显而易见的，即检测时采血必须刺破神经密集的指尖，加之针刺的伤口对糖尿病来说极为不利的，因为糖尿病患者的伤口极易感染，极难痊愈，并且密集的有创过程对患者的带来了身体和精神上的负担，依从性差。因此，新型闭环式人工胰岛素泵整合无创血糖监测技术可实时获取患者血糖浓度，并据个体化编程模拟人体胰腺分泌特性，实现无痛血糖浓度采集与给药，既可减轻患者痛苦，又实现科学治疗，实现"人工智能胰岛"的移植，将成为糖尿病治疗领域颠覆性的技术革命。

疾病的精准细菌治疗

康自珍
上海交通大学医学院上海市免疫学研究所
研究员

1 预见提出的背景

寄居于人类肠道中的数以万亿计的肠道共生微生物（包括细菌、病毒和寄生虫等），其细胞数量可达到人体细胞数量的10倍。目前的研究结果显示肠道微生物菌群可通过影响宿主的代谢进而调节免疫系统、影响能量代谢、营养物质产生和吸收、抵御病原菌等多种机制在维持人体健康中发挥重要作用，且与影响人类健康的肥胖、糖尿病、炎性肠病、肿瘤、心血管疾病及自身免疫病等慢性炎症性疾病的发生关系密切。人

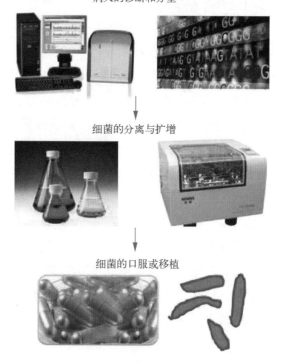

图1 细菌治疗的大致流程

可以说是人与细菌的共生体,尽管我们对共生菌的研究还在初级阶段,但进展非常惊人。益生菌的概念已初步被接受,粪便菌群移植开始在临床实验用于耐药菌相关疾病的治疗。但是疾病的精准细菌治疗尚需时日,但非常具有潜力。技术难点在于多数共生菌仍难以分离和在体外培养,对菌群的分析主要还依赖宏基因组学。

2　疾病的精准细菌治疗前景

所谓精准的细菌治疗是指通过宏基因组分析、菌群培养和功能分析等方法,精确解析病人机体菌群的失调,通过移植、口服或灌注等方法将正常菌群植入病人体内,通过恢复病人机体微生态的平衡达到治疗疾病的作用。可以预见在不久的将来,精准的细菌治疗将首先应用于肠道疾病、呼吸道疾病和皮肤疾病等黏膜相关疾病。随着这一技术的成熟,精准的细菌治疗将广泛延伸到黏膜远端疾病的治疗,如神经系统疾病的治疗、肿瘤的治疗、心血管疾病及糖尿病的治疗等。

仿人体的微型虚拟化工厂

罗正鸿
上海交通大学化学与化工学院
教授

1 概要描述

1.1 人体中的化学工程现象（见图1）

人体甚至个体中的每一个组成单元都蕴藏着普适的化学工程规律。化学工程中的"三传一反"规律不仅造就了生命体的延续，而且导致了生命体中机能的高效与健康运行。例如，人体中密布的血管单元不仅能高效输送血液到指定的部位，而且具有抵抗周围环境及一定的自我修复功能。前者的实现依赖于血管单元所具有的高效质量、能量与动量传递特性，后者则依赖于精确的反应动力学性能。此外，密布的血管单元与生命体内的其他单元之间通过物质流、能量流以及动量流实现了有机的

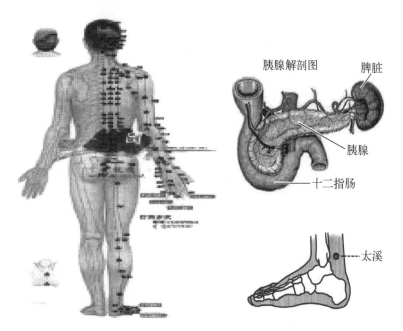

图1 人体中化学工程现象

联系并共同保障生命体健康。相比化学工程所直接服务的对象化学工业而言,生命体的"三传一反"是在微型空间中高效绿色完成。仿生数字微型化工厂(见图2),就是从研究生命体各单元的"三传一反"规律出发,研究生命体的单元结构(内因)与生命体中周围环境(外因)对"三传一反"的共同影响,并建立一套数学模型定量描述生命体中的化学工程规律。通过从生命体获得的数学模型指导仿生微型化工单元设备的开发以及整套化工厂的设计,实现对传统化工厂的升级,从而达到化工厂的微型化及数字化改造并实现化工厂的绿色化以及高效化(消除环境污染及解决能源危机)。

1.2 仿人体微型虚拟化工厂的挑战——难数字化建模、难设计与集成

人体中单元组成太过丰富且各单元结构复杂(内因)以及生命体中环境条件难以测量(外因),而生命体的完整性需要所有单元依据"三传一反"原则有机联系。以目前的技术现状,要实现仿人体微型虚拟化工厂升级还有很长的路要走。存在的主要问题是:

(1)化学工程的主要任务是装置放大与流程设计,通过数学模拟放大方法完成上述任务具有环保与经济性等优点。因此,要建立仿人体微型虚拟化工厂就必须对人体以及其组成单元中的化学工程规律进行数字建模。正如上述分析,内因与外因的复杂与难以测量使得现阶段的化工仿人体模型化有一定困难;

(2)通常情况下,结构越复杂、越微型化的单元设备的设计制造越难,把这些不同的复杂化与微型化的单元设备按"三传一反"原理再集成起来就更难。但是要实现仿人体微型虚拟化工厂代替现有的化工厂就必须跨过这一步。因此,仿人体微型单元设备的设计制造与集成也是一个巨大的困难。

由于人体(含组成单元)中蕴藏的化学工程规律尚未掌握,对应的数学模型还未建立,仿人体微型化单元设备的设计与制

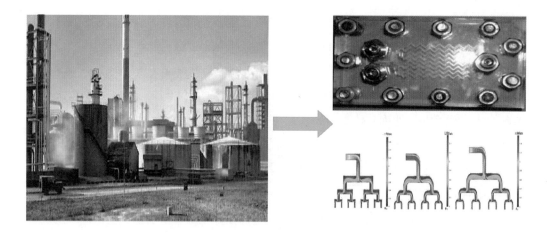

图2　仿生微型虚拟化工厂

造仍未模块化及集成化，巨大的研究空间亟待探索和研究。仿人体微型虚拟化工厂，不仅将为化学工程研究提供坚实基础和重大机遇，而且将对探索生命起源与保障生命健康提供帮助。此外，仿人体微型虚拟化工厂提供有望解决人类目前所面临的环境污染与能量危机领域中存在的关键科学和技术问题。

2　应用意义与前景

未来化工厂将在人体中化学工程规律的启发下，催生仿人体微型虚拟化工厂的发展，建立人体（含各组成单元）内部"三传一反"数学模型。在模型指导下，开发仿各单元的微型化单元设备以及仿人体的化工集成技术，以高污染与高能耗的化工厂为先期替代对象，将上述仿人体的微型单元设备集成起来，像堆积木一样拼接出新型绿色高效微型化工厂，实现高污染与高能耗化工厂升级。在此基础上，再附上所开发的面向对象的计算机软件，便可让所有大型化工厂在非化学工程专业人士的电脑控制下实现自动升级。该项超前技术的研发将颠覆人们对化学工业的认识，将为解决人类所面临的环境污染与能源危机提供重要的可能性。此外，将对探索生命起源与保障生命健康提供扎实指导与帮助。

电压源型的风电场

1 概要描述与关键研究热点

1.1 电压源型的风电场概要描述

随着风电比重的不断增加,其对电网的安全稳定运行将产生重要影响。目前,我国风电以大规模开发、集中式接入为主,风的波动性、反调峰特性、输送通道建设的滞后性以及现有新能源发电并网技术的单一性等,严重限制了风电的有效并网,出现大量"弃风"现象,能源利用率低。为改善风电"弃风"现状和提高接入率,发展"电网友好型风电场"是一种有效思路,即要求风电从被动的发电向主动的参与电网调整转变,因此,提升网-源协调能力和促进网-源友好互动是近几年风电发展所关注的热点问题。

目前针对大型风电场/风电机组"拟常规电源"控制相关的研究主要有以下几个方面:风电参与系统频率调整、风电机组的惯量响应模拟、风电机组虚拟励磁控制、风电机组PSS阻尼控制等,研究的整体思路是保留现有风电机组底层并网机制,即基于PLL快速定向的矢量解耦控制技术,在原有的有功、无功控制环增加具有以上功能的辅助控制回路,实现"常规电源"的外特性模拟。

电压源型的风电场,如图1所示,电压源型的风电场是一种具有自主惯量响应、阻尼注入、励磁调节端电压以及主动电网同步能力的风电场。风电机组电压源型控制需考虑机组的两种运行模式:MPPT模式下风电机组的电压源型控制,实现系统的惯量响应,提高电网的暂态频率稳定性;降功率运行模式下风电机组的电压源型控制,实现类似火电机组的一次调频功能。

蔡 旭
上海交通大学电子信息与电气工程学院
教授

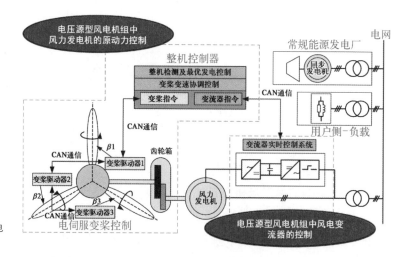

图1 电压源型风电场风电机组控制结构图

1.2 电压源型的风电场关键研究热点

电压源型的风电场风电机组控制技术主要包括：

1) 电压源型风机机组中的风力发电机原动力控制

风能的随机波动性导致风力发电机原动力不完全可控，风电机组功率缓冲能力取决于风机机械物理惯量，惯量释放与转速变化相关联，最大风能捕获与转速变化存在制约关系。

2) 电压源型风机机组中的风电变流器的控制

针对全功率变换机型，网侧变流器可以实现自同步，最优功率捕获以及下垂控制（如有需要），其惯量可等价为风机和发电机的总惯量，可设定为电网参考频率。机侧变流器拟设计为频率跟踪控制，即动态跟踪网侧变流器输出频率，其频率跟踪调节器可以是PI调节器，或其他性能优越的调节器，等价为直流母线惯量，可设定为切入风速对应的发电机转速。由于全功率变换机组发电机机-电网解耦，所以机侧变流器也可设计为矢量控制。

针对双馈机型的控制，其机侧、网侧变流器均与电网同步，所以，频率跟踪调节器（frequency tracking Regulator, FTR）对应双馈机型至关重要，网侧变流器采用FTR控制，而机侧采用与全功率机型一致的自同步电压源控制，区别在于电压相角为转差角,机侧控制中等价为风机和发电机总惯量,如果该惯量很小,该控制环等价为直接功率控制并具备快速锁相功能,网侧变换器控制中,等价为直流母线电容惯性时间常数。

2 应用领域与前景

常规电源具有大惯量、阻尼、强励磁以及自同步能力等特征,这些特征反映了同步机的主要同步机制,即电压源特性,该机制是保障同步机安全、可靠并列运行的关键;然而,以风电为代表的可再生能源大多经电力电子变换装置接入电网,具有小惯量、无阻尼、弱励磁以及原动力难以调节等特征,体现为电流源特性,风电无法主动感知和参与电网关键参数调整,如:惯量支撑、调频、调压等,与电网基本解耦,大规模风电并网等效降低了电力系统惯量,削弱了电网的调控能力,对系统动态行为和稳定性产生巨大影响,是导致风电接入率低的直接原因。因此,在可再生能源尤其是风电大规模开发的背景下,为提高电网对风电的接纳能力,不仅需要从"网"端入手提高电网接纳风电的能力,更需要从"源"端入手,改进风电并网、运行机制,使风电成为与电网紧密耦合、相互支撑的等效同步电源。需要寻求一种电压源型的风电场,使其暂态时对电网体现出一定的惯量和阻尼,稳态时能适度参与电网的一次调频。电压源型的风电场是解决电网高比例接入风电的关键技术手段。

芯片上的发电厂——纳米催化热离子发电技术

胡志宇
上海交通大学电子信息与电气工程学院
教授

1 纳米催化热离子发电技术

1.1 纳米催化燃烧

室温纳米催化燃烧技术,是在纳米尺度的"燃烧",通过化学催化作用,使燃料能够快速反应转换成热能。这种"燃烧"没有点火过程,燃烧只发生在纳米催化剂颗粒存在的区域,不存在纳米铂(Pt)颗粒的区域不会发生任何变化。纳米催化燃烧是一种效率高、环境友好的热源形式,是传统能源利用的有效途径,也是含碳废弃物(一氧化碳,挥发性有机物,碳氢化合物等)重要的治理技术。

"如果把传统的燃烧比作一整个足球场在起火,那么纳米尺度的燃烧就相当于在这足球场中间点燃一只桔子大小的煤球,这样看台上的人还会觉得灼热吗?"这正是燃烧的"棉花球"不烫手的原因(见图1)。这火种虽不烫手,却能产生和正常燃烧一样的能量。更重要的是,能够以纳米精度控制它燃烧的范围与大小。在红外显微镜的帮助下,我们能够观察到厚度仅仅为几个到几百个纳米两维燃烧图案(见图2),这使得其与

图1 纳米催化燃烧——能够在手上燃烧的火

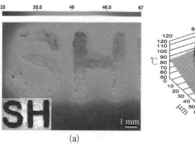

图2 利用微纳加工技术制备的两维催化燃烧图案

微米纳米加工技术相结合制造Power-MEMS器件成为可能。在全球能源危机日益严重的今天,这"温柔火种"蕴含了巨大能量和应用前景。

1.2 热离子发射

热离子发射(也称热电子发射)是指金属或者半导体表面的电子具有热运动的动能足以克服表面势垒而产生的电子发射现象。以最熟悉最常见的真空管为例,在真空中给一个电阻丝加热,达到一定温度后,电子就会从电阻丝中发射出来,实现电能到光能的转换。这也就是传统的热电子发射,即电子克服金属功函数发射到真空当中。然而,实现上述电子发射所需要的能量非常大,温度要求非常高。如果电子从一个固体发射到另一个固体当中,所需要的能量就为这两种固体材料的功函数的差值,这个能量通常是比较小的,实现的温度也就会比较低。利用固体间热离子发射的方法就能制备出实现化学能—电能转换的实用发电器件。

1.3 全固态室温催化纳米发电芯片

纳米催化反应诱发热离子发射发电技术是利用纳米催化技术和微纳加工技术等高新手段,使得催化化学反应充分进行,并使得反应产生的热能不通过热和机械运动的转换就可以在纳米尺度上实现热能到电能的直接转换,这是一种全新的纳能源技术。催化燃烧金属会产生大量的高动能电子(1~3 eV)。由于这些电子与金属原子在热力学上处于不平衡状态而被称为"热电子"。热电子的弛豫发生在飞秒到皮秒时间尺度内,其平均自由程大约在10 nm。

全固态室温催化纳米发电芯片(见图3),其发电单元的厚度仅为头发丝百分之一。由于发电单元的尺度与构造和目前半导体芯片非常类似,这意味着未来有可能把两者集成在同一个芯片上构成"电子细胞",把微电子芯片从单一复杂系统转变为具有仿生构架的、由海量简单功能"电子细胞"构成的超级复杂系统,从而引发新一轮的微电子革命。

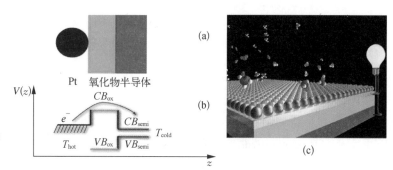

图3 全固态室温催化纳米发电芯片原理示意图①

2 应用意义与前景

宏观传统能源系统正面临很多原理性困难,以高温燃烧为基础的能源转换方式总体能有很大的提升空间。要从根本上解决未来能源问题就需要改变习惯性的线性思维模式。所提出的纳米催化热离子发电技术集合了先进的纳米科学技术和微纳机电系统技术,具有广阔的应用前景。纳米催化热离子发电技术可在室温下直接将燃料的化学能直接转化为电能,避免了传统高温中能量会有80%以上热能损失的不足。因此,此技术还有可能突破传统的宏观尺度上的能源系统面临的低效能、高污染、大体积、高密度等一系列难题,并且纳能源技术应该可以充分发挥尺度定律的优势,在传统能源系统不能正常工作的环境下(如低能强强度、低工作温度、小温差等)正常运行,大幅度提高能源的转化效率和规模化地从自然环境中捕获能量,从根本上解决能源问题。纳能源是一种全新的能源解决方案,并有可能全面突破传统能源系统的原理性制约。纳米尺度热机相比传统内燃机来说可有更高的能源密度和功率密度,具有广泛的应用前景。

---

① Zhiyu Hu. Solid state transport-based thermoelectric converter[J]. VSPTO: US 7696668. Published on 2010-04-13.

海底可燃冰开采的改良

1 概要描述

1.1 海底可燃冰及其开采

经济的发展,科学的突破,人类的进步,都离不开能源。在传统能源结构带来环境污染,以及不可再生能源不断消耗减少的背景下,海底可燃冰(见图1)成为人类探索的焦点。这种天然气水合物又被称为"笼形包含物",分子结构式为$CH_4 \cdot nH_2O$,自从其发现以来,就引起了极大的反响,有关其开采利用的研究一直是科技探索热门的领域。这是由于它具有含量丰富、极易燃烧、燃烧能量高、产物清洁等优点,被称为"属于未来的能源"。

F1408001 班
上海交通大学生命科学技术学院
本科生

图1 海底可燃冰①

---

① 张修安.天然气水合物开采及输送工艺技术研究[D].东营:中国石油大学,2007.

1.2 开采技术

现在普遍认为,海底可燃冰的开采是最大的难点。存在的棘手的问题有:

(1)可燃冰一般分布在较深的海水下,埋藏深度也有数百米,在这种温度、压力,以及存在着海水腐蚀的环境下,开采设施安装以及工具使用的难度较大。

(2)可燃冰开采一有不慎,可能造成大量可燃气体泄漏,加剧气候变化问题。同时,也存在着在开采可燃冰的同时破坏海底沉积层的可能,一旦起支撑作用的部分被破坏,则会导致海底结构的改变,严重时甚至会引发地震。

(3)人们目前已设想的可燃冰开采方式主要有热激发开采法、减压开采法、化学试剂注入开采法等几种,而这些方法的实现,本质都在于通过破坏可燃冰的"笼形"结构,使甲烷气体得以提出。这就需要满足特定的温度或者压强要求,而目前要想达到这样的准确控制,技术难度还很大,成本也很高。

由于关键技术还没得到突破,因此丰富的可燃冰资源仍然只是静静地躺在海底,巨大的能源宝藏仍在等待着我们开发。而这一目标的实现,将为解决未来的能源问题和环境污染问题带来极大的帮助,对于工业生产和经济发展都有着巨大的影响。

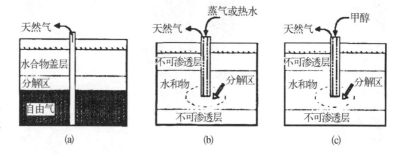

图2 现有的可燃冰开采方法(由左至右):降压法、热机法、注化学试剂法①

---

① 张修安.天然气水合物开采及输送工艺技术研究[D].东营:中国石油大学,2007.

2　应用意义与前景

在未来，对于开采可燃冰，我们有两种思路：

第一，可以设计制造出一种能够改变气田与目标矿物之间区域的环境的装置，将该装置安装在矿物开采船与气田之间，改变温度或压力以达到开采要求。同时该装置拥有便于拆卸的特点，可以重复多次使用，减少海水对其机身的腐蚀，也节省了开采成本。

第二，可以设计研发一种能够稳定改变海底特定区域温压环境的试剂，它的使用是一次性的，在开采期间，把该试剂定点投放于待开采区域即可。试剂能在海底环境中被降解，不会带来环境污染问题。这样一来，可以大大提高开采的效率。

可燃冰的批量开采，是未来最为重要的高新技术之一。它的实现，将标志着新能源走上历史舞台发挥重要作用。因为煤炭、石油的持续消耗带来的能源危机将得到极大的缓解，而可燃冰的环境友好性，也将给大气污染环境治理减轻压力。我们的能源结构问题将得到极大的改善，其经济价值和社会价值将是无比巨大的。

全球能源互联网

徐 晋
上海交通大学电子信息
与电气工程学院
博士研究生

汪可友
上海交通大学电子信息
与电气工程学院
副教授

1 概要描述

1.1 全球能源发展现状

随着全球能源消费持续增长，建立在传统化石能源基础上的能源发展方式已难以为继，由清洁能源全面取代化石能源是大势所趋。而清洁能源资源分布不均衡，清洁能源富集地区大部分地广人稀，远离负荷中心，必须就地转化为电能，在全球能源互联网平台上，实现清洁能源全球范围的开发、配置和利用。

1.2 全球能源互联网概念

全球能源互联网是以特高压电网为骨干网架（通道），以输送清洁能源为主导，全球互联泛在的坚强智能电网。其将由跨国跨洲骨干网架和涵盖各国各电压等级电网的国家泛在智能电网构成，连接"一极一道"和各洲大型能源基地，能够将风能、太阳能、海洋能等清洁能源输送到各类用户。

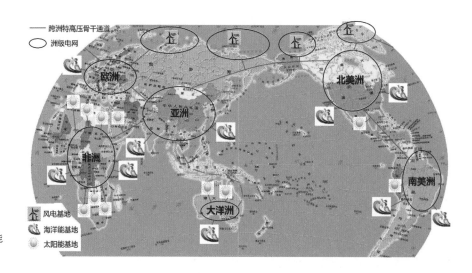

图1 全球能源互联网

1.3 全球能源互联网关键技术

特高压网架建设是推进全球能源互联网的关键。特高压交直流将输电距离提升到 2 000～5 000 km，赋予电网更大范围调配资源的能力，能够实现各种清洁能源在世界范围互联互通、优化配置。此外，全球能源互联网实现还依赖于分布式设备的协调与控制、电力系统与交通系统的融合、电力系统与天然气网络的融合、信息物理建模及安全等关键技术。

2 实现机制

2.1 组织机制

在联合国设立全球能源互联网合作联盟，重点在战略规划、标准制定、资源支持和对外协作方面发挥统领作用，推动全球能源互联网建设和发展。

2.2 运行机制

构建全球能源互联网调度中心，保障全球能源互联网安全高效运行，在全球电力安全和全球化配置能源资源中发挥重要作用。

2.3 市场机制

全球化的市场机制是形成全球能源互联网发展动力的制度基础。逐步构建全球电力市场体系，建立健全跨国跨洲电力市场交易机制，形成全球能源共享的市场机制和商业模式。

2.4 政策环境

良好的政策环境是实验全球能源互联网建设目标的关键因素，主要包括以下三个方面：

（1）各国形成对气候变化的共识；
（2）各国能源政策协调推进；
（3）建立合作共赢的地缘政治格局。

3 应用意义与前景

全球能源互联网建成时，清洁能源将占一次能源消费总量的80%左右，每年可替代相当于240亿t标准煤的化石能源，减排二氧化碳670亿t、二氧化硫5.8亿t，全球能源碳排放115亿t，仅为2009年的50%左右，可有效控制全球气温上升。除助力清洁能源开发，在全球能源互联网的带动下，新能源、新材料、智能装备、电动汽车等新一代信息产业焕发生机，将助推新一轮工业革命。

通过全球能源互联网，将非洲、亚洲、南美洲等地区的清洁资源优势转化为经济优势，缩小地区差异，促进资源和平利用，可以统筹解决能源安全、清洁发展等问题，而且不涉及国土安全、地缘政治、外交等敏感问题，有利于实现世界各国和平共处、和谐发展。

便携式太阳能设备

1 便携式太阳能设备

随着科技的进步,人们对太阳能的利用比以前有了很大的提高。在未来,太阳能很有可能成为一种主流能源。提出便携式太阳能设备的构想,主要有以下三点依据:

(1)随着人们对太阳能使用的增加,现有的太阳能设备不能完全满足人们需求。

(2)人类便携式工作设备如手机、智能手表等设备的普及,也会刺激人们对便携式太阳能设备的需求。

(3)太阳能相比于常规能源,更加清洁高效。

基于以上三点,便携式太阳能设备将会得到普及。

张和坤
上海交通大学机械与动力工程学院
本科生

1.1 工作原理

当下我们使用的手机、平板电脑以及各种可穿戴设备如手表、智能手环等,均存在着续航时间方面的问题。而便携式太阳能设备可以在一定程度上解决这个问题。上述设备均能够实现双能源供电,即由蓄电池提供的电能和便携式太阳能设备提供

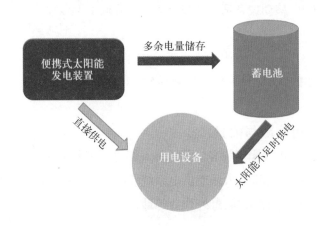

图1 工作原理

电能。对于那些耗电量不高的设备,甚至能实现纯太阳能供电。当太阳能产生的电量有剩余时,还可以将多余的电能储存到蓄电池中,以备太阳能不足时使用。

如图1所示,便携式太阳能设备可以一定程度上增加用电器的续航时间。

除了对移动设备进行供电外,便携式太阳能设备还可作为一种供电方案来解决一些用电问题。

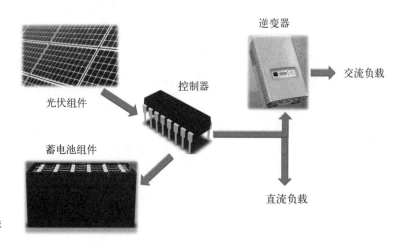

图2　便携式太阳能供电系统

1.2　设备性能及应用

(1)光伏组件由很多小的单元构成,可根据所需功率自行组合。

(2)移动设备适配方案,可输出适配于大多数移动设备的 5.0 V,1.0 A 的电流。

(3)便携式太阳能供电系统出了提供直流动力外,还可通过逆变器提供 220 VAC,50 Hz 的正弦波电力。

2　应用领域与前景

便携式太阳能设备,可以向人们日常使用的手机、智能手表等供电。便携式太阳能供电系统,除了直流输出外,可以用在无电山村、边防海岛、野外作业等地。

当前，太阳能电池的研发如日中天，经过几十年的发展之后，其能源转化效率一定会大大提高，从而满足高性能便携式太阳能设备的要求。此外，太阳能的来源可以说是取之不尽用之不竭的，地面每年接收到的太阳能数量级巨大，这足够人类将其作为一种主流能源来使用。因此，在我们有生之年，或许就能看到太阳能设备的普及使用。

移动式生物质热裂解制取生物油及生物油精制一体装置

刘荣厚
上海交通大学农业与生物学院
教授

蔡均猛
上海交通大学农业与生物学院
副教授

1 概要描述

1.1 生物质热裂解制取生物油

生物质热裂解制取生物油过程,如图1所示。

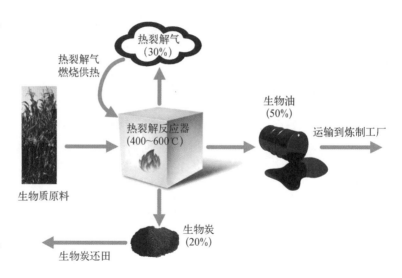

图1 生物质热裂解制取生物油过程

生物质热裂解是指生物质原料(通常需要经过干燥和粉碎)在绝氧或者少量氧气的条件下,通过高加热速率、短停留时间及适当的热裂解温度使生物质裂解为炭和挥发分,挥发分分离出固体颗粒后经过快速冷凝成生物油和常温下不可冷凝气体的过程。目前生物质热裂解技术制取所得的生物油含水量高,含氧量高,热值不高,成分复杂,不稳定。可通过生物油的精致提升其品质。

1.2 生物质热裂解制取生物油及生物油精致的挑战

目前,生物质热裂解制取生物油技术尚未到十分成熟程

度,如需达到大规模应用,还有很多科研问题需要解决。主要原因是:

(1) 生物质原料的资源量可观,但是资源分散。

(2) 生物质热裂解制取所得的生物油品质尚无法达到应用化的程度,需要从原料的预处理,装置的改进,热裂解工艺及条件的优化,生物油的储存及精制等方面下功夫。

(3) 生物油精致的方法很多,需要针对不同生物油,不同产品需求,选择合适的精致方法。目前很多的精致方法尚处于实验室研究探索阶段,离大型化的生物油精炼尚有距离。

2 应用意义与前景

开发出可移动的生物质热裂解制取生物油及生物油精制一体装置,通过该装置可对生物质快速热裂解,热裂解产生的生物油经加氢催化精制,再经脱水、除杂,直接生产出汽油、柴油或航空煤油的产品。设备高度集成,过程环保,能耗低。

未来若技术发展,可实现从生物质原料到燃料油的高效快速转化,替代石油燃料,缓解我国能源短缺,尤其石油短缺的状况。

光能替代电能成为主要能源

李宇轩
上海交通大学机械与动力工程学院
本科生

1 概要描述

人类社会随着能源的发展先后经过了"蒸汽时代""电气时代"，如今的"信息时代"也是建立在以电能为主要能源的基础上的。从历史发展的眼光来看，电能绝不会是最后的主要能源，随着科技的进步，必然会有新的能源被发掘和应用。在现在已被发现的能源中，我认为光能最有这种潜力。把光能作为主要能源，不同于现有的光能发电，实际上是消除了中间途径而使光能直接转化为动能、热能或其他形式的能。届时纵横交错的电缆将被光缆所取代，光纤的作用也不再只是传输信息，而是能真正意义上的传输能量。

这一设想最主要的困难在于尚无充足的理论支持。电能的应用有电磁感应、安培力和洛伦兹力等众多理论的支撑，但迄今为止除了光电效应外还没有足够的理论研究光能与其他形式的能的转化。所以实现难度非常大。

2 应用领域与前景

如果光能可以成为主要能源，目前的所有领域都会有翻天覆地的变化。电线将会变成光缆，计算机内部将采用光来传递和存储信息，电池将会变成储光器……只要有光，就有了能量。光能的最直接来源是太阳，如果真能做出可以储存光的设备，那只要有太阳，就相当于有了源源不断的能源储备。

如果光能可以成为主要能源，将会带来以下但不仅限以下的好处：

（1）传输损耗大大降低。电能的传输由于电线的电阻会转化为热能消耗，但光的传输则不会产生这个问题，这将大大提高能源的利用率。现在为了减少远距离输电造成的损耗建造了许多设备，当光能成为主要能源时就不再需要这些投入了，可以省下一大笔钱。

（2）存储信息量大大提高。基于电设计的仪器内部只有0和1两个状态，但光按波长来分，它可以存储的信息量是不可想象的。

（3）解决能源危机。太阳是最直接最方便的采集光能的源头，理论上说，只要太阳在，光能就不会枯竭。石油危机及由此引发的政治动荡、战争等混乱将从根本上得到遏制。

（4）减少环境污染。光能作为一种清洁能源，绿色无污染，不会像煤、石油、天然气等化石能源那样燃烧产生温室气体和各种有毒有害粉尘，对环境的破坏将会大大减少。

太阳能高效发电板

许泰然
上海交通大学机械与动力工程学院
本科生

1 太阳能高效发电板工作原理与性能

新型太阳能高效发电板由多组微型太阳能发电板组成的太阳能电池模块组成,如图1所示。

微型太阳能电池的组成如下:一单位太阳能发电板由一个微型凸透镜和一片微型太阳能电池发电板构成。每个透镜后面焦距处都设置一个尺寸较小的微型太阳能发电板。得益于凸透镜对光线的聚集性,最终照射至单位面积太阳能发电板上的太阳光强度比入射光强度增大了1 000多倍。数百个这样的微型太阳能电池构成一个太阳能电池模块。数个太阳能电池模块组成太阳能高效发电单元。由于其组合结构,其散热效果也远远好于传统太阳能电池板。

此预见的另一个创新点在于它装有太阳能跟踪器。犹如向日葵,装配有双轴跟踪器上的太阳能高效发电单元能够始终

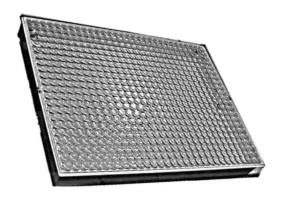

图1 太阳能高效发电单元[1]

---

[1] 夏普公司.新型高效率太阳能电池板[J].军民两用技术与产品,2006(12):24.

保持以最大受光面积接受太阳光照,大大提高了对太阳能的利用率。

此太阳能高效发电单元的另一个高效之处在于其发电材料。此发电板的发电材料为镓砷化合物。其比起传统硅材料能够更好吸收太阳能,克服了硅材料只能有效吸收窄频段太阳光的弊端。此种太阳能电池包含多层砷化镓,故能将频段范围更广的太阳光。

2 应用领域与前景

当天然气、煤炭、石油等不可再生能源频频告急,能源问题日益成为制约国际社会经济发展的瓶颈时,越来越多的国家开始实行"阳光计划",开发太阳能资源,寻求经济发展的新动力。欧洲一些高水平的核研究机构也开始转向可再生能源。在国际光伏市场巨大潜力的推动下,各国的太阳能电池制造业争相投入巨资,扩大生产,以争一席之地。

照射在地球上的太阳能非常巨大,大约40分钟照射在地球上的太阳能,足以供全球人类一年能量的消费。可以说,太阳能是真正取之不尽、用之不竭的能源。而且太阳能发电绝对干净,不产生公害。所以太阳能发电被誉为是理想的能源。随着科技的进步,光伏技术将日趋完善,并将在21世纪人类能源结构变革中,作为最干净、最具可持续发展的能源技术进入能源结构。

太阳能电池的应用已从军事领域、航天领域进入工业、商业、农业、通信、家用电器以及公用设施等部门,尤其可以分散地在边远地区、高山、沙漠、海岛和农村使用,以节省造价很贵的输电线路。但是在现阶段,它的成本还很高,发出1 kW电需要投资上万美元,因此大规模使用仍然受到经济上的限制。但是,从长远来看,随着太阳能电池制造技术的改进以及新的光—电转换装置的发明,各国对环境的保护和对再生清洁能源的巨大需求,太阳能电池仍将是利用太阳辐射能比较切实可行的方法，可为人类未来大规模地利用太阳能开辟广阔的前景。

随着科技的发展以及生产技术的不断进步，本文提出的太阳能高效发电板的低成本生产将成为可能，届时其将会得到普及，人类能源利用从此步入清洁化。

基于光电子催化技术的
太阳能电池

1 基于光电子催化技术的太阳能电池工作原理

太阳能电池虽然在近十几年里得到了空前的发展,但是相对于传统的化石能源,太阳能电池仍有着光电转化效率低、生产成本高等缺点。其铺设与推广也受其受光面积、材料性质等因素的制约。

光电子催化技术打破以往的无机太阳能电池与有机太阳能电池的隔膜,融合蛋白质工程、基因工程、生物酶催化和纳米材料等高新技术,制成低成本、高效率、高适应性的新型太阳能电池。

在基于光电子催化技术的太阳能电池中,光电子酶与纳米链式硅晶电池起着至关重要的作用。光电子酶在太阳能电池中起着降低光电子逸出功的作用,即令电子处于一种极易被激发的状态,类似于降低化学反应活化能的作用。另一方面,纳米级的链式硅晶电池通过原子层面的特殊设计,其 PN 结处于极易受激的状态,并且它与酶相匹配,在光照条件下能够产生光生电动势。利用光生电动势可制成太阳能电池。

周延超
上海交通大学电子信息
与电气工程学院
本科生

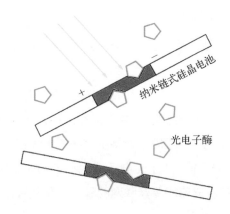

图1 基于光电子催化技术的太阳能电池工作原理

2　基于光电子催化技术的太阳能电池性能优势

转换效率方面,光电子酶与纳米链式硅晶电池两者的结合使太阳能电池的效率提高至50%以上。极高的光电转化效率是基于光电子催化技术的太阳能电池的重要特征,也是其最大的性能优势。

成本方面,利用蛋白质工程设计、细胞培养技术获取的光电子酶成本极低,适于大规模量产。另外,纳米链式硅晶电池原料来源广泛,原料成本低。同时,随着制造工艺的成熟和纳米科技的进步,纳米链式硅晶电池成本将进一步降低。

适应性方面,由于其电池单元属链式纳米级,因而外形的制作更为灵活,甚至可以达到任意折叠、弯曲的效果,适应性和灵活性相比于传统硅晶电池大大增强,十分利于大规模推广和产品间的融合,对于个体体验和规模化生产都有不错的适应性。

3　应用意义与前景

随着化石能源的日益枯竭和其导致的环境问题的日益加剧,清洁能源取代化石能源是大势所趋。基于光电子催化技术的太阳能电池凭借其成本低、效率高、适应性强等优势,毫无疑问将为人类解决诸多现实难题,推动人类社会的进步和繁荣。

能源方面,太阳辐射到地球的能量是人类能源消耗的10 000倍,并将持续十亿年。基于光电子催化技术的太阳能电池能源总量大,转换率高,预计将占据能源结构中70%以上的比重。

环境方面,较之化石能源,基于光电子催化技术的太阳能电池碳排放量低,环境污染小,将在减少碳排放的行动中起到中流砥柱的作用,全球的碳排放量将至少降低60%以上。

社会及政治方面,基于光电子催化技术的太阳能电池结合智能电网,将融入全球能源互联网的战略将优化资源配置,促进资源和平利用,稳定各国的发展形势,促进新的世界格局的形成有着难以估计的推动作用。

在产业升级和技术革新方面,基于光电子催化技术的太阳能电池对于产业结构的优化升级和技术革新也将有极大的催化作用,将催生一大批诸如太阳能汽车、太阳能厨具、太阳能存储等新产品和新技术,极大地提高社会生产力和人民的幸福感。

转基因能源海藻制油

刘加勋
上海交通大学机械与动力工程学院
助理研究员

1 技术路线及关键路径要点

大型海藻的综合利用途径包括海藻的直接利用，即燃烧供热、发电等；还包括海藻气化制气用于燃料电池及燃气等；还可制取生物柴油而加以利用。大型海藻还可实现海区生态的修复功能。此外，作为大型海藻资源化利用的补充，海藻还可用来制作食品、提取营养品等。主要技术路线及科学问题要点，如图1所示。

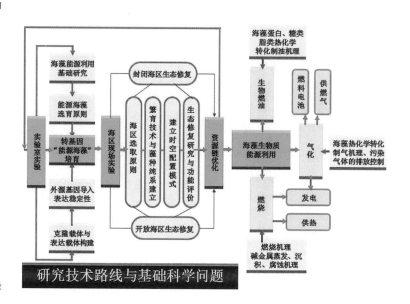

图1 大型海藻综合利用途径

该技术关键技术模块是转基因"能源海藻"的构建和培育，具体要点，如图2所示。通过生态学方法和生化技术对海藻环境适应、生长率、光合作用效率、主要化学成分、脂质含量与类型及其影响因素等生长因子与生理生化指标测定研究初步获得目标藻株；应用单克隆技术建立藻种纯系并进一步扩大培养。应用基因工程技术建立"能源海藻"遗传转化体系，通过转基因技术将目的基因导入并获得稳定性表达；应用海藻生物技术建立"能源海藻"繁殖技术；应用生化方法分析鉴定脂类及其衍生物等表达产物，以筛选出高产能转基因藻株。

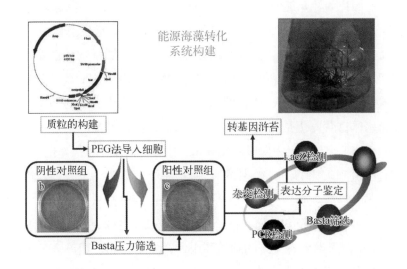

图2　转基因"能源海藻"构建途径

2　应用前景

目前能源和环境问题已成为全球关注的焦点。随着化石能源的日益枯竭和环境恶化问题的日趋严重，开发洁净可再生能源已经成为21世纪全球紧迫的问题。自然界蕴藏着一种丰富的"绿色"可再生能源：生物质能源，占世界能源总消耗的14%，仅次于石油、煤炭和天然气。全世界大范围对能源植物的利用主要是木材与农作物。但在某些情况下，用粮食作物等制造生物燃料不仅达不到减缓气候变化的目的，反而有可能增加温室气体排放。

而海洋生物资源开发的潜力巨大，其中海藻植物约有一万多种，尤其我国有广阔的海疆，海岛沿岸14 200 km多，生长着三四千种海藻，包括红藻、褐藻及绿藻等种群，部分海藻产量居世界首位。海藻相对于陆上生物质有其独特优势：生长在海里，不占用土地资源；海藻整个藻体都可用于能源利用，没有无用生物量；而且其生长速度快，便于养殖。海藻种类繁多，各类海藻生长季节不单一，可以交替大量繁殖，保证全年资源充足，解决了生物质资源分散和受季节限制等大规模应用的瓶颈问题。我国沿海很多经济发达地区，适合因地制宜地开发当地海藻生物质能源作为补充能源解决当地的能源供应与能源短缺问题。

海藻除了上述用途外，它还对海洋环境具有生态修复功能。近年来随着我国近海海域污染的加剧，局部海域富营养化问题日益突出，大规模有害赤潮频繁发生。2001—2005年全海域共发生赤潮453次，累计面积93 260 km^2。近岸海域的污染引起水体富营养化是赤潮频发的重要原因。海藻是海洋生态环境的生态修复者，大力发展海藻养殖，可以减少海洋富营养化，修复已遭到破坏的海洋生态系统，保护海洋生物资源。人工栽培海藻易形成规模，且易于收获，快速生长的同时能从周围环境中大量吸收N、P及Pb、Au、Cd、Co等重金属，放出O_2，调节水体pH值，并在水生生态系统的碳循环中发挥重要作用。因而人工种植的海藻用于生态修复后，可以作为生物质能资源综合利用。

海藻不同于含脂量丰富的微藻，热解制取生物质油必须针对其特点进行研究。各种海藻的成分不同决定了它们的热转化效果的差异，拟通过研究寻优，找出最佳种类，开发"能源海藻"。应用基因工程技术建立"能源海藻"遗传转化体系，通过转基因技术将目的基因导入并获得稳定性表达，从而提高产油成分（比如脂类及其衍生物）降低制油成本。

目前世界上化石资源日益缺乏，但如果我们能充分合理利用我国的特有海洋优势，实施可持续发展战略，高效、清洁、合理地利用丰富的海藻资源，对于我国在日后国际能源竞争中占据有利的地位有重大的理论意义与工程应用价值，也能一定程度上促进海洋生态建设，保护和合理利用海洋生物资源，也对推动国民经济的发展具有重要的经济与战略意义。

可控核聚变发电

1 工作原理与性能

1.1 可控核聚变发电原理

核聚变是将两个较轻的核结合而形成一个较重的核和一个很轻的核或粒子的一种核反应形式。在此过程中，因产生质量亏损会释放出巨大的能量（见图1）。目前人类已经可以实现不受控制的核聚变，如氢弹的爆炸；也可以触发可控制核聚变，只是目前输入的能量仍然大于输出能量，或发生时间极短。要想有效利用聚变能量则必须能够合理地控制核聚变的速度和规模，实现持续、平稳的能量输出，并达到一定经济效应。

肖 瑶
上海交通大学机械与动力工程学院
讲师

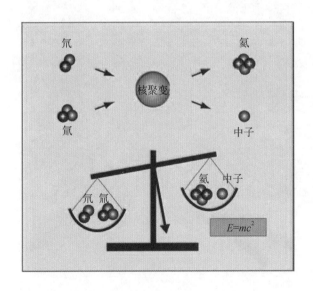

图1 核聚变原理图[①]

---

① https://www.iter.org/news/galleries. ITER.

可控核聚变的研究已持续了很多年,目前主要的可控制核聚变发展方向有磁约束核聚变(托卡马克)和激光约束(惯性约束)核聚变两种。国际热核聚变实验反应堆(ITER)(见图2)和美国国家点火装置(National Ignition Facility)(见图3)分别以为这两种发展方向的典型代表。

1.2 可控核聚变发电性能

可控核聚变发电具有许多潜在优势:

(1)安全。核聚变产生的核废料半衰期极短,使得低管理成本、核泄漏时总危害较低。因核聚变停止后只有很少的余热产生,相较裂变发电具有更高的安全性。

(2)清洁。相对于传统的核反应堆所产生的污染物,核聚变反应堆将生产几乎没有任何二氧化碳或其他大气污染物,它的其他放射性废料产物的寿命也很短。

(3)燃料丰富。核聚变的燃料是氘、氚等,在地球海洋和

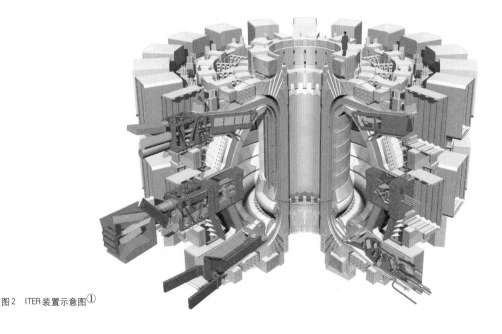

图2 ITER装置示意图①

---

① https://www.iter.org/news/galleries,IFER.

图3　美国国家点火装置[1]

宇宙空间中有丰富的储量，丰富的燃料储量为成本的降低提供了可能。

（4）燃料能量密度高。每升海水中所含有的核聚变燃料，经过核聚变反应后可产生相当于300 L汽油燃烧所放出的能量。同等原料核聚变反应产生的能量远大于核裂变反应产生的能量。

（5）应用范围广。因无需氧化剂，能量密度高，在宇宙空间和船用环境下具有显著优势。

2　应用领域与前景

作为一种能源产生方式，可控核聚变发电可能会使得能源生产成本大幅下降，从而降低整个社会的运行成本。若结合更高效率的储能技术，可以使整个工业体系和能源使用方式发生巨大变化。由此产生的潜在影响不可估量，应用前景巨大。

---

[1] https://lasers.llnl.gov/media/photo-gallery.lawrence. Livemore National Laboratory.

森林光伏电站

孟庆华
上海交通大学化学与化工学院
副教授

1 概要描述与关键路径要点

1.1 绿色植物中的能量转化及发电

树叶是光合作用的场所，具有优良的结构和功能特性、较高的光捕获效率和能量转换效率，绿色植物能量转化效率最高可以达到33%。研究中发现，树叶微观结构能从五个角度提高光的捕获效率。① 叶片表皮细胞的光学聚焦；② 光波在维管束鞘细胞管状平行结构内的传输；③ 光波在叶脉组织多孔结构中的多次散射与吸收；④ 光波在类似于光波导的柱状栅栏组织叶肉细胞内的传播；⑤ 叶绿体基粒类囊体三维纳米层片堆垛结构提高光接触面积和电荷分离速率。植物在光合作用的过程中会产生生物电化学反应，生成碳水化合物和氧气。如果用人工的方法控制这个产生电流的过程，就可以积累、导出此过程中的电量，实现生物发电。

有研究表明，在一些植物盆栽中设置一些电极，就可以及时导出植物在进行光合作用时产生的电量，如图1所示。另外，将植物中内提取的叶绿素与卵磷脂混合，涂在透明的氧化锡结晶片上，用它作为正极安置在透明电池中，当它被太阳光照射时，就会产生电流，最高可把太阳能的30%转换成电能。

按照能量守恒原理，把植物光合作用的能量用于发电，必然会影响植物的生长，即减少碳水化合物这一类营养物质的生成。因此，未来将主要采用长成的树木来发电，就不会用粮食作物、蔬菜和果树来发电，也不存在影响其生长壮大，而且还省却了修剪的烦恼。这样，将来的森林以及城市的行道树，不但有净化空气、维持生态平衡的作用，还可以实现分布式发电，提供分散零散的用电需求，比如路灯照明，手机、电动车充电等。

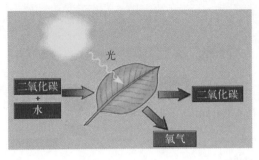

图1 绿色植物中的能量转化及发电①

1.2 技术可行性及挑战

生物发电是将具有绿色植物体的光合作用性质和燃料电池技术相结合的新型光电池，具体技术途径为：

（1）绿色植物细胞吸收太阳能，经光合作用和呼吸作用产生质子和电子。

（2）质子和电子经细胞内的醌类等物质传输到细胞外表面。

（3）细胞外表面的电子转移到工作电极表面，质子通过溶液扩散穿过质子交换膜到达阴极室。

（4）工作电极上的电子通过外接电路传输到对电极，与穿

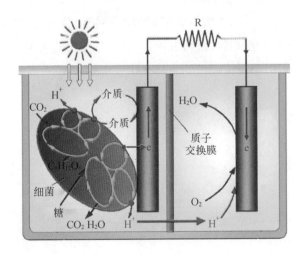

图2 生物发电的技术途径

---

① http://yyanyh.blog.163.com/blog/static/79249902201212011111111944.

过质子交换膜进行阴极室的质子在辅助电极上发生反应，从而形成循环。

技术挑战：

（1）持久发电。因为用于生物发电的核心物质如叶绿素是天然有机物，在高电流长时间工作后可能容易分解，从而失去吸收转化太阳能的功效。

（2）电极设计与安装。

（3）电能输送与存储。

2 应用意义与前景

在城市行道树上安装电极，其白天获得的电力足够在夜晚点亮城市的LED街灯。该项利用植物发电的技术项目也很适合应用在城市建筑物和房屋的屋顶。

研究表明，在植物盆栽中设置一些电极，就可以及时搜集植物在进行光合作用时产生的电量，可用于台灯照明。目前，一盆直径1 m的蕨类植物可以产生100 W的电能，在阳光灿烂的日子一天可以产生将近1度电。

新技术装备还可以用于现有的稻田和各类湿地。工程师可在湿地水平面以下放置管道，像泥炭沼泽、红树林、稻田或三角洲等均可如法炮制，进行发电。当然，最集中的应用场所应该是森林，可以形成大规模的森林光伏发电站。

未来二次电池

1 概要描述

二次电池（batteries）是一种在化学能和直流电能之间反复进行转化的装置，一般由正极、电解质、负极和外壳等组成，其工作原理（以锂离子电池为例）：当放电时，正极材料被还原，负极材料被氧化；即锂离子从负极材料脱出，经过电解液被传递到正极材料中，同时电子从负极经外电路流向正极，实现化学能向电能的转化。当充电时，过程相反，即通过外电路的反向电流实现电能向化学能的转化。

自1859年发明铅酸电池以来，二次电池已经发展了150多年，其中发展最为迅猛的是锂离子电池。仅仅经历了25年时间，锂离子电池已经广泛地应用在手机、相机和笔记本电脑中，并在电动交通工具中初步实现了产业化。

金属锂在元素周期表中电位最负，为–3.045 V，与单质硫组成的锂硫电池理论能量密度为2 600 Wh/kg；与氧气组成的锂空气电池理论能量密度为11 140 Wh/kg（未考虑氧气重量）；氟

王久林
上海交通大学化学与化工学院
研究员

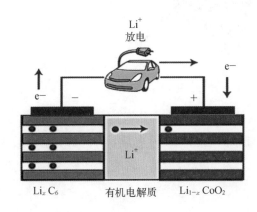

图1 锂离子电池

为元素周期表中电位最正，为2.89 V。如果组装成锂氟二次电池，电池电压为5.9 V，理论能量密度达6 098 Wh/kg，约为目前锂离子电池理论能量密度的10倍。挑战在于克服金属锂枝晶；解决单质正极电化学反应的活性、可逆性和循环稳定性；对于氟正极来说还需要开发新型可逆存储氟材料。

2 应用前景

作为电动汽车、智能电网、风光发电、电站削峰填谷等新能源领域的核心部件，动力或储能电池的研究引起了各国高度重视。再经过20～30年的研究，未来二次电池必将具有高能量密度、长循环寿命、低成本、高安全性和绿色环保等显著特征，锂硫和锂空电池均在新能源领域得到规模应用，低成本的钠离子电池和镁二次电池相继出现，并很有可能出现终极电池——锂氟二次电池。

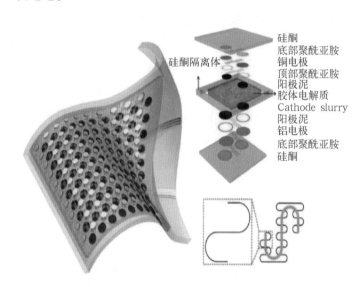

图2　柔性电池

电池的结构也将发生大幅度变化，不久的将来，适用于可穿戴设备的薄膜电池和柔性电池、具有高安全性的固态电池，以及智能电池在可穿戴设备、新能源汽车、规模储能等领域随处可见。

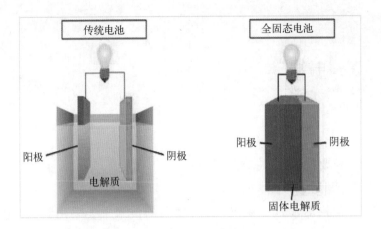

图3 传统电池与高安全固态电池对比

深海电梯

连琏
上海交通大学海洋研究院
教授

李刚强
上海交通大学海洋研究院
博士生

曾铮
上海交通大学海洋研究院
助理研究员

姚宝恒
上海交通大学海洋研究院
副教授

杨磊
上海交通大学海洋研究院
硕士生

1 概要描述和关键技术

1.1 深海电梯技术描述

深海资源的调查和取样，目前的技术主要采用载人/无人潜水器进行深海作业，并伴随配套作业母船。然后受制于工作环境因素的多变性导致潜水器作业中段或潜水器丢失屡见不鲜。海底建立大型中基站能够对潜水器进行蓄能，提供潜水员休息的空间。然后水下装备的多样性以及潜水器操作员的高负荷工作性质，需要对水面平台与中继站平台进行设备以及人员的快速传输，深海电梯的建造能满足上述要求，并将会改变深海潜水器的现有作业方式及设计理念，扩大潜水器的作业空间，降低潜水器受表层海洋环境的干扰，以及克服水下信号、数据长距离传输的限制，改变深海矿产资源的运输方式，拓展海底观光旅游产业和探险产业的蓬勃发展（见图1）。

1.2 深海电梯技术的颠覆性表现

（1）连接中继站与水面平台的电梯改变了传统潜水器蓄能的限制，以及上千米缆索的限制，以及复杂的母船运动补偿系统的设计，并降低潜水器配载的设计要求。

（2）深海电梯的建造将为水下信号、大数据传输提供便利，实现水下基站和水面平台的无障碍光纤传输提供便利。

（3）深海电梯实现水下多样性的装备快速船速以及海底取样品的快速传输以及保存提供便利（见图1）。

（4）海底矿产资源的运输方式将彻底得到改变，例如用于海底猛结核的矿核提升系统将从现有的绳斗系统，管道提升系统转向由深海电梯快速传送,为大规模的猛结核资源开采奠定了基础,现已探明的海底锰结核约有2万亿～3万亿吨,可满足人类对于金属资源的需求。

(5)深海世界的神秘性和未知性强烈吸引着旅游爱好者和探险者前往,通过深海电梯的建造可改变现有深海旅游和探险的方式——载人潜水器,且成本昂贵。例如探险家卡梅隆花费巨资打造万米潜水器进行深海探险。在太空领域,SPACE-X的可回收火箭的实现将太空旅行大众化大大刺激了太空旅行并促进了火箭控制技术的进步,具有划时代的意义。同时深海电梯的建造和实现将对深海旅游业和探险产业具有划时代的意思,开辟了深海旅游新的产业链。

图1 深海电梯示意图

1.3 深海电梯技术路线

(1)复杂外界环境干扰下的上千米的水下电梯支持系统的静力学、动力学特性进行研究,以及考虑电梯在上下传输过程的瞬态动力学进行分析并进行运动的控制。

(2)存在大压力梯度,以及海水长时间腐蚀的建造电梯的材料进行调研和选取。

(3)对长时间处于海水环境下的结构物的建造工艺进行调研。

2 应用意义与前景

陆地资源的匮乏，使得人们将目光转向深海资源，同时，对深海资源以及深海物种的未知性吸引着人类探索深海领域。在不久的将来，多样化深海作业装备的建造、深海潜水器的作业方式的改变以及海底平台基地的实现酝酿着深海电梯的产生。新材料、新的防腐涂层以及建造工艺的进步为深海电梯的建造提供了切实可行的建造工业的保障。大范围深海资源的开发将促使传统深海潜水器的作业方式的改变，将以深海基地为搭载平台，潜水器装备以及潜水操作员将利用深海电梯进行快速传送。同时大型水面平台的建造和太空电梯的设想和实现将促使深海电梯的产生。

深海油气输送分离一体化立管

1 概述

1.1 意义和必要性

传统的海洋油气开采是依托水下生产系统，通过水下完井、部分或全部安装在海底的水下生产设施、海洋立管等将采出的油气水多相或单相流体输送到海上依托设施或陆上终端进行油气水分离处理处理，这种开采分离方式要求在海面有平台或储油依托设施，增大了储藏和海陆之间的输运成本，而且在陆上进行油气分离还会造成环境污染。近些年新兴的海底油气分离技术——"海底工厂"，可以避免传统油气开采的一些弊端，但这种海底分离技术由于其海底设备布放和维修难度较大，实际应用有很大局限性。

为了解决海洋油气开采分离过程中出现的以上问题，避免油气分离造成的污染、降低油气储存输运成本，集油气水输运和分离一体的、依托特殊分离材料的海洋新型立管的研制显得特别有意义。

1.2 技术实现途径

深海油气输送分离一体化立管是一种通过内部结构的特殊构造，结合特殊分子分离材料，来实现油气分离的深海立管。这种立管是双层腔体的三段式细长体，底部接口连接海底管汇，接口处布置有增压机，可以调控油气的输送速度。整个分离过程分四个阶段完成。

（1）第一阶段（见图1和图2）：此阶段是用来分离油气中的水，立管管壁及内层中空处布满吸附和传导水分子能力极强的特殊材料管线，管线吸附的水汇聚到外层中空处的水专用输送管道排出立管。

胡永利
上海交通大学海洋研究院
博士生

黄柱林
上海交通大学海洋研究院
硕士生

连琏
上海交通大学海洋研究院
教授

姚宝恒
上海交通大学海洋研究院
硕士生导师

曾铮
上海交通大学海洋研究院
助理研究员

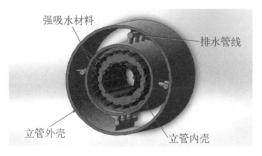

图1 第一阶段立管示意图

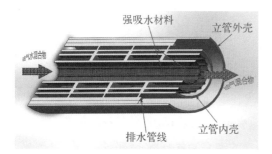

图2 第一阶段原理示意图

（2）第二阶段（见图3和图4）：此阶段是用来分离油气中的油，此部分立管主要在内层中空处布放多梯度高分子有机膜结构，这种膜结构只允许体积更小的气体分子通过，而较大的油粒就会附着和汇聚到膜周围，再通过外层中空处的油专用输送管道输送至海面平台。

（3）第三阶段（见图5和图6）：此阶段是用来分离油气中的空气，此部分立管类似第二阶段的原理，利用特殊膜结构吸附空气分子，再通过外层中空处的空气专用输送管道排出立管。最后输送至海面平台的只剩天然气和油，然后再进行分类储存或输运。

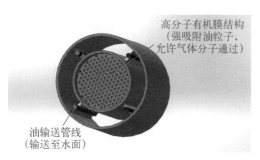

图3 第二阶段立管示意图

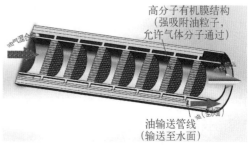

图4 第二阶段立管原理示意图

图5 第三阶段立管示意图

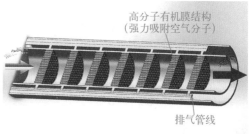

图6 第三阶段原理示意图

1.3 技术实现难点

（1）海底增压技术：该技术的关键是海底实现压力调控，用于解决油气输送分离过正中的输送速度，也用于把分离的油气输送至海面。该技术目前已经接近成熟，在"海底工厂"中已经运用广泛，但压力调控精度还需要进一步突破。

（2）高分子有机膜结构技术：该技术的关键是吸附油或特定分子大小的特殊高分子膜结构，主要用于在油气输送过程中的油、天然气和空气的梯度分离。该技术目前取得实验室突破，未来重点是攻克膜结构在细长结构体中的梯度布置和高效应用，特别是在细长体密闭结构内保持长时间有效吸附。

（3）油气分离后的输送技术：该技术的关键是把分阶段分离后的水、空气排出立管和分离后的油输送至海面，主要依赖于立管内部结构的特殊构造，为油气分离后的输送提供有效的保障。该技术目前在细长体内的实现还没有成熟，或有待未来在特殊分离材料吸附油或水后的怎么样汇聚上重点攻克或完善。

（4）多功能立管的安装和维护技术：该技术的关键是多功能立管在海底和海面两端与终端设备的有效连接和分离腔体的定期维护清理，为长时间安全地进行海洋油气开采提供支撑。立管的安装技术目前已经足够成熟，但对于多功能立管的安装还需要更多的实践和完善；立管油气分离腔体的维护技术目前还没有充分的开采，未来需要对这项技术开发完善。

2 应用意义与前景

深海油气输送分离一体化立管的开发研制可实现海底油、天然气、空气和水在输送过程中的自动分离，节省了海面或海底独立分离系统的制造成本和油气海面运输成本，增加深海油气开采利润；由于开采至海面的是所需要的石油和天然气，没有多余成分，提高了油气开采的效率；油气的分离在输运过程中完成，避免了海面分离可能造成的环境污染，从而提高了海洋油气田的经济效益。深海油气输送分离一体化立管可以节省更多能源，提高能源效率，将会成为深水和恶劣环境下油气田开发技术的一个重大突破，将成为北极等恶劣环境、深水卫星油田开发的有效手段。

未来"深海油气输送分离一体化立管"会在材料技术和安装技术发展的基础上，成为"新能源时代"深海油气开发的基础工程之一，对人类深海能源开发产生重要的作用。

深远海"地球工程"

1 概要描述

1.1 深远海"地球工程"背景与简述

在人类发展的历史中，人类对地球做出了大量的改造，从耕地扩大、水利建设至填海造地，但是目前人类对深海的利用仍非常有限，几乎100%的深远海我们尚未涉足，95%的大洋鱼类资源尚未被开发利用。随着人类社会不断发展，世界人口与日俱增，有限的陆地资源日趋衰竭，深海资源的开发利用日益迫切，21世纪将是人类走向深远海寻找资源和生存空间的世纪。

过去几十年来，人类对深海矿业和生物资源利用的研究多为非系统性的，在未来的发展中，人类将不断寻找提高深海大洋生产力的"系统性"方法：如划分大洋的自然生态保护区、生物种群保护区、生产力增值区和热源和矿业开发区；研发深海大洋生态环境保护和开发利用所需的工程和技术，例如控制海洋垂直混合的能力来增加或减少局部热量、营养盐和生物碳通量的变化，在保护生态系统的基础上控制生产力以提高产出能力，以及防止深海资源开发时对深海生态系统的破坏所需的监测和网络技术。

周 朦
上海交通大学海洋研究院
讲席教授

钟贻森
上海交通大学海洋研究院
讲师

张召儒
上海交通大学海洋研究院
特别副研究员

1.2 深远海"地球工程"关键路径与方向

（1）着手建立长时间、广范围、高精度的深远海观测与监测系统，以提高人类对深远海环境和生态过程的认识，从而为功能划分和资源开发决策提供坚实的数据基础与科学依据。

（2）深远海"地球工程"中的工程与技术是深远海大洋开发的必备工具，类比于陆地农业开发时所需要的"镰刀、铁锹、拖拉机和收割机"及"水利系统"。目前深海大洋渔业和矿业开发仍处在刀耕火种的时代，因此，急需提高深远海开发的工程技术能力，例如进一步提高水下机器的作业深度、精度和智能化程度。

（3）在人类对深海大洋提出开发要求的新形势下，国际法需要与时俱进做出改变，特别是对于公海的权益划分应出台细致的规定，以确保深远海生态环境保护，维护开发国家的基本权益，并维持国际社会的和平发展。

2 应用意义与前景

深远海"地球工程"在未来将是世界各国追逐资源、谋求发展的必经之路。发展深远海经济可以为我国未来社会经济发展提供更多、更广、更可持续性发展的资源和空间。在上下五千年的历史中，中国曾经多次领导了世界经济、技术和文化的发展。抓住机遇，加快向深远海大洋开发进军，中国将再一次走在世界各国前列，成为世界经济、技术和文化的领导者。

移动式模块城市

1 概要描述

1.1 移动式模块城市技术

随着建筑工业化的发展，装配式建筑兴起。30年以后，移动式模块城市会改变城市的格局与人们的生活。

移动式模块城市（Mobile-module City, MMC）是建筑工业化发展的成果，城市由不同模块单元组成，比如住宅模块、绿化模块、道路模块、公共设施模块等（见图1）。可运用磁悬浮技术进行城市移动，抵抗自然灾害，尤其是地震的影响。它包含装配式建筑技术、磁悬浮运输技术、能源产生与输出技术、智能控制系统等技术集成。移动式模块城市的关键技术说明如下：

（1）建筑工业化高度发展是移动式模块城市的技术基础。城市模块化需要预制装配式技术的成熟。一方面，基于流水线生产标准化模块；另一方面，现场实现自动化装配与拆卸，可在较短时间完成作业。此外，可持续发展还要求单元模块的维修与回收循环利用。

（2）成熟的磁悬浮运输技术是移动式模块城市移动和抗震的有利途径。一个模块可能重达几吨，可设想采用新型运输方式——磁悬浮运输技术，即采用磁悬浮引导器，利用电流在模块产生的磁场，产生动力，完成运输。地震等自然灾害来临时，还需磁悬浮产生浮力使建筑物升起（见图2）。

（3）能源产生与输出技术。移动单元模块需要大量能源，一般情况下，模块利用太阳能产生能源向单元模块提供所需的能源。地震来临时，需要保证城市在较短时间内输出大量能源满足磁悬浮系统的运行。可以考虑使用核能源或者氢能。

汪 汛
上海交通大学船舶海洋
与建筑工程学院
本科生

莫 然
上海交通大学船舶海洋
与建筑工程学院
本科生

李 煜
上海交通大学船舶海洋
与建筑工程学院
本科生

向 升
上海交通大学船舶海洋
与建筑工程学院
本科生

（4）智能控制系统。智能控制系统是移动式模块城市的核心，该系统可运用于城市规划、装配、拆卸和运输移动式模块，地震来临时的模块紧急悬浮。

1.2　移动式模块城市的突破性

（1）移动式模块城市比现今装配式建筑更加成熟、适用性更广。城市中不仅功能性的建筑可实现单元模块化，对于道路、绿化等也可模块化生产。

（2）未来城市的布局，将因移动式模块城市出现变得更加合理，对于不合理的占地或者布局易于移除或变动。人们会因移动式模块城市集中在一起、减少占地，也有利于实现人与自然和谐相处。

（3）在高烈度地震区的城市，不必担心地震破坏，城市地面震动的自动监测得以实现，当地震纵波来临时，移动式模块城市自动启动地震应急方案，城市所有模块均悬浮，以避开地震。

图1　城市模块示意图

图2　模块地震悬浮示意图

2 应用意义与前景

城市的模块化随着建筑工业化的发展而发展。比如家庭住房便是一个标准模块。模块与模块之间可按一定规则组合成更大的建筑，组成功能性建筑，所有的建筑模块构成移动式模块城市。模块可以拆卸、运输，根据城市规划及社会或个人需求更换所在的位置。

移动式板块城市优点之一是避震。自动监测地震，在地震纵波来临时，磁悬浮技术所提供的磁浮力托起建筑底座，将建筑与地面暂时分离，以避开地震。

移动式模块城市既可满足人们住房空间舒适性需求，改变人们的居住习惯，还能实现移动的便利性和抗震性。

基于物联网的智能废旧电子产品回收体系

李 佳
上海交通大学环境科学与工程学院
副教授

1 工作原理与性能

1.1 智能废旧电子产品回收体系工作原理

随着科技的进步,电子产品将更加智能化、自动化、模块化,同时更新速度飞快发展,新产品层出不穷,旧产品往往不到使用年限,在功能正常的状态被报废。电子产品的组成复杂,其中含有的金属与非金属成分具有很高的回收价值,但处理不当会对环境带来严重的污染。废旧电子产品具有门类多,组成复杂,资源性与危害性并存的特点使其回收难、处理难,已成为当今社会难以解决的问题。由于消费者不了解废旧电子产品的正规处理与回收流程,导致废旧电子产品直接流入不法商贩处,后续处理面临环境危害与信息安全泄漏等隐患;回收企业的处理水平不同,导致部分回收企业收不到足够的"废弃物"使其产能不足,部分回收企业收到的"废弃物"凭其现有技术无法资源化处理,浪费了企业与社会资源。为此本项目设计基于物联网的智能废旧电子产品回收体系,解决以上问题。

如图1所示,该体系包括两个核心模块,"回收芯片"与"回收平台"模块。通过物联网将电子产品、用户、制造商、回收企业相链接,实现电子产品的智能回收。在电子产品中植入"回收芯片"。设备由于故障或者使用年限到期,或者"用户"意愿淘汰时,触发芯片,芯片将关键信息发送到"回收平台",平台通过数据与算法计算出"残值",待使用者确认后,平台根据算法匹配合理的回收企业与物流系统,废旧产品自动进入回收阶段。该系统集成了产品与企业信息,利用优化算法实现废旧电子产品的万物联网。使用者无须烦恼废旧产品的处置,实

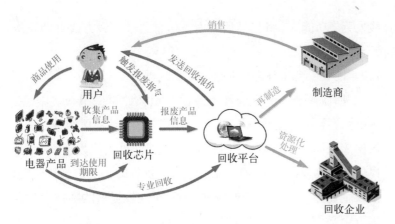

图1 智能电子产品回收体系示意图

现"一键回收",制造商以低廉价格获得可重复利用的关键元器件,回收企业得到充足且和"对胃口"的"废弃物"。

1.2 回收芯片工作原理描述

"回收芯片"独立于电子产品功能模块,其主要包括"信息存储""功能扫描""用户反馈""无线发射"四个功能区。如图2(a)所示,"回收芯片"独立于电子产品功能模块。在"信息存储"区记录包括产品基本信息,如制造年代、生产厂商、组成材料等;在设备进入报废阶段时启动扫描功能,检查产品关键部件元器件的状态,记录相关信息;在"用户反馈"区提供与用户互动的操作界面,设备发生故障、运行不畅或达到使用期限时报警,并指示用户是否启动"一键回收"。使用者主动要淘汰正常使用的设备时,提供"一键回收"界面;在"无

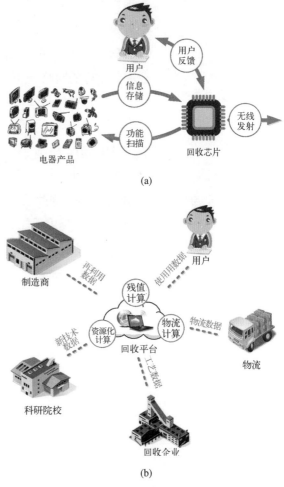

图2 (a) 回收芯片工作原理 (b) 回收平台工作原理

线发射"功能区,将扫描后的设备信息通过无线方式立即发送到"回收平台"。

1.3 回收平台工作原理描述

"回收平台"由可处理大数据的超级计算机组成,主要由"残值计算""物流计算""资源化计算"三个功能区组成;基本数据库来源分别由制造商提供的关键部件再利用数据、由用户提供的产品使用信息数据、由物流公司提供的物流信息数据、由回收企业提供的工艺流程数据、由科研院校提供的新技术数据等五个数据库组成。通过"残值计算"将电子产品区分为"再利用"与"资源化"两类,并根据用户反馈信息,经"物流计算"配置最合理物流路线,发送物流指令到物流企业实现智能收集。需"资源化"的废旧电器经"资源化计算",将废弃物合理分配到相应的回收企业。制造商、用户、物流企业、回收企业、科研院校同时更新与维护相应的数据库。

2 应用领域与前景

未来的5～15年,可应用于各种废旧电子电器的资源化处理领域,随着"回收芯片"技术的进步与"回收平台"算法的丰富,该技术可应用于任何一种"城市矿产"(如汽车、飞机、工业设备等)的资源化领域。

城市空间形态重构

1 空间重构的技术要素背景和方向

1.1 技术要素背景——能源、材料、信息及人工智能技术的突破

（1）能源技术突破（可再生能源如太阳能转化、潮汐能、地热、风能的转化效率大幅提高；巨大能源的存储运输方法）。

（2）材料技术突破（3D打印）。

（3）信息化突破（物联网、大型运算技术）。

（4）人工智能技术突破（包括交通的陆海空无人驾驶技术、信息处理生产上的应用）。

1.2 基本变革的方向——社会资源转移更加高效

形成的发展趋势是工程建造、工业制造的单位成本极大降低；交通物流、社会设施的组织利用效率大大提高。

（1）交通运行更加高效：① 设施通行效率更加高效。人体生物反应速度限制引起的安全车距等系列交通运行低效，随着自动驾驶形成的自动连接形成规则发生改变（安全距离、自动连接、红绿灯）。② 时间资源利用更加高效。夜间时间资源的浪费（考虑疲劳驾驶、安全驾驶），在自动驾驶、新能源革命下得到充分利用。③ 新型交通工具的出现。

（2）物流组织更加高效：① 信息化促进物流组织高效。信息不对称和计算不足的无效运输低效，在物联网、分布式计算等带来的物流组织效率大幅提高，库存存储空间和物流运输数量得以大量节省；② 无效物品跨区域转移将被极大减少。3D打印技术普及后，工业品更多的"模型数字化+本地模块化材料打印"引起物品跨区域转移需求大幅下降。部分传统制造业大幅衰落，将会引起枢纽体系、航运体系格局和规模的变革。

王　林
上海交通大学船舶海洋与建筑工程学院建筑系教授

刘　淼
上海市城市规划设计研究院
高级工程师

赵晶心
同济大学城规学院
研究生

（3）社会资源利用更加高效：以小汽车使用为例，实际的利用效率只占到5%，大部分时间都在停车位上。公共交通在非高峰时间上都是浪费。在社会设施组织高度信息化及智能化后资源利用效率大幅提高，加上设施制造和能源成本的急剧降低，基本的私人门对门机动化也将成为公共服务的一种。

（4）能源利用更加高效。① 能源转化更加高效。可再生能源如太阳能转化、潮汐能、地热、风能的转化效率大幅提升，且能源采集无处不在；② 能源存储更加高效。当前跨区域转移效率过低、跨时间段的能量不能转移引起浪费。未来在能源转化和存储技术革命后将大幅增加能源利用效率，加上人工智能的飞跃，将会产生不知疲倦的机器人作业，进行生产任务和建设任务，将会产生现在看来更夸张的"超级工程"（水下城市、地下城市等）。

1.3 基本思路

相较于技术的日新月异，人性的进化是极其缓慢的，其具有保守和追求的双重特征：

（1）保守方面。对对面交流、大自然融入的偏好。如人与人之间面对面的交流体验一直被逼近，但始终未被替代（电话、网络、视频及可能的全息）。判断是城市更加重视对社区建设、大自然融入的重视。

（2）人性的追求方面。作为人类群体的自我实现。如洗衣机、电饭煲、小汽车并未让人的时间变得更多。判断是超级工程的出现、新的生活和工作方式出现。

2 城市形态重构设想

城市空间形态的每次变化，其背后都是科学技术的推动。步行到马车、汽车、飞机等让城市扩展的更大，砖土到混凝土、电梯等让城市建筑越来越高，马桶、青霉素等让城市建筑可以更加密集……根据前述技术要素背景、方向和思路，从城市居住、生活、休憩、交通四个基本功能出发，认为城市形态将发生重要重构：

（1）城市空间物质形态方面：① 海权时代削弱，传统枢纽衰落，新型枢纽涌现。传统大型客货运枢纽、航运港口因传统需求下降而衰落，服务新内容和趋势的新型枢纽（如新型航空飞行器、地下枢纽）将涌现。② 超级工程不断涌现。出现超级地下城市、水面（下）城市、超级市政工程（地下各种功能的通道）。

（2）城市空间功能形态方面：① 产城融合不再是问题。专业的规模型工业厂房均成为无人厂房，从建造到生产均为自动化和远程遥控。居民生活工作更加社区化。空间资源（路面等）更多的释放给社区，供交流使用，交通、市政等非目的性需求设施更加"隐形"（如地下化等）。② 社会阶层圈子化集聚更加明显，地球村变得更"小"更"近"下的优、劣势人群的空间分异现象将继续保持，"择邻而居、择友而行"更加成为社会特征。③ 政府提供的公共服务受地理的限制大大弱化。新型交通组织效率使大型都市范围内文化、教育、体育、医疗等方面的服务可以快速到达，以及依靠远程遥控和人工智能得到满足。④ 大型都市区域范围内的自然环境品质和地方特色成为吸引高端办公及居住的主要因素。

3　应用意义与前景

通过对未来空间形态变革的科学预见，可以克服未来发展的不确定性可能带来的损害，提高决策的质量，进而实现各类要素和资源的合理配置，以及各类城市功能的合理划分。

同时，通过更好地开展城市空间布局（产业用地、公共服务设施、枢纽重大基础设施等），以选择符合可持续发展的空间引导路径，支撑城市未来的国际竞争力。

"绿色"能源建筑

汪汛
上海交通大学船舶海洋
与建筑工程学院
本科生

1 概要描述

1.1 "绿色"能源建筑

现在社会越来越提倡"绿色"一词,"绿色"意味着环保,社会可持续发展。将来,"绿色"能源建筑会是真正的绿颜色建筑,同时也是"绿色"建筑。

"绿色"能源建筑(green-energy construction, GEC),满足了社会日益增长的能源需求,解决了"温室效应",同时与现有的太阳能发电技术相比,其效率与产值更大。它主要包含了管道体统、光合色素与光合酶生产活性技术、成熟的电能转换技术等。

(1) 管道系统(见图1)。"绿色"能源建筑最关键的技术在于应用植物的光合作用产生能源,而植物光合作用最重要的部分就是光合色素。在"绿色能源建筑"的表面,需要布设许多的管道,管道需要允许气体交换,同时中间流动光合色素以及光合作用所需各种原料和酶。

(2) 光合色素与光合酶生产与活性技术(见图2)。现阶段光合色素与光合酶离开植物体很快就会失去作用不能进行光合作用。在未来,为了能让建筑持续进行光合作用,需要对光合色素与光合酶进行改进,使其能在离开植物体也能发挥较长时间作用。同时,人工合成光合色素与光合酶能够轻易大量生产,满足所有建筑对于"绿色"的需求。

(3) 成熟的电能转换技术。有光合作用完成的能源收集并不能直接给建筑供能。此时需要配备成熟的电能转换技术,完成将光合作用的产物O_2以及产生的有机物更为高效接近50%的效率完成转换。

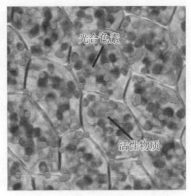

图1 铺设管道的"绿色"能源建筑　　图2 光合色素与光合酶活性技术

1.2 "绿色"能源建筑的突破性

（1）"绿色"能源建筑相比现在的绿色建筑更加环保节能，它基于植物体内的光合作用，将这一生物过程充分利用到建筑建造中，能够多层次、大面积、高效率利用太阳能。

（2）"绿色"能源建筑除了高效的利用太阳能外，还显著地改善了地球的环境。通过光合作用，吸收CO_2以及其他有害气体，解决日益严重的"温室效应"。

2 应用意义与前景

在未来，随着工业的发展，"温室效应"和能源危机的影响会进一步加深，如何解决"温室效应"和能源危机的问题是未来社会发展的关键。为解决"温室效应"和能源危机，改善人类居住环境，30年之后会出现"绿色"能源建筑。

"绿色"能源建筑主要是指未来的建筑物中在立面以及屋顶会安装叶绿素管道系统，一方面这些管道会使建筑看起来显绿色，另一方面叶绿素管道系统充分利用叶绿素及相关作用酶在建筑中吸收CO_2，产生能源，供给建筑物的能源消耗，符合"绿色"的概念。

这一建筑技术在未来将显示出其无与伦比的经济价值和社会价值。首先，"绿色能源建筑"可以利用光合作用，吸收

CO_2，释放出 O_2，可以显著改善人们在建筑物中的居住环境，同时也能解决日益严重的"温室效应"。其次，"绿色"能源建筑利用光合作用产生的能量并不是用于植物生长，而会通过生物电能进行转换，变成建筑使用过程中所需要的能源，大大减缓了能源危机。另外，"绿色能源建筑"的叶绿素管道系统分布于建筑物整个表面，其受光面积相当大，而且随着建筑物高度的上升受光强度也增强，比起当今许多太阳能发电技术，整体转换效率相当高，符合未来社会对于能源的需求，将是未来绿色建筑高度发展的结果。

企业职业暴露安全实时在线监测系统

1 概要描述

1.1 生产及回收工艺中污染物的释放

在我国众多生产或回收企业中，一线操作工人的生产车间环境还存在一定的环境风险。例如，化工生产过程需要使用大量化学品原料，废弃物资源回收及处理过程所涉及废弃物的来源广泛、成分复杂、含有多种类型污染物。化学品或污染物质，重金属、挥发性或半挥发性有机物容易对车间环境介质（大气、灰尘等）进行释放、迁移，并可能在车间环境发生进一步转化反应，形成车间环境的高浓度污染，从而对一线操作工人造成潜在的环境暴露风险。污染物的释放过程及暴露风险，如图1所示。

郭 杰
环境科学与工程学院
副研究员

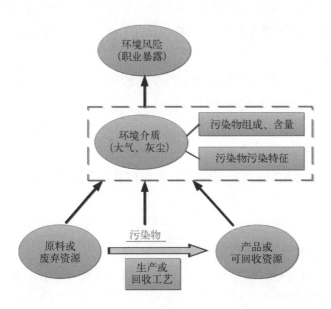

图1 污染物释放过程及暴露风险

1.2 在线监测系统的构建

职业暴露安全实时在线监测系统的构建,如图2所示,主要步骤如下:先要建立多行业、多种类型污染物的暴露风险数据库;开发各种行业典型污染物的实时在线监测分析系统;实时监控车间现场的污染物状况;基于暴露风险阈值的分析比较,搭建实时显示平台;对可能出现暴露安全隐患的风险指标进行评价、预警,并给出相应的应急措施及改进方案。

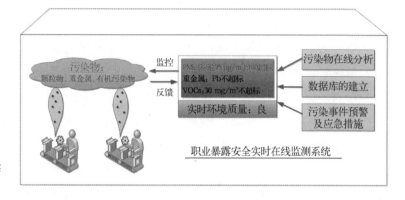

图2 企业职业暴露安全实时在线监测系统

关键技术包括:

(1)污染物在线分析系统:企业污染物种类繁多、性质复杂,针对不同企业车间内部,应设计开发针对性的污染物在线分析检测系统。

(2)数据库的建立:包括污染物的理化特性、污染特征、分析检测方法及控制应对方法等。

(3)污染事件预警及应急措施:基于污染物在线分析数据,参照相关的标准规范,对污染物浓度安全阈值进行预警。有突发事件时,及时显示或广播相应的应急措施或安全逃生方案。

2 应用意义与前景

(1)本预见科技主要关注工人的职业健康风险,属于民生、环保范畴。

（2）随着从业人员对职业安全健康意识的提高，企业负责人及工人自身迫切想了解所从事职业的健康安全状况，因此，该预见科技在企业具有广阔的应用前景和实际意义。

（3）本预见科技将为多行业提供职业暴露风险的实时监控、预警平台，提高一线操作工人的安全防护意识及水平，为维护工人的身体健康提供技术支撑。

可循环使用净水器及废弃膜产品工业化回收和再利用

于振江
上海交通大学环境科学与工程学院
博士研究生

庞浩然
上海交通大学环境科学与工程学院
博士研究生

黎岭芳
上海交通大学环境科学与工程学院
博士研究生

迟莉娜
上海交通大学环境科学与工程学院
讲师

1 概要描述

1.1 新型净水器研发背景

我国的集中供水方式不单涉及城市的供水管网,也涉及广大农村的水塔、水井等相对比较落后的供水方式,然而由于城市供水管道的腐蚀、农村水源地缺乏必要水质保障措施、抗生素在

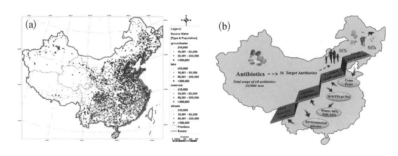

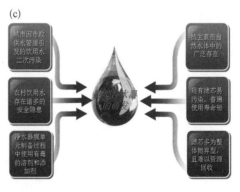

图1 (a) 中国集中水源地的分布[①] (b) 中国抗生素的存在和分布情况[②] (c) 新型净水器研发的背景

---

① Wu R, et al. Modeling contaminant concentration distributions in China's centralized source waters[J]. Environmental Science & Technology, 2011, 45(14): 6041-8.

② Zhang Q-Q, et al. Comprehensive evaluation of antibiotics emission and fate in the river basins of china: source analysis, multimedia modeling, and linkage to bacterial resistance[J]. Environ. Sci. Technol., 2015, 49(11): 6772-82.

水体中广泛存在和分布等因素,使我们面临着普遍的饮用水安全问题,安装一款合适的末端净水器也成了许多家庭和公共场合的热门选择。

1.2 新型净水器颠覆性表现

(1)净水器滤芯(涉及超滤、纳滤或是反渗透)的制备选用绿色溶剂(颠覆现有的有毒、难降解有机溶剂)、可生物降解的高分子材料及其他绿色添加剂,尽可能降低膜制备过程中有机废水的产生和有毒物质在膜中的残留,可生物降解材料可以有效地解决滤芯更换后的后处理问题。

(2)为提高膜滤芯抗污染性能,通过在膜表面负载具有兼具磁性、抑菌性的纳米粒子或其他功能材料,不但能够实现有效的抑菌,且可以避免纳米粒子在饮用水中的流失,也极大地延长了膜的使用寿命。也可以是具有在可见光下具有极强光催化性能的催化剂等材料,优化膜壳的透光性能,利用普遍存在的可见光实现催化剂和膜的协同净水。

(3)通过用户共享和大数据采集相结合,建立起不同地区的动态水质环境数据库,然后反馈大众,设计针对性极强的水处理方案和净水配件选择,实现更加高效、节能的净水。

(4)通过3D打印技术和其他流体、水处理过程模拟软件结合,并结合机器学习方法实现净水组件结构的优化设计。

图2 新型净水器的实现过程[①](绿色溶剂)

---

① Hassankiadeh NT, Cui Z, Ji HK, et al. Microporous poly(vinylidene fluoride) hollow fiber membranes fabricated with PolarClean as water-soluble green diluent and additives[J]. Journal of Membrane Science, 2015, 479: 204-212.

（5）颠覆现有净水器更换净水滤芯时，抛弃整机的做法，实现不同滤芯局部更换。

1.3 废弃膜产品的工业化回收和再利用技术预见

（1）以"膜"养膜，通过对传统的MBR工艺革新，实现膜丝的简易更换，对于达到使用寿命的膜丝可以通过一系列处理手段，将废膜材料骨架塑料回用到注塑行业，部分可作为MBR使用过程中的管道或是滤器外壳，且有多个品种可选，如PVC管、PVDF管等。

（2）针对近几年迅速发展的"永不断丝"的MBR组件，通过设计有效的膜丝皮层和涤纶丝分离设备（机械分离和化学溶剂分离相结合）实现涤纶丝再次回用。

2 应用意义与前景

一个产品的生命周期一般包括原材料、生产工艺、使用、废弃回收再利用等过程。随着人们对安全饮用水和高效水处理技术的需求，MBR、净水器及其他膜产品正在迎来其最佳的发展机遇，然而产品发展过程中逐步出现的问题如制膜有机废水的处理，净水滤芯使用寿命短、二次污染严重、水质波动大、一旦到达使用寿命只能够整机抛弃，MBR更新换代过程产生了大量的废弃中空纤维膜丝及组件等，正在成为未来膜技术广泛发展后的一大难题。本预见正是基于这些问题，通过改进工艺和末端处理解决膜行业未来下游产品的回收和再利用。

海洋平台自动巡航溢油处理监测航行器

1 工作原理与性能

1.1 溢油处理航行器工作原理

石油是现代社会经济发展的重要支撑,随着需求的增加和技术的发展,人们逐渐将目光转移到海上石油的开采,然而在使用海洋平台开采石油的同时无可避免地存在着石油溢漏的现象,更有甚者爆发大规模的石油泄漏和爆炸事故,有如2010年那场著名的墨西哥湾漏油事故,近至今年的美国加州海湾的漏油事故,都对海洋生态环境造成了巨大的破坏。现有的海洋平台水下监测机器人多为有缆的形式,在一定程度上限制了其活动空间,并且在大多情况下需要人为的操控,耗费了一定的人力资源,同时对于一些已经发现的小体积溢油无法处理以减少其环境污染,因此一艘海洋平台自动巡航溢油处理监测航行器产生了,其工作原理如下:

(1) 航行器在电量充足时自动巡航于海洋平台附近海域,搜寻海面漏油处。

(2) 当在海面上发现溢油时,分析溢油量,少量溢油可对其进行吸收处理;大量溢油迅速汇报至控制中心。

(3) 航行器在海况良好状态下沿管路下潜,检测管路是否存在溢油点和破损,并反馈数据。

(4) 航行器下潜至海底采油基站,对基站进行漏油检测,反馈相应数据(见图1)。

1.2 溢油处理航行器性能描述

(1) 该航行器主尺度长约4.4 m,宽约3.2 m(见图2),航行器使用电能驱动,电能源自海洋平台上的废热能及太阳能,设计

陈 超
哈尔滨工业大学(威海)
船舶与海洋工程学院
本科生

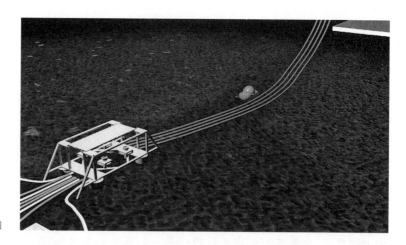

图1　航行器下潜检测示意图

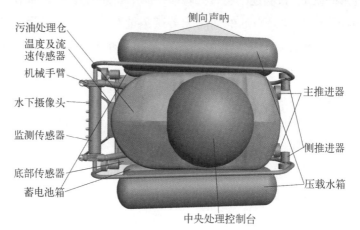

图2　航行器主要结构示意图

续航能力为8小时,海面巡航采用螺旋桨推进,下潜时采用加压载水方式,配合使用垂向推进器。

(2) 设计水面巡航速度为15 km/h,下潜速度为0.4 m/s,并对输油管道进行探测,最大下潜深度为4 000 m,可以适用于绝大多数的海洋平台。

(3) 航行器耐压壳体采用钛合金材料,最大抗压能力可达55 MPa。

(4) 航行器设计思路较简明,但需攻克的关键性技术还有许多,例如如何高效地完成电能的转化,提高航行器的效率;对溢油回收处理技术的开发工作以及对海面巡航和水下探测的可控性的研究。

2 应用领域与前景

该航行器主要应用于海上石油开采平台，旨在保护海洋环境，预防类似于墨西哥湾石油泄漏事件的发生。它对于海洋平台石油开采过程中不可避免的少量溢油，以及各种排放到海水中的滑油、油脂可以进行收集处理，改善海洋平台附近海域生态环境。它可以自动的巡航，对输油管道定期的检漏，分析已有成分和含量，无须人工干预，防患大于治理，在源头处最先发现险情，迅速做出应对。对于海洋平台附近的这一片海域可由多艘类似的航行器进行协同处理，提高工作效率。

航行器将其管道检测装置拆除后还可应用于内河航道及湖泊区域，对区域内产生的油污进行清理工作，无须人力的投入，便可在一定程度上改善区域内的生态环境。

航行器所使用的能源为电能，不再对环境造成二次污染，最大化地清洁某海洋区域内油污污染，自动化程度高，无须人工操作。该航行器所具有的优点将会使其大量地应用于现代海洋平台的工作中去，减轻海洋平台对周围海域的环境污染压力，构建一个和谐的海洋生态环境。

高仿真假肢

1 主要突破性技术

1.1 高仿真假肢主要涉及技术与基本原理

据不完全统计，中国有超过2 000万肢体残疾人口，关于高仿真假肢的研究一直是各国关于仿真技术的研究重点之一，但是至今仿真假肢仍停留在初级水平，仍有很大的发展空间。

高仿真假肢主要涉及的几项技术分别为假肢材料、生物微电流操控技术、产生触感。生物微电流操控技术即俗称的"意念控制"，实现方式有两种，一种是直接将脑电信号通过蓝牙等方式传递到假肢中分布的微电脑，然后使假肢按设想运动；也可以通过残肢末端的生物电流直接将信号传递给假肢。

仿真假肢对于材料要求很高，也是技术突破的重难点。新一代假肢的发展趋势是从人体内部接入，与剩下的骨骼连接，因此会与人体组织有直接的接触，其材料必须有良好的生物性，以及一定的强度和使用寿命，能支持一定且多种微小生物电流的通过。同时，应当努力研发智能材料，能智能感知特征生物电流并做出简单反应。由于在假肢末端有大量的微型传感器，末端材料应首先具备良好传递电信号的能力，如光纤能同时接收大量外界信号进行传递但互不干扰。最终希望达成的目标是完全用生物材料和职能材料取代金属电子结构（微机电系统除外）。

如何将生物电流，包括脑电波等信号处理成微型电脑能接收的电信号也是技术要点。上海交通大学今年成功实现"脑控蟑螂"，这说明简单脑电波或者是残枝末端的生物电流被电脑接收并处理成可识别信号是可能的。但是由于手部动作灵敏复杂，相应仿真假肢需要接收的脑电波、生物电流信号也十分复

虞珍霞
上海交通大学机械与动力工程学院
本科生

杂。因此可以建立一个生物电流信号库，将不同特征的电流信号与假肢应做出的反应联系起来，通过函数调用即可。

最后的技术难点是触感的产生与回馈，实际上是前两个过程的逆过程，将外界信息与大脑处理的信息进行实时的交互，给使用者良好的用户体验。图1、图2所示为未来仿真假肢可能的外观模型。

图1　可能的仿真手臂模型一①　　　图2　可能的仿真手臂模型二②

本次提出的高仿真假肢与目前研制出的假肢最大的区别在于智能材料的使用替代金属材料结构，能完成更多复杂并接近真人肢体所能完成的动作，而不是仅仅在外观上仿真，着重在假肢功能的仿真与材料对人体组织的仿真。

1.2　高仿真假肢相关工作性能

信号交互流程如图3所示：

图3　仿真假肢工作流程图

（1）人体产生的神经冲动（生物电信号）—电脑能处理的电信号；

---

① 重庆晨报 2015/3/14 电子版本所用插图.
② PCPOP 网页 3D 打印仿生手的未来.

（2）电脑处理后的电信号—假肢机械结构和职能材料、生物材料的动作指令；

（3）假肢末端接收的外界信号—电脑处理成电信号；

（4）电信号—神经冲动（生物电信号）。

假肢运动所需能量：微电机结构及微电脑所需电能靠自身携带的微型可充电电池提供，假肢运动所需电能较多，可采用蓄电量较高的锂电池置于假肢内部，或置于背部再连接到假肢。

2 应用意义与前景

帮助那些因意外而四肢受损者尽可能正常生活，摆脱受到歧视和不公正待遇的现状，对于全国两千多万乃至世界上的四肢存在缺陷的人来说具有十分重大的意义。部分先天性残疾的人也能获得和正常人同样生活的权利，减弱对该弱势群体的歧视现象，在社会学上有重大意义。

尽管最终产品为仿真假肢，但是在生产制造过程中运用到的多种技术可应用到多种生产实践领域。如生物性良好的材料可用于人体内，用于制造人造器官、人造血管或用于内部伤口或支架。而将传感器接收的信息处理为类似于触觉等人体感觉的技术，则可用于机器人探测，甚至可以实现科幻小说《带上她的眼睛》中描述的"足不出户去旅游"的情景。

同时会促进对人脑和意识的研究，使现有的信息时代跨越到新的时代。手控电脑将被取代，变成由大脑直接向电脑等设备下达指令。不但减少了大量需要人手控制的劳动，也使得电脑的使用更为简单，不需要过多的固定操作教程，仅仅靠人脑的意志就能使电脑完成我们的指令。

尽管这项涉及化学、电子技术与人因工程等各种领域的仿真假肢技术预期初步实现时间可能仍需要 5～15 年，但仍十分值得我们的期待。

意识的数字化

雷　博
上海交大电子信息与电气工程学院
本科生

吴　轩
上海交大材料科学与工程学院
本科生

陆必成
上海交大电子信息与电气工程学院
本科生

1 理论基础

该项技术超前太多，其基础性技术如智能计算机技术还在起步阶段，实现之日不知何时。但这不是空想，就我们的理解来说，只要弄清楚了物质与精神的关系就可以解决下文提及的许多技术性问题。

我们都是由无意识的物质构成的，但我们都有意识，这说明无意识的物体是可以被赋予意识的；而且，我们的意识换言之就是精神活动的产生于脑细胞的活动，而脑细胞的活动就是一系列的物理、化学变化，我们有理由相信意识就产生于这些变化。既然如此，意识为何不可以产生于代码的变化中呢？大脑是意识的一个载体，我们有理由相信大脑不是意识的唯一载体。在明白意识是如何产生的之后，就可以设法模拟它的产生，用经验来总结它，甚至用公式来量化它！不管是经验还是公

图1　脑机接口

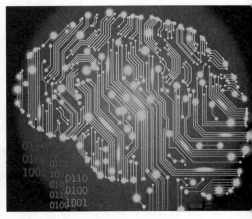

图2　数字化大脑

式,都对意识数字化指明了方向。

2　其功能及发展潜力

其基本功能简述之就是将人意识的载体由大脑变成电脑,基于该项功能,它的本身及延伸应用将在世界上掀起风暴,世界将彻底改变。首先,脱离了肉体这种载体,实现了真正意义上的意识永生,仅是这一点就使它有无限诱惑,若再发展了生物技术,可以生产"空白"躯体,将数字化的意识导入"空白"躯体,这种永生就是彻底的永生;如果将其接入网络,就在数字世界中又创造出"现实世界";在数据导出后进行修改,再应用其衍生的输出技术,返回人脑,实现对精神这种存在的数值化操作;对数据进行拷贝,出现了某人的精神克隆,将克隆体导入机器中,该机器便可以替代本体进行操作,而且危险发生时克隆体通过网络撤离,对本体及克隆体都安全……

3　应用领域与前景

领域:另一种永生,刑侦,危险作业,星际航行,医疗……

将精神置于智能电脑或智能机器人中,实现精神不死,将人类追寻了很久的梦想变成现实;提取被害人精神指证嫌疑人;载体机器人可设计为耐高温、耐辐射、耐腐蚀等多种特异性型号,进行危险作业;星际航行可将机器人休眠,免除无聊的旅行;对精神病人以及精神受重创的人,将他们的精神提取后进行修改后再返回……

4　问题

4.1　技术难题

计算机智能难题:该项技术的硬件要求就是智能计算机,这种智能计算机有的不是伪智能,而是有情感、有创造性、有理解能力、有学习能力、有作为一个人的基础和高级能力的真正智能。

提取难题：如何将人脑的意识抽象为数字化的代码，目前技术条件下通过意识操控的机器只是将神经上的电信号转化为计算机信号，它与该技术的根本性差别为意识提取赋予了计算机真正的人的能力，包括创造性、感情、理解能力……

存储难题：人脑有大量神经元（有人说150亿，具体数据不详），其数据储量是可怕的，而且每天人还会接收新的信息，数字化的意识也应当有学习能力，这需要海量的存储单元。

4.2 安全问题

数字化之后，由计算机操纵人将不是问题，只要改数据，可以抹杀原本的人格，再注入新人格。这已经是一种谋杀，而且通过网络进行的抹杀还可以轻易发展为屠戮，按下几个键，无数的精神体被抹去。若抹杀对象不是一份拷贝，那现实世界中的他则被"清空"，只剩下身体这个容器。

此外，数字化精神体也可以在虚拟世界里掀起"腥风血雨"，他犯罪之后，逮捕也是问题。以及数据化的精神体不甘于存在虚拟世界中，在他人的数据输入输出时趁机入侵人脑，上演小说电视中的"夺舍"。

4.3 伦理问题

数字化的精神体应该有怎样的地位，在精神意义上，他是一个完整独立人，应当有所有的人权；在现实意义上，他只是数据，可以复制、粘贴、修改、删除。而且克隆精神体在使用后是否删除也是问题。

世上的资源是有限的，哪些人可以获得这种精神上的永生也是一个问题。而且，永生显然是反自然的，就算有人真的数字化了，让他一直"活"下去是对的吗？

无线供电一体化智能车-路系统

周 岱
上海交通大学船舶海洋
与建筑工程学院 教授

王庆康
上海交通大学电子信息
与电气工程学院 教授

杨 健
上海交通大学船舶海洋与
建筑工程学院 研究员

王 曈
上海交通大学船舶海洋
与建筑工程学院
硕士研究生

黄海洋
上海交通大学船舶海洋与
建筑工程学院 本科生

金克帆
哈尔滨工程大学船舶工
程学院 本科生

1 概要描述

1.1 无线供电一体化智能车-路系统技术

车辆与道路是不可分割的整体。当今,仍处于车辆与道路分别设计、制造、运营和管理的模式。探讨交通工具与交通道路一体化无疑是一个富有生命力的崭新命题。

"无线供电一体化智能车-路系统"(Wireless Power Supply Intelligent Highway, WpsHighway)(见图1)体现了交通工具与道路的一体化,它包含智能电网技术、无线信息技术(互联网)、无线输电技术(电能发射热点技术、局域化磁耦合技术、电能无线局域化电磁驻波传输技术)、超级电容器技术、故障诊断技术等集成创新和原始创新。汽车受电方式采用"三步走"策略,即从传统有线充电,到汽车自带电池的无线充电,再到无电池无线供电。

1.2 无线供电一体化智能车-路系统的突破性或颠覆性

(1)无线充电电动汽车。实现从固定物理地址(充电桩)

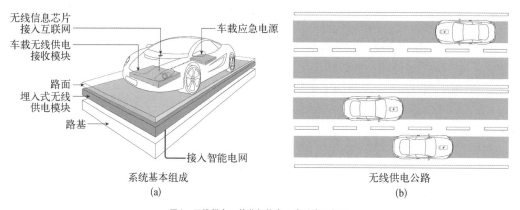

系统基本组成　　　　　　　　　无线供电公路
(a)　　　　　　　　　　　　　(b)

图1　无线供电一体化智能车-路系统示意图

的有线充电电动汽车，向区域道路内无线充电/供电电动汽车的转变。

（2）汽车移动态下的无线充电。实现从静止态无线充电向移动态下的高效大功率无线充电转变。首先，实现汽车静止状态下的高效、低辐射、合理间距的无线充电。其次，汽车行驶运动态下的无线充电，在城区、社区和典型道路上，建设无线充电热点覆盖区域（见图2），逐步扩大覆盖范围；同时进一步提高无线充电热点的充电效率，并通过相应的无线信息网络，实现车辆信息交换及充电费用缴纳。

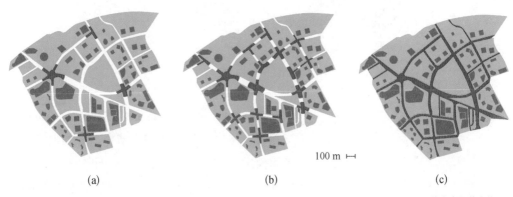

图2 无线充电及信息热点覆盖过程示意图
(a) 初设无线充电热点
(b) 增加无线充电热点
(c) 无线充电完全覆盖

（3）无线供电无电池电动汽车。无线充电区域在主要城区、社区全覆盖，建成"无线供电一体化智能车–路系统"，该系统持续性提供无线能源，可实现无线供电无电池电动汽车，替代基于电池的电动汽车，避免电池引起的环境污染；也克服了现有电动汽车电量有限且充电慢的缺点。

2 应用意义与前景

（1）车辆从"一体化智能车–路系统"获得电能作为动力来源，无须携带能源（电能、燃油），使用过程中零排放、无环境污染，符合节能减排、环境保护的国家战略，也避免了因电池生产、使用和报废的污染产生和汽车电池安全性问题，适用于具有较固定运行路线的公共交通和私家车交通。

（2）"碎片时间"利用（见图3），提高时间效率。在人们不使用或暂时不使用汽车的零星时间段，如停车场停车、交通十字路口临时停车等时段进行无线充电/供电。基于无线信息网络，进行"碎片化"的信息记录，为费用缴纳提供保障。

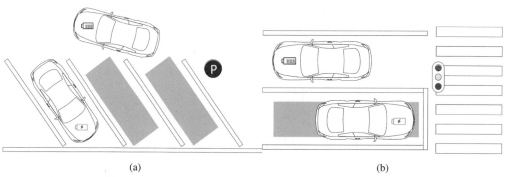

图3　利用"碎片时间"充电的示意图
(a) 停车场无线充电
(b) 交通路口快速无线充电

（3）"无线供电一体化智能车–路系统（WpsHighway）"使得交通工具与能源一体化。与互联网相结合，通过规模效应可实现共享经济的模式。人们不再拥有车辆，而是通过租赁的方式拥有车辆的使用权。通过互联网和大数据让陌生人之间进行车辆交接。从而大大提高车辆的使用率、减少了对停车场的需求，并从一定程度上缓解了交通拥堵的情况。

植入式移动互联网设备

1 概要描述与关键路径要点

1.1 概要描述

植入式移动互联网设备是由人体内植入设备和配套的固定基站所组成的未来通信系统，是目前各种数字移动互联网终端及站点的进一步升级。植入式移动互联网设备将弱化互联网设备的工具属性，而成为人身体的一部分，将互联网完全自然地融入生活。

其特点在于，将人类的感官信号数字化，成为互联网中传播的数据，使之可以在人群中传播。例如，配有植入式移动互联网设备的人可以将自己感受到的味道通过网络分享，同时其他接受了植入式移动互联网设备的人能够感知到他所分享的味觉信号。

吕子尧
上海交通大学机械与动力工程学院
本科生

1.2 关键路径要点

实现这种植入式移动互联网设备需要实现的技术突破主要包括神经信号的精确采集与精确反馈、神经信号数字化加工与调制、零排异生物医学材料、高可靠性微型电路设计与制造、人体内能源的收集利用。

2 应用意义与前景

当今，以手机为主体的移动互联网设备的大范围普及极大改变了人们的生产生活方式。然而，手机作为移动终端，其交互界面从键盘屏幕到触摸屏、从文字到语音，始终是作为一个工具、一个身外之物。其所收集及反馈的信息也是二级信息，信息量有天生的缺陷。

而植入式移动互联网设备将以人的神经信号作为信息源,能够极大地丰富互联网上的信息量。味觉、触觉等感觉的加入将扩大多媒体的定义,使人们能够以更多的方式传播、获取信息。植入式移动互联网设备作为一种全新的信息媒体能够弱化传统互联网移动终端的工具形象,成为人身体的一部分。

植入式移动互联网设备一定程度上实现了"心灵感应"。这项技术将完全超越现有的通信工具,成为信息技术革命的最终产物之一。植入式移动互联网设备的实现将使互联网真正成为人类社会的一部分。其所实现的感官相连、心灵相通不仅仅会改变互联网,更会深刻影响人类社会及文化。它的实现可以视为人类文明的一次进化。

人类大脑信息化

1 概要描述

1.1 人类大脑

大脑（brain）包括端脑和间脑，如图1所示。端脑包括左右大脑半球。端脑是脊椎动物脑的高级神经系统的主要部分，由左右两半球组成，是人类脑的最大部分，是控制运动、产生感觉及实现高级脑功能的高级神经中枢。脊椎动物的端脑在胚胎时是神经管头端薄壁的膨起部分，以后发展成大脑两半球，主要包括大脑皮质、大脑髓质和基底核等三个部分。大脑皮质是被覆在端脑表面的灰质、主要由神经元的胞体构成。皮质的深部由神经纤维形成的髓质或白质构成。髓质中又有灰质团块即基底核，纹状体是其中的主要部分。

王　鸿
上海交通大学材料科学与工程学院
本科生

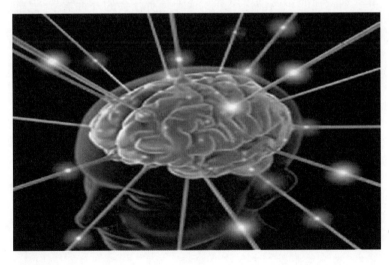

图1　人类大脑①

---

① http://news.chinabyte.com/407/8823407.shtml。

1.2 信息化

信息化是以现代通信、网络、数据库技术为基础,对所研究对象各要素汇总至数据库,供特定人群生活、工作、学习、辅助决策等和人类息息相关的各种行为相结合的一种技术,使用该技术后,可以极大地提高各种行为的效率,为推动人类社会进步提供极大的技术支持。

2 应用意义与前景

将人类大脑信息化,使其转化成互联网信息,再将其保存于网络中,或者特定的信息环境中。这样可以达到大脑意识传承的效果。举个例子:就像电影《复仇者联盟2》里面的奥创一样,其思维存在于互联网当中,而肉体可以随意更换。肉体就相当于储存信息的特定信息环境,而大脑意识和思维就转化为信息保存下来。

此项工作可以看成是生命的一种传承,同时,一些恐怖的天才级别的大脑信息可以保存下来为后世所用。就像爱因斯坦的大脑如果能转化为信息保存下来,在现在这个时代肯定会有更多划时代的东西被提出来。这既是对社会的一种贡献,又能看成生命的一种传承。但这仅仅是个人的一点想法,感觉实现起来相当困难,首先现代科学还没有先进到可以将一切东西进行信息化处理,而且如果这项技术能成功,那是否能有足够大的数据库来支撑呢?因此,我个人觉得这项预见可能还需要几十年的时间才能看到一些成功的苗头。

眼球识别技术在生活中的广泛应用

1　背景介绍

众所周知，如今指纹识别已被广泛应用于生活，但是指纹可以被复制，且具有一定的不稳定性。语音、人脸、笔迹识别等更是因为不唯一性而存在极大安全隐患。如果我们更近一步要找到一种能稳定识别认证的方式，那么眼球识别将是不二的选择。

巩膜包括表层巩膜、巩膜实质和棕黑层。巩膜血管的结构在每个人身上具有稳定性和随机性。随着年龄的增长，胶原质和弹性纤维失去活力，巩膜脱水，脂质和钙盐积累，但是血管并不改变。血管纹路是由基因决定的，所以具有唯一性。除此之外，用可见光即可检测巩膜血管，没有任何干扰性。所以，巩膜识别是一种可以用于远距离识别的方式。

由于每个人巩膜的静脉血管图案是唯一并且稳定的，运用眼球识别技术，每只眼睛两侧的血管纹路（每个人共四套）可以被相应仪器检测扫描并捕获，通过计算机进行一定的算法后实现个人密码的输入与输出（见图1和图2）。这种巩膜静脉血管识别技术将成为目前为止最可靠的生物识别技术，因为血管纹路并不会随着年龄、温度、过敏、酒精等因素的改变而改变，并且即使佩戴隐形眼镜或者动过激光手术，血管纹路信息依旧不会改变。

和另一项相似技术——虹膜识别技术不同的是，巩膜静脉血管识别技术具有无害性以及相对廉价性，对于面向市场来说大大降低了难度。

马心妍
上海交通大学外国语学院
本科生

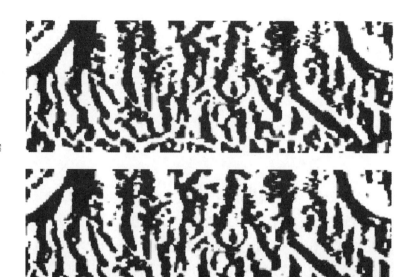

图1 实际图案

图2 虚拟图案[1]

2 应用前景

密码可谓是智能生活中最关键的保障，而现在形形色色的登录方式导致了主观上硬性记忆有忘记的可能，以及客观上有可乘之机的安全隐患存在。眼球识别技术在未来有可能完全打破密码输入这种存在忘记可能和盗用可能的认证和登录方法。

眼球识别技术目前已经应用于某款智能手机的安全加密功能（见图3），仅用作隐私保护。然而设想一下，当此技术应用于生活中的方方面面，便会开辟出一个全新的领域，到时它将完全取代密码输入甚至指纹解锁这些传统的方式，诸如家里的防盗门、银行密码付款、笔记本、手机解锁等一些小的方面；再往大的方面思考，眼球识别以后甚至可以被用作身份识别的凭证，到时购票、签证、考试等原本需要身份证或其他个人证明的

---

[1] Hasan Fleye. Segmentation of fingerprint images based on bi-level processing using fuzzy rules[C]. Fuzzy Information Processing Society (NAFIPS), 2012 Annual Meeting of the North American.

事情仅仅通过眼睛一扫便能安全快捷且准确地获得认证,甚至将取代一切个人身份证明凭证,真正做到"本人"信息的安全认证与管理。该技术将会成为未来几十年内最具突破性的项目,关联到众多行业,关系到每个人的切身利益,相信随着技术的发展,最终可以做到眼球识别技术的普及,用一个统一的信息网来管理多元化的信息认证和站点登陆。互联网上将建造一个大型数据库,录有每个人的基本信息资料,当然也有独一无二的眼球信息。各有关行业也将与国家系统联网,实现所有站点信息认证的统一。

3 存在的问题

有了人本体的参与后,众多现如今的安全问题都将得以解决。但是,考虑到患有眼疾(静脉血管阻塞,或异常,导致不再稳定唯一,则不能作为判别标准)的病人的存在,要做到全网信息统一还是很难,在不久的将来应该可以做到非强制性的巩膜静脉血管信息录入,应用于一些非全民领域。除此之外,一些非本人直接参与,需要他人代办的情况是眼球识别技术的弱势。没有了密码,意味着只有本人可以解锁,其他任何人都不能代办,这对于个别事务的解决发起了极大的挑战。

"脑联网"技术

张定国
上海交通大学机械与动力
工程学院
副教授

1 技术背景与原理

1.1 技术背景

《阿凡达》《黑客帝国》等科幻电影已经预言了脑-脑通信和脑-机联网的梦想。2000年左右，脑-机接口（brain-computer interface, BCI）技术在全球开始逐渐兴起，而此时互联网技术更是蓬勃发展。脑-机接口通过对脑部信号的解码，可以实现人脑与外部设备的直接通信与控制。目前，脑-机接口技术已经实现了人脑对轮椅、机器人、假肢、汽车、小飞机等设备的控制，然而脑和脑之间的直接通信技术还只是萌芽。脑-脑接口（brain-to-brain interface）技术是未来"脑联网"（brainet）兴起的基础，目前只有少数学者进行了初步的尝试。华盛顿大学的Rao等学者采用无创的技术手段，建立了不同人脑之间的简单通讯，利用脑电信号（EEG）解码主动方的运动意图、通过经颅磁刺激（TMS）技术使从动方产生相应的手指运动（见图1）[1]。哈佛大学的Yoo等则建立了人脑与鼠脑之间的功能性接口，人作为主动方，通过对脑电信号的解码可以识别运动意图，然后通过超声刺激（FUS）技术对从动方（老鼠）脑部特定区域进行刺激，从而实现老鼠尾巴的运动[2]。杜克大学的Nicolelis团队则通过有创技术手段陆续实现了鼠脑之间、猴脑

---

[1] Rao RPN, Andrea S, Matthew B, et al. A direct brain-to-brain interface in humans [J]. Plos One, 2014, 9(11): e111332-e111332.

[2] Yoo Seung-Schik, Kim Hyungmin, Filandrianos Emmanuel, et al. Non-Invasive Brain-to-Brain Interface (BBI): Establishing Functional Links between Two Brains[J]. Plos one, 2013, 8(4): 132-132.

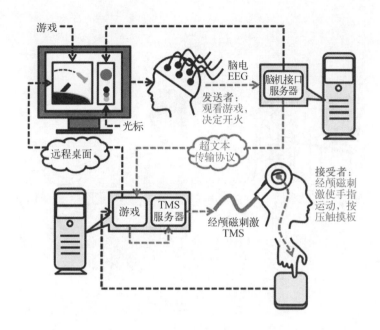

图1 华盛顿大学的研究者实现的脑–脑接口原理图①

之间的信息接口②③。其最新的研究成果是三个猴脑之间形成通信网络，共同完成一个任务动作。可以预见，在长远的未来，脑–机接口技术与互联网技术结合，势必形成大群体的人脑之间的信息传输与交互，这必将迎来一个革命性的时代：脑联网时代。

1.2 技术原理

脑联网的基础是脑–脑接口，以"人脑控制老鼠导航"为例（见图2），简要介绍脑–脑接口的基本技术原理。这个系统目的是通过人脑遥控老鼠的行为，走完一段迷宫。主要包括两大部分：主动方（人），即信息发出方或控制方；从动方（鼠），即信息接收方或被控方。其中的核心是通讯必须起源与脑，作用

---

① Rao RPN, Andrea S, Matthew B, et al. A direct brain-to-brain interface in humans[J]. PLos One, 2014, 9(11): e111332-e111332.
② Paisvieira M, Lebedev M, Kunicki C, et al. A Brain-to-Brain Interface for Real-Time Sharing of Sensorimotor Information[J].Scientific reports, 2013, 3(7438): 512−512.
③ Ramakrishnan A, Ifft PJ, Paisvieira M, et al. Computing Arm Movements with a Monkey Brainet[J].Scientific reports, 2015, 5.

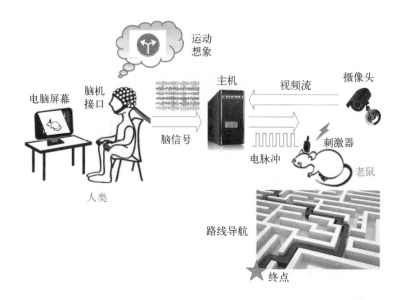

图2 基于"脑-脑接口"技术实现人脑控制老鼠导航的原理图

于脑。

在主动方(人),需要完成的主要任务是脑信息的采集与处理,通过算法解码运动意图,其实质就是脑-机接口(BCI)技术。目前的脑机接口技术大体上可分为有创和无创两种方式。无创方式主要包括脑电(EEG)、近红外光谱(NIRS)、功能性核磁共振(fMRI)、脑磁图(MEG)等。有创方式主要包括神经元脉冲(spikes)、场电势(LPF)、立体脑电(sEEG)以及ECoG(脑皮层电位)等。经典的脑信号处理算法主要包括特征提取和模式识别。

在从动方(鼠),需要完成的任务是对老鼠脑部实施刺激,使其完成主动方期望的动作。这里涉及的技术可称之为"机-脑接口"(CBI),即信息由外部环境进入脑部,其他术语比如神经调节或干预、电子动物(Cyborg)也可部分诠释从动方的技术特点。实际上,各种物理信息,例如声、光、电、磁等都可以作用于脑部,对应的技术有聚焦超声刺激(FUS)、光基因学(Optogentics)、深部脑刺激(DBS)、经颅电刺激(TES)、经颅磁刺激(TMS)等。

整个系统的辅助部分还包括摄像头、电脑、无线蓝牙。人可以通过屏幕观察到老鼠的运动方向，通过视觉反馈做出决策控制老鼠的行为。这里提供一个简单的范式，即基于运动想象的脑-机接口技术，人想象左手运动，代表控制老鼠向左转；想象右手运动，代表控制老鼠向右转。解码的控制指令，通过无线传输，发送给老鼠脑部上方的微电刺激器，微电刺激器产生的电脉冲可以通过植入的微电极，刺激老鼠相应的脑区，这样就可以控制老鼠的左转和右转行为。

这个例子只提供了一个人脑与老鼠脑之间的接口，可以在未来做相应扩展，如果N个人之间的脑部通讯通过互联网来完成，那么脑联网就可以构建起来了。

2 应用前景与挑战

脑联网取代互联网，也就是基于人脑的网络取代基于电脑的网络，这将是一个划时代的创举。脑联网将改变现有的人类之间的通讯和交流模式，也将改变整个人类的生活和生存方式。如今，热炒的"互联网+"概念还停留在计算机网络与各种物理层面载体之间的信息链接。如果未来能上升到生物和神经层面，实现不同个体之间的脑部直接通讯，其科学意义、经济和社会价值是不言而喻的。其中包含了人类对自身的"人脑"这个小宇宙的认知与开发，也符合欧美、包括中国目前投入巨资、大力倡导的"脑计划"宗旨，反映出了人类探索未知世界的一个极具挑战性的标杆。当然，这个任务很艰巨，不能在短期的未来实现的。但是，我们目前的每一小步，最后终将汇聚成人类伟大的一大步，实现从量变到质变的一个飞跃。

低空飞行交通

吕利冰
上海交通大学化学化工学院
博士研究生

1 概要描述与关键路径要点

1.1 低空飞行的原理及应用

低空飞行通常是指距离地面 100～1 000 m 左右的飞行，低空飞行在当今社会已经成为可能，比如低空侦察、低空作业、喷洒农药播种等。但是低空飞行还不能作为一种交通方式，主要是低空飞行需要对飞行员进行特殊的训练，并且即使是专业的飞行员低空飞行也具有很高的危险性。但是如果能把低空飞行作为一种交通方式实现，那么对于人类的发展肯定意义重大。

如图1左边所示，低空飞行在农药喷洒中有着广泛的应用，利用低空飞行来喷洒农药，可以大大地节省人力物力，并且提高效率，缩短喷洒时间。而在图1的右侧展示了人们为了让低空飞行能够作为一种交通方式所做的尝试，利用两个喷气式螺旋

图1 低空飞行的应用

桨，实现短暂的悬空前行，但是仍然存在速度不够快、控制不够灵敏等缺点。

1.2 未来的低空飞行交通的发展方向

未来的低空飞行交通，肯定是基于现在喷气式发动机的进一步发展而实现的。在未来，可以在汽车的尾部装两个可以旋转的喷气式发动机，取代现在汽车的轮子；它的功率要比现在飞机用的发动机的功率要小，但是更加稳定，将喷气式发动机旋转向下，利用反作用力将汽车升空，然后旋转向后、前进，通过微调旋转喷气式发动机的方向来控制汽车的旋转方向，可以更加有效地利用空间，并且在空中的空气阻力远小于地面，可以更加节约能源达到更快的速度。

当技术进一步发展，人类可能研究成功反重力装置，类似于今天的磁悬浮列车，但是不需要下面提供斥力的铁轨，是直接作用在地球引力场上，通过引力场的斥力，使交通工具悬浮于空中，那时的交通工具自身产生一个引力场，可以与地球本身的重力场相互作用，而实现前进、悬浮的功能，达到低空飞行交通的目的。

2 应用意义与前景

低空飞行交通是人们对于未来的一种美好的愿景，也是一个非常令人期待的概念。若低空交通能够实现，将会是对现有交通方式的一种颠覆性的改变，尤其对中国这样一个私家车拥有量巨大的国家。可以很大程度上减缓城市交通的压力，改善甚至解决现在一线城市的堵车压

图2 未来低空飞行交通的概念展示

力，并且由于同样速度下空气的阻力远小于地面的摩擦阻力，还可以有效地减小能源的消耗，对于缓解当今世界的能源危机具有不可估量的意义。另外低空交通还可以让人们体验到类似于鸟儿在空中飞翔的感觉，这绝对是一种颠覆性的体验。

大型深海联合空间站系统

1 技术背景

人类目前的目标,一方面是开发太空,一方面也在开发海洋。

自20世纪以来,人类在太空建立国际空间站,可在近地轨道长时间运行,供多名航天员巡访、长期工作和生活,为人类开发探索太空创造了平台。

深海更是国际海洋科学技术的热点领域,也是人类解决资源短缺、拓展生存发展空间的战略必争之地。自2011年深海潜水器技术与装备重大项目实施以来,"蛟龙"号载人深潜器(见图1)成功完成5 000~7 000 m海试并投入试验性应用,研制成功4 500 m深海作业系统以及突破4 500 m载人球壳关键技术等一系列重要研究成果;首个实验型深海移动工作站"龙宫"(也称"深海空间站水池试验平台",见图2)也成功进行了水池

冷 峻
天津大学建筑工程学院
本科生

图1 蛟龙号载人深潜器[1]

图2 深海移动工作站[2]

---

[1] http://tech.sina.com.cn/other/2013-11-09/13478898929.shtml.
[2] http://news.163.com/13/1122/02/9E8KHTEV00014AED.html.

试验。但是，如果人们需要长期或频繁进行海底科考，每次十几个小时的下潜可能无法满足海底科学活动的需要，从这个角度讲，建立大型深海联合空间站是有必要的。

2 技术介绍

大型深海联合空间站系统是一种能在深海长时间运行，可供多名技术人员巡访、长期工作和生活的系统。该系统由多个不同功能和型号的中小型深海空间站组装而成，包括主体支撑结构、控制系统、推进系统、能量供应系统、机器人系统、声呐通信系统、生活区、人员物资输送系统、逃生系统、安全系统等。

相较于目前已研制成功的小型空间站，该系统优势体现在：通过建立椭球形抗压壳，保护系统在深海高压下正常运行。除了进行海洋观测、为海洋科学研究提供深海作业装备、机器人外，还可以根据海况和工况调整组合排列阵型，形成最优工作系统结构。同时实现探测、维修、输送等多项功能，效率更高。系统为工作人员提供更有利于工作休息的模拟陆地环境，在海中单次运行时间可以年计。当遭遇紧急危险情况，系统可进行自卫，各部分停止作业，迅速分离，逃生系统携带人员上升至水面，其余系统也在远程控制下高速远离危险源，以最大限度降低损失。

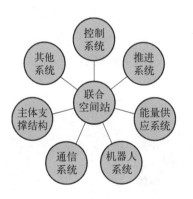

图3 深海联合工作站简图

3 研究意义

通过建立深海联合空间站系统，来进一步推动中国海洋事业发展，推进深海资源的开发和利用，为开发利用深海资源、开展深海科学研究、发展深海工程提供了有利条件。同时，关于如何构造结构和选择材料来有效抵抗深海高压，以及深海信号接收等问题仍待解决。

心灵转移,感同身受

1 概要描述

1.1 脑波读取、信息辨识、脑波控制系统

我们的思考、情绪和行为都是大脑里面的神经元互相作用传递的结果。神经元互相传递信号或带来电或磁的脉冲信号,这些信号一般称之为脑波。目前测量脑波的方法是将传感器放置于头颅外测量神经传递的电磁信号。这些电磁信号被依据频率及状态划分成五种特征脑波(见表1)。目前脑波控制系统已经被利用于监控情绪及简单的机械控制(图1)。目前有许多公司正在研发将脑波控制运用于更复杂的行为中(如驾驶)。

戴德昌
上海交通大学物理与天文系
特别研究员

脑 波	频率/Hz	状 态
δ 波	0.5~3	深度熟睡,无意识状态
θ 波	3~8	浅睡意识中断,身体深沉放松
α 波	8~12	意识清醒,但身体却是放松的
β 波	12~38	紧张状态
γ 波	38~42	专注、记忆,和意识认知是有很大的关联性

表1 脑波的频率及对应的精神状态

1.2 逆工程、信息输入

对于脑波的深入研究将使得我们更了解大脑的运作。将来必然可以达到直接由脑波信号重构一个人的想法及感受。如果我们将这个流程反过来,我们可以将想法及感觉通过电磁信号直接传递给大脑,也就是我们不再透过语言便能直解沟通。这种沟通方式是大脑对大脑作用的,语言的隔阂也因此不复存在。

图1 利用脑波控制直升机①

目前这方面的科技并不存在，但是让人在大脑里重构感觉的方法是存在的。回忆是较常使用的方法。更有效的方法则是催眠。催眠师可以让人在放松的状态中回忆起已经被意识遗忘的记忆。同时催眠也能使人借由想象重构各种感受。催眠师利用了人的视觉、听觉和触觉达到感觉重构。而这里的方法则是利用电子信号直接将所要重构的感觉传递给大脑。因为这个方法比较直接，所以可以把一个人的经验全部压缩成电子信息并传递给另一个接收者。接收者可以感受到传递者的人生经验，也可以感受到传递者的心境。这是催眠无法达成的。

2　应用意义与前景

人之所以能够区别于其他生物并快速发展出文明的一个重要原因是拥有精确的语言这种有效的沟通方式。然而人的沟通方式并不是没有缺点。不同语系的人经常有一些误解。这些误解通常是文化差异造成的。然而误会不只造成笑话，它经常

---

① Brain wave-Controlled Helicopter Project Funded by kickstarter. Scitech daily. Http://scitechdaily.com/brain wave-controlled-helicopter-project-funded by-kickstarter/.

也是战争的来源。为了减少误会的产生并促进社会和谐，我们必须使用一种更有效的沟通方式。

人对于世界的认识主要来自大脑神经元的作用，大脑的神经元再根据它的经验转化为语言并借此沟通。但是每个人使用语言的方式并不相同，唯有将信息变成电子讯号直接输入给大脑才能避免这个转译过程的错误。目前的科技已经能够将部分人脑的信息读取并控制一些简单的机器。只要脑科学更深入的研究，复杂的心灵活动和大脑的电子信息必然能找到对应关系。当这两个对应关系确定后，我们便能从脑波重构一个人的想法，可以更进一步的利用电子仪器直接传递我们想要传达的信息。接收者不需要经由语言描述自己想象情景，他可以直接经历我们想要传达的经验或感受，从而大幅减少误会的产生，也可以更深入的彼此了解。

想要从心灵层次去了解一人，首先要了解这个人的一生。这项科技将可以把你想要了解的人的一生投影到你的大脑去。接受者会在类似做梦的状态下经历他人的人生旅程并直接感受以前言语无法描述的心灵感受。直接感受他人的人生经验将能让人更了解别人的想法使人更有同理心。

生命信息化

邹　江
上海交通大学机械与动力工程学院
博士研究生

1　生命信息化概要

1.1　生命信息化简介

古语有云，水能载舟亦能覆舟。其意强调了水虽平凡，但对舟的兴亡有基础性作用。人的生命起始于一个受精卵细胞，该细胞通过分裂和分化，最终形成物质和信息高度融合和统一的有机体。目前生命的长度取决于物质，窒息死亡和饿死都是典型的由于物质的缺少而导致的生命终结，而人的衰老和病死则是组成人体的物质出现异样而导致的。因而可以认为生命是舟，而物质是水。

对于同一物种、同一性别的生命来说，组成他们的物质在种类上几乎完全一样，其差别在于物质的数量。而就是物质的数量也几乎一样的两个生命还是能表现出明显差异，这是由于生命体内所含有的信息不同。古代神话故事里面将人的死亡认为是魂魄和肉体的分离，魂魄通过转世形成新的人。这里的生命信息可以比作人的魂魄，而生命信息化就相当于将人的魂魄提取出来，并且可以通过附加在新的肉体上，使得新生的人能具有原来人一样的知识、技能、思维方式以及行为等。图1展示了生命信息化的过程。其中肉体1和肉体2可能在组成上有所差异，但是由于他们携带有相同的信息，所以这两个人出去外貌上的差异，其他的表现还是高度一致的。

1.2　生命信息化条件

（1）对人体结构要有十分清楚的认识。这里的结构既包含现在的宏观结构，也包括微观结构，如组成人体结构的分子、原子等。另外人体内各种物质的作用以及相互关系也需要弄明

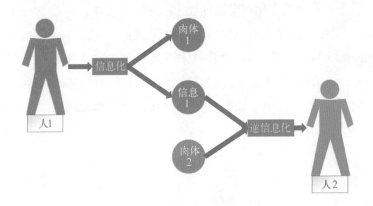

图1 生命信息化示意图

白,随着科技的发展,这些问题能够得到解决。

(2)肉体的人工合成。肉体本身可以看作复杂的软体生机电系统,这里的肉体人工合成是指利用所需原料直接合成想要的人体。

(3)生命信息提取技术和植入技术。肉体可以比作硬件,信息可以比作软件。所以信息提取技术就是将软件和硬件分离的技术,而植入技术就是将软件安装到硬件上的技术。这里的信息包含这个人本身所学到的知识、技能,所有的记忆等等。

2 应用领域与前景

这个技术的主要应用在于:

(1)医疗领域。如前面所说目前生命的长度取决于肉体,肉体的损坏直接导致生命的结束,目前的医疗技术难以修复多种肉体损坏。而当肉体合成技术可以实现的时候,采用生命信息化技术,在肉体发生破坏时可以进行肉体更换,这样就能使得人的寿命实现突破性进步。

(2)交通领域。人类总是在追求越来越快的移动速度,最理想的就是瞬间转移。目前,光是被人类发现移动速度最快的,但根据相对论,光是没有静止质量的,并且光速不可以被超越。人要想光速移动,我认为脱离物质的限制是其中一种方式。图

2展示了生命信息化在交通运输上应用的示意图。

生命信息化在短时间内很难实现,还有无数的挑战需要克服,除去技术上的困难,这项技术还具有潜在的可怕性,按照目前人类的伦理道德是无法接受这项技术的。但是技术在进步,人类的道德伦理观念也在进步,所以也许当技术成熟时,人类已经克服了对它的恐惧。

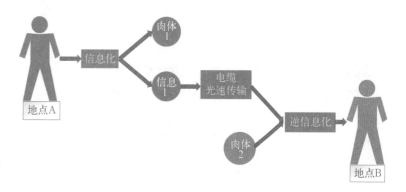

图2　生命信息化技术在交通运输的应用

大数据革命下的健康机器人

1 现实意义

人的健康是幸福生活的基础。当今社会，越来越大的生活压力以及被污染的生活环境，使得人类的生理和精神健康都面临着严峻的挑战。同时，由于生活节奏加快，人们疏于日常的健康检查，很可能长时间处于亚健康状态却不自知。尤其是在我国未来几十年内，面对人口老龄化及少子化的社会来临，从事社会医疗护理的人力将逐渐不足。因此除了到专门的医疗诊所进行健康检查，人类急需更便捷、更频繁的健康监护手段。

随着电子科技的不断进步，智能机器人技术必将日趋成熟；全面的、准确的健康水平检测和分析技术可能成为现实。与此同时，大数据采集与分析技术将更加成熟，渗透到人类生活中的方方面面。

可以预见到的是，人类的切实需要与成熟的技术手段，将共同催生出大数据革命下更智能、更人性化的健康机器人。

郭大猷
天津大学建筑工程学院
本科生

李思明
天津大学建筑工程学院
本科生

王 哲
天津大学建筑工程学院
本科生

李 旭
天津大学建筑工程学院
本科生

2 工作原理与功能预想

2.1 工作原理

健康机器人将广泛分布作用于家庭、学校、工作单位场所，便于社会个体自主检测。一方面，健康机器人即时对被检测个体给出健康建议；另一方面，以每个健康机器人作为数据采集终端，将人群的健康数据及时上传到国家的健康云端。

数据分析后，可以对不同地区人口的健康水平进行评估，便于国家掌握国内人口健康情况。进一步挖掘健康数据的地域性特征，结合不同地区的不同饮食、生活习惯，将健康建议通过

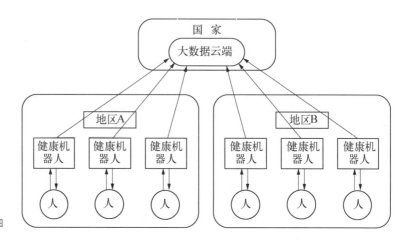

图1 工作原理示意图

机器人终端反馈给地区人口作为参考。

政府机构可以根据数据分析结果,深入剖析地区水、土壤、大气等环境问题,提出治理改善措施,真正实现"科学执政"和"以人为本"。

2.2 功能预想

在个人健康层面,将实现以下功能:① 方便个人掌握自身健康水平;② 针对健康问题进行及时治疗;③ 提出个人生活习惯改善措施。

而对于社会层面,将实现以下功能:① 便于政府掌握地区健康水平;② 对地区人口提出健康建议(主要指饮食和生活习惯);③ 从人口健康的角度实时了解地区环境质量(水、空气等),为地区环境保护和污染治理提供依据。

3 关于产品实现的设想

健康机器人的诞生必然会给人类的健康生活带来巨大帮助,但从机器人的诞生到数据分析系统的形成,将是一个较为漫长的过程。这一实现过程的影响因素主要有两方面,即技术提高与产业化实现。

3.1 技术开发的分步

(1)大数据云端的构成。由政府主导,采集公民健康信息并建立健康状况数据库；开发存储、处理健康大数据的云端，根据医疗标准制定出一套可靠的算法；健康资料和个人隐私的保护。

（2）健康机器人硬件系统搭建。医疗机器人是电子科技与信息科技尖端产品，一方面需要人工智能技术的提高，另一方面相关的医学设备、仪器、试剂要实现微型化、集成化，搭载于有限大小的机器人平台。

（3）医疗检测软件技术开发。需要一套简洁高效的操作系统，与硬件系统完美融合，并能有效对接政府的健康大数据云端。

3.2 产业化实现阶段

有关技术成熟，具备批量生产条件；市场上出现健康机器人制造商，政府可以酌情予以扶持；健康机器人产品在发达城市医院和门诊机构试点，辅助治疗并进行健康数据采集，初步建立有关人群的健康数据库；在广泛的城乡区域推进健康机器人的试点，逐步丰富和完善每个患者的医疗健康档案，进一步扩充健康数据库的容量，优化其算法；进一步扩展覆盖面，让每一名公民都能够接受健康机器人的检测，建立、维护与公民身份信息一一对应的全民健康大数据系统。

考虑到机器人一旦出现故障，会给出错误的分析结果，严重的甚至会损害人类健康，因此要建立完善售后维修体系，充分确保健康机器人功能有效和稳定。

3.3 检测模式的进步

第一阶段，被动式体检，即人类主动要求健康机器人进行体检。第二阶段，主动式体检，即随着诊断技术的发展，健康机器人能够在十几秒内对周围人群进行快速便捷的检测，而无须占用人类时间。

中微子地球诊疗仪

李晨翔
上海交通大学致远学院
本科生

1 概要描述

1.1 中微子地球诊疗仪技术描述

通过探测地球内部放射性元素钍与铀衰变放出的反中微子来了解地球内部结构。基本原理是不同地层的铀与钍含量不同,我们探测他们衰变放出的反中微子得到的数据也会有差异,我们根据数据差异了解结构。中微子的穿透力极强,是少数可以穿透地球的粒子。

除地球中微子外,探测器还有可能探测到其他来源的中微子,区分必不可少。首先,大气中来的中微子能量高,地球中微子能量低。其次,太阳中微子能量虽低,但它是正中微子,而地球中微子是负中微子。所以筛选是可行的。

1.2 中微子地球诊疗仪技术具体操作

在地下,远离核反应堆处修建大型探测器。在几千米深的地下,山体可以阻挡宇宙射线的本底。使用装有吸收高能粒子或射线后能够发光的材料的液体闪烁体探测器。将众多探测器组成探测器集群,借此增加探测效率与精度(见图1)。通过使用大型计算机处理数据,转化为对地层的分析结果。

如何提升探测器的精度与探测效率是未来需要解决的重要课题。

1.3 中微子地球诊疗仪的颠覆性表现

(1)可以解决目前观测仪器的深度的限制问题。地球内部温度极高,压力极高,人与仪器不能深入地下,普通探测手段也无法探知更深层的结构。中微子的散射截面极小,可以穿破极厚物体。使用穿透力极强的中微子可以真正地探知地球的深

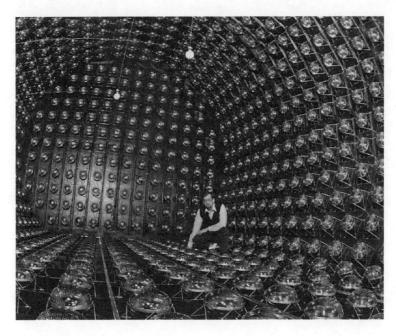

图1 液体闪烁体探测器集群①

处奥秘。

（2）可以提高观测的精度。现有的方法受到多种不确定性因素的影响，而中微子却极难与沿途物质发生作用，不易受外界影响。

2 应用前景

2.1 了解真正的地球内部结构

现在关于地球深层结构的理论比较粗糙，限于地球深处的高温高压，传统方法不能获知深处数据，不足以为理论提供强有力的实验支撑。用中微子地球诊疗仪可以让我们对地球有更深刻的了解。

2.2 帮助预测地震

通过中微子地球诊疗仪了解地质结构，判断地震的潜在发生地。预测地震在现在仍然是一项很难的事情，没有什么

---

① http://week-hzrb.hangzhou.com.cn/system/2012/03/13/011815232.shtml。

图2　预测地震①

有效方法（见图2）。我们对地震高发区进行扫描便可以对其地质结构有细致了解，通过对地质的分析，预测地震将变得更加简单可行。

2.3　进一步解释板块运动理论

持续的探测板块边缘的情况，观察边缘的变化，我们便可以推知板块漂移的趋势，从而为板块运动理论提供事实依据。

---

① http://epaper.xiancn.com/xdbjb/html/2013-04/30/content_203138.htm.

鱼鳃式潜水呼吸器

周 智
上海交通大学船舶海洋
与建筑工程学院
本科生

1 工作原理与性能

1.1 鱼鳃式潜水呼吸器工作原理

纳米材料有极高的比表面积,当粒子直径为 5 nm 时,其比表面积达 180 m^2/g。鱼鳃式潜水呼吸器的表面是采用仿生技术,使用亲水材料制成纳米级薄膜,微观下类似于鱼鳃结构,与海水有极大的接触面积,同时其具有毛细血管的吸附功能(见图1),可以对海水中的氧气分子进行选择性吸收,使氧气像水银一样析出,然后通过纳米管道收集(见图2),再经过净化装置净化,即可供给人类呼吸。由于该过程主要应用材料在纳米微观下的物理特性,可以不消耗过多的能量就能维持设备正常使用。将该技术应用于潜水服,潜水服就成为人体的"呼吸皮肤",源源不断向潜水员提供氧气。

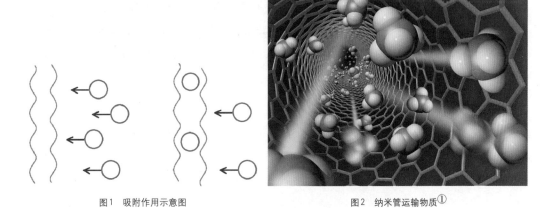

图1 吸附作用示意图　　图2 纳米管运输物质①

---

① 来源于http://www.yda.gov.cn。

1.2 鱼鳃式潜水呼吸器性能描述

（1）材料粒径 $2\sim10$ nm，比表面积 $100\sim450$ m^2/g。

（2）宏观上每平方米该材料在水中产生氧气量为 $200\sim300$ mL/min。

（3）纳米管直径 $2\sim3$ nm。

2 应用领域与前景

人类对海洋探索的日益深入，但由于生理限制，人类无法在水中呼吸，这成为人类在海中活动的最大限制。鱼鳃式潜水呼吸器的出现将打破这一困境，它能够直接收集溶解于水中的氧气供给潜水员，这将打破传统氧气瓶的容量有限问题，大大延长潜水员水下停留时间。这将成为人类探索海洋的一大革命。

没有呼吸障碍，人类在海里的活动更加自由。在浅海地带，依靠鱼鳃式潜水呼吸器，潜水员可以长时间作业，无须频繁更换氧气瓶，提高作业效率。而在深海，鳃式潜水呼吸器配合其他保护装备，人类活动海底将成为可能，方便海底科研、探索与开发。此外，这项技术还会催生海底旅游行业，人们可以戴上鱼鳃式潜水器，在水下参观博物馆、休闲游戏或探险，亲身体验海底世界。同时海难发生导致的死亡率将大幅减少，有了鱼鳃式潜水呼吸器的保护，不会游泳的人亦不用担心溺水。

纳米技术、仿生技术的发展与新材料的研制是该技术能否实现的关键。目前，科学界在努力探索，新科技成就在不断涌现。我们相信，在将来，人类建立海底城市，生活于海下的童话场景会成为现实！

下 篇
科技前沿与态势分析

科学技术研究前沿分析

杨　眉　董　珏　董文军
李　婷　高　协　张　晗

1　引言

研究前沿是指对科技发展具有重要推动作用的研究领域，包含科学前沿和技术前沿两个方面。科学前沿，是指对于科学研究的发展具有重要的作用，是改变学科领域结构，推动研究领域发展的驱动力量，是为解决研究领域内关键问题已经或者即将受到科学共同体关注的最新研究[1]。技术前沿也称为前沿技术，在《国家中长期科学和技术发展规划纲要（2006—2020年）》中提到，前沿技术是指高技术领域中具有前瞻性、先导性和探索性的重大技术，是未来高技术更新换代和新兴产业发展的重要基础，是国家高技术创新能力的综合体现[2]。

1.1　研究前沿探测发展现状

当今社会，科技创新能力已经成为提升综合国力的根本。各国为了在科技竞争中抢占制高点，纷纷推出科技发展战略与规划，部署本国现阶段重点发展的科学前沿和技术前沿，同时大力增加研发和创新投资。研究前沿的探测是制定科技发展规划的基础，可以提高国家科技规划的准确性，并直接影响科技创新的走向。因此，如何科学准确地探测研究前沿已经成为全球关注的焦点，具有十分重要的现实意义。

1.2　研究前沿探测方法及存在问题

研究前沿探测方法可以分为定性和定量两个类别。在定性方

---

[1] 盛立.生物医学领域研究前沿识别与趋势预测[D].中国人民解放军军事医学科学院,2013: 16.
[2] 中华人民共和国国务院.国家中长期科学技术发展规划（2006—2020）[R].2006.

面,文献综述法和德尔菲法是比较常用也较为成熟权威的分析方法,它们以归纳为主,对一手资料中的不同思想、观点、方法进行归纳和概括,最终形成能反映该课题或专题研究水平和发展动态的回顾总结、现状描述或技术预见等[①]。定量分析一直是研究者们关注的焦点[②③④⑤⑥],包括引文分析法、文本分析法、社交网络分析法和知识图谱法。引文分析法包含直接引用分析、共被引分析和文献耦合分析;文本分析法包含词频分析、共词分析和突发词检测;社交网络分析包括作者共现(及合著)、作者共被引分析等;知识图谱是多种理论和方法结合的产物,其理论基础主要有多元统计分析、图论、信息论、文献计量学方法等。近年来,研究者趋向于采用两种或多种定量分析方法相结合进行研究前沿的探测。

当前的研究前沿探测存在以下几个问题:① 数据来源单一。大多数研究者以期刊论文和专利信息作为数据来源,较少涉及其他形式的数据源,信息量有局限性。② 应用两种方法组合探测研究前沿已成趋势,但目前的组合方式简单直接,不同方法之间缺乏深度融合。③ 对不同方法的比较研究结果差异较大,缺乏统一的对比指标和效果评测模型。

2 研究方法与数据来源

1) 研究方法

本报告采用定性和定量相结合的方法进行研究。首先运

---

① 刘静,马建霞,范云满.研究前沿探测方法概述[J].图书馆理论与实践,2014(07):34-37.
② 许晓阳,郑彦宁,赵筱媛,等.研究前沿识别方法的研究进展[J].情报理论与实践,2014(06):139-144.
③ 刘静,马建霞,范云满.研究前沿探测方法概述[J].图书馆理论与实践,2014(07):34-37.
④ 王立学,冷伏海.简论研究前沿及其文献计量识别方法[J].情报理论与实践,2010(03):54-58.
⑤ 陈仕吉.科学研究前沿探测方法综述[J].现代图书情报技术,2009(09):28-33.
⑥ 吴菲菲,杨梓,黄鲁成.基于创新性和学科交叉性的研究前沿探测模型——以智能材料领域研究前沿探测为例[J].科学学研究,2015(01):11-20.

用人工智慧法从多个数据源当中抽取热点主题,之后对获得的热点主题进行规范和标引,归并含义相同但表述形式不同的主题;再以词频分析、共现分析、聚类分析等定量分析理论为基础,综合运用 Excel、TDA、Citespace 和 Ucinet 等分析工具,对所标引的数据进行可视化展示与结果解读。

2)数据来源

本报告选取 3 类权威可信并且包含大量前沿信息的数据来源,力求全面体现科学和技术的研究前沿。

(1)科学研究重大突破

基础研究中的每一个重大突破,往往都会对科学技术的创新、高新技术产业的形成产生巨大的、不可估量的推动作用,是科学前沿的重要体现。因此,本部分选取科学界普遍认可的国际顶级期刊与网站推出的年度重大科学突破:*Science* 和 *Nature* 的年度重点突破以及 ScienceWatch 的年度前沿热点,共提取出 290 个主题词,报告来源详见附表 1。

(2)科学研究热点主题

根据 ESI 数据库的界定,高被引论文指近十年来被引频次排在前 1% 的论文。这些论文受到研究人员的广泛关注,是科学前沿的重要体现。本部分选取 InCites^{TM} Essential Science Indicators^{SM} 数据库中的 16 088 个研究前沿,共涉及 45 145 个主题词。

(3)技术前沿热点主题

技术前沿是指高技术领域中具有前瞻性、先导性和探索性的重大技术,以美国、日本、德国、英国、澳大利亚、中国、欧盟和经济组织(OECD)等 8 个国家和地区的 26 份科技发展规划报告以及 9 类经费预算计划为数据源,共提取出 1 537 个技术前沿热点主题,报告来源详见附表 2。

上述三种数据来源当中,科学研究重大突破和科学研究热点主题的数据来源于期刊论文,体现科学发展的难点、热点以及发展趋势,归属于科学前沿;第三部分属于技术前沿。

3 研究前沿定量分析

研究前沿多具备多学科交叉的特性。为便于展示和阐述，本文采用ESI的22个学科类别进行粗略划分，并将这些学科归属于自然科学、工程技术、社会问题和生命医药四个学科大类。

3.1 科学研究重大突破

本节对2010—2015年出现的前沿热点主题进行词频分析，计算平均提及年份（以中值表示），并与2005年 *Science* 公布的125个最具挑战性的科学问题进行对照（见表1），发现2010—2015年间的Top20热点主题有80%在2005年被提及，说明国际顶级期刊所做的25年间的科学预测，在当下仍然是适用的。同时我们也注意到，石墨烯、天文望远镜和环境污染在2005年尚未被列为科学研究的重要问题，但在近5年间已经获得了广泛关注。有些研究主题，在2005年还只是隐含在其他主题之中——例如新药与药物研究可能隐含在各种疾病的预防与治疗当中，干细胞作为癌症治疗的一个关键词出现——但在近5年，这两个主题已经占据了重要地位。

序号	词频统计	主题名称	平均年（中值）	2005科学问题	ESI学科类别（中）	学科大类
1	44	空间探索（space exploration）	2013	是	物理；空间科学；工程	自然科学
2	40	疾病治疗与预防（disease treatment and prevention）	2013	是	生物学和生物化学；微生物学；分子生物学和遗传学；临床医学	生命医药
3	21	粒子探索（particle exploration）	2013	是	物理；空间科学	自然科学
4	20	气候（climate）	2013	是	环境/生态学；化学；计算机科学	社会问题
5	18	新材料及其应用（new materials and its application）	2013	是	物理；化学；材料科学；工程	自然科学
6	13	基因组（genome）	2012	是	生物学和生物化学；微生物学；分子生物学和遗传学	生命医药

表1 科学研究重大突破Top20

(续表)

序号	词频统计	主题名称	平均年（中值）	2005科学问题	ESI学科类别（中）	学科大类
7	11	基因（gene）	2012	是	生物学和生物化学；微生物学；分子生物学和遗传学；临床医学	生命医药
8	9	物种（species）	2013	是	生物学和生物化学；微生物学；分子生物学和遗传学；环境/生态学	生命医药
9	9	电池与电极（battery and electrodes）	2013	是	材料科学；化学；工程	工程技术
10	9	石墨烯（graphene）	2013	否	物理；化学；材料科学	工程技术
11	8	脱氧核糖核酸（DNA）	2013	是	生物学和生物化学；微生物学；分子生物学和遗传学；临床医学；化学	生命医药
12	8	新药与药物研究（new drugs and drug research）	2013	否	生物学和生物化学；微生物学；分子生物学和遗传学；临床医学；化学	生命医药
13	8	环境污染（environmental pollution）	2013	否	环境/生态学；地球科学	社会问题
14	7	干细胞（stem cells）	2012	是	生物学和生物化学；微生物学；分子生物学和遗传学；临床医学	生命医药
15	7	量子（quantum）	2012	是	物理	自然科学
16	7	天文望远镜（astronomical telescopes）	2013	否	物理；空间科学	自然科学
17	6	大脑（cerebrum）	2013	是	物理；生物学和生物化学；微生物学；分子生物学和遗传学；临床医学；计算机科学	生命医药
18	5	免疫（immune）	2014	是	生物学和生物化学；微生物学；分子生物学和遗传学；临床医学	生命医药
19	5	植物（plant）	2013	是	植物和动物科学	生命医药
20	5	肿瘤（tumore）	2013	是	生物学和生物化学；微生物学；分子生物学和遗传学；临床医学	生命医药

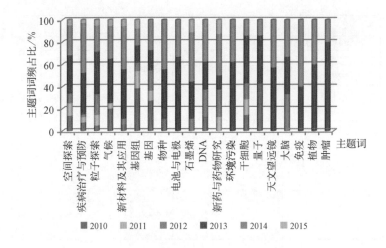

图1 科学研究重大突破Top20主题词年度分布

表1和图1的数据显示，2010—2015年间，Top20热点主题词主要集中在生命科学及自然科学类别，空间探索、疾病治疗与预防、粒子探索、气候、新材料及其应用是最受关注的热点主题。2013—2014年是主题词最为集中的年份，电池与电极、环境污染、天文望远镜、免疫、植物、肿瘤等主题的重大突破多在这一时期取得；而空间探索、疾病治疗与预防、粒子探索、气候及基因组等主题在各个年份均有涉及。

3.2 科学研究热点主题

本节对"InCites：ESI"平台的研究前沿（research fronts）热点主题进行频次分析，得到表2，并对高被引论文数、总被引和篇均被引的前5个热点主题作了颜色标注。在Top20热点主题词中，50%的热点主题归属于生命医药学科。其中，疾病的预防与治疗占据了3成席位，乳腺癌、糖尿病、心血管疾病、肝炎和阿尔茨海默症是受到诸多研究者关注的疾病，而干细胞和基因组研究正在诸多疾病的治疗中发挥越来越重要的作用。

对平均发表年份在2013—2015年间（近三年）的热点主题进行词频分析，得到表4。近三年的热点主题属于新兴领域，极有可能成为今后的研究热点。其中，钠离子电池与科学研究重大突破中的电池与电极相呼应，而云计算近年出现在多个国家和地区的科技发展规划之中。

表2 科学研究Top20热点主题

序号	热点主题	高被引论文数	平均年	总被引	篇均被引	ESI学科领域	学科分类
1	石墨烯（graphene）	2 526	2011	507 113	1 065.36	物理；化学；材料科学	自然科学
2	纳米粒子（nanoparticle）	2 116	2011	294 315	692.51	化学；材料科学；物理；工程	自然科学
3	太阳能电池（solar cell）	1 574	2012	276 683	981.15	化学；材料科学；物理	自然科学
4	量子（quantum）	1 477	2011	217 353	1 060.26	物理；化学；材料科学	自然科学
5	干细胞（stem cell）	1 241	2011	268 184	1 166.02	临床医学；分子生物学和遗传学；生物学和生物化学	生命医药
6	锂系电池（lithium* batter*）	1 038	2012	125 894	599.5	材料科学；工程；化学	工程技术
7	乳腺癌（breast cancer）	843	2011	166 316	1 094.18	临床医学；分子生物学和遗传学；社会科学	生命医药
8	拟南芥（arabidopsis）	742	2011	66 922	544.08	植物和动物科学；生物学和生物化学；分子生物学和遗传学	生命医药
9	碳纳米管（carbon nanotube*）	697	2011	90 202	668.16	化学；材料科学；物理	工程技术
10	儿童（child）	605	2011	66 774	428.04	临床医学；社会科学；精神病学/心理学	社会科学
11	肝炎（hepatitis）	583	2012	86 068	935.52	临床医学；微生物学；分子生物学和遗传学	生命医药
12	糖尿病（diabete* or mellitus）	571	2011	93 135	769.71	临床医学；生物学和生物化学；社会科学	生命医药
13	气候变化（climate change）	569	2011	49 487	389.66	社会科学；环境/生态学；地质	社会科学
14	微RNA（microRNA）	532	2011	131 365	987.71	临床医学；生物学和生物化学；分子生物学和遗传学	生命医药
15	元分析（meta-analysis）	517	2011	60 181	423.81	精神病学/心理学；临床医学；社会科学	生命医药
16	超级电容器（supercapacitor）	474	2012	73 210	841.49	材料科学；工程；化学；物理	工程技术

(续表)

序号	热点主题	高被引论文数	平均年	总被引	篇均被引	ESI学科领域	学科分类
17	心血管疾病（cardiovascular）	472	2011	65 815	638.98	临床医学；社会科学；农业科学	生命医药
18	光催化（photocatalytic）	470	2011	78 160	704.14	化学；材料科学；物理；	自然科学
19	阿尔茨海默症（alzheimers）	434	2011	66 495	738.83	神经科学与行为；临床医学；分子生物学和遗传学	生命医药
20	全基因组（genome-wide）	415	2011	87 367	992.81	分子生物学和遗传学；临床医学；生物学和生物化学	生命医药

主题名称	2008	2009	2010	2011	2012	2013	2014	2015
石墨烯（graphene）/%	9.24	17.23	19.33	15.97	13.87	14.92	9.45	0.00
纳米粒子（nanoparticle）/%	9.88	22.82	16.94	19.53	11.06	13.18	6.35	0.24
太阳能电池（solar cell）/%	9.22	14.18	16.31	14.89	12.06	14.18	18.09	1.06
干细胞（stem cell）/%	15.22	17.83	18.70	16.96	14.35	8.70	8.26	0.00
锂系电池（Li* batter*）/%	3.81	9.52	20.00	14.76	18.10	27.14	6.67	0.00
量子（quantum）/%	8.78	21.95	14.63	16.10	15.61	12.68	10.24	0.00
儿童（child）/%	17.95	21.15	14.74	18.59	13.46	8.33	3.85	1.92
乳腺癌（breast cancer）/%	15.13	17.76	21.71	22.37	11.84	5.26	5.92	0.00
元分析（meta-analysis）/%	9.86	18.31	14.79	26.06	20.42	7.04	2.82	0.70
碳纳米管（carbon nanotube*）/%	17.04	28.89	11.85	11.85	9.63	11.11	9.63	0.00
微RNA（microRNA）/%	23.31	14.29	19.55	9.77	12.78	14.29	6.02	0.00
气候变化（climate change）/%	11.81	14.96	20.47	14.96	18.90	14.17	4.72	0.00
拟南芥（arabidopsis）/%	7.32	13.82	15.45	30.08	15.45	12.20	5.69	0.00
糖尿病（diabete* and mellitus）/%	12.40	10.74	14.88	19.83	19.01	9.92	13.22	0.00
光催化（photocatalytic）/%	11.71	20.72	8.11	19.82	14.41	12.61	9.91	2.70
心血管疾病（cardiovascular）/%	13.59	15.53	21.36	19.42	12.62	6.80	8.74	1.94
肝炎（hepatitis）/%	7.61	6.52	17.39	16.30	15.22	25.00	10.87	1.09
阿尔茨海默症（Alzheimer）/%	8.89	13.33	10.00	27.78	13.33	10.00	16.67	0.00
全基因组（genome-wide）/%	14.77	10.23	38.64	11.36	11.36	4.55	9.09	0.00
超级电容器（supercapacitor）/%	6.90	8.05	18.39	10.34	11.49	29.89	14.94	0.00

表3 Top20热点主题年度分布

表4 近三年科学研究热点主题

序号	高被引论文数	主题	平均年	总被引	篇均被引	ESI学科
1	54	二硫化钼（MOS2）	2013	30 482	564.48	物理；材料科学；化学
2	39	析氢（hydrogen evolution）	2013	19 371	496.69	化学；环境/生态学；材料科学
3	32	钠离子电池（sodium-ion batte*）	2013	11 915	372.34	化学；材料科学；物理
4	12	肠道菌群（intestinal microbiota）	2013	6 837	569.75	临床医学;生物学和生物化学；分子生物学和遗传学
5	6	外生菌根真菌（ectomycorrhizal fungi）	2013	1 706	284.33	环境/生态学；植物和动物科学；农业科学
6	6	云计算（cloud comput*）	2013	631	105.17	计算机科学；工程
7	17	电子香烟（electronic cigarette）	2014	4 057	238.65	社会科学；临床医学；精神病学/心理学

采用Ucinet软件对出现频次位于前250的热点主题进行归属学科的社交网络分析。根据网络连接情况将关键要素赋值给每个节点，可以看到各学科之间有着千丝万缕的联系（见图2），本节采用学科交叉性①、学科相似性②和学科影响力③来加以说明。学科交叉性较强的是化学（14.568）、材料科学（12.504）、物理（11.908）、临床医学（7.772）和工程（6.905），交叉性较弱的是计算机科学（0.542）、数学（0.309）、经济与商业（0.298），空间科学（0.055）的交叉性最弱。学科相似性较强的是生物学和生物化学、工程、物理和微生物学，与其他学科的平均接近中心度为21；相似性最弱的是空间科学，接近中心度为38。生物学和生物化学、工程、物理和微生物学四个学科对其他学科的影响力较大（均为4.25）。

---

① 点度中心度是指特定学科到其他学科的直接联结数目，可揭示学科的交叉性，数值越大交叉性越强。
② 接近中心度描述特定节点到其他所有节点的平均最短距离值，可揭示学科相似性，数值越大相似性越差。
③ 中间中心度描述特定节点在整个网络中的决定性作用大小，可揭示学科的影响力，数值越大影响力越大。

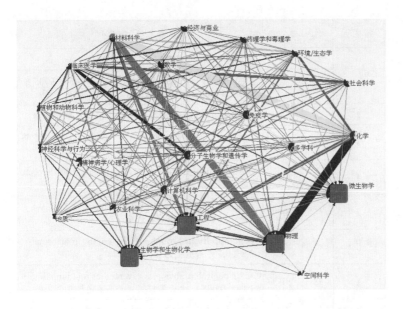

图2 高频主题词学科聚类

抽取各年份出现频次Top50的高频词导入CiteSpace进行聚类分析,得到12个簇(见图3),光圈的大小代表主题词出现的频次,颜色代表出现的年份。每个聚类(簇)的详细情况见表5。在12个簇中,有7个归属于疾病的预防与治疗,围绕日本脑炎病毒、老人认知训练、多发性骨髓瘤、复发成人T细胞白血病淋巴瘤、房颤、肾间质纤维化等主题具有较高的聚合度。此外,生长素控制拟南芥不定根发育这一主题的平均研究年份为2013年,属于新兴研究热点。

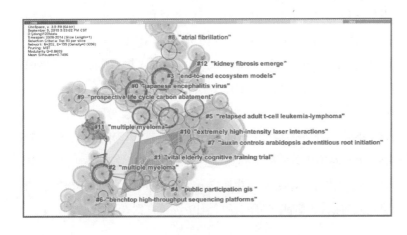

图3 主题词聚类分析

簇序号	大小	平均年	聚类标签（LLR）
0	27	2010	"japanese encephalitis virus"；日本脑炎病毒
1	21	2012	"vital elderly cognitive training trial"；(9.64, 0.005)；至关重要的老人认知训练试验
2	20	2009	"multiple myeloma"；(10.16, 0.005)；多发性骨髓瘤
3	18	2009	"end to-end ccosystem models"；(10.04, 0.005)；终端到终端的生态系统模型
4	17	2011	"public participation gis (ppgis)"；(10.58, 0.005)；公众参与地理信息系统（PPGIS）
5	17	2009	"relapsed adult t-cell leukemia-lymphoma"；(3.01, 0.1)；复发成人T细胞白血病淋巴瘤
6	15	2011	"benchtop high-throughput sequencing platforms"；(3.83, 0.1)；台式高通量测序平台
7	13	2013	"auxin controls arabidopsis adventitious root initiation"；(10.82, 0.005)；生长素控制拟南芥不定根发育
8	12	2009	"atrial fibrillation"；(11.51, 0.001)；房颤
9	12	2010	"prospective life cycle carbon abatement"；(11.66, 0.001)；未来的生命周期碳减排
10	11	2009	"extremely high-intensity laser interactions"；(3.51, 0.1)；非常高强度激光互动
11	11	2008	"multiple myeloma"；(4.26, 0.05)；多发性骨髓瘤
12	6	2011	"kidney fibrosis emerge"；(14.02, 0.001)；肾间质纤维化出现

表5　聚类词表

3.3　技术前沿热点主题分析

综观美国、日本、德国、英国、澳大利亚、中国、欧盟和经合组织（OECD）等8个国家和地区的35份发展规划和经费预算计划，采用词频分析的方式分别提取出宏观和中微观层面Top20热点主题，见表6和表7。总体来看，热点主题主要集中于工程技术领域，其次为生命医药领域。

技术前沿中微观层面Top20热点主题的年度分布见表8，半数以上的主题在2006年已经提出，在2014年或2015年获得了较多的关注度。2010年首次提出的热点主题有望远镜、激光、太阳能、云计算、智能电网和基因组；再生医学和无污染能源是2011年被提及的研究方向；人工智能、聚合物和太阳望远镜直到2012年才被提及。

序号	词频统计	热点主题	ESI学科类别	学科大类
1	22	新能源（new energy）	工程	工程技术
2	18	新材料（new materials）	材料科学；物理	工程技术
3	14	先进制造（advanced manufacturing）	工程	工程技术
4	9	新一代信息技术（new generation information technology）	计算机科学	工程技术
5	9	海洋观测（ocean observation）	地球科学	自然科学
6	7	地球科学（geoscience）	地球科学	自然科学
7	6	生物工程（biotechnology）	生物学和生物化学	生命医药
8	5	信息安全（information security）	计算机科学	工程技术
9	5	生物材料（biomaterials）	生物学和生物化学；材料科学	生命医药
10	5	能源利用（energy utilization）	工程	工程技术
11	4	基础设施（infrastructure）	计算机科学	工程技术
12	4	生物学（biology）	生物学和生物化学	生命医药
13	4	网络（network）	计算机科学	工程技术
14	4	可持续发展（sustainable development）	社会科学	社会问题
15	4	轨道交通（track transport）	工程	工程技术
16	2	安全网络空间（the secure and trustworthy cyberspace）	计算机科学	工程技术
17	2	大数据（big data）	计算机科学	工程技术
18	2	合成生物学（synthetic biology）	生物学和生物化学	生命医药
19	2	生物产业（bioindustry）	生物学和生物化学	生命医药
20	2	新药创制（new drugs development）	药理学和毒物学	生命医药

表6 技术前沿Top20热点主题（宏观）

序号	热点主题	来源报告	来源国家	平均年	ESI学科类别	研究内容	学科大类
1	纳米（nanometer）	15	5	2012.4	材料科学	纳米材料；纳米尺度	工程技术
2	机器人（robot）	14	6	2013.1	工程；计算机科学	智能机器人；服务用机器人；工业机器人；机器人技术；机器人视觉	工程技术
3	望远镜（telescope）	8	4	2012.6	空间科学	太阳望远镜；射电望远镜；切伦科夫望远镜阵列；天文望远镜	工程技术

表7 技术前沿Top20热点主题（中微观）

(续表)

序号	热点主题	来源报告	来源国家	平均年	ESI学科类别	研究内容	学科大类
4	激光（laser）	8	4	2013.1	工程；物理	高功率激光能源；X射线激光器；激光光谱学；激光器；激光检测	工程技术
5	传感器（sensor）	7	5	2012.6	工程	传感器网络；新型传感器；新型生化微传感器系统；海底传感器；生物传感器	工程技术
6	太阳能（solar energy）	7	4	2012.3	工程	太阳能电光板；太阳能发电；太阳能电池	工程技术
7	蛋白质（protein）	6	3	2012.1	分子生物学和遗传学	蛋白质工程	生命医药
8	云计算（cloud computing）	6	4	2013.0	计算机科学		工程技术
9	脑科学（brain science）	6	3	2013.3	神经科学与行为		生命医药
10	再生医学（regenerative medicine）	6	4	2013.2	临床医学		生命医药
11	智能电网（smart electricity grid）	6	4	2012.8	工程		工程技术
12	食品安全（food security）	5	4	2011.0	农业科学		生命医药
13	功能材料（function material）	4	2	2013.2	材料科学	信息功能材料；有机功能材料；储能\功能材料	工程技术
14	新能源汽车（new energy automobile）	4	1	2011.0	工程		工程技术
15	人工智能（the artificial intelligence）	4	3	2014.2	计算机科学		工程技术
16	聚合物（polymer）	4	3	2014.0	物理	超分子聚合物	自然科学
17	钢铁（steel）	4	2	2010.6	材料科学	钢铁工业；钢铁材料	工程技术
18	传染病（infectious disease）	4	4	2011.7	免疫学	传染病防治	生命医药
19	基因组（genome）	4	4	2011.8	分子生物学和遗传学	基因组学	生命医药
20	太阳望远镜（solar telescope）	4	1	2013.5	空间科学		工程技术

	2006	2007	2010	2011	2012	2013	2014	2015
纳米	2	1	2	2	2		4	2
机器人	2				3			4
望远镜			1	1		1	1	4
激光			1	1	2			3
传感器	1						2	3
太阳能			1		3		2	1
蛋白质	1			1	1	1	1	2
云计算				1	1	1	1	2
脑科学							3	1
再生医学				2			3	
智能电网			1	1	1	1		
食品安全	1				1		1	1
功能材料							2	1
新能源汽车	1			1		1	1	1
人工智能					1		1	2
聚合物					1		1	2
钢铁	2							
传染病	1						1	1
基因组			2		1			1
太阳望远镜					1	1	1	1

表8 技术前沿Top20热点主题（中微观）年度分布

抽取中微观层面Top50的热点主题导入CiteSpace进行聚类分析，得到4个簇（见图4），每个聚类（簇）的详细情况见表9。此4个簇均归属于工程技术领域，围绕地球观测、智能机器人、传感器网络、高功率激光能源等主题具有较高的聚合度。此外，智能机器人、传感器网络、高功率激光能源这三个主题的平均研究年份为2012或2013年，属于近年来的研究热点。

簇序号	大小	平均年	聚类标签
0	8	2012	"智能机器人"；"服务用机器人"；"工业机器人"；"机器人技术"；"机器人视觉"（133.8, 1.0E-4）"海洋工程"（133.8, 1.0E-4）；"海洋工程"：（42.43, 1.0E-4）
1	8	2012	"传感器网络"；"新型传感器"；"新型生化微传感器系统"；"海底传感器"；"生物传感器"（244.17, 1.0E-4）；"高功率激光能源"；"X射线激光器"；"激光光谱学"；"激光器"；"激光检测"（3.98, 0.05）；"智能机器人"；"服务用机器人"；"工业机器人"；"机器人技术"；"机器人视觉"（3.1, 0.1）
2	5	2013	"高功率激光能源"；"X射线激光器"；"激光光谱学"；"激光器"；"激光检测"（181.52, 1.0E-4）；"传感器网络"；"新型传感器"；"新型生化微传感器系统"；"海底传感器"；"生物传感器"（4.39, 0.05）；"智能机器人"；"服务用机器人"；"工业机器人"；"机器人技术"；"机器人视觉"（1.96, 0.5）

表9 技术前沿热点主题聚类词表

4 附录

附表1 *Science*和*Nature*年度重点突破及ScienceWatch年度前沿热点

数据来源	题名	类型	年份
Nature	New year, new science 2010	科学文献	2010
Nature	New year, new science 2011	科学文献	2011
Nature	New year, new science 2012	科学文献	2012
Nature	What to expect in 2013	科学文献	2013
Nature	What to expect in 2014	科学文献	2014
Nature	What to expect in 2015	科学文献	2015
Science	Science 125 Questions: What Don't We Know!	科学文献	2005
Science	Insights of the decade	科学文献	2010
Science	Breakthrough of the Year 2010	科学文献	2010
Science	Breakthrough of the Year 2011	科学文献	2011
Science	Breakthrough of the Year 2012	科学文献	2012
Science	Breakthrough of the Year 2013	科学文献	2013
Science	Breakthrough of the Year 2014	科学文献	2014
ScienceWatch	2012年最热门的研究人员和科学论文	科学文献	2013
ScienceWatch	Research Fronts 2013: 100 Top-Ranked Specialties in the Sciences and Social Sciences	科学文献	2014
ScienceWatch	Research Fronts 2014: 100 Top-Ranked Specialties in the Sciences and Social Sciences	科学文献	2014
ScienceWatch	The Worldin 2025: 10 Predictions of Innovation	科学文献	2014

附表2 主要国家和地区科技发展规划与经费预算计划

序号	报告名称	国家（地区）	类型	年份
1	NSF FY 2016 Budget Request to Congress	美国	经费计划	2015
2	NSF FY 2015 Budget Request to Congress	美国	经费计划	2014
3	NSF FY 2014 Budget Request to Congress	美国	经费计划	2013
4	NSF FY 2013 Budget Request to Congress	美国	经费计划	2012
5	NSF FY 2012 Budget Request to Congress	美国	经费计划	2011

(续表)

序号	报告名称	国家（地区）	类型	年份
6	A National Strategic Plan for Advanced Manufacturing	美国	总体规划	2012
7	A Strategy for American Innovation: Securing Our Economic Growth and Prosperity	美国	总体规划	2011
8	President Obama Launches Advanced Manufacturing Partnership(AMP)	美国	总体规划	2011
9	America COMPETES Act	美国	总体规划	2007
10	革新的研究開発推進プログラム	日本	总体规划	2015
11	科学技術イノベーション総合戦略2015	日本	总体规划	2015
12	「改革2020」プロジェクト（由日本再兴战略中提取出）	日本	总体规划	2014
13	科学技術基本計画	日本	总体规划	2011
14	Europe 2020 Strategy	欧盟	总体规划	2014
15	Horizon 2020（2014—2020）	欧盟	总体规划	2012
16	ESFRI-strategy report and roadmap 2010	欧盟	总体规划	2010
17	7th framework programme 2007—2013	欧盟	总体规划	2006
18	Industrie 4.0-Smart manufacturing for the future	德国	总体规划	2014
19	2020 High-tech Strategy for German:Idea.Innovation.Growth	德国	总体规划	2010
20	德国教育科研部网站	德国	经费计划	2015
21	Digital economy strategy 2015—2018	英国	总体规划	2015
22	Emerging technologies and industries strategy 2014 to 2018	英国	总体规划	2014
23	Enabling technologies action plan 2014 to 2015	英国	总体规划	2014
24	Innovate UK strategy 2011 to 2015: Concept to commercialization	英国	总体规划	2014
25	Innovate UK: delivery plan, 2014 to 2015	英国	总体规划	2014
26	CSIRO strategy 2020	澳大利亚	总体规划	2015
27	Department of Industry and Science-Science and Research Reports and Studies	澳大利亚	总体规划	2015

（续表）

序号	报告名称	国家（地区）	类型	年份
28	OECD Science, Technology and Industry Outlook 2014	OECD	总体规划	2014
29	中国制造2025	中国	总体规划	2015
30	"十二五"国家战略性新兴产业发展规划	中国	总体规划	2012
31	国民经济和社会发展第十二个五年规划	中国	总体规划	2011
32	国家中长期科学和技术发展规划纲要（2006—2020）	中国	总体规划	2006
33	国家自然科学基金委员会2015项目指南	中国	经费计划	2015
34	国家高技术研究发展计划（863计划）	中国	经费计划	2014
35	国家重点基础研究发展计划（973计划）	中国	经费计划	2014

海洋工程装备全球发展态势

1 引言

经济发展进入新时期,海洋工程装备的发展是海洋经济发展战略及沿海地区发展的重要环节。作为海洋经济发展的基础,海洋工程装备始终处于海洋产业价值链的核心环节。不同于陆地的地理环境,在海上没有装备寸步难行,无论是海洋渔业还是油气产业,没有相应的装备都不能得到很好的发展。美国、韩国、新加坡、挪威等国之所以可以成为世界领先的海洋强国,与其在海洋工程装备领域的领先地位密切相关,谁拥有了先进的技术装备,谁就能够在未来的海洋开发中占据优势。

余晓蔚　高　协　李亚军
张　晗　马丽华　余婷婷
刘　翔

海洋中蕴含的资源种类丰富且储存量巨大,已成为世界各国解决资源能源问题的新方向,开发、利用、保护和管理海洋,成为关系沿海各国生存、发展和强盛的战略问题[1]。2015年5月在Genova举行的世界海洋大会(OCEANS MTS/IEEE CONFERENCE),其主题Oceans: Discovering Sustainable Ocean Energy for a New World就强调了开发海洋的重要性[2]。

1.1 海洋工程装备概述

海洋工程装备虽然由来已久,但这一概念在学术领域还是很新,要了解海洋工程装备,必须先了解海洋工程、海洋装备,了解他们之间的联系和区别,才能更好地把握海洋工程装备。

海洋工程是一个主要为海洋科学调查和海洋开发提供一

---

[1] Pashin V M. Shipbuilding as the basis of marine activity [J]. Herald of the Russian Academy of Sciences, 2012, 82(1): 27–35.
[2] MTS/IEEE. OCEANS'15 MTS/IEEE Genova [EB/OL]. [2015–12–09]. http://www.oceans15mtsieeegenova.org.

切手段与装备的新兴工程门类,指以开发、利用、保护、恢复海洋资源为目的,且工程主体位于海岸线向南一侧的各类新建、改建、扩建工程,包括海岸工程和离岸工程①。联合国教科文组织认为海洋工程一般包括以下几类:一是海洋资源开发,包括海底矿物资源、生物资源、自然可再生能源和化学资源;二是海洋勘探和测量,包括海洋资源和环境及其各种活动的调查研究;三是海洋环境保护,包括防止海洋及其边缘环境恶化和人造装置损坏的措施;四是海岸带开发,包括海陆交接地带、200 m等深线内的浅海区和滩涂、港湾等区域的建设和利用等②。

海洋装备是指与蓝色经济有关的各类海洋仪器设备,包括海洋动力环境监测设备、海洋生化环境监测设备、海洋生物资源调查设备、海洋灾害预报预警系统设备、海洋生物资源综合利用设备、海洋矿产资源开放利用设备、海洋能源综合利用设备、海水养殖监控设备、海洋捕捞辅助设备、海洋运输辅助设备、海洋旅游资源开发利用装备、船舶制造维修关键技术设备、港口装卸控制设备、深远海洋探测开发技术设备和海洋国防装备等③。中国船舶工业集团董事长胡问鸣将海洋装备分为四大类:海洋安全装备、海洋科考装备、海洋运输装备、海洋开发装备。海洋安全装备主要是指各类海洋军事装备和海上执法装备;海洋科考装备主要是指各类专门用于海洋资源、环境等科学调查和实验活动的装备;海洋运输装备主要是指各类海洋运输船舶;海洋开发装备主要是指各类海洋资源勘探、开采、储存、加工等方面的装备④。

海洋工程装备则是指海洋工程中所涉及的装备,是人类开发、利用和保护海洋活动中使用的各类装备的总称,其范围比

---

① 马延德,孟梅,王锦连等.海洋工程装备[M].清华大学出版社,2013: 10–13.
② 中国船舶工业经济与市场研究中心.海洋工程装备产品与技术发展研究[R].北京:中国船舶工业经济与市场研究中心,2013.
③ 王军成.话说海洋装备[J].商周刊,2009(18): 50
④ 胡问鸣.胡问鸣谈四大海洋装备[EB/OL].(2014–02–27)[2015–12–09].http://www.cssc.net.cn/component_news/news_detail.php?id=16584.

海洋装备要窄,主要是指海洋装备中的运输和开发装备。目前通常认为的海洋工程装备指的是海洋资源(特别是海洋油气资源)勘探、开采、加工、储运、管理、后勤服务等方面的大型工程装备和辅助装备[①]。国际上将其分为三大类:海洋油气资源开发装备、其他海洋资源开发装备、海洋浮体结构物,海洋油气资源开发装备是海洋工程装备的主要部分。按照应用领域的不同,又可以分为六大类:海洋矿场资源开发装备、海洋可再生能源装备、海洋化学资源开发装备、海洋生物资源开发装备、海洋空间资源开发装备和通用及辅助装备[②]。

1.2 全球海洋工程装备产业发展概况

世界海洋工程装备产业基本形成了"欧美设计、亚洲制造"的格局,从全球发展情况来看,目前海洋工程装备世界格局可以分为3个梯队。欧美企业处于第一梯队,有着先进的海洋工程装备技术,基本垄断着海洋工程装备的研发设计和高端制造领域;韩国和新加坡以其在制造领域的绝对优势和地位占据着第二梯队;我国以及巴西、俄罗斯等国家则处于正在发展崛起的第三梯队[③],如表1所示。

表1 世界海洋工程装备产业国家分布及特点

区域	特点	产业领域	主要产品
欧美	技术背景雄厚,以高端海洋工程装备设计为主	研发、设计、制造以及关键配套系统集成	张力腿、半潜式、立柱式平台以及动力、电气、控制等关键配套设施
新加坡、韩国	实力仅次于欧美,不仅专注于制造领域,在设计领域也有不错的发展	海洋工程装备总装建造及改装	钻井船、自升式、半潜式平台以及FPSO的改装
中国	集中于低中端装备的制造,缺乏核心技术	平台总装建造及改装	导管架、自升式、半潜式平台、FPSO、供应船

---

① 国家发展改革委,科技部,工业和信息部等.海洋工程装备产业创新发展战略(2011—2020)[EB/OL].(2011-08-05)[2015-12-09]. http://www.miit.gov.cn/n11293472/n11293832/n12843926/n13917042/n14162454.files/n14162469.pdf.
② 张惠荣.上海海洋装备产业的发展概述[C].上海—釜山海洋研讨会论文集.上海,2013.
③ 马延德,孟梅,王锦连,等.海洋工程装备[M].北京:清华大学出版社,2013: 156–166.

1.2.1　欧美海洋工程装备发展情况

欧洲是世界海洋工程装备技术发展的引领者,也是世界海洋油气资源开发的先行者,作为传统的海洋强国,其海洋产业生产总值约占其GDP总量的40%,主要集中于海洋工程船及高端配套装备的设计制造上[1]。总部位于丹麦的马士基集团(Maersk Contractors)不仅专注于航运业务,还涉及石油天然气的勘探和生产、造船业等,马士基石油天然气公司(Maersk Oil and Gas)日产原油达到55万桶;马士基油轮公司(Maersk Tankers)拥有180多艘游轮,包括7艘超大型油轮(VLCC);马士基石油勘探公司(Maersk Contractors)则有着世界上最大的技术先进的自升式平台,有30多个钻井;马士基海洋服务公司(Maersk Supply Service)拥有60多艘各种型号的海洋服务船只,可提供各种远洋服务[2]。荷兰的GustoMSC公司先后开发了DSS系列、TDS系列和OCEAN系列半潜式钻井平台[3]。挪威的Moss Maritime公司主要设计半潜式钻井平台和自升式钻井平台,包括Moss CS一系列钻井平台,其在LNG(Liquefied Natural Gas)技术上也占据领先地位[4]。Aker Kvaener公司不仅有着优秀的平台设计能力,还有着强大的石油专用设备的成套供货能力,在水下生产系统方面也处于世界领先水平,中国"海洋石油981"的钻井包(除井控系统外),均由该公司供货[5]。瑞典的GVA Consultans AB公司有着GVA3000等一系列的半潜式钻井平台,GVA7500是目前的主要产品,可在全球中等和恶劣海

---

[1] 刘全,黄炳星,王红湘.海洋工程装备产业现状发展分析[J].中国水运月刊,2011,11(3): 37–39.

[2] Maersk. Global Trade, Shipping and Energy [EB/OL]. [2015–12–09]. http://www.maersk.com/en/industries.

[3] GustoMSC. GustoMSC Products [EB/OL]. [2015–12–09]. http://www.gustomsc.com/index.php/module-variations.

[4] Moss Maritime. Moss Maritime Expanding the Limits of Technology [EB/OL]. [2015–12–09]. http://www.mossww.com/technologies.php.

[5] Kvaerner. Products and Service [EB/OL]. [2015–12–09]. http://www.kvaerner.com/Products/.

洋环境中作业,其新研发的GVA8000系列则可在高达10 000 ft的深海恶劣环境中作业①。

作为世界头号海洋强国,美国的海洋工程技术设备及研发能力长期处于全球领先地位,其海洋经济占全国GDP总量的50%以上,也是世界海洋石油开发服务公司最为集中的国家,其各类装备的拥有量占全球该类装置总量的75%以上,休斯敦则是全球海洋工程及海洋石油开采技术的研发中心②。美国墨西哥湾有各类钻井平台120余座和大量的固定式平台,并且是全球利用浮式生产设施最多的地区之一,包括17座SPAR平台、12座TLP平台、7座半潜式生产平台和4艘FPSO③。美国的F&G公司(Friede & Goldman)是全球海洋工程移动式钻井平台领先设计商,主要从事海洋工程平台设计和平台配套设备设计、制造业务,拥有超过60年海洋工程平台设计经验,不过其在2010年被中交股份收购④。LeTourneau公司是自升式钻井平台设计先驱,全世界约三分之一的自升式平台都是LeTourneau型号,不过其已被Joy Global公司收购⑤。Transocean公司则是世界上最大的近海钻探商,在全世界范围内提供领先的钻探管理服务,拥有着136座海上移动式钻井平台,并有着全球总数30%左右的深海钻井装置⑥。

总而言之,近年来虽然海洋工程装备的制造产业已经向亚洲转移,但在高端海洋工程装备的设计和制造上如海洋工程总包、装备研发设计、平台上部模块和少量高端装备总装建造、关

---

① GVA. PRODUCTS[EB/OL].[2015–12–09]. http://www.gvac.se/Products/.
② 中国海洋报.实施海洋强国战略,珠海海洋产业再接力——打造世界级海洋工程装备制造基地[EB/OL].(2014–12–19)[2015–12–09]. http://www.gdofa.gov.cn/index.php/Catagories/view/id/175601.
③ 中国船舶工业集团公司海洋工程部.大力发展海洋工程装备,推动我国成为海洋强国[J].海洋经济,2011,01:16–20.
④ Friede & Goldman. About Us[EB/OL].[2015–12–09]. http://www.fng.com/about-us.
⑤ 凤凰网. Joy Global 收购LeTourneau Technologies[EB/OL].(2011–05–11)[2015–12–09]. http://finance.ifeng.com/usstock/realtime/20110516/4028533.shtml.
⑥ MBAlib. Transocea[EB/OL].[2015–12–09]. http://wiki.mbalib.com/wiki/Transocean%E5%85%85%AC%E5%8F%B8.

键通用和专用配套设备（海洋工程装备运输与安装、水下生产系统安装、深水铺管作业）集成供货等领域，欧美企业仍然占据着垄断地位，特别是大型综合性一体化模块、海底隧道及关键的配套装备，处于整个海洋工程产业价值链的高端[1]。

1.2.2 韩国、新加坡海洋工程装备发展情况

韩国在总装建造领域发展较快，以价格低廉、交货迅速、质量上乘等优势在全球海洋工程制造上占据领先地位[2]，据统计2013年韩国的造船企业承接海洋工程装备订单金额占全球订单总额的42%[3]，位居全球第一，2014年虽然有所下滑，但还是紧紧占据前三地位。除了低端海洋工程装备之外，韩国在高端装备领域的制造上也逐步掌握了关键技术，在钻井船、FPSO、高规格自升式钻井平台、半潜式平台领域也有着强力的竞争能力，拥有现代重工、大宇造船、三星重工、韩国STX等多家企业。现代重工是韩国造船业的领头羊，累计完成了全球170多个海洋工程项目，为多个国家建造FPSO、半潜式钻井平台等各种海洋工程装备[4]；三星重工是全球第二大造船企业，不仅在钻井船建造方面居世界首位，而且在破冰型深海钻探石油船方面堪称世界第一[5]。大宇造船则是一家专注于造船和海洋工程的企业，目前共有6家船厂，主要海洋产品包括FPSO、固定式平台、石油化工装备等，目前基本上以承建高附加值船舶和海洋工程设备为主[6]。不仅如此，韩国还鼓励本国的造船企业去国外学

---

[1] 中船重工集团公司经济研究中心.世界海洋工程装备市场报告2010—2011[R].北京：中船重工集团公司经济研究中心，2011.
[2] Korea Marine Equipment Research Institute. A Global Leader in Marine Equipment Research & Testing[R].釜山：Korea Marine Equipment Research Institute, 2009.
[3] 中国船舶工业经济与市场研究中心.2013年度世界海洋工程装备制造业发展研究[R].北京：中船重工集团公司经济研究中心，2013.
[4] Hyundai Heavy Industries. About HHI — History[EB/OL].[2015-12-09]. http://english.hhi.co.kr/about/history.
[5] Samsung Heavy Industries. Products/Technology[EB/OL].[2015-12-09]. http://www.samsungshi.com/Eng/Product/ship_overview.aspx.
[6] Daewoo International. International Trade[EB/OL].[2015-12-09]. http://www.daewoo.com/eng/business/international/submain.jsp.

习,吸收欧洲先进的海洋工程制造技术,积极进行国际合作、拓展海外市场。现代重工、大宇造船等企业积极开拓巴西和俄罗斯的海洋油气开发市场,2011年现代重工与巴西EBX集团在巴西共同建造了钻井船、FPSO以及其他海洋工程船;大宇造船则与俄罗斯联合造船集团合作投资船厂,建造钻井船、FPSO等[①]。

新加坡是世界修船中心。从修理到改装到造船,新加坡是逐步发展,因此储备了大量的技术和人才。由于修理的多是钻井平台,因此新加坡秉承一贯的经验,专注于自升式和半潜式钻井平台的建造,侧重修理与改装,并在FPSO改装上独树一帜。2014年时新加坡海洋工程装备世界订单金额达到了43亿美元,承接了11座钻井设备制造,并采用自主设计打破了韩国的垄断[②]。新加坡吉宝集团和胜科海事在海洋工程装备建造方面久负盛名,力量十分雄厚。两家企业在自升式钻井平台建造领域遥遥领先,并且在半潜式钻井平台和改装FPSO市场上占有较高的比率。吉宝集团在全球海洋工程装备市场尤其是自升式平台、半潜船的设计和建造方面占据领导地位,是全球最负盛名的海洋工程装备提供商,经营着全球17家船厂[③]。吉宝岸外与海事(Keppel O&M)不仅是世界上最大的钻井设备建造公司,还是世界上最具成本竞争力的岸外钻井平台建造基地。吉宝曾经通过许可证形式建造Marathon型平台,从而来发展自己的平台建造业务。除此之外,还积极吸收国外公司的平台产品,比如美国Ensco公司承造的8500系列平台等,利用国外先进的研发能力来促进本国的科研能力,可以说新加坡在打造自己的品牌的同时,又积极与国外公司合作建造[④]。胜科海事是新加坡第

---

① Park Suhyun.韩国造船业竞争力分析[D].哈尔滨:哈尔滨工程大学,2011.
② 徐晓丽.海工装备市场的2014[J].中国船检,2015:83–85.
③ Keppel Corporation. Our Businesses[EB/OL].[2015-12-09]. http://www.kepcorp.com/en/content.aspx?sid=51.
④ 茆萍.韩国与新加坡的海工装备发展特点评述[C].//2008年度海洋工程学术会议,上海,2008:154–158.

二大造船修船企业,其在船舶维修、建造、改装、海洋平台及其装备和改装方面有着丰富的历史和经验,拥有着11家船厂,足迹遍布新加坡、中国、巴西、澳洲以及新西兰等地[①]。

1.2.3 中国海洋工程装备发展情况

中国是海洋大国,根据《联合国海洋法公约》有关规定,管辖的海面积约300万km^2,濒临渤海、黄海、东海、南海四个海域,蕴含着丰富的资源,特别是南海有着巨大的油气储量,占我国油气总资源量的三分之一,被誉为"第二波斯湾"[②]。但中国却并不是一个海洋工程产业强国,海洋工程装备制造业起于20世纪60年代,但发展极其缓慢。2010年后,政府确立高端装备制造业为国家的七大新兴产业之一,《国务院关于加快培育和发展战略性新兴产业的决定》将海洋工程装备产业纳入了重点发展的战略性新兴产业[③],海洋工程装备才开始得到大力发展。目前也已经取得了一些成果,拥有了一批自己的海洋工程装备,在高端制造装备的研发上也有一些突破性的进展,同时有着一大批优秀的海洋工程装备企业,如大连船舶重工海洋有限公司、上海振华重工、烟台中集来福士海燕工程有限公司、上海外高桥造船有限公司、山海关船舶重工有限责任公司、南通中远船务工程有限公司等[④]。

大连船舶重工集团是目前中国规模最大、建造船舶产品最齐全的现代化船舶总装企业,拥有以中国工程院院士领衔的研发设计团队,也是目前国内海洋工程装备设计建造数量最多、种类齐全、产值和自主研发程度最高的企业,设计建造完工的主要

---

① Sembcorp Marine.Our Global Network[EB/OL].[2015–12–09]. http://www.sembmarine.com/global-network.
② 杜利楠,姜昳芃.我国海洋工程装备制造业的发展对策研究[J].海洋开发与管理,2013,30: 1–6.
③ 中国国务院.国务院关于加快培育和发展战略性新兴产业的决定[EB/OL].(2010–10–10)[2015–12–09]. http://www.gov.cn/zwgk/2010-10/18/content_1724848.htm.
④ Du L N, Luan W X, Jiang Y P. Research on the development potential of China's strategic marine industries-marine engineering equipment manufacturing industry.4th International Conference on Manufacturing Science and Engineering (ICMSE 2013)[C]. Dalian, 2013: 3626–3631.

产品有自升式钻井平台、半潜式钻井平台、FPSO以及海洋工程船①。中远船务则是以大型船舶和海洋工程建造、改装及修理为主业，集船舶配套为一体的大型企业集团，自主设计建造了包括圆筒型超深水海洋石油钻井平台、带有自航动力系统的自升式海洋平台、海洋铺缆船改装超深水海洋铺管船等高端海洋工程装备②。

2014年，中国的海洋工程装备订单139亿美元，位居世界第一，生产总值59 936亿元，比上年增长7.7%，占国内生产总值的9.4%③。同时除了在传统的自升式/半潜式钻井平台、FPSO改装等方面，还首次获取了LNG–FRU（Floating LNG Regasification Unit）、半潜式修井平台、自升式天然气压缩平台等装备的订单，这些数据无一不说明我国在海洋工程装备领域的快速发展，但与世界发达国家还存在着较大的差距，主要体现在设计研发上面，仅能设计部分前海海洋工程装备，无法涉足高端、新型装备领域，核心技术研发能力就更难具备，在深水海洋工程装备方面，缺乏专业的设计人员和设计机构，海洋工程配套设备方面发展也不完善④。

1.3　海洋工程装备细分领域

为了推动中国海洋资源开发和海洋工程装备产业创新、持续、协调发展，国家发展改革委、科技部、工业和信息化部、国家能源局编制了《海洋工程装备产业创新发展战略（2011—2020）》，战略将海洋工程装备分为5个重点：主力海洋工程装备、新型海洋工程装备、前瞻性海洋工程装备、配套设备和系统以及关键共性技术，如图1所示。

---

① 大连船舶重工集团.集团简介［EB/OL］.［2015-12-09］.http://www.dsic.cn/jtgk/jtjj/.
② 中远船务.关于我们［EB/OL］.［2015-12-09］.http://www.cosco-shipyard.com/about.aspx?class=1.
③ 国家海洋局.2014年中国海洋经济统计公报［EB/OL］.（2015-03-18）［2015-12-09］.http://www.soa.gov.cn/zwgk/hygb/zghyjjtjgb/2014njjtjgb/.
④ 杜利楠.我国海洋工程装备制造业的发展潜力研究［D］.大连：大连海事大学，2012.

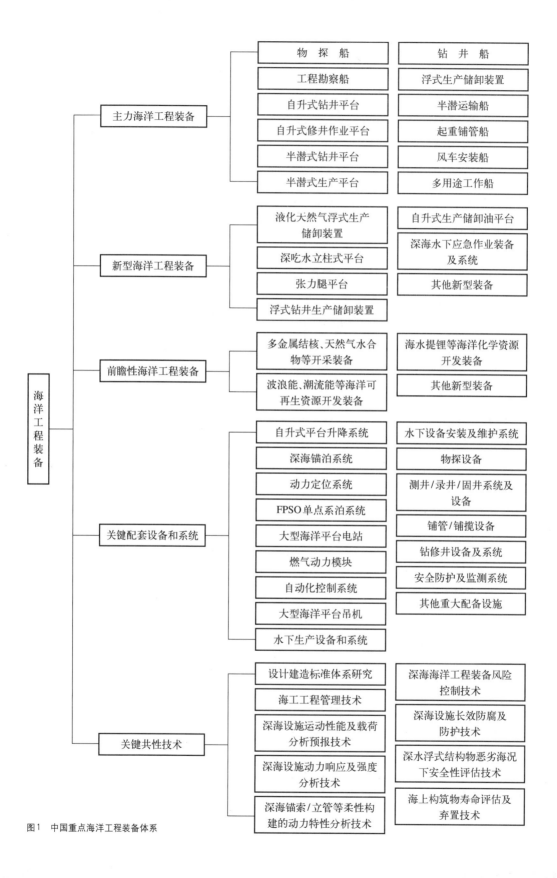

图1 中国重点海洋工程装备体系

海洋资源种类丰富，但是以油气资源为代表的海洋矿产资源开发才是目前海洋工程装备研究的重点和热点。不仅油气资源的勘探开发技术最为成熟，而且装备种类多、数量规模大。因此，国际上普遍形成共识，认为海洋工程装备主要是指在海洋油气资源开发过程中使用的各类装备，主要包括钻井平台、生产平台、海洋工程船、油气外输系统和水下设备等5类[①]，这也是国内最常见的海洋工程装备分类体系，如图2所示。

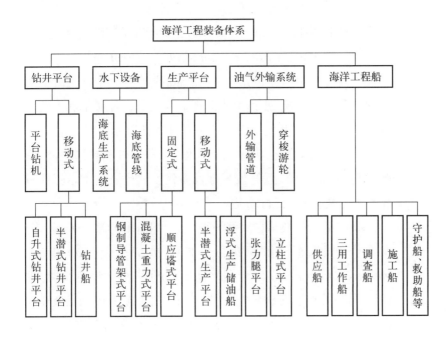

图2 海洋工程装备体系

2 主要国家发展战略要点

2.1 美国

海洋工程及装备研究在各国的海洋规划中越来越重要，发展海洋工程事业已经成为国际性大趋势和各沿海国家的战

---

① 中国船舶工业经济与市场研究中心.海洋工程装备产品与技术发展研究[R].北京：中国船舶工业经济与市场研究中心，2013.

略抉择①。美国和西欧国家位居世界海洋工程产业链最高端，以设计、研发、建造高端海洋工程设备（主要是深水、超深水高技术平台）见长，具备工程总包能力，垄断关键配套设备。特别是美国，其跨国公司占有全球海洋石油装备50%的市场份额②。进入21世纪以来，布什和奥巴马两位美国总统先后在其任期内颁布了《美国海洋行动计划》（U. S. Ocean Action Plan）和《海洋、海岸、五大湖国家管理政策》（National Policy for the Stewardship of the Ocean, Our Coasts, and the Great Lakes），鼓励并推进海洋资源开发和海洋经济发展。

2011年2月，美国能源部、内政部联合出台《国家海上风能战略》（A National Offshore Wind Strategy: Creating an Offshore Wind Energy Industry in the United States），着力于扩大海上风能创新和示范规模，加速海上风能商业发展。能源部和内政部将通过促进技术开发、消除市场障碍及推进示范项目三大措施，围绕风力涡轮机、海洋系统工程、计算工具和数据测试、资源规划、选址审批、互补性基础设施建设和先进技术示范项目等7个具体分支展开行动③。

2013年4月，美国国家海洋委员会（National Ocean Council）发布了《国家海洋政策执行计划》（National Ocean Policy Implementation Plan）。《计划》指出，为促进海洋经济发展、推进海洋产业就业，美国政府将提升海洋测绘能力，以满足企业和政府在利用海洋资源时所需要的高质量的科学信息和数据；将提供更多可访问数据和信息，支持商业捕鱼、海洋运输、海洋能

---

① 陈雯，窦义粟.世界海洋工程产业发展现状分析[J].中国水运，2007，7(8)：199–200.
② 殷为华，常丽霞，李白.海洋工程装备产业发展态势及上海的对策[J].科学发展，2013，(8)：93–99.
③ U.S. Department of Energy, U.S. Department of the Interior. A National Offshore Wind Strategy: Creating an Offshore Wind Energy Industry in the United States [EB/OL]．[2015–12–09]．http://www.energy.gov/sites/prod/files/2013/12/f5/national_offshore_wind_strategy.pdf.

源、水产养殖等商业和产业；将进一步发展海洋观测系统，提供海洋、海岸、五大湖航路的实时信息。

2013年7月，美国国家海洋和大气管理局（National Oceanic and Atmospheric Administration, NOAA）主持召开了2020国家海洋探测论坛（Ocean Exploration 2020: A National Forum）。论坛报告指出，到2020年，需有更多船只、潜水器、平台直接用于海洋物理、化学、生物学、地质学探测之中。现有平台技术不足以支持不断发展的国家项目，需要设计制造多样的、动态的平台组合。

2.2 欧盟及其成员国

随着世界制造业向亚洲国家的转移，欧美企业逐渐退出了中低端海洋工程装备制造领域，但在高端海洋工程装备制造和设计方面，欧美企业因开发北海油田而积聚了强大的海洋工程设备建造力量。欧洲船厂擅长建造海洋工程辅助船，其中挪威船厂表现尤为突出，市场份额始终保持在25%左右[①]。

2014年1月，欧委会、BALance技术咨询公司(BALance Technology Consulting GmbH)发布《欧洲海洋供应行业竞争地位及未来机遇》（Competitive Position and Future Opportunities of the European Marine Supplies Industry）报告。该报告预计，2013年至2017年海洋油气探测和开采行业在全球范围内有8%~12%复合年均增长率，创造价值1.2万亿美元的财富，其中仅英国和挪威北海地区就达到3 700亿美元。此外，未来十年也是海上风能的快速发展时期。预计2020年，全球海上风能投资将达到1 300亿欧元，欧盟将占据该市场72%的份额。随着海洋资源开采投资的增加，海上特种船舶变得越来越重要。钻井船、半潜式和自升式船只、锚拖船、浮式生产储油轮将成为市场焦点。为巩固在该领域中的领先地位，欧盟将加大对新兴市场（尤其是海上油气勘探、生产船只和海上可再生

---

① 刘全，黄炳星，王红湘.海洋工程装备产业现状发展分析[J].中国水运，2013, 11(3): 37–39.

能源生产设施)的支持,促进机械工程行业和电子工程行业的交流①。

2010年起欧盟在第七科研框架内开展了"明日海洋计划"。2014年欧委会发布文件"明日海洋项目(2010—2013)",总结了过去几年间的项目进展。该工程旨在促进多学科交流、推进科学界和经济部门的合作,共同应对海洋问题的挑战。"计划"共计资助了31个海洋研究项目,其中与海洋工程装备密切相关的有外海海域风浪能平台、风浪能开发和水产养殖多功能平台、热带海洋资源模块化多功能平台等3个项目,欧盟累计为其投资了1 487万欧元②。

英国作为全球主要的海洋国家之一,近年来密集推出了若干重要的海洋战略和研究计划,在海洋研究国家层面的顶层设计、海洋产业经济增长和海洋研究基础设施建设等方面做出了详细的规划③。

2011年9月,英国海洋工业联盟(UK Marine Industries Alliance)发布《英国海洋工业增长战略》(*A Strategy for Growth for the UK Marine Industries*)。这是英国在对企业、政府和学术界的思想不断整合的基础上形成的第一个海洋产业增长战略,该战略的实施有望带动英国海洋产业产值增长80亿英镑④。《战略》指出,英国面临的海洋出口机遇遍及海上平台、海洋系统、海上休闲娱乐等项目,其国内海洋可再生能源产业同样也将

---

① EU Commission. Balance Technology Consulting GmbH. Competitive Position and Future Opportunities of the European Marine Supplies Industry[EB/OL]. (2014–01–27)[2015–08–21]. http://ec.europa.eu/growth/sectors/maritime/shipbuilding/studies-analysis/index_en.htm.
② EU Commission. The Ocean of Tomorrow Projects (2010—2013)[EB/OL]. (2014–03–12)[2015–08–21]. http://ec.europa.eu/research/bioeconomy/pdf/ocean-of-tomorrow-2014_en.pdf.
③ 张静,韩立民.主要沿海国家海洋战略性新兴产业培育与发展情况综述[J].浙江海洋学院学报(人文科学版),2015,32(1): 12–17.
④ 科技部.英国出台海洋产业增长战略[EB/OL]. (2011–10–13)[2015–08–20]. http://www.most.gov.cn/gnwkjdt/201110/t20111011_90227.htm.

面临大规模的扩张①。

2011年11月，为加深对海洋科学重大问题的理解、协调国际性研究、发展新技术、培训科学家，英国海洋学中心（National Oceanography Centre）发布《海洋研究优先顺序和社团愿景》（*Setting Course: A Community Vision and Priorities for Marine Research*），确立了未来海洋学优先发展方向。其中包括提高海洋资源开采的安全性、恢复能力和可持续性；建造大型科研基础设施和海上平台；通过自动平台和卫星监测系统推进系统性的海洋观察项目；设立科研社团可广泛参与其中的机制，推动控制平台和传感器按照科研工作需求发展等。

2013年2月，英国海洋工业联盟发布《英国海洋出口战略》（*UK Marine Export Strategy*）。《战略》建议英国贸易投资总署（UKTI）鼓励针对海洋风能的投资，增加英国建造能力，刺激出口，为海洋产业供应链（如涡轮组件、海底电缆、高压电器设备、复合材料、运营维修服务及特殊咨询服务）提供机遇②。

2.3 澳大利亚

澳大利亚拥有全世界最大的海洋管辖范围，其海洋经济区和大陆架面积相当于陆地面积的2倍，海洋产业极为发达。为了促进海洋经济和产业的快速发展，澳大利亚联邦政府及各州在海洋经济发展、资源开发管理、生态环境保护方面投入了大量财力物力。

澳大利亚从2007年开始在《国家竞争性研究设施战略》（*National Competitive Research Infrastructure Strategy, NCRIS*）指导下，着手建设覆盖国境周围海洋装备、数据和信息服务的综合

---

① UK Marine Industries Alliance. A Strategy for Growth for the UK Marine Industries [EB/OL]. (2011-09-19) [2015-08-20]. https://www.gov.uk/government/publications/uk-marine-industries-a-strategy-for-growth.
② UK Marine Industries Alliance. UK Marine Export Strategy [EB/OL]. [2015-12-09]. https://www.gov.uk/government/uploads/system/uploads/attachment_data/file/294146/UK_Marine_Export_Strategy.pdf.

性海洋观测系统（Integrated Marine Observing System, IMOS）。

2012年7月，澳大利亚联邦科学与工业研究组织（Commonwealth Scientific and Industrial Research Organization, CSIRO）发布《海洋可再生能源2015—2050》（*Ocean Renewable Energy 2015—2050: An Analysis of Ocean Energy in Australia*）。CSIRO建议通过发展高分辨率海浪模型，增加浪能资源细节数据的精确度；监测大型浪能转换器在极端风浪条件下的操作状况，评定工程可行性；以当前模型开展灵敏度分析，改进海洋可再生能源技术，提高设备适应力；增加海浪浮标阵列，升级浮标技术，测量海浪信息，以更精确地估算海浪产能；投资潮汐能和洋流能技术，提升其竞争力；原位测量潮汐流动，修正模型参数，最大限度远景预测潮汐情况；原位测量洋流流动速度，修正公海洋流能量转换模型，模拟洋流对水下1 km深度安装涡轮机的影响；评估大型海上可再生能源装置可行性及其与油井和风能涡轮机的协同工作能力[①]。

2013年3月，澳大利亚海洋政策科学顾问组（Oceans Policy Science Advisory Group, OPSAG）发布《海洋国家2025》战略（*Marine Nation 2025: Marine Science to Support Australia's Blue Economy*）。文件指出，澳大利亚在海洋研究和海事行业的投资不足，国家需从观测设施、实验设施、数据研究设施建设和科研人员培训及合作等方面解决这一问题[②]。澳大利亚还将在IMOS的基础上建设新的海洋数据网络，为国内的科研、教育、环境管理及政策制定提供数据支持。

2.4 韩国

2012年，韩国政府公布了《海洋工程装备产业发展方案》。韩国企业在海洋工程装备领域的制造能力正快速提升，但还存

---

① CSIRO. Ocean Renewable Energy 2015—2050: An Analysis of Ocean Energy in Australia[EB/OL].［2015-12-09］. https://publications.csiro.au/rpr/download?pid=csiro:EP113441&dsid=DS2.

② OPSAG. Marine Nation 2025: Marine Science to Support Australia's Blue Economy[EB/OL].（2013-03-12）［2015-09-02］. http://www.aims.gov.au/documents/30301/550211/Marine+Nation+2025_web.pdf/.

在两方面问题：一是装备零部件国产率低，仍停留在20%的水平；二是海上平台建造能力虽强，但深海作业装备方面尚处于空白。韩国政府计划在提升装备订单达到800亿美元的同时，大幅提高制造环节的国内实施率以及相关构件的国产化比例。根据《方案》的安排，现阶段韩国发展海洋工程装备产业的重点是：石油和天然气等海洋资源的钻井勘探、生产和处理等相关装备的建造、供货和安装，今后还将扩展到海底其他各种矿产品的生产开发领域①。

2012年春季，韩国的大型船企、韩国天然气公社和相关配套企业签署了海洋工程装备配套物资设备研发生产和采买业务及开辟国外市场的合作协议。在此基础上，韩国政府将优化各方之间的合作方式、提高合作水平，要求核心配套设备要与信息通信技术相融合，由大企业和中小企业共同合作，实现一揽子的整套模块式开发和生产。

韩国政府通盘考虑，根据全国不同市、区的特长进行了业务分工：蔚山市主要进行整体建造和模块组装；釜山市负责配套设备生产、技术交流和人才培养；庆尚南道主管生产建造、配套物资设备试验和技术质量认证；全罗南道重点建造各种支援补给船；大田市和首尔市主管工程技术研发和人才教育培养。通过区域分工，韩国有望形成明确的业务分工体系，从而提高海洋工程产业链条效益，增大附加值②。

2.5 中国

我国海洋工程装备建造以国企为主导，虽然与世界海洋强国在研发实力、管理和生产效率上仍有一定差距，但整体发展较快，目前对大部分海洋工程产品都有涉足。凭借较好的前期建造经验积累，加上政府政策支持以及南海油气开发带来的装备需求，我国海洋工程装备制造业开始具备获得更多市场份额的实力③。

---

① 顾金俊.韩将大力开发海洋工程装备产业[N].经济日报，2012-05-10(04).
② 牛序谋.韩国海工装备产业发展路线图绘就[N].中国船舶报，2012-09-07(03).
③ 莫北.钻井船制造上演"军备赛"[J].中国石油企业，2013(10)：42.

近年来我国政府各部出台了系列文件,加速海洋工程装备产业的发展。2009年,国务院制定《船舶工业调整和振兴规划》,将发展海洋工程装备视为我国加快发展先进制造业的主要任务之一①。2012年7月,在国务院《"十二五"国家战略性新兴产业发展规划》中,海洋工程装备制造业被列为五大高端装备制造业之一②。2011—2014年,工信部连续四年发布《海洋工程装备科研项目指南》,从工程与专项、特种作业装备、关键系统和设备三个方面,提出了海洋工程装备制造业的重点科研方向③。

2011年8月,国家发改委、科技部、工信部、能源局联合发布了《海洋工程装备产业创新发展战略(2011—2020)》。《战略》提出以主力海洋工程装备、新型海洋工程装备、前瞻性海洋工程装备、关键配套设备和系统和关键共性技术为发展重点,到2020年要形成完整的科研开发、总装制造、设备供应、技术服务产业体系,打造若干知名海洋工程装备企业,基本掌握主力海洋工程装备的研发制造技术,具备新型海洋工程装备的自主设计建造能力,形成完备的产业创新体系,创新能力跻身世界前列。

2012年2月,工信部出台《海洋工程装备制造业中长期发展规划》。《规划》提出,要全面掌握深海油气开发装备的自主设计建造技术,提高装备安全可靠性,并在部分优势领域形成若干世界知名品牌产品;突破海上风能工程装备、海水淡化和综合利用装备的关键技术,具备自主设计制造能力;突破海洋可再生能源、天然气水合物开发装备及部分海底矿产资源开发装备的产业化技术,增强海洋生物质资源和极地空间资源开发利用装备、极地特种探测/监测设备的研发能力和技术储

---

① 国务院.船舶工业调整和振兴规划[EB/OL].[2015-09-02]. http://www.gov.cn/zwgk/2009-06/09/content_1335839.htm.
② 国务院."十二五"国家战略性新兴产业发展规划[EB/OL].[2015-12-09]. http://www.gov.cn/zwgk/2012-07/20/content_2187770.htm.
③ 工信部.工业和信息化部发布海洋工程装备科研项目指南(2014年版)[EB/OL].[2015-12-09]. http://www.miit.gov.cn/n11293472/n11293832/n12843926/n13917042/16025878.html.

备；在海洋钻井系统、动力定位系统、深海锚泊系统、大功率海洋平台电站、大型海洋平台吊机、自升式平台升降系统、水下生产系统等领域形成若干品牌产品；具备深海铺管系统、深海立管系统等关键系统的供应能力；实现海洋观测/监测设备、海洋综合观测平台、水下运载器、水下作业装备、深海通用基础件等自主设计制造[①]。

3 科学研究及技术发展全景展示

3.1 领域发展概况

如"1.1 海洋工程装备概述"所述，海洋工程装备是人类开发、利用和保护海洋活动中使用的各类装备的总称，如要对其相关学术研究做全景展示及分析，在文献检索策略制定上存在一定难度。本报告分别以SCIE数据库、CPCI-S为数据源，利用Web of Science分类，选取海洋工程分类，即：wc=(ENGINEERING OCEAN or ENGINEERING MARINE)为检索策略，查询近10年（2005—2015年8月）的文献，并进行相关文献计量学分析。

3.1.1 领域成果时间分布

Web of Science是根据期刊研究方向所做的分类，因此，本报告的检索结果是近10年海洋工程类期刊所发表的学术论文集。表2揭示了2005—2015年SCIE所收录的海洋工程领域的各期刊及其年度论文产出分布情况。由表2可以看出，近十年海洋工程领域的期刊种类虽然不断变化，但总的论文产出相对较为稳定，基本维持在1 500～2 000篇/年。此外，投稿方面，除了Ocean Eng., J. Atmos. Ocean., Technol. Sea Technol.和Coast. Eng.等期刊之外，Int. J. Nav. Archit. Ocean Eng.和Ships Offshore Struct.等期刊近年来论文数逐年增长，值得关注。

---

① 工信部.海洋工程装备制造业中长期发展规划[EB/OL].[2015-12-09]. http://www.miit.gov.cn/n11293472/n11293832/n11294072/n11302450/14521189.html.

表2 SCIE海洋工程领域期刊及其年度论文产出分布

期刊名称	2005	2006	2007	2008	2009	2010	2011	2012	2013	2014	2015	合计
Nav. Archit.	427	439	480	537	365	298	218	277	0	0	0	3 041
Ocean Eng.	125	133	218	169	143	143	208	205	322	337	197	2 200
J. Atmos. Ocean. Technol.	147	128	158	176	191	154	131	149	206	193	101	1 734
Sea Technol.	131	110	124	123	130	115	122	123	129	134	89	1 330
Coast. Eng.	66	79	70	109	105	94	96	114	113	140	78	1 064
IEEE J. Ocean. Eng.	87	90	81	47	65	85	64	64	68	69	65	785
Mar. Technol. Soc. J.	62	65	43	51	78	68	84	58	78	80	53	720
MER-Mar. Eng. Rev.	207	132	183	159	0	0	0	0	0	0	0	681
China Ocean Eng.	61	59	62	62	65	61	59	54	68	70	46	667
J. Navig.	41	43	37	52	50	49	69	48	61	70	64	584
J. Offshore Mech. Arct. Eng. Trans. ASME	47	39	37	48	48	41	46	57	71	65	53	552
Appl. Ocean Res.	25	34	24	41	32	46	38	69	81	92	54	536
Int. J. Offshore Polar Eng.	46	45	43	45	41	46	45	44	43	42	20	460
Pol. Marit. Res.	0	0	65	58	56	41	27	43	46	49	23	408
Nav. Eng. J.	26	24	33	34	37	36	44	49	63	49	9	404
J. Mar. Sci. Technol.	20	23	24	38	42	36	36	42	40	39	29	369
J. Waterw. Port Coast. Ocean Eng.-ASCE	34	58	50	36	31	31	38	50	12	0	0	340
Mar. Struct.	28	13	13	19	46	26	30	35	45	40	34	329
Brodogradnja	0	0	0	74	65	36	36	31	25	29	11	307
Int. J. Nav. Archit. Ocean Eng.	0	0	0	0	13	26	33	41	45	82	54	294
Mar. Geores. Geotechnol.	24	22	17	23	20	26	24	24	23	24	62	289
Ships Offshore Struct.	0	0	0	0	34	29	32	35	55	53	39	277
J. Ship Res.	26	34	28	21	20	24	19	22	18	16	8	236
Proc. Inst. Mech. Eng. Part M- J. Eng. Marit. Environ.	0	0	0	20	37	25	30	30	33	31	22	228
Coast Eng. J.	12	20	20	19	17	14	23	26	17	21	16	205
Proc. Inst. Civil. Eng.- Marit. Eng.	17	21	18	15	23	23	18	21	20	22	0	198

(续表)

期 刊 名 称	2005	2006	2007	2008	2009	2010	2011	2012	2013	2014	2015	合计
Int. J. Marit. Eng.	0	0	0	0	24	21	25	19	23	31	0	143
Mar. Technol. Sname News	25	26	26	27	23	8	0	0	0	0	0	135
J. Waterw. Port Coast. Ocean Eng.	1	1	1	0	1	2	2	2	41	51	27	129
J. Mar. Eng. Technol.	0	0	10	10	13	12	16	17	17	20	0	115
J. Ship Prod. Des.	0	0	0	0	0	20	18	21	18	17	0	94
Ann.NYAcad.Sci.	0	0	0	50	0	0	0	0	0	0	0	50
Underw. Technol.	13	4	0	0	0	0	0	0	0	0	0	17
合 计	1 698	1 642	1 865	2 063	1 815	1 616	1 633	1 767	1 784	1 867	1 171	18 921

对海洋工程类会议论文进行分析，数据显示会议论文数在2005—2008年呈迅速增长，之后则急剧下滑，2014年会议论文产出139篇，仅为2008年产出的二十分之一，如图3所示。对各会议历年来发文情况进行分析，发现论文产量较大的OCEANS CONFERENCE和INTERNATIONAL CONFERENCE ON OCEAN, OFFSHORE AND ARCTIC ENGINEERING等会议论文近年来都未被CPCI-S海洋工程领域收录是导致2008年后会议论文产出骤降的主要原因。

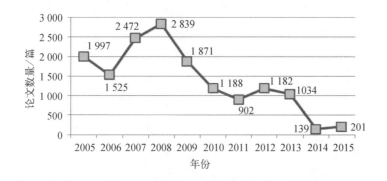

图3　海洋工程领域会议论文产出年度分布

3.1.2　国家总体分布

选取SCIE期刊论文发文量Top10国家以及引言部分提及的丹麦、荷兰、瑞典和新加坡四国作为分析对象，计算其发文率。由图4可以看出，美国的SCIE期刊论文发文率（23.7%）稳居榜首，较位居第二的中国（11.5%）具有绝对优势，英、韩、日紧随中国之后，这5个国家的发文量占到了总量的53.9%，说明这5个国家在此领域的投入和产出均比较多；此外，澳大利亚、挪威和意大利发文率也在3%以上，荷兰、丹麦、新加坡、瑞典四国发文率较低，尤其瑞典不足1%。

从Top7高发文国家期刊论文产出年度分布趋势来看（见图5），美国起步早于其他国家，似乎已经步入成熟期，2005—2012年发文量较为稳定，2013—2014年有小幅增长。中国发文趋势变化比较明显，2005—2010处于孕育期，发展相对缓慢；2010年以后进入成长期，尤其是2013年和2014年论文产出增长迅猛，2014年中国海洋工程领域期刊论文产出已经非

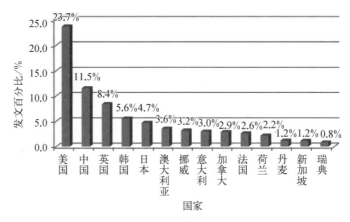

图4 主要国家期刊论文发文率分布图

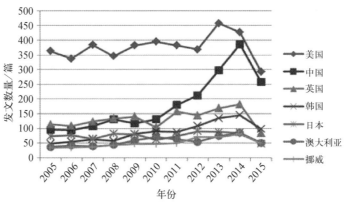

图5 Top7国家期刊论文年度分布趋势图

常接近美国，其他4个国家海洋工程领域论文产出一直保持稳定发展的趋势。

3.1.3 国家影响力分析

选取被引频次Top10国家以及引言部分提及的挪威、丹麦、瑞典和新加坡四国作为分析对象，计算其被引频次比率。从图6可以看到，美国被引频次居于首位，占31%，在海洋工程领域美国论文发文量和被引频次均遥遥领先于其他国家，说明在此领域美国具有强大的综合实力；英国论文被引次数比率（9.4%）与发文比率（8.4%）几乎相当，反映英国在海洋工程领域论文产出能够保持质与量的均衡发展；中国的论文被引频次相对于绝对数量来说并没有优势，其论文虽多，但其被引频次却不高。值得注意的是，荷兰、法国和丹麦三个国家在发文量较少的情况下却有相对较高的被引频次。

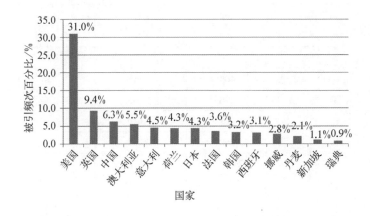

图6 国家论文被引频次百分比分布图

对发文100篇以上国家或地区的被引频次和篇均被引进行统计。如表3所示，荷兰以篇均被引9.65次/篇位居全球第一，丹麦、澳大利亚、意大利和西班牙篇均被引也达到7次/篇以上。美国以篇均被引6.45次/篇，位居第七。中国在发文量大于100篇的国家中论文篇均被引频次几乎是最低的，只有2.68次/篇。

国家/地区	发文量	被引总频次	篇均被引（次/篇）
荷 兰	384	3 704	9.65
丹 麦	211	1 811	8.58
澳大利亚	619	4 768	7.70
意大利	520	3 896	7.49
西班牙	379	2 703	7.13
法 国	458	3 133	6.84
美 国	4 134	26 671	6.45
德 国	382	2 320	6.07
葡萄牙	313	1 823	5.82
中国台湾	378	2 158	5.71
英 国	1 461	8 056	5.51
瑞 典	146	751	5.14
新加坡	202	988	4.89
加拿大	503	2 340	4.65
日 本	821	3 700	4.51
土耳其	262	1 133	4.32
挪 威	562	2 406	4.28
希 腊	169	678	4.01
印 度	408	1 558	3.82
伊 朗	296	1 085	3.67
巴 西	171	610	3.57
韩 国	968	2 787	2.88
中 国	2 009	5 376	2.68
克罗地亚	154	228	1.48
波 兰	408	536	1.31

表3 部分国家/地区发文量及被引频次统计表（按篇均被引排序）

3.1.4 学科分布

海洋工程领域期刊论文及会议论文按Web of Science学科进行分类，除了海洋工程（Engineering, Ocean[①]）、海事工程

---

① Engineering, Ocean学科包含所有为开发和利用海洋资源而在水下或者海洋表面所进行的操作所涉及的设备和技术。

(Engineering, Marine①) 外，还涉及土木工程（Engineering, Civil）、机械工程（Engineering, Mechanical）和海洋学（Oceanography）等众多学科。从期刊论文学科分布图（见图7）和会议论文学科分布图（见图8）上看，海洋工程领域期刊论文在土木工程（Engineering, Civil）学科方面所占比例较多，占总发文量的55%；而会议论文更倾向于机械工程（Engineering, Mechanical）学科，占总发文量38%反映期刊论文与会议论文关注点有所差别。

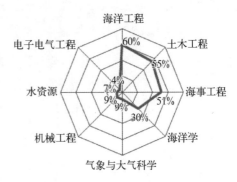

图7　海洋工程领域期刊论文学科分布

从国家和地区论文技术领域分布来看（见图9），美国在海洋工程方面具有绝对优势，在土木工程和海洋学方面亦有突出表现，美、中、英、韩四国在海事工程领域的差距相对不明显。中国技术优势在于海洋工程和土木工程领域，海事工程和海洋学领域发展也较为均衡。

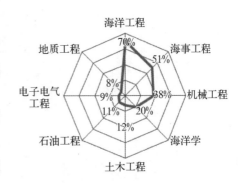

图8　海洋工程领域会议论文学科分布

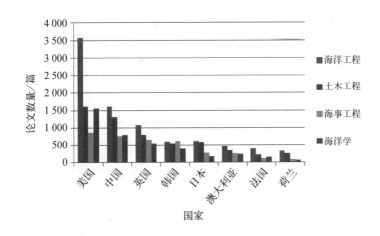

图9　国家和地区论文技术领域分布

---

① Engineering, Marine学科主要包括工程师在轮船和其他海洋船舶的设计、建造、导航和推进中必须考虑的环境限制和物理限制方面的资源。

3.1.5 会议地点分布

选取高发文的（大于400篇）会议地点进行分析，如图10所示，葡萄牙里斯本、加利福尼亚州圣迭戈以及德国汉堡占据高发文会议地点前三甲。中国上海位于第六位，发文量达654篇，这和以上地区召开较多的海洋工程领域大型会议有关。

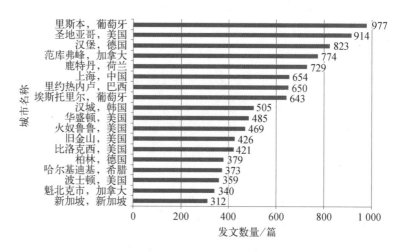

图10 会议地点分布

3.1.6 会议影响力分析

计算CPCI-S海洋工程领域Top10会议发文百分率及被引百分率，如图11所示。近海与极地工程国际会议（International Offshore and Polar Engineering Conference）被引百分比率最高，此外近海力学与北极工程国际会议（International Conference on Offshore Mechanics and Arctic Engineering）、地中海国际海事协会大会（International Congress of the International-Maritime-Association-of-the-Mediterranean）和IEEE电动船技术国际研讨会（IEEE Electric Ship Technologies Symposium）被引百分率高于发文百分率，说明这些会议具有较高影响力，也值得关注。

3.2 主题分析

根据期刊论文、会议论文检索结果，本报告利用CiteSpace进行可视化分析，探索、发现海洋工程类学术论文的热点研究主题。

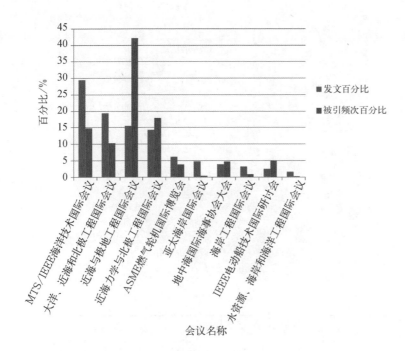

图11 CPCI-S海洋工程领域Top10会议发文率及被引百分率图

3.2.1 期刊论文热点主题分析

1）主题（Term）共现分析

利用CiteSpace对18 921条SCIE论文数据进行主题共现可视化分析，得到主题共现可视化分析网络知识图谱。如图12所示，共有16 395篇有效文献被纳入分析，将图中的主题整理得到高频次、高中心度[①]主题列表，如表4所示。高频和高中心度主题反映了海洋工程领域的热点主题，将热点主题分类归纳如下：

研究方法 数值模拟（numerical simulation）、数值模型（numerical model）等。

海洋区域 碎浪带（surf zone）、浅水（shallow-water）、海滩（beach）等。

流体研究 波及深度（propagation）、湍流（turbulence）、散

---

① 中心度：Betweenness centrality，节点的中心度是指网络中所有最短路径通过该点的比例，中心度高的节点在网络中起到了桥梁作用。

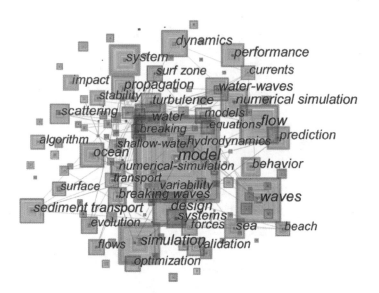

图12 海洋工程领域近十年主题共现可视化图谱

	高频主题词			高中心度主题词	
序号	频次	主题词	序号	中心度	主题词
1	781	model	1	0.11	surf zone
2	420	waves	2	0.1	breaking
3	382	simulation	3	0.09	shallow-water
4	367	flow	4	0.08	propagation
5	321	design	5	0.08	currents
6	296	water	6	0.07	sediment transport
7	282	system	7	0.06	breaking waves
8	261	numerical simulation	8	0.06	beach
9	258	dynamics	9	0.06	transport
10	235	ocean	10	0.06	numerical model
11	234	sediment transport			
12	232	performance			
13	230	propagation			
14	227	water-waves			
15	219	prediction			
16	200	turbulence			
17	195	scattering			
18	195	systems			
19	194	sea			
20	186	behavior			

表4 高频、高中心度主题列表

射（scattering）、洋流（currents）、波浪（breaking waves、water-waves）等。

其他 动力学（dynamics）、输沙（sediment transport）等。

2）主题（Term）聚类分析

对以上SCIE论文主题词利用Modularity Q[①]和Silhouette[②]方法进行聚类分析，从中挖掘与"海洋工程装备"相关的研究领域及主题，得到图13所示结果：图谱聚类模块度Q=0.688 3，说明该图聚类内的关系及类间关系的紧密型比较均衡，但 *Silhouette* 平均值仅为0.198 2，即聚类相似性极低、主题并不明确，说明海洋工程领域包含的研究主题比较笼统宽泛、可拓展性强。

图13中共有9个聚类，分析每个聚类，发现与海洋工程装备相关的是平均年份最晚的5号和8号聚类，总结如下：

5号聚类 由7个节点（主题词）组成，*Silhouette*=1，平均年份是2013年，聚类关键词是卫星观测（satellite observations）、微波观测（microwave observations）、水下应答器（acoustic long baseline (lbl) aiding）等。其中，"海洋工程装备"对应的主题有潜水器（underwater vehicles）、遥感（remote sensing）、水下应答器（acoustic long baseline (lbl) aiding）、成像光谱仪（imaging spectrometer）等。

8号聚类 由5个节点（主题词）组成，*Silhouette*=1，平均年份是2010年，聚类关键词是材料疲劳（fatigue）、海上设施（offshore installations）、阻抗（damping）、流体力学（hydrodynamics）、桩体（pile）等。其中，"海洋工程装备"对应的主题有材料疲劳（fatigue）、海上设施（offshore installations）、船舶（ships）、桩体（pile）等。

---

① Modularity Q衡量聚类的模块性，取值介于0和1之间，值越大，表明聚类网络的模块性越好，即聚类内的关系越紧密，类间的关系越松散。
② Silhouette用以衡量聚类主题的明确性，取值介于-1和1之间，值越大，表明各类的主题越明确。

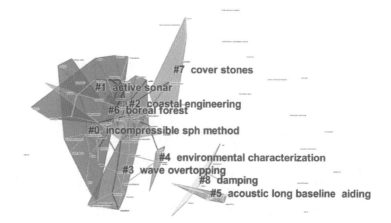

图13 海洋工程领域近十年主题聚类

综上所述,海洋工程装备涌现于近几年的聚类中,属于前沿研究领域,船舶(潜水器)、材料(材料疲劳、桩体等)、遥感、水下应答器、成像光谱仪、海上设施等主题标志着近年来海洋工程装备的研究热点。

3) 引文聚类主题分析

通常,某一领域的研究热点可通过对一定时间内,具有内在联系,数量相对较多的一组文献所共同探讨的问题来发现,即引文聚类。对18 921条SCIE论文进行引文聚类,得到图14所

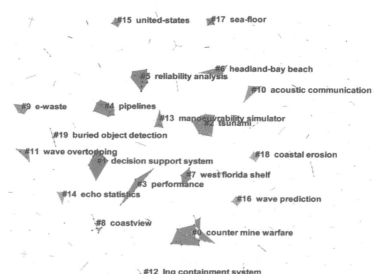

图14 海洋工程领域近十年引文聚类

示结果。2005年至今共有2 584篇被引文献被纳入分析（有效率=100%），图14中共有549个节点，246条连线，20个聚类。该图谱聚类模块度$Q=0.978\ 3$，说明该图聚类内的关系非常紧密，类间关系则极为松散，$Silhouette$平均值为0.301 3，即聚类相似性不高、主题明确性偏低，同样说明海洋工程领域学者关注的研究领域众多，关注的研究主题非常宽泛。

3.2.2 期刊论文新兴主题分析

利用CiteSpace提供的词频探测技术，通过考察词频的时间分布，将其中频次变化率高的词（burst term）从大量的主体词中探测出来，依靠词频的变动趋势，而不仅仅是频次的高低，来确定前沿领域和发展趋势[①]。所以在这里，本报告以爆发性（burst值）高的关键词代表技术前沿领域。对SCIE论文抽取的主题词进行爆发性检测，检测到63个爆发性主题词，如表5所示，对近3年爆发性增长的新兴主题总结如下：

主题词	爆发性	爆发起始年	爆发结束年	2005—2015爆发趋势
remote sensing	15.286 8	2013	2015	
satellite observations	14.840 7	2013	2015	
radars	13.875 4	2013	2015	
radar observations	12.138 4	2013	2015	
sensors	11.830 5	2013	2015	
instrumentation	11.828 6	2013	2015	
algorithms	11.056 2	2013	2015	
offshore installations	10.634 4	2009	2010	
reverberation	8.000 8	2009	2010	
maritime engineering	6.901 4	2009	2010	
surface-waves	6.050 6	2005	2007	
clutter	5.769 5	2009	2010	
ultimate strength	5.450 5	2012	2013	

表5 海洋工程领域近10年爆发性主题列表

---

① 黄鲁成，王凯，王亢抗.基于CiteSpace的家用空调技术热点、前沿识别及趋势分析[J].情报杂志,2014(2):40–43

(续表)

主 题 词	爆发性	爆发起始年	爆发结束年	2005—2015爆发趋势
satellite	4.874 5	2008	2009	
wave overtopping	4.736 2	2008	2009	
shallow water	4.708 6	2007	2009	
bed	4.635 3	2006	2007	
ambient noise	4.552	2005	2006	
inversion	4.328 7	2005	2006	
spectra	4.055 5	2005	2007	
data assimilation	3.785 7	2007	2008	
form	3.653 1	2005	2006	
coastal engineering	3.516 4	2005	2006	
random waves	3.510 1	2006	2007	
optimization	3.472 1	2013	2015	
circulation	3.469 5	2005	2007	
diffraction	3.461 5	2006	2007	
surface	3.443 8	2005	2006	
geoacoustic inversion	3.397 2	2005	2006	
retrieval	3.184 6	2005	2007	
radiation	3.170 2	2005	2006	
computational fluid dynamics	3.042 1	2009	2011	
wave	2.830 8	2006	2007	
temperature	2.817	2005	2006	

"海洋工程装备"研究前沿 传感器（sensors、remote sensing）、钢悬链线立管（steel catenary risers）、波能转换器（wave energy converter）等。

海洋工程其他领域研究前沿 卫星观测（satellite observations）、雷达（radars）、雷达观测（radar observations）、算法（algorithms）、仪器（instrumentation）、原位观测（in situ oceanic observations、in situ atmospheric observations）、数据处理（data processing）、声学多普勒流速剖面仪（profilers）、气候变化（climate change）、水动力性能（hydrodynamic performance）等。

3.2.3 专利主题分析

同样由于海洋工程装备的多样性和复杂性，本报告选取海洋工程装备中最具代表性的船和海上平台进行专利分析，即：选择国际专利分类"B63（船舶或其他水上船只；与船有关的设备）"作为检索式，时间范围为：2005—2015年8月，在DII数据库中检索到68 185条记录；为获得更多的分析字段，将德温特入藏号导入到TI数据库中，得到67 307条同族专利，其中发明专利49 543条。

采用国际专利分类号作为技术分类的依据，对全球船舶/海上平台领域专利申请技术领域布局（67 307条同族专利）进行分析，获得相关领域的专利技术类别，详见图15。在该领域中，专利数量最多的类别是B63B，占总专利数量的一半以上（58%），其次是B63H，占21%。其他3类分别占13%、4%和4%。各国际专利分类包含内容如下：

B63B 船舶或其他水性船只；运输设备（ships or other waterborne vessels; equipment for shipping）。

B63H 船舶推进、转向装置（marine propulsion or steering）。

B63C 船舶的下水，牵引或入港；水中救援；水下工作或水下处所相关设备；水下目标搜索或打捞方法（launching, hauling-out, or dry-docking of vessels; life-saving in water; equipment for dwelling or working under water; means for salvaging or searching for underwater objects）。

B63J 船舶辅助（auxiliaries on vessels）。

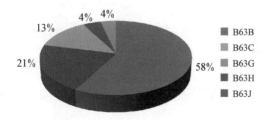

图15　B63类专利分布

B63G 船舶进攻或防御设施；布雷；扫雷；潜艇；航母（offensive or defensive arrangements on vessels; mine-laying; mine-sweeping; submarines; aircraft carriers）。

由于浮式结构物（B63B–035/00和B63B–035/44）是B63B的主要类别，因此，选取浮式结构物领域，利用CiteSpace对专利文献进行主题分析，得到图16浮式结构物主题分析，将热点主题加以整理，归纳如下：

浮式结构物 钻井船（driling ship）、浮式结构物（floating structure）、浮式平台（floating platform）、浮式体（floating body）、风轮机（wind turbine）等；

浮式结构物部件 船体（ship body）、月池（moon pool）、立柱（upright post）、系泊系统（mooring system）、主甲板（main deck）、浮箱（floating box）、浮码头（floating pier）、提升装置（lifting device）、主体（main body）、主体部分（main portion）、上部（upper portion）、上端（upper end）等；

浮式结构物相关名词 海洋建筑（marine structure）、纵向（longitudinal direction）、钻井作业（drilling work）、外镀（outer plating）等；

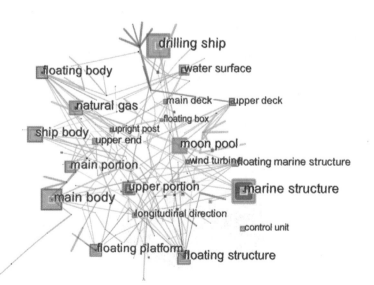

图16 浮式结构物主题分析

其他 天然气 (natural gas)、天然气生产储存装运 (natural gas production storage shipment)、水面 (water surface)、海平面 (sea surface) 等。

3.3 主要国家科技实力分析

3.3.1 SCIE论文国家/地区发文网络

利用CiteSpace对SCIE论文进行国家/地区发文网络分析，共有14 002条记录有效被纳入分析，得到图17所示结果，未检测出中心度高的国家/地区，可见研究"海洋工程"领域的国家/地区合作关系并不显著。

对国家/地区发文情况进行爆发性检测，检测到频次与爆发性均比较高的国家/地区是波兰，说明波兰对于"海洋工程"领域的研究在近几年加速增长。

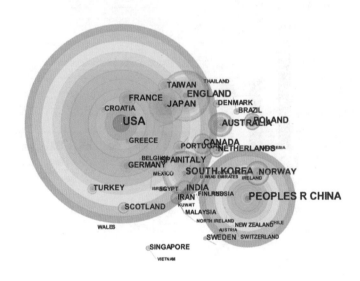

图17 海洋工程领域近10年国家／地区发文网络图谱

3.3.2 专利国家分布分析

由于个别国家的实用新型专利较多，为了便于横向分析与比较，专利国家分布分析针对49 543条发明专利进行。从图18、图19及表6中可以看到，专利数量遥遥领先的是韩国，其次是中国、美国、日本，俄罗斯和德国、法国、英国、意大利、澳大利亚发明专利量非常相近。从专利引用情况看，美国处于绝对优势地位，日本、韩国、中国依次递减。从发明专利数量TOP5国家的年度分布趋势来看（见图20），韩国、中国发明专利数量自2005年至2012年呈上升发展态势，尤其韩国的发明专利数量增长更为迅速；美国、日本、俄罗斯近10年的分布趋势基本一致，呈现平缓态势。由于专利从申请到公开要经历2～3年的时间，所以2012年至2015年数据不做分析。

对比各个国家/地区的专利数量及引用情况，可以看到，美国发明专利引用数量、篇均被引均位列第一位，创新能力稳居榜首；日本发明专利引用数量位居第四位，篇均被引均位列于第二位，也是创新能力较强的国家；韩国、中国发明专利数量分列第一位、第三位，但篇均被引情况不够理想，亟待提高。

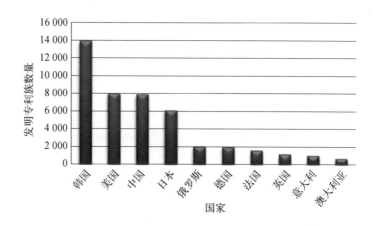

图18 发明专利Top10国家/地区分布图

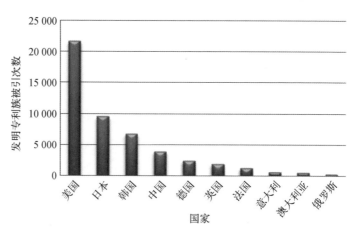

图19 发明专利Top10国家引用情况分布图

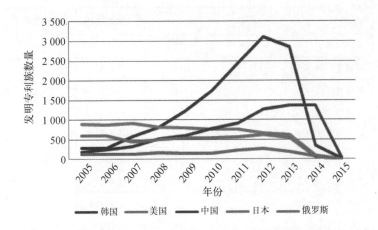

图20 发明专利Top5国家年度趋势图

国家/地区	发明专利申请量	引用数量	篇均被引
韩 国	13 936	6 727	0.48
美 国	7 967	21 687	3.57
中 国	7 884	3 833	0.49
日 本	6 067	9 504	1.57
俄罗斯	2 012	263	0.13
德 国	1 934	2 380	1.23
法 国	1 541	1 257	0.82
英 国	1 143	1 878	1.64
意大利	992	555	0.56
澳大利亚	674	521	0.77

表6 Top10国家发明专利数量及引用

3.4 主要机构竞争力分析

3.4.1 机构分布

1）机构总体分布情况

　　整理全球SCIE论文产出排名前20的机构（以下简称Top 20机构）数据，如表7所示。美国国家海洋和大气管理局以438篇领跑全球。以美国为首的欧美发达国家机构被引频次和篇均被引普遍高于亚洲国家，美国国家航空航天局以16.76次/篇的篇均被引数遥遥领先于其他机构。以美国为首的欧美发达国家

机构	发文量	被引频次	篇均被引
美国国家海洋和大气管理局	438	3 346	7.64
美国国防部	436	2 418	5.55
挪威科技大学	346	1 682	4.86
美国海军部	342	1 816	5.31
大连理工大学	327	1 250	3.82
上海交通大学	272	558	2.05
里斯本大学	246	1 452	5.90
里斯本技术大学	239	1 407	5.89
首尔大学	218	702	3.22
印度理工学院	213	897	4.21
美国国家航空航天局	200	3 353	16.76
中国科学院	197	645	3.27
釜山大学	194	534	2.75
佛罗里达州立大学	193	1 144	5.93
加州大学	192	1 888	9.83
釜山大学医院	175	534	3.05
德州农机大学	174	1 107	6.36
荷兰代尔夫特理工大学	171	1 853	10.84
法国国家科学研究院	170	1 404	8.26
哥但斯克工业大学	168	146	0.87

表7 Top 20机构发文量与被引次数表

机构被引百分比大部分都超过发文百分比，而包括中国在内的亚洲地区机构被引百分比均低于发文百分比。

2）机构年度分布情况

图21展示了发文量靠前的6所机构近10年发展趋势。总体来看，美国国家海洋和大气管理局、美国国防部、美国海军部虽有略微波动但基本保持稳定。挪威科技大学在2012年出现激增，近两年略微下降。大连理工大学呈现缓慢增长趋势。尤其值得注意的是，上海交通大学在近两年出现爆发性增长，并有持续增长之势。

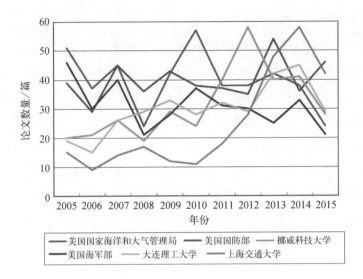

图21 发文量Top6机构论文产出近10年分布

3.4.2 SCIE论文机构发文网络

对机构发文情况进行爆发性检测，检测到近3年爆发性较高的机构共10个，如表8所示。其中，上海交通大学的文献量和爆发性位居第一，浙江大学紧随其后，反映出这两所国内高校在海洋工程领域的研究产出增长迅猛。

机构	文献量	爆发性	爆发起始年	爆发结束年	2005—2015爆发趋势
Shanghai Jiao Tong Univ	258	11.643 8	2013	2015	
Zhejiang Univ	111	10.309 1	2013	2015	
Amirkabir Univ Technol	31	7.924 3	2013	2015	
Korea Inst Ocean Sci & Technol	21	7.301	2013	2015	
Newcastle Univ	43	6.798 4	2011	2015	
Aalborg Univ	30	5.974 1	2012	2015	
Yildiz Tekn Univ	31	5.547 2	2012	2015	
Aalto Univ	32	3.519 7	2011	2015	
Natl Univ Def Technol	28	3.513 3	2011	2015	
Natl Univ Singapore	102	2.494 8	2013	2015	

表8 海洋工程领域近3年爆发性机构列表

3.4.3 专利机构分析

同理，专利机构分析针对49 543条发明专利进行。从图22和表9中看到，B63类（船舶或其他水上船只；与船有关的设备）发明专利数量最多的机构依次为三星重工有限公司、大宇造船与海洋工程有限公司及现代重工有限公司。从机构所属国家来看，韩国、日本在这个领域发展迅猛，Top10机构中，除中国的哈尔滨工程大学外，其余9家皆为韩国、日本机构。从授权发明专利数量来看，趋势与发明专利基本相同，从授权率来看，授权率较高的机构有三信公司、雅马哈发动机株式会社、本田汽车有限公司及三星重工有限公司，授权率均达到75%以上。

从发明专利引用情况看，三星重工有限公司被引总量最高，其次是大宇造船与海洋工程有限公司、雅马哈发动机株式会社（见图23），篇均被引则普遍体现为日本机构高于韩国、中国机构。

从专利申请量Top5机构年度趋势图（见图24）中可以看到，三星重工有限公司、大宇造船与海洋工程有限公司及现代重工有限公司3家机构的专利数量基本是从2009年开始迅速增长，而两家日本公司三菱重工株式会社、雅马哈发动机株式会社则呈现平稳发展态势。由于专利公开的滞后特点，自2012年以来呈下降趋势。

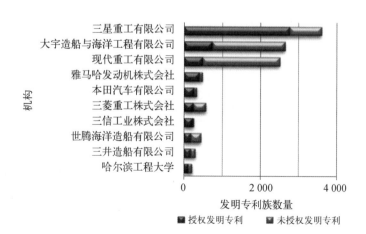

图22　发明专利数量Top10机构分布图

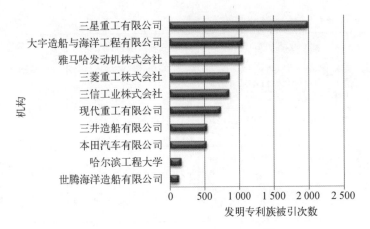

图23 发明专利Top10机构引用情况图

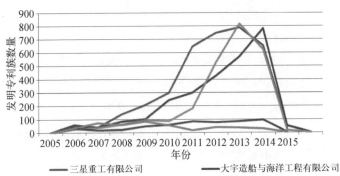

图24 发明专利数量Top5机构年度分布图

专利权人	发明专利数量	授权发明专利数量	授权率	引用数量	篇均被引
SAMSUNG HEAVY IND CO LTD（三星重工有限公司）	3 594	2 692	0.75	1 981	0.55
DAEWOO SHIPBUILDING & MARINE CO LTD（大宇造船与海洋工程有限公司）	2 631	697	0.26	1 050	0.40
HYUNDAI HEAVY IND CO LTD（现代重工有限公司）	2 494	482	0.19	728	0.29
MITSUBISHI JUKOGYO KK（三菱重工株式会社）	569	210	0.37	855	1.50
YAMAHA MOTOR CORP（雅马哈发动机株式会社）	475	386	0.81	1 049	2.21
STX OFFSHORE & SHIPBUILDING CO LTD（世腾海洋造船有限公司）	437	159	0.36	124	0.28

表9 Top10机构发明专利数量及引用

(续表)

专利权人	发明专利数量	授权发明专利数量	授权率	引用数量	篇均被引
HONDA MOTOR CO LTD（本田汽车有限公司）	325	250	0.77	525	1.62
MITSUI ENG & SHIPBUILDING CO LTD（三井造船有限公司）	288	154	0.53	533	1.85
SANSHIN KOGYO KK（三信工业株式会社）	250	212	0.85	848	3.39
UNIV HARBIN ENG（哈尔滨工程大学）	202	96	0.48	162	0.80

4 研究结论

通过对海洋工程装备的文献调研及相关领域的发展态势分析可以看到：无论是我国还是亚洲相关国家、欧美发达国家都非常重视海洋发展，出台了相关政策或规划，这些政策的重点是海洋油气开采及可再生能源的开发，相关领域的技术研发将是未来研究的重要方向。

从学术论文国家分布角度分析，2005—2015年，海洋工程类SCIE期刊论文主要分布在美国，中国在论文发表数上也有不俗的表现，位居第二，但在篇均被引次数方面落后于其他国家，位列23位，荷兰以篇均被引9.65次/篇位居全球第一。

从发明专利国家分布角度分析，2005—2015年，B63类（船舶或其他水上船只；与船有关的设备）发明专利申请量遥遥领先的是韩国，其次是中国、美国、日本；韩国、中国发明专利数量自2005年至2012年呈上升发展态势，尤其韩国的发明专利数量增长更为迅速。从发明专利引用情况看，美国处于绝对优势地位，日本、韩国、中国依次递减。

在学术交流举办地方面，葡萄牙里斯本、加利福尼亚州圣迭戈以及德国汉堡为高发文会议地点前三甲，其当地机构为组织学术交流做出了巨大贡献。中国上海位于第六位，在海洋工程领域具有较高建树，颇具影响力。

通过主题分析，可以发现海洋工程领域近10年SCIE论文研究主题主要热点体现在：数值模拟、数值模型、动力学等方面。值得关注的是近3年爆发性增长的新兴主题为：remote sensing、satellite observations、radars、algorithms等。

以B63类专利为代表，通过专利主题分析，发现在该领域中，专利数量最多的类别是B63B（船舶或其他水性船只；运输设备），占总专利数量的一半以上（58%）。以B63B的主要类别：浮式结构物（B63B–035/00和B63B–035/44）进行主题分析，热点主题主要体现在：钻井船、浮式结构物、浮式平台、海洋建筑、天然气、船体、月池等。

从期刊论文机构分析可以看到，美国国家海洋和大气管理局、美国国防部、挪威科技大学、美国海军部、大连理工大学、上海交通大学发文量位列前六。从近3年爆发性机构的分析看到，上海交通大学和浙江大学位于前两名，说明这两所国内高校在海洋工程领域的研究产出增长迅猛。

从专利机构分析可以看到，B63类发明专利中，专利申请量最多的机构依次为三星重工有限公司、大宇造船与海洋工程有限公司及现代重工有限公司，Top10机构中，除中国的哈尔滨工程大学外，其余9家皆为韩国、日本机构，反映韩国、日本在这个领域的研发产出占有较强优势。

智能机器人全球发展态势

高 协　余晓蔚　李亚军
张 晗　马丽华　余婷婷
刘 翔

1　引言

智能机器人（Intelligent Robot）的研发制造及应用，一直是人类的追求和梦想。Nature 杂志 2012 年的 New Year, New Science，展望了科学界的重大发现，6 个 "visionary" 研究计划中就包括研制单身人士的机器人伴侣（robot companions）①。麦肯锡 2013 年的研究报告 Disruptive technologies: Advances that Will Transform Life, Business, and the Global Economy 对潜在 12 种改变未来的颠覆性技术进行了分析，其中一项为先进机器人技术（advanced robotics），该报告表明由于人工智能（artificial intelligence, AI）、机器人通信（robot communication）等技术的发展，未来的机器人将会更敏捷、更智能、更容易与人交流②。欧美、日本、中国等许多国家的政府也纷纷制定相应的发展战略计划，投入大量经费来研制智能机器人，美国启动了"国家机器人计划"（National Robotics Initiative, NRI），"先进制造伙伴计划"（Advanced Manufacturing Partnership, AMP），日本的"新机器人战略"（New Robot Strategy），欧盟的"地平线 2020"（Horizon 2020）。中国也制定了相应的战略如《中国制造 2025》，"十二五"发展规划等来推进机器人领域的研究与应用。一场

---

① Richard Van Noorden. New Year, New Science — Nature Looks Ahead to the Key Findings and Events that May Emerge in 2012 [EB/OL]. (2012–01–03) [2015–12–09]. http://www.nature.com/news/new-year-new-science-1.9730.

② McKinsey Global Institute. Disruptive Technologies: Advances that Will Transform Life, Business, and the Global Economy [EB/OL]. [2015–12–09]. http://www.mckinsey.com/insights/business_technology/disruptive_technologies.

"机器人革命"(Robot Revolution)正在全球范围内进行[①]。

1.1 智能机器人发展概述

美国机器人协会(Robotic Industries Association, RIA)认为:机器人是一种可编程和多功能的操作机。智能机器人则是在其基础上具备独立感知思考行动、接近人类智能的机器人。目前,关于智能机器人国际上没有统一定义,但是一般认为至少具有感觉要素、运动要素、思考要素三个要素。

美国是机器人的诞生地。1927年,美国制造了世界上第一部真正意义上的人形机器人Televox[②]。1969年,斯坦福研究院(Stanford Research Institute, SRI)首次采用了人工智能学研制出了智能机器人(Intelligent Mobile Robot) Shakey[③],为智能机器人的研究揭开新的序幕,标志着智能机器人的研究正式开始[④]。1973年,ABB公司推出了世界上第一款微处理器控制的商业化工业智能机器人IRB 6[⑤]。智能机器人不仅在工业范围内得到了广泛的应用,在医疗、家庭服务等行业也飞速发展。1999年,SONY公司研制的AIBO机器狗不仅能够娱乐,还可以和主人沟通,这也是智能机器人首次作为娱乐应用到普通家庭[⑥]。2000年,日本本田公司首次研发出可以根据声音、手势等命令来从事相应的动作的人形机器人ASIMO[⑦]。2001年,浙江大学设计出国内第一个具有初步智能的自主吸尘机器人(intelligent dust-collecting robot)[⑧]。

[①] Levy, Frank, Murnane, Richard J. Researching the Robot Revolution[J]. Communications of the ACM, 2014, 57(8): 33–35.

[②] Cyberneticzoo.A History of Cybernetic Animals and Early Robots[EB/OL].(1929–02–19)[2015–12–09]. http://cyberneticzoo.com/robots/1927-televox-wensley-american/.

[③] SRI International's Artificial Intelligence Center.Shakey[EB/OL].[2015–12–09]. http://www.ai.sri.com/shakey/.

[④] NILLSSEN N.A Mobile Automation: An application of Artificial Intelligence Techniques[C]. Washington D.C. IJCAI, 1969.

[⑤] 计时鸣,黄希欢.工业机器人技术的发展与应用综述[J].机电工程,2015,32(1):1–13.

[⑥] 肖南峰.智能机器人[M].广州:华南理工大学出版社,2008: 3–5.

[⑦] 陈黄祥.智能机器人[M].北京:化学工业出版社,2012: 7–8.

[⑧] 朴松昊,种秋波,刘亚奇,等.智能机器人[M].哈尔滨:哈尔滨工业大学出版社,2012: 2–13.

智能机器人是未来新产业发展的基础之一,据全球机器人市场统计数据分析,2013年全球机器人工业销量达到178 132台;专用服务机器人销量达到了21 000台,总量比2012年增加了28%。预计到2017年,仅家庭服务机器人将达到2 390万台,随着社会老龄化的发展,面向老人与残疾人的护理机器人、康复机器人等智能机器人也将大幅度增长,未来20年服务机器人市场将会大幅度扩张①。因此,大力发展智能机器人对提高生产效率,提升服务质量、降低能源消耗,实现由"制造"向"智造"的转变具有重要意义。

1.2 智能机器人应用领域

随着科技的发展创新,智能机器人的应用已经从传统的工业

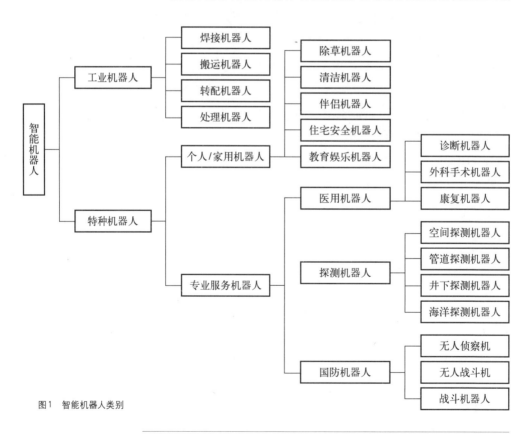

图1 智能机器人类别

---

① 梁文莉.全球机器人市场统计数据分析[J].机器人技术与应用,2014(1).

领域,扩展到军事、探测、医疗、家庭服务等各个领域。智能机器人有着多种分类体系,根据中国自动化学会的2015年机器人产业发展报告①来看,常见的智能机器人有如图1所示这几种类别。

1) 工业领域

工业智能机器人(intelligent industrial robot)目前被广泛应用于汽车工业、物流等行业,它可以自动执行工作,依靠自身动力和控制能力来实现各种功能。其包括焊接机器人(welding robot)、搬运机器人(transfer robot)、装配机器人(assembly robot)、处理机器人(processing robot)等。根据国际机器人联合会(International Federation of Robotics, IFR)的数据,全球工业机器人的年均销售增长率为9%,中国工业机器人年均销售增长率达到25%,到2015年市场需求将达到4.5万台,大规模替代人工,成为规模最大的机器人市场。而随着控制技术及人工智能的发展,利用人工智能和网络技术,未来的工业机器人将会具有更高的智能。

2) 军事领域

军用机器人包括无人侦察机(UAV)、无人攻击机(UCAV)、战斗机器人(battle robot)等,这些军用智能机器人未来将会成为国防装备中的亮点。例如IRobot公司研制的"Packbot"机器人在阿富汗战争中,就已经被投入使用。法国、意大利、西班牙等国研制的无人作战机"NEURON",能够在无任何指令的情况下,独立完成飞行,并能自动校正②。伴随着科技的发展,未来的军用机器人将会拥有更高的智能,人与机器人,机器人与机器人之间将会更容易进行交互沟通,从而达到良好的协作配合,最终实现协同作战。另一方面,随着信息化、一体化的程度不断加深,军用机器人将涉及深海、太空、网络等新式战场。

---

① 中国自动化学会.2015年机器人产业发展报告[EB/OL].(2015–08–05)[2015–12–09]. http://finance.cenet.org.cn/show-1514-67818-1.html.
② 陈升,孙雪.国内外军用机器人的现状、伦理困境及研究方向[J].制造业自动化,2015,11: 27–28,40.

3）探测领域

依靠探测和导航系统，智能机器人能够进行精准定位现场，并实时传回信息，可按照应用场所（太空、陆地、水下）分为三类。美国的"好奇号"火星探测机器人于2012年成功在火星表面登陆，并传回了拍摄到的照片①。美国宇航局喷气推进实验室（NASA's jet propulsion laboratory, NASA/JPL）研究的HAZBOT Ⅲ 移动机器人可以对危险陆地环境进行探测。伍兹霍尔海洋研究所（Woods Hole Oceanographic Institution, WHOI）研制的水下机器人Nereus完成了10 902 m的深海探测②。随着人工智能的发展，未来的探测机器人的智能化程度将会越来越高，定位系统越精准，环境适应能力越强，探测能力也将会越来越优秀。

4）医疗领域

根据国际机器人联合会的分类，医疗机器人自身可以分为四个类别：诊断机器人、外科手术机器人、康复机器人（rehabilitation robot）及其他。利用机器人进行外科手术辅助可以精准定位，提高手术操作的可视性和精确性。美国Intuitive Surgical公司开发的达芬奇手术机器人（Da Vinci surgical robotic）是目前世界上应用最广、技术最先进的手术机器人，它能同时允许外科医生进行微创手术，还可以模仿外科医生的手部动作控制仪器③，康复机器人可以取代或协助人体的某些功能，从而在康复医疗过程中发挥作用，不仅可以促进临床康复治疗效果，还可以为病人的日常活动提供方便④。美国麻省理工机械学院研发的"MIT-

---

① 申耀武.智能机器人研究初探[J].机电工程技术,2015（6）：47–51,132.
② 谭民,王硕.机器人技术研究进展[J].自动化学报,2013,39（7）：277–282.
③ Vartan A. Mardirossian M D, Mary C. Zoccoli M D, Alphi Elackattu M D, et al. A Pilot Study to Evaluate the Use of the da Vinci Surgical Robotic System in Transoral Surgery for Lesions of the Oral Cavity and Pharynx[J]. Laryngoscope, 2009, 119(Supplement S1):S7–S7.
④ Menchon M, Morales R, Badesa F J, et al. Pneumatic Rehabilitation Robot: Modeling and Control[C]. Robotics (ISR), 2010 41st International Symposium on and 2010 6th German Conference on Robotics (ROBOTIK)VDE, 2010: 1–8.

Manus"机器人可用于神经康复治疗。医疗机器人能够操作准确、很好地适应外部复杂的环境,但如何提高机器人辅助手术的安全性和有效性,提高医疗机器人的智能性以及人性化都将是以后的研究重点。

5) 家庭服务领域

主要包括清洁机器人、除草机器人、教育娱乐机器人、伴侣机器人等家庭服务的机器人。法国Robosoft公司推出的Kompai,可以给老人和残疾人给予照顾。东京大学IRT研究所和丰田汽车株式会社研究的家用机器人,可以进行如送餐具等一系列的家务劳动。当前家庭智能机器人虽然处于初步发展阶段,但受制于人类老龄化的加快,服务机器人将会快速发展。由于家用机器人的使用者是普通人,所以构建一个良好的人-机交互平台是关键;另一方面,现有的家用机器人控制方式单一,携带性差,使用成本高等,这也是将来家用机器人发展亟须解决的一个问题[①]。

2 主要国家发展战略要点

2.1 美国

20世纪60年代,美国首先发明了工业机器人并将其商业化。但当前绝大部分的工业机器人生产却是在亚洲和欧洲国家完成的。为了在全球制造业的竞争中占据有利位置,美国联邦政府近年来发布了多项战略和研究计划,力图加强先进机器人产业的发展。

2011年6月24日,美国总统奥巴马宣布启动了《先进制造伙伴关系》(Advanced Manufacturing Partnership, AMP)研究计划,其中"投资于下一代机器人"是联邦政府振兴制造业的关键步骤之一[②]。在该研究计划下,美国国家科学基金会(NSF)、

---

① 下山勋,张炜.未来家用机器人设想与研究[J].机器人技术与应用,2011(2):1-5.
② Presideng Obama Launches Advanced Manufacturing Partnership[EB/OL].[2015-08-17]. https://www.whitehouse.gov/the-press-office/2011/06/24/president-obama-launches-advanced-manufacturing-partnership.

美国国家航空航天局（NASA）、美国国立卫生研究院（NIH）和农业部（USDA）联合开展了"美国国家机器人计划"（National Robotics Initiative, NRI），并将提供高达 7 000 万美元的研究经费，用于支持"下一代机器人"的研发和应用[1]。自 NRI 计划启动以来，上述四个联邦部门对 NRI 计划进行了持续的经费投入，资助范围包括先进制造、民用及环境基础设施、卫生保健康复、军用及国家安全、空间及海洋探索、食品生产加工及物流、自理能力及生活质量提升、安全驾驶等多个主要应用领域。

2013 年 3 月 20 日，由美国科学基金会（NSF）资助，佐治亚理工学院、卡内基梅隆大学、美国机器人技术联盟、宾夕法尼亚大学、南加州大学、斯坦福大学、加州大学伯克利分校、华盛顿大学、麻省理工学院多个大学及研究机构联合完成了美国《机器人技术路线图：从互联网到机器人》（A Roadmap for U.S. Robotics: From Internet to Robotics）。该路线图阐述了机器人在制造、卫生保健与医疗机器人、服务应用、空间、国防五个领域的发展目标、关键挑战和未来研究方向等，强调了机器人技术在美国制造业、卫生保健等领域的重要作用，同时也描绘了机器人技术在创造新市场、新就业岗位和改善人民生活方面的潜力。

2015 年，美国 NRI 计划发布了最新的项目征集[2]，并新增了美国国防部（Department of Defense）和国防部高级研究计划局（Defense Advanced Research Projects Agency）两个合作伙伴，继续资助 NRI 计划的"直接支持个人与团体行为的协同机器人（co-robots）的实现"项目。此次项目征集重点关注能够与人类协同工作的下一代机器人，研究协同机器人的传感和感知技术、建模和分析、设计和材料、通信和接口、设计和控制、人工智

---

[1] National Robotics Initiative[EB/OL].[2015–08–17]. http://www.nsf.gov/pubs/2011/nsf11553/nsf11553.htm?org=NSF.

[2] National Robotics Initiative (NRI).The Realization of Co-robots Acting in Direct Support of Individuals and Groups[EB/OL].[2015–08–17]. http://www.nsf.gov/pubs/2015/nsf15505/nsf15505.htm.

能、认知和学习能力、算法和硬件,以及在人类活动各个领域的社会、行为和经济方面的应用,医疗保健、海洋、监控、矿产、家庭、农业和纳米机器人的研究,以及微型机器人、人形机器人、网络化多机器人团队、机器人操作系统(ROS)、外骨骼、假肢器官、装配流水线等特定平台和操作系统的研究。

2.2 欧盟

欧盟将机器人产业视为保持区域经济持续发展、提升地区核心竞争力的关键性产业[①]。在2007年至2013年实施的第七研发框架计划(FP7)中,欧盟直接向成员国内500多个科研组织的130个机器人研发项目提供了总计5.36亿欧元的资助[②]。2011年,欧盟委员会将未来信息分析模拟技术、石墨烯、纳米级传感器、人脑工程、医学信息技术和机器人技术评选为对未来影响最大的6项前沿技术[③]。2014年初,欧盟第八研发框架计划地平线2020(Horizon 2020)最终敲定,新一期计划将重点关注创新性和创造财富的研究,机器人研发亦被列为其中。欧盟对机器人技术的重视,由此可见一斑。

2013年10月,欧洲机器人协会(euRobotics)在地平线2020战略指导下发布了《机器人2020战略研究日程》(Robotics 2020 Strategic Research Agenda)。预计到2020年,欧盟范围内将有超过7.5万名正式员工从事工业型和服务型机器人的制造,超过140家企业以机器人制造为主营业务,由机器人及相关产业带来的GDP将达到800亿欧元。为应对未来全球范围内的机器人销售竞争,欧盟将建立协同创新机构、实现开放式创新和建立强大的组件市场作为战略目标。

2013年11月,欧委会在《地平线2020工作计划:2014—2015》(*Horizon 2020-Work Programme 2014—2015*)中指出,当前机器

[①] 陈鸶. 欧、美、日、韩机器人产业新战略[J]. 上海信息化, 2015(3): 81–83.
[②] euRobotics. How SPARC is used: Horizon2020 with new instruments to spur innovation[EB/OL].[2015–08–17]. http://sparc-robotics.eu/implementation/.
[③] 姜岩. 欧盟评出六大前沿技术[N]. 科技日报, 2011–05–10(08).

人研究的首要目标是在认知、人机交流、机电一体、导航、感应等技术领域解决一系列关键问题，提升机器人的适应、配置、决策、交流等性能，迅速提高工业型和服务型机器人的技术水平[①]。次年6月，欧委会联合欧洲机器人协会下的180个公司及研发机构共同启动了全球最大的民用机器人研发计划"SPARC"。根据该计划，双方将共同投资推动机器人在制造业、农业等领域中的研发和应用。"SPARC"计划的实施将有望在欧洲创造24万个就业岗位，推进欧盟机器人行业年产值增长至600亿欧元，将欧盟机器人所占全球市场份额提升至42%[②]。

2.3 英国

英国拥有发达的制造业，但其国内机器人保有量不高。据统计，日本每万名劳动者拥有235台机器人，而英国每万名劳动者仅拥有25台机器人[③]。这与英国在工业领域的诸多领先优势并不相符。2012年，英国财政大臣提出将机器人和自动系统（Robotics and Autonomous Systems, RAS）作为调整经济、创造就业、促进发展、支撑英国工业战略目标的八大战略性技术之一[④⑤]。

2013年，英国技术战略委员会（Technology Strategy Board, TSB）成立机器人和自动系统特殊行业集团（Robotics and Autonomous Systems Special Interest Group, RAS-SIG）[⑥]。2014

---

① European Commission.Horizon 2020-Work Programme 2014—2015[EB/OL].(2013–11–10)[2015–08–17]. http://ec.europa.eu/research/participants/data/ref/h2020/wp/2014_2015/main/h2020-wp1415-leit-ict_en.pdf.
② 任彦.欧盟启动全球最大民用机器人研发计划[N].人民日报,2014–06–10(022).
③ 李振兴.英国重点支持的八个基础研究方向[J].中国科技产业,2013(07):72–73.
④ Government of UK. £600 million investment in the eight great technologies[EB/OL].(2013–01–24)[2015–08–17]. https://www.gov.uk/government/news/600-million-investment-in-the-eight-great-technologies.
⑤ Government of UK. Eight great technologies: robotics and autonomous systems[EB/OL].(2014–06–09)[2015–08–17].https://www.gov.uk/government/publications/eight-great-technologies-robotics-and-autonomous-systems.
⑥ TSB. RAS 2020 Robotics and Autonomous Systems: A national strategy to capture value in a cross-sector UK RAS innovation pipeline through co-ordinated development of assets, challenges, clusters and skills[EB/OL].(2014–06–27)[2015–08–11].https://connect.innovateuk.org/documents/2903012/16074728/RAS%20UK%20Strategy?version=1.0.

年,由 TSB 领导的 RAS 2020 计划向政府提出了以下战略建议:进一步加强对协作计划、资产、重大挑战、关键集群和关键技术等 5 个 RAS 战略要素的投资,培育英国在 RAS 方面的能力;为 RAS 基金会建立相关流程,促进创意、人才以及科研活动从基础研究阶段向前期论证阶段再向完全商业化阶段的快速转移;建立 RAS 领导委员会以加强工业界、学术界和政府之间高级领导层的联系,为战略提供独立的顾问并监督计划执行过程;进一步加强与欧盟、投资者、国内外企业资源之间的联系,促进这 5 个战略要素的发展;继续发展与标准和法规制定部门之间的对话,制定更详细的计划;向国际企业和投资者阐明,英国正争取成为 RAS 技术成果转化的最佳投资地①。

2014 年 8 月,TSB 更名为英国创新机构(Innovate UK),并联合皇家工程院(RAEng)、英国工程与自然科学研究委员会(Engineering and Physical Sciences Research Council, EPSRC)共同提出当前和未来的 RAS 行动计划,其中包括:英国创新机构与国防部联合向国防科技实验室(Defence Science and Technology Laboratory)投资 500 万英镑刺激海上自动系统的发展;EPSRC 向机器人和自动系统及相关领域高水平研究提供 4 000 万英镑赞助;EPSRC 投资 1 000 万英镑成立"自动-智能和连接控制"计划(Towards Autonomy-Smart and Connected Control),开发下一代无人驾驶交通工具;EPSRC 组织建立 RAS 伙伴关系,邀请学者和博士后科研人员参与其中②。

2.4 日本

日本对机器人技术的重视由来已久。日本政府曾先后出台了一系列旨在推进机器人研发的产业规划,近年来更是将机

---

① 中华工控网.英国 RAS 2020 战略:将投 2.57 亿美元推动机器人和自主系统(RAS)[EB/OL]. (2014-07-03)[2015-08-11]. http://www.gkong.com/item/news/2014/07/79722.html.
② Government of UK. Government wants UK to lead global robotics technology [EB/OL]. (2015-03-23)[2015-08-11]. https://www.gov.uk/government/news/government-wants-uk-to-lead-global-robotics-technology.

器人产业列为本国经济增长的重要支柱①。

2013年6月,日本内阁发表《科学、技术和创新综合战略路线图》(*Comprehensive Strategy onScience, Technology and Innovation Roadmap*),机器人被视为促进医疗保健、维护基础设施、应对自然灾害、开发地方资源的重要手段之一。日本内阁提议将机器人技术与医疗、基建、救灾等领域中的现有技术融合,形成自动、实用、高效的问题解决方式。预计到2035年,日本国内护理辅助、诊断维护、灾害应对3种类型机器人的市场总值将达到9 200亿日元②。

2013年,日本经济产业省(Ministry of Economy, Trade and Industry, METI)推出以促进护理型机器人的开发、引进为目的专项工程(*Project to Promote the Development and Introduction of Robotic Devices for Nursing Care*)。为提高老年人的自理能力、减轻赡养者负担,工程将优先发展移动支撑设备、排泄支撑设备、老年性痴呆症患者监控设备、可穿戴式移动辅助设备及非可穿戴式移动辅助设备等5种机器人。该项目还将制定护理型机器人商业化所必需的一系列标准,建立有关安全标准制订、安全测试方法制订、风险评估、伦理审查的示范性条例③。

2015年2月,日本经济振兴指挥部(The Headquarters for Japan's Economic Revitalization)发布《机器人新战略》(*New Robot Strategy*)。《战略》提出,为应对国内自然灾害频发、社会步入老龄化阶段、制造业竞争力下滑等问题,日本除了要推行社会、经济制度改革外,还要进一步推进技术层面的创新与应用,以机器人技术助推社会、经济发展。

---

① 董碧娟.工业机器人:创新必答题[N].经济日报,2015-08-10(013).
② Cabinet Office, Government of Japan. Comprehensive Strategy on Science, Technology and Innovation Roadmap[EB/OL]. (2013-06-07)[2015-08-11]. http://www8.cao.go.jp/cstp/english/doc/chapter2_roadmap_provisional.pdf.
③ METI.Announcement of Successful Applicants for the Project to Promote the Development and Introduction of Robotic Devices for Nursing Care[EB/OL]. (2014-03-28)[2015-08-11]. http://www.meti.go.jp/english/press/2014/0528_04.html.

经济振兴指挥部认为，实现机器人革命须以三大战略为核心：① 打造世界级的机器人创新基地。巩固机器人产业的培育能力，增加产、学、官合作，增加用户与厂商的对接机会，诱发创新，推进人才培养，研发下一代技术，开展国际标准化工作。② 发展世界领先的机器人应用社会。在日常生活各领域广泛使用机器人，在推进机器人开发的同时打造应用机器人所需的环境。③ 迈向领先世界的机器人新时代。在物联网时代，数据的高级应用形成了数据驱动型社会，所有物体都将通过网络互联，日常生活中将产生无数的大数据。为此要推进机器人相互联网，积极申请国际标准①②。

2.5 中国

中国在国际科学技术发展趋势和国家重大需求的牵引下，也十分重视先进制造前沿技术的发展和机器人产业及其应用。从20世纪80年代起，我国出台多个科技计划或国家战略文件，对于机器人技术和产业发展的支持力度越来越大③。

2006年2月，国务院印发了《国家中长期科学和技术发展规划纲要（2006—2020年）》，部署了一批具有前瞻性、先导性和探索性的重大技术，以提高我国高技术的研究开发能力和产业的国际竞争力。在先进制造技术领域，提出了"智能服务机器人"作为重点突破的前沿技术之一，需要"以服务机器人和危险作业机器人应用需求为重点，研究设计方法、制造工艺、智能控制和应用系统集成等共性基础技术"④。

2012年4月，国家科技部印发了《服务机器人科技发展"十二五"专项规划》，围绕国家安全、民生科技和经济发展的重

---

① METI. Japan's Robot Strategy was Compiled[EB/OL].(2015-01-23)[2015-08-11]. http://www.meti.go.jp/english/press/2015/0123_01.html.
② 王喜文.日本政府发布《机器人新战略》[N].中国电子报,2015-03-31(03).
③ 桂仲成,吴建东.全球机器人产业现状趋势研究及中国机器人产业发展预测[J].东方电气评论,2014,28(112):4-10.
④ 国家中长期科学和技术发展规划纲要（2006—2020年）[EB/OL].[2015-08-17]. http://www.gov.cn/gongbao/content/2006/content_240244.htm.

大需求,将服务机器人产业定位为我国未来战略性新兴产业。该规划以"培育发展服务机器人新兴产业,促进智能制造装备技术发展"为目标,提出了"突破工艺技术、核心部件技术和通用集成平台技术"三大突破和"重点发展公共安全机器人、医疗康复机器人、仿生机器人平台和模块化核心部件"四大任务①。

2013年底,国家工信部印发了《关于推进工业机器人产业发展的指导意见》。该意见提出了"到2020年,形成较为完善的工业机器人产业体系,培育3～5家具有国际竞争力的龙头企业和8～10个配套产业集群;工业机器人行业和企业的技术创新能力和国际竞争能力明显增强,高端产品市场占有率提高到45%以上,机器人密度(每万名员工使用机器人台数)达到100以上,基本满足国防建设、国民经济和社会发展需要"的发展目标,并从主要任务和保障措施两大方面给予机器人产业发展的政策性指导②。

2015年5月8日,国务院正式印发《中国制造2025》,提出了中国制造强国建设三个十年的"三步走"战略,这是我国实施制造强国第一个十年的行动纲领。该规划就机器人领域,重点提出了"围绕汽车、机械、电子、危险品制造、国防军工、化工、轻工等工业机器人、特种机器人,以及医疗健康、家庭服务、教育娱乐等服务机器人应用需求,积极研发新产品,促进机器人标准化、模块化发展,扩大市场应用。突破机器人本体、减速器、伺服电机、控制器、传感器与驱动器等关键零部件及系统集成设计制造等技术瓶颈",为我国机器人领域的未来发展指明了方向③。

继《中国制造2025》规划,今年国家"十三五"规划的制定

---

① 服务机器人科技发展"十二五"专项规划[EB/OL].[2015-08-17]. http://www.gov.cn/gzdt/att/att/site1/20120424/001e3741a4741100454401.pdf.
② 工信部发布《关于推进工业机器人产业发展的指导意见》[EB/OL].[2015-08-17]. http://www.zjjxw.gov.cn/zwgk/tzgg/wjtz/2014/01/03/2014010300022.shtml.
③ 国务院关于印发《中国制造2025》的通知[EB/OL].[2015-08-17]. http://www.gov.cn/zhengce/content/2015-05-19/content_9784.htm.

也将给机器人领域的发展带来机遇。根据国家工信部透露消息称，《机器人产业"十三五"发展规划》已完成初稿，正处于修改完善阶段，有望在今年年底前发布①。该规划将提出今后五年中国机器人产业的主要发展方向，包括加强基础理论和共性技术研究、提升自主品牌机器人和关键零部件的产业化能力、推进工业机器人和服务机器人的应用示范、建立完善机器人的试验验证和标准体系建设等，以及实现在助老助残领域、消费服务领域、医疗领域等重点领域的示范应用，并开展核心零部件攻关、前沿共性技术研发、医疗康复机器人应用等重点工作。该规划的编制和出台将进一步对我国机器人领域的发展带来强大推动力。

上述主要国家或地区在机器人领域提出的重要的发展战略规划或相关项目，如表1所示。

国家/地区	规划名称	发布时间	发布机构	投入资金
美国	国家机器人计划	2011	NSF, NASA, NIH, USDA	7 000万美元
	机器人技术路线图：从互联网到机器人	2013	NSF	/
欧盟	地平线2020计划第一期	2014	欧委会	7 400万欧元
	2014—2020欧洲机器人战略性研究日程（SPARC）	2014	欧洲机器人协会	28亿欧元
日本	机器人新战略	2015	日本经济振兴指挥部	/
	护理型机器人开发引进项目	2013	日本经济产业省	23.9亿日元
英国	RAS行动计划	2014	Innovate UK, RAEng, EPSRC	5 500万英镑
中国	服务机器人科技发展"十二五"专项规划	2012	国家科技部	/
	关于推进工业机器人产业发展的指导意见	2013	国家工信部	/
	中国制造2025	2015	国务院	/

表1 主要国家/地区近5年机器人发展战略规划

---

① 工控特别策划（一）："十三五"规划前瞻之机器人篇［EB/OL］.［2015–08–17］. http://www.gkzhan.com/news/detail/dy58336_p1.html.

3　科学研究及技术发展全景展示

为全面了解机器人研究领域发展状况,从最近10年间(2005—2015)发表的SCIE期刊论文、CPCI-S会议论文和专利申请数量两方面进行数据统计和定量分析,检索策略详见3.5。期刊论文选取SCIE近10年所有题名含有robot*的论文,共计28 015篇。

会议论文选取CPCI-S近10年所有题名含有robot*的论文,共计34 862篇。

专利数据选取德温特数据库近10年所有题名含有robot*的专利,共计48 911件。后续利用专利申请数量进行主题分析,利用发明专利申请数量进行国家和机构分析。

3.1　领域发展概况

1）年度分布

考察机器人领域科学研究的总体趋势,以发表期刊和会议论文数量的年度分布情况揭示科学研究发展趋势。图2和图3分别展示了近10年机器人领域SCIE期刊论文年度分布及其生命周期,期刊论文产出量呈稳健增长趋势,发文数量和作者数量的比值稳定,说明机器人领域正处于成长期。图2同时也揭示了CPCI-S会议论文年度分布情况,2005—2009年会议论文产出量稳步攀升,2010—2012年出现大幅跌落,2011年会议论文产出量更是跌至谷底,经2012—2013年短暂回升后,2014年会

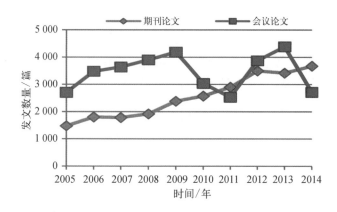

图2　机器人领域期刊和会议论文产出年度分布图

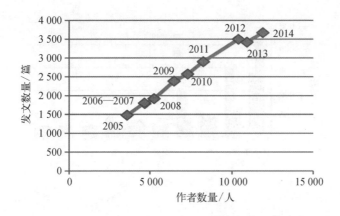

图3 机器人领域期刊论文生命周期

议论文产出量又急剧下降。分析其原因，论文产量较大的IEEE International Conference on Robotics and Biomimetics (ROBIO)、IEEE International Conference on Mechatronics and Automation (ICMA)等会议2010年、2011年和2014年未被CPCI-s收录。

2）国家总体分布

本节以期刊和会议论文产出数量来表征国家研究实力。如图4所示，SCIE期刊论文高发文Top 10国家与CPCI-s会议论文高发文Top 10国家完全重合。从期刊论文上看，美国处于绝对领先地位，发文8 600余篇；中国位居第二，发文量2 400余篇，不足美国三分之一；韩国、日本、意大利和英国以较为接近的发文量紧随其后。从会议论文上看，中国、美国和日本位居前三甲；中国以微弱的优势占据榜首。综合两者来看，机器人领域美国霸主地位不容动摇，中国和日本表现活跃，具有较强的竞争力。

选取五个重点关注国家，分析其期刊论文年度分布趋势，如图5所示。美国起步略早于其他国家，经过2005—2006年和2008—2012年两次快速发展后，目前似乎已经步入成熟期，产量基本维持在1 000篇/年。中国在机器人领域可谓后起之秀，2005—2008年维持小幅增长，2008年之后大放异彩，从趋势上看，中国正在步入高速发展时期。日本、英国和德国年度分布曲线相对平坦，尤其是日本，发文量始终保持在150篇/年左右，未见大幅度变化。

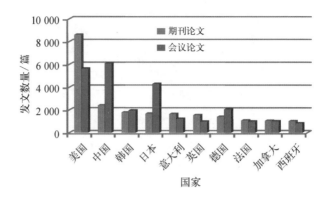

图 4 机器人领域期刊和会议论文产出 Top10 国家分布图

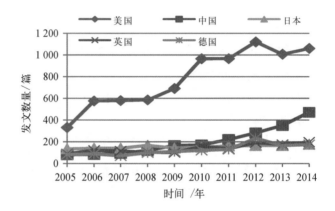

图 5 机器人领域期刊论文 Top5 国家年度分布趋势图

3）国家影响力

本节以发文百分比和被引频次百分比来表征高发文 Top10 国家影响力。期刊论文方面，由图 6 可知，在机器人领域美国论文被引频次百分比明显高于发文百分比，说明在此领域美国具有强大的综合实力；同样意大利和德国也具有较高的影响力；法国和加拿大被引频次百分比与发文百分比几乎相当，说明其论文产出能够保持质与量的均衡发展；其他五国被引频次百分比明显低于发文百分比，中国尤为突出，在论文被引影响力方面和美国差距较大。这种差距在会议论文上表现更为明显，如图 7 所示，美国发文量略低于中国的情况下，被引频次达到中国被引频次的 6 倍之多。可见中国学者应该注意提升论文质量及其业界影响力。

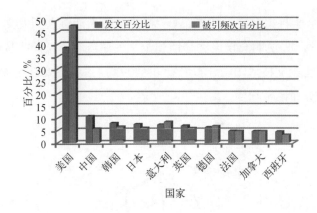

图6 机器人领域期刊论文产出Top10国家百分比图

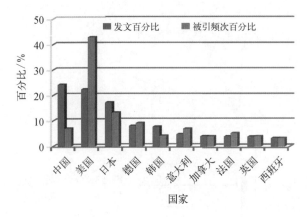

图7 机器人领域会议论文产出Top10国家百分比图

4）学科分布

本节考察机器人领域总体以及高发文Top10国家论文的Web of Science学科分布情况。

机器人领域期刊论文按Web of Science学科进行分类，如图8所示。机器人领域期刊论文学科分布较为均衡，机器人学、泌尿学/肾脏学各占20%左右，此外自动化与控制系统、人工智能、外科各占10%左右，由图9国家和地区期刊论文技术领域分布图可以看出，泌尿/肾脏学科发文主要集中在美国，说明在美国医疗机器人属研究热点，而反观中国，对此关注度不高。

机器人领域会议论文按Web of Science学科进行分类，如图10所示。机器人、电子电气工程、自动化与控制系统、人工智能4个学科占据主导位置,医学相关学科未能进入到发文百分比前八位,说明会议论文与期刊论文关注点有所不同。从国家和地区论文技术领域分布来看(见图11),各国发文在上述4个学科分布比较均衡。

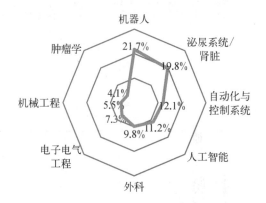

图8　机器人领域期刊论文学科分布图

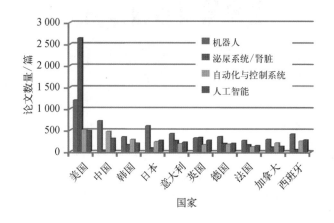

图9　国家和地区期刊论文技术领域分布图

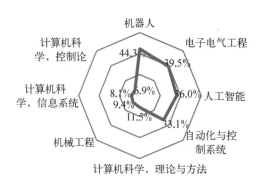

图10　机器人领域会议论文学科分布图

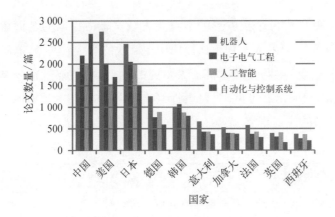

图11 国家和地区会议论文技术领域分布

3.2 主题分析

为考察机器人研究领域的热点主题、新兴主题，了解其发展动态，应用CiteSpace对2005—2015年间期刊论文、会议论文及申请专利中出现的主题词进行共现和聚类分析。

3.2.1 期刊论文主题分析

1) 热点主题分析

利用CiteSpace对28 015条SCIE期刊论文数据进行主题词的共现可视化分析，运行得到主题共现可视化图谱，如图12所示。

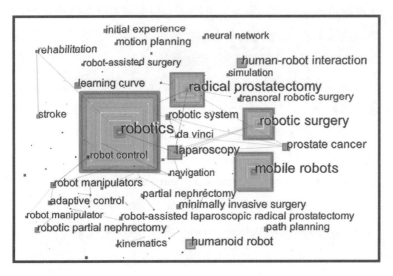

图12 机器人领域期刊论文近10年主题共现可视化图谱①

---

① 图12机器人领域期刊论文近10年主题共现可视化图谱中英文对照表，详见附表2。

图12中每个正方形的节点代表从文献中提取的名词短语（term），节点的大小代表该短语出现频次的多少。其中，高频和高中心度[①]主题反映了机器人研究的热点，将热点主题分类归纳如表2所示。可见，机器人近10年的研究热点主要集中在医疗领域的应用研究。

表2 机器人领域期刊论文近10年研究热点分类归纳表

领域	热点主题词
医疗领域	外科手术机器人（robotic surgery），主要有切除手术机器人（radical prostatectomy, robotic partial nephrectomy）、微创手术机器人（minimally invasive surgery）、腹腔镜机器人（laparoscopy）、专病手术及治疗机器人（prostate cancer, stroke, cervical cancer）、达芬奇机器人（da vinci）等；此外还有康复机器人（rehabilitation）等
关键技术	人机交互（human-robot interaction）、自适应控制（adaptive control）、路径规划（path planning）、动作规划（motion planning）、学习曲线（learning curve）、机器人系统（robotic system）等
机器人类型	移动机器人（mobile robots）、仿人机器人（humanoid robot）等
其他	机械手（robot manipulators）、运动学（kinematics）等

利用CiteSpace对SCIE期刊论文主题词进行聚类分析，从中挖掘机器人研究的集中热点领域。根据聚类结果的模块度和相似性数据，可以看出机器人包含的研究领域比较清晰，但领域内的研究主题比较笼统宽泛、可拓展性强。

机器人研究的热点领域共有4个聚类，每个聚类的详细信息总结如下：

（1）0号聚类 围绕机器人应用于前列腺等疾病治疗的研究，平均年份是2005年，包含关键词有：前列腺疾病（prostate, prostatectomy, prostate cancer, radical prostatectomy, assisted radical prostatectomy）、癌症（cancer）、腹腔镜检查（laparoscopy）、无病生存期（disease-free survival）等。

---

① 中心度：Betweenness centrality，节点的中心度是指网络中所有最短路径通过该点的比例，中心度高的节点在网络中起到了桥梁作用。

（2）1号聚类　围绕机器人技术及原理研究，平均年份是2005年，包含关键词有：神经式网络（neural network）、强化学习（reinforcement learning）、机器人控制（robot control）、鲁棒控制（robust control）、机械手（robot manipulator）、视觉伺服（visual servoing）等。

（3）2号聚类　围绕机器人应用于各种外科手术及病症的研究，平均年份是2008年，包含关键词有机器人外科手术（robotic surgery）、直肠癌（rectal cancer）、病态肥胖症（morbid obesity）、子宫内膜癌（endometrial cancer）、腹腔镜手术（laparoscopic surgery）等。

（4）3号聚类　围绕工业机器人及其技术原理研究，平均年份是2005年，包含关键词有：力控（force control）、阻抗控制（impedance control）、工业机器人（industrial robots）、机器人细胞注射（robotic cell microinjection）、基于模型的控制（model-based control）、被动关节摩擦（passive joint friction）等。

综上所述，机器人研究的集中热点领域主要围绕着机器人在医疗领域的应用、包含工业机器人在内的机器人技术及原理两方面。

表3　机器人研究热点领域聚类详细信息表

聚类号	文献数量	相似性	平均年份	关键词（TFIDF算法①）	关键词（LLR算法②）
0	8	0.884	2005	prostate; prostatectomy; cancer; laparoscopy; robot	prostatic neoplasms; prostatectomy; laparoscopy; robotics; disease-free survival; laparoscopy; prostate cancer; radical prostatectomy; robotics; cancer control; functional outcomes; laparoscopic radical prostatectomy; laparoscopy; prostate cancer; prostatectomy; radical prostatectomy; robotic; robotic-assisted radical prostatectomy

① TF–IDF（term frequency-inverse document frequency），基于词频和逆向文本频率算法，常用加权技术，有效过滤常见的词而保留重要的词。
② LLR（Log-Likelihood Ratio），对数似然比算法，根据概率密度函数决定最大可能性，找出最有可能的词。

(续表)

聚类号	文献数量	相似性	平均年份	关键词(TFIDF算法)	关键词(LLR算法)
1	7	1	2005	neural network; reinforcement learning; robot; neural networks; robot control	jacobian uncertainty; robust control; robot manipulator; visual servoing; robust control; robot manipulators; parametric uncertainty; bound estimation; stability; robot control; lyapunov function; redundant manipulators; minimum infinity-norm scheme; bi-criteria inverse kinematics; quadratic programming; neural networks
2	6	0.944	2008	surgery; robotic surgery; robot; cancer; robotic	rectal cancer; robotic surgery; robotic surgery; morbid obesity; endometrial cancer; laparoscopic surgery; rectal cancer; laparoscopic surgery; total mesorectal excision; robotic surgery; laparoscopic rectal resection; robotic rectal resection
3	5	1	2005	robot; force control; impedance control; robotic; industrial robots	fish embryo; force control; impedance control; robotic cell microinjection; friction compensation; model-based control; passive joint friction; robotic systems; industrial robots; working space; robot movement visualisation; flexible manufacturing systems; autonomous systems; genetic algorithms

通常,某一领域的研究热点可通过对一定时间内,具有内在联系、数量相对较多的一组文献所共同探讨的问题来发现,即引文聚类。对28 015条SCIE期刊论文进行引文聚类,得到图13所示结果。根据聚类结果的模块度和相似性数据,可以看出机器人包含的研究领域比较清晰,但领域内的研究主题稍微笼统宽泛、可拓展性强。

根据聚类结果,选取聚类文献数最多的前5个代表性聚类为机器人领域学者关注的热点。通过深入分析用以标识聚类的关键词并结合构成聚类的引文及聚类文献的施引文献,对机器人领域学者关注的热点总结如下:

(1) 0号聚类 围绕机器人应用于前列腺等疾病治疗的研究,平均年份是2004年,包含关键词有前列腺疾病(prostate, prostatectomy, radical prostatectomy, prostate cancer, prostatic

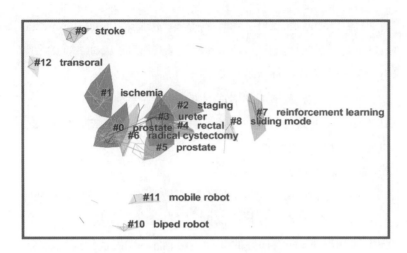

图13 机器人领域期刊论文近10年引文聚类图①

neoplasm)、尿失禁(urinary incontinence)、循证医学(evidence-based medicine)等。

（2）1号聚类 围绕机器人应用于肾脏等疾病治疗的研究，平均年份是2008年，包含关键词有缺血（ischemia, warm ischemia）、机器人辅助部分切除手术（robot-assisted partial nephrectomy）、肾部疾病（renal cell carcinoma, kidney cancer）、腹腔镜部分切除手术（laparoscopic partial nephrectomy）、微创外科（minimally invasive）等。

（3）2号聚类 围绕机器人应用于子宫等疾病治疗的研究，平均年份是2007年，包含关键词有分期手术（staging surgery）、子宫疾病及手术治疗（radical hysterectomy, cervical cancer, uterine cancer）、腹腔镜检查（laparoscopy）等。

（4）3号聚类 围绕机器人应用于肾及输尿管等疾病治疗的研究，平均年份是2001年，包含关键词有肾盂输尿管连接部梗阻（ureter, ureteropelvic junction, ureteropelvic junction obstruction）、腹腔镜检查（laparoscopic）等。

（5）4号聚类 围绕机器人应用于直肠结肠等疾病治疗的研究，平均年份是2008年，包含关键词有：直肠（rectal）、

---

① 图13机器人领域期刊论文近10年引文聚类图中英文对照表，详见附表3。

直肠癌（rectal cancer）、全直肠系膜切除术（total mesorectal excision）、结肠切除术（colectomy）、结肠直肠（colorectal）、达芬奇机器人（da vinci robot）等。

可见，机器人领域学者关注的热点主要围绕着医疗领域，具体涉及了前列腺、肾脏、子宫、肾及输尿管、直肠结肠等疾病的机器人外科手术的治疗。

2）新兴主题分析

利用CiteSpace提供的词频探测技术，通过考察词频的时间分布，将其中频次变化率高的词（burst term）从大量的主体词中探测出来，依靠词频的变动趋势，而不仅仅是频次的高低，来确定前沿领域和发展趋势。所以在这里，我们认为爆发性（burst值）高的关键词可以代表技术前沿领域。

对SCIE期刊论文抽取的主题词进行爆发性检测，检测到33个爆发性主题词，从中筛选近3年涌现的爆发性增长的主题（见表4）总结如下：

近3年爆发性增长的新兴主题主要有：系统综述（systematic review）、经口腔机器人手术（transoral robotic surgery）、机器人辅助部分切除手术（robot-assisted partial nephrectomy）、机器人甲状腺切除手术（robotic thyroidectomy）等。这些主题揭示了机器人领域的研究前沿。

表4 机器人领域期刊论文近3年爆发性主题列表

主 题 词	爆发性	爆发起始年	爆发结束年	2005—2015爆发趋势
systematic review	14.589 6	2013	2015	
transoral robotic surgery	12.922 4	2012	2015	
robot-assisted partial nephrectomy	6.653 8	2012	2013	
robotic thyroidectomy	6.084 5	2011	2015	

3.2.2 会议论文主题分析

1）热点主题分析

利用CiteSpace对34 862条CPCI-S会议论文数据进行主题

共现可视化分析,设置参数同期刊论文主题分析部分,运行得到主题共现可视化分析网络知识图谱,如图14所示。

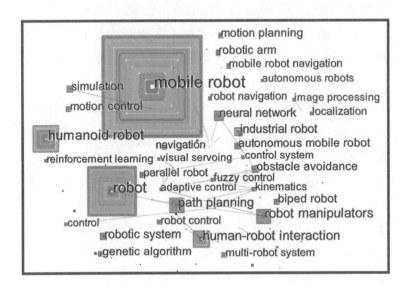

图14 机器人领域近10年会议论文主题共现可视化图谱①

其中,高频和高中心度主题反映了机器人研究的热点主题,将热点主题分类归纳如下(见表5)。可见,会议论文近10年机器人的研究热点与期刊论文有所不同,主要集中在工业等领域和机器人关键技术及原理的研究。

领 域	热 点 主 题 词
机器人类型	移动机器人(mobile robot, autonomous mobile robot)、仿人机器人(humanoid robot)、工业机器人(industrial robot)、两足机器人(biped robot)、柔索驱动并联机器人(parallel robot, cable robot, cable-driven parallel robot)、软机器人(soft robotics)等
关键技术	人机交互(human-robot interaction)、路径规划(path planning)、神经式网络(neural network)、机器人系统(robotic system)、避障(obstacle avoidance)、仿真(simulation)、遗传算法(genetic algorithm)、动作规划(motion planning)、多机器人系统(multi-robot system)、机器人控制(robot control)、自适应控制(adaptive control)、模糊控制(fuzzy control)等
其他	机械手(robot manipulators, robotic arm)、移动(locomotion)等

表5 机器人领域近10年会议论文研究热点分类归纳表

---

① 图14机器人领域近10年会议论文主题共现可视化图谱中英文对照表,详见附表4。

2）新兴主题分析

对CPCI-S会议论文抽取的主题词进行爆发性检测，检测到22个爆发性主题词，如表6所示，总结如下：

大量的主题词集中在2012年左右出现爆发性增长，近3年爆发性增长的新兴主题主要有：机器人部分切除手术（robotic partial nephrectomy）、机器人辅助根治性前列腺切除手术（robot-assisted radical prostatectomy, radical prostatectomy, robot-assisted laparoscopic radical prostatectomy）、体感机器人（kinect）、component、机器人外科手术（robotic surgery）、机械手（robotic arm）、肿瘤（oncological outcomes）、放射外科治疗机器人（robotic radiosurgery）、机器人妇科手术（robotic sacrocolpopexy）、软机器人（soft robot）、外科手术机器人（surgical robot）等。可见，用于医疗领域的外科手术机器人，以及用于其他领域的体感机器人、软机器人等主题是近3年爆发性增长的主要前沿研究。

表6 机器人领域会议论文近3年爆发性主题列表

主题词	爆发性	爆发起始年	爆发结束年	2005—2015爆发趋势
robotic partial nephrectomy	17.501	2012	2015	
robot-assisted radical prostatectomy	16.946	2012	2015	
kinect	13.423 1	2012	2015	
component	12.480 2	2011	2013	
robotic surgery	11.370 1	2013	2015	
radical prostatectomy	8.731 1	2012	2015	
robotic arm	7.936 8	2013	2015	
robot-assisted laparoscopic radical prostatectomy	7.136 8	2012	2015	
oncological outcomes	6.686	2012	2015	
robotic radiosurgery	5.260 8	2012	2015	
robotic sacrocolpopexy	5.090 8	2012	2015	
soft robot	4.847 2	2012	2015	
surgical robot	3.670 2	2012	2013	

3.2.3 专利主题分析

因机器人应用范围非常广,无法用专利分类号来进行限定,因此仅以主题为robot*进行检索,时间范围为:2005—2015,在DII数据库中检索到48 911条记录。为获得更多的分析字段,将德温特入藏号导入带TI数据库中,得到47 880个同族专利,其中发明专利39 373个,一下针对申请的47 880个同族专利进行分析。

采用国际专利分类号(International Patent Classification)作为技术分类的依据,对全球机器人领域专利申请技术领域布局进行分析,分别基于IPC的大类作为统计单元,列出机器人领域的专利技术类别。分析中共得到126个类别,可见机器人技术的应用范围之广。

为简化分析过程,列出专利申请数量IPC分类的Top10,如图15和表7所示。从中我们可以看到,在机器人领域中,专利申请数量最多的类别是"手动工具;轻便机动工具;手动器械的手柄;车间设备;机械手"(B25),其次是"控制;调节"(G05)。从其分布的应用领域看,机器人技术更多地应用在机械、测量、医学、电气、运输等各种领域。

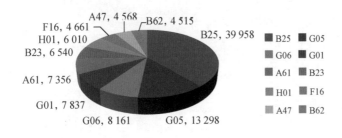

图15 机器人领域专利申请数量Top10 IPC分类图

IPC分类	包含内容
B25	手动工具;轻便机动工具;手动器械的手柄;车间设备;机械手
G05	控制;调节
G06	计算;推算;计数
G01	测量;测试

表7 机器人领域专利申请数量Top10 IPC分类对照表

(续表)

IPC分类	包含内容
A61	医学或兽医学；卫生学
B23	机床；不包含在其他类目中的金属加工
H01	基本电气元件
F16	工程元件或部件；为产生和保持机器或设备的有效运行的一般措施；一般绝热
A47	家具；家庭用的物品或设备；咖啡磨；香料磨；一般吸尘器
B62	无轨陆用车辆

利用CiteSpace对专利文献进行主题分析，得到图16。将热点主题加以整理，归纳如下：

机器人部位名称　机械手臂（robot arm, mechanical arm），机器手（robot hand）等。

机器人类别　工业机器人（industrial robot），移动机器人

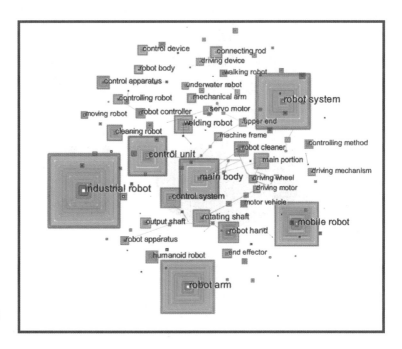

图16　机器人领域专利文献主题分布图①

① 图16机器人领域专利文献主题分布图中英文对照表，详见附表5。

(mobile robot)、焊接机器人(welding robot)等。

机器人应用部件 控制器(control unit, control device)、连杆(connecting rod)、旋转轴(rotating shaft)、从动轴(output shaft)、主体(main portion, main body)、上端(upper end)、伺服马达(upper end)、末梢执行器(end effector)、驱动马达(driving motor)、机架(machine frame)等。

其他 机器人系统(robot system)、新型(utility model, new type)、行走机制(walking mechanism)、蓄电池组(machine frame)、存储电能(storing electric energy)、工作效率(working efficiency)等。

对机器人领域抽取的主题词进行爆发性检测,将Top 20近10年的爆发性主题词列出如表8所示,其中近3年出现的爆发性主题词代表了研究前沿,即表中最后一列最近三年标注红色的主题词,包括机械臂(machinery arm)、简单结构(simple structure)、机械手(machinery hand)、生产效率(production efficiency)、劳动强度(labour intensity)、工作效率(working efficiency)等。

主题词	爆发性	爆发起始年	爆发结束年	2005—2015爆发趋势
new type	402.97	2013	2015	
utility model	130.84	2012	2013	
new type utility	96.58	2013	2015	
mobile robot	60.31	2005	2008	
industrial robot	59.69	2005	2007	
robot arm	49.04	2005	2008	
machinery arm	43.80	2013	2015	
simple structure	42.09	2013	2015	
machinery hand	36.79	2013	2015	
motor vehicle	36.63	2005	2010	

表8 机器人领域近10年爆发性主题Top 20列表

(续表)

主题词	爆发性	爆发起始年	爆发结束年	2005—2015爆发趋势
mechanical arm	36.53	2011	2012	
robot hand	34.30	2005	2009	
robot cleaner	34.23	2005	2006	
production efficiency	33.64	2013	2015	
labour intensity	31.33	2013	2015	
transfer robot	28.11	2005	2008	
working efficiency	26.40	2013	2015	
calculation unit	24.46	2006	2009	
technical field	24.42	2012	2013	
present invention	24.39	2005	2006	

3.3 研究成果分析

为考察机器人研究领域的关键研究成果，了解这些关键成果的研究内容，应用CiteSpace对2005—2015年间SCIE期刊论文的引文进行分析，发掘领域内学者关注的热点文献和新兴文献。其中，热点文献通过领域内被引频次和中心度两方面来分析；新兴文献通过爆发性来分析。

利用CiteSpace对28 015条SCIE期刊论文数据进行引文网络可视化分析，运行得到引文可视化分析网络知识图谱，如图17所示，分别从机器人领域内被引频次、中心度、爆发性三方面来挖掘关键文献。

2005—2015年内机器人领域内被引频次排名前20或中心度大于0.1的文献有4篇，如表9所示，领域内被引频次高的文献揭示了学者关注的热点文献；中心度高的文献与领域内其他文献联系（共被引）紧密，揭示了机器人领域研究的中心与知识的转折。这4篇文献主要是概率机器人学方面的图书以及3篇机器人辅助外科手术相关的医疗领域文献。

对文献的爆发性进行检测，共检测到171篇高爆发性文献

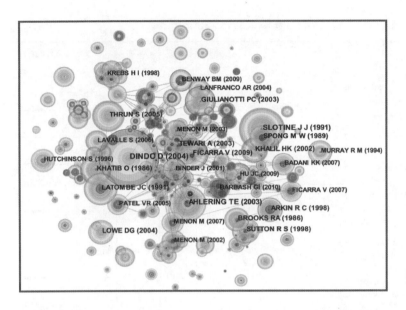

图17 机器人领域引文网络可视化图谱

序号	作者	题目	来源期刊	年份	被引频次	中心度
1	Thrun S, Burgard W, Fox D	Probabilistic Robotics（图书）		2005	220	0
2	Ficarra V, Novara G, Artibani W, et al.	Retropubic, laparoscopic, and robot-assisted radical prostatectomy: a systematic review and cumulative analysis of comparative studies	European urology	2009	218	0.19
3	Hu J C, Gu X, Lipsitz S R, et al.	Comparative effectiveness of minimally invasive vs open radical prostatectomy	Jama	2009	168	0.11
4	Benway B M, Bhayani S B, Rogers C G, et al.	Robot assisted partial nephrectomy versus laparoscopic partial nephrectomy for renal tumors: a multi-institutional analysis of perioperative outcomes	The Journal of urology	2009	154	0.12

表9 机器人领域近10年领域内文献被引频次或中心度排名前四列表

（见图17中红色节点），即同领域被引频次出现急剧增长的文献，其中近3年被引频次出现爆发性增长的文献有12篇，如表10所示，这12篇文献主要研究了机器人辅助外科手术等医疗领域应用问题。

表10　机器人领域近3年被引频次爆发性增长文献排名前十二列表

题　名	作者和来源	出版年	爆发性	爆发起始年	2005—2015爆发趋势
Systematic Review and Meta-analysis of Studies Reporting Urinary Continence Recovery After Robot-assisted Radical Prostatectomy	FICARRA V, EUR UROL, V62, P405, DOI	2012	24.01	2013	
New technology and health care costs — the case of robot-assisted surgery	BARBASH GI, NEW ENGL J MED, V363, P701, DOI	2010	21.81	2012	
Systematic Review and Meta-analysis of Studies Reporting Oncologic Outcome After Robot-assisted Radical Prostatectomy	NOVARA G, EUR UROL, V62, P382, DOI	2012	19.60	2013	
Positive Surgical Margin and Perioperative Complication Rates of Primary Surgical Treatments for Prostate Cancer: A Systematic Review and Meta-Analysis Comparing Retropubic, Laparoscopic, and Robotic Prostatectomy	TEWARI A, EUR UROL, V62, P1, DOI	2012	17.10	2013	
Learning curve for robotic-assisted laparoscopic colorectal surgery	BOKHARI MB, SURG ENDOSC, V25, P855, DOI	2011	16.49	2013	
The R.E.N.A.L. Nephrometry Score: A Comprehensive Standardized System for Quantitating Renal Tumor Size, Location and Depth	KUTIKOV A, J UROLOGY, V182, P844, DOI	2009	16.28	2013	
Systematic Review and Meta-analysis of Perioperative Outcomes and Complications After Robot-assisted Radical Prostatectomy	NOVARA G, EUR UROL, V62, P431, DOI	2012	15.85	2013	
Systematic Review and Meta-analysis of Studies Reporting Potency Rates After Robot-assisted Radical Prostatectomy	FICARRA V, EUR UROL, V62, P418, DOI	2012	15.83	2013	
Perioperative Outcomes of Robot-Assisted Radical Prostatectomy Compared With Open Radical Prostatectomy: Results From the Nationwide Inpatient Sample	TRINH QD, EUR UROL, V61, P679, DOI	2012	15.02	2012	
A Comparative Study of Voiding and Sexual Function after Total Mesorectal Excision with Autonomic Nerve Preservation for Rectal Cancer: Laparoscopic Versus Robotic Surgery	KIM JY, ANN SURG ONCOL, V19, P2485, DOI	2012	14.20	2013	
Use, Costs and Comparative Effectiveness of Robotic Assisted, Laparoscopic and Open Urological Surgery	YU HY, J UROLOGY, V187, P1392, DOI	2012	14.10	2013	
Robotic Versus Laparoscopic Partial Nephrectomy: A Systematic Review and Meta-Analysis	ABOUMARZOUK OM, EUR UROL, V62, P1023, DOI	2012	13.49	2013	

3.4 主要国家/地区科技实力分析

本节以期刊论文国家/地区发文网络来表征国家/地区合作关系,以发明专利申请数量表征技术实力。

3.4.1 国家/地区发文网络

利用CiteSpace对SCIE期刊论文进行国家/地区发文网络分析,共有24 437条记录有效被纳入分析,得到图18所示结果。图中未检测出中心度高的国家/地区,可见研究机器人领域的国家/地区合作关系并不显著。

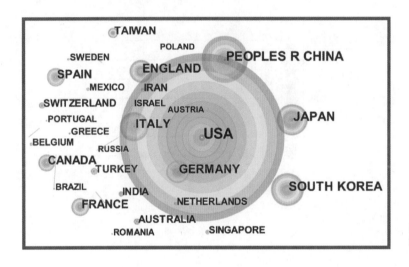

图18 机器人领域近10年国家/地区发文网络图谱①

3.4.2 专利国家/地区分布

通过图19及表11中可以看到,从发明专利数量上来说,日本处于第一位,其次是中国,韩国、美国、德国紧随其后,法国、中国台湾、俄罗斯、意大利、瑞典的发明专利数量相比前5个国家/地区来说有显著下降;从发明专利Top 5国家的年度分布趋势来看(见图20),日本、韩国、美国、德国近10年的分布趋势基本一致,呈现平缓态势;而中国10年来则一直处于快速上升的趋势,可以说机器人技术在中国得到了长足的发展。由于专利从

---

① 图18机器人领域近10年国家/地区发文网络图谱中英文对照表,详见附表6。

申请到公开要经历2～3年的时间，所以2014年至2015年的数据不做分析。

对比各个国家/地区的发明专利数量及引用情况，可以看到，美国发明专利数量居于第四位，引用总量却均处于第一位，篇均被引次数更是遥遥领先于其他国家，是创新能力最强的国家；日本的发明专利数量处于第一位，引用总量居于第二位，也是创新能力较强的国家；中国的发明专利数量及引用总量分居第二位和第三位，创新能力亦可圈可点。

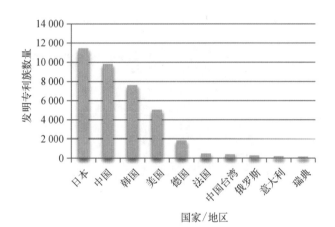

图19 机器人领域发明专利数量Top 10国家/地区分布图

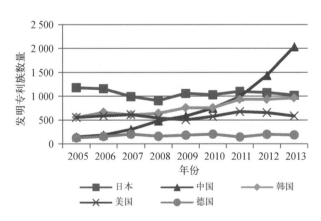

图20 机器人领域发明专利数量Top 5国家年度趋势图

3.5 主要机构竞争力分析

机构竞争力主要包括研究实力和技术实力两方面。其中，研究实力包括研究活跃度、研究影响力和合作关系三方面，研

序号	国家/地区	发明专利数量	被引总量	篇均被引次数
1	日本	11 441	26 614	2.33
2	中国	9 820	10 886	1.11
3	韩国	7 626	10 478	1.37
4	美国	5 055	42 434	8.39
5	德国	1 846	3 660	1.98
6	法国	488	447	0.92
7	中国台湾	422	691	1.64
8	俄罗斯	295	25	0.08
9	意大利	220	315	1.43
10	瑞典	192	595	3.10

表11 Top 10国家/地区专利申请及引用情况表

究活跃度以期刊论文数量、发文百分比、机构爆发性来表征，研究影响力采用总被引次数、篇均被引次数及被引频次百分比来表征，以机构发文网络表征机构间的合作关系；技术实力包括技术活跃度和技术影响力两方面，技术活跃度以发明专利申请和授权数量来表征，技术影响力以发明专利总被引次数来考察。

3.5.1 机构分布

1）机构总体分布情况

整理全球SCIE期刊论文产出排名前20的机构（以下简称Top 20机构）数据，如表12所示。发文和引用排名最高的机构主要来自欧美发达国家的高校、研究机构和医疗机构。韩国延世大学作为亚洲机构跻身前列，美国加州大学系统以561篇领跑全球，上海交通大学位居第11。

以美国为首的欧美发达国家机构被引总量和篇均被引次数普遍高于亚洲国家，美国麻省理工学院以23次/篇的篇均被引次数遥遥领先于其他机构。

机构	发文量	被引总量	篇均被引次数
美国加州大学系统	561	7 637	13.61
美国克利夫兰医学中心	368	3 978	10.81
韩国延世大学	347	3 666	10.56
法国国家科学研究院	341	3 178	9.32
美国哈佛大学	339	4 908	14.48
佛罗里达州立大学	305	2 417	7.92
康奈尔大学	267	5 166	19.35
约翰·霍普金斯大学	264	3 244	12.29
伦敦大学	251	1 962	7.82
麻省理工学院	242	5 566	**23.00**
上海交通大学	232	847	3.65
宾夕法尼亚大学	224	3 950	17.63
俄亥俄州立大学	222	1 553	7.00
中国科学院	212	966	4.56
卡内基梅隆大学	208	2 688	12.92
韩国首尔大学	205	1 412	6.89
北卡罗来纳大学	204	2 462	12.07
美国梅奥诊所	196	2 135	10.89
斯坦福大学	188	2 858	15.20
加利福尼亚大学欧文分校	186	3 223	17.33

表12 Top 20机构发文量与被引次数表

图21采用发文和被引频次百分比数据,给出了更直观的展示。以美国为首的欧美发达国家机构被引频次百分比大部分都超过发文百分比,而包括中国在内的亚洲地区机构被引频次百分比均低于发文百分比,上海交通大学和中国科学院的发文数量百分比和被引频次百分比差距尤为显著。综上所述,以美国为首的欧美发达国家的影响力明显强于其他地区,也表明包括我校在内的亚洲机构的发文量和影响力发展极度不均衡,其业界影响力有待提高。

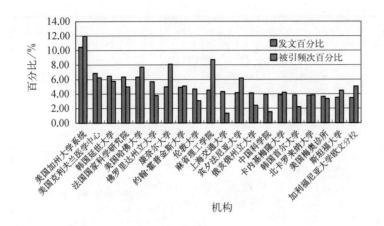

图21 Top 20机构发文量与被引次数百分比图

2) 机构年度分布情况

图22展示了发文量靠前的5所机构近10年发展趋势。总体来看，美国加州大学系统虽有略微波动但基本呈缓慢增长，美国克利夫兰医学中心基本处于增长趋势，尤其在2012年发文量最高（呈爆发性增长），其他3所机构都呈现出持续增长之势。

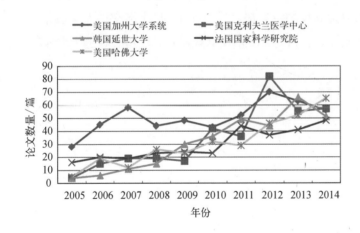

图22 发文量Top 5机构论文产出近10年分布图

3.5.2 机构发文网络

利用CiteSpace对SCIE期刊论文进行机构发文网络分析，得到图23所示结果。图中未检测出中心度高的机构，可见研究机器人领域的机构合作关系并不显著。

对机构发文情况进行爆发性检测（见图23中红色节点），

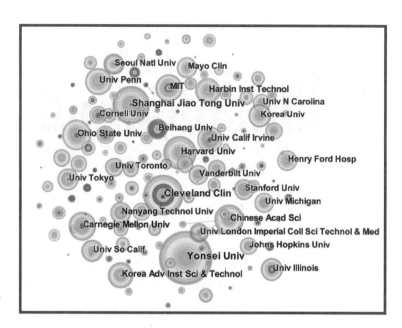

图23 机器人领域近10年机构发文网络图谱①

检测到近3年爆发性较高的机构共13个,如表13所示。其中,包括华南理工大学、北京航空航天大学、哈尔滨工程大学等在内的中国高校均位居爆发性机构前列,上海交通大学虽未呈现出爆发性增长,但近10年发文量基本呈现增长趋势(见图24),说

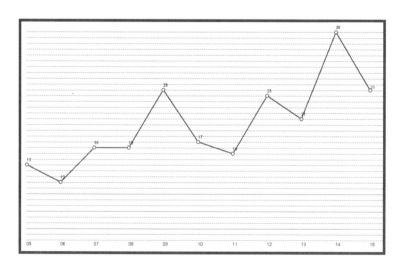

图24 上海交通大学机器人领域发文量趋势图

---

① 图23机器人领域近10年机构发文网络图谱中英文对照表,详见附表7。

明国内高校近年来愈发关注机器人领域的研究，并有持续增长之势。

机 构	文献量	爆发性	爆发起始年	爆发结束年	2005—2015爆发趋势
意大利理工学院	50	10.227 5	2012	2015	
华南理工大学	49	8.989 2	2013	2015	
韩国蔚山大学	60	8.697 4	2013	2015	
北京航空航天大学	118	6.975 7	2013	2015	
美国克利夫兰医学中心	230	6.393 5	2012	2013	
哈尔滨工程大学	33	5.567 3	2012	2015	
土耳其Acibadem大学	26	5.536 4	2012	2013	
伊斯兰自由大学	53	5.378 8	2012	2015	
亨利福特医疗集团	50	5.372 9	2011	2013	
北京理工大学	60	5.219 6	2013	2015	
中山大学	40	4.244 8	2012	2013	
东南大学	69	4.225 1	2013	2015	
日内瓦大学	42	3.438 5	2011	2015	

表13 机器人领域近3年爆发性机构列表

3.5.3 专利机构分析

从图25和表14中看到，机器人领域中发明专利数量最多的机构依次为韩国三星电子有限公司（SAMSUNG ELECTRONICS CO LTD）、日本安川电机公司（YASKAWA ELECTRIC CORP）、日本精工爱普生公司（SEIKO EPSON CORP）、日本本田汽车公司（HONDA MOTOR CO LTD）、韩国LG电子公司（LG ELECTRONICS INC）。从发明专利数量来看，日本在这个领域发展迅猛，Top 10机构中，有7家为日本公司，其余3个机构分别属于韩国和美国。授权发明专利数量的趋势基本与发明专利数量的趋势一致。从篇均被引次数来看，美国直觉外科手术公司（INTUITIVE SURGICAL OPERATIONS）遥遥领先。

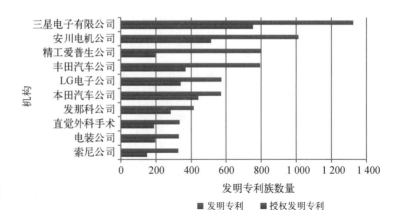

图25 发明专利数量Top 10机构分布图

表14 Top 10机构发明专利数量及引用情况表

机构名称	所属国家	发明专利数量	授权发明专利数量	授权率	发明专利引用总量	篇均被引次数
SAMSUNG ELECTRONICS CO LTD（三星电子有限公司）	韩国	1 321	751	0.57	3 564	2.70
YASKAWA ELECTRIC CORP（安川电机公司）	日本	1 009	511	0.51	2 304	2.28
SEIKO EPSON CORP（精工爱普生公司）	日本	798	192	0.24	618	0.77
TOYOTA MOTOR KK（丰田汽车公司）	日本	791	364	0.46	1 907	2.41
LG ELECTRONICS INC（LG电子公司）	韩国	571	337	0.59	1 426	2.50
HONDA MOTOR CO LTD（本田汽车公司）	日本	569	438	0.77	1 853	3.26
FANUC LTD（发那科公司）	日本	411	279	0.68	1 222	2.97
INTUITIVE SURGICAL OPERATIONS（直觉外科手术）	美国	330	185	0.56	4 826	14.62
DENSO WAVE KK（电装公司）	日本	326	191	0.59	451	1.38
SONY CORP（索尼公司）	日本	322	145	0.45	1 578	4.90

4 发展建议

通过对智能机器人领域的全球发展态势分析可以看到：

智能机器人技术是当今全球关注的热点和科技发展的重要方向，甚至是改变未来的颠覆性技术之一。欧美以及亚洲地区国家纷纷将智能机器人的研究与应用纳入国家级战略，相继制定和出台了机器人领域的专项发展规划或路线图。当前,智能机器人的研究与应用已经从传统的工业领域,逐渐扩展到军事、探测、医疗、家庭服务等多个领域。仿人机器人、情感机器人、纳米机器人、软体机器人、云机器人等新兴的机器人研究热点也将成为未来机器人领域的攻克方向。

4.1 加强智能机器人领域研究,提升科技全球影响力

从机器人领域的科学研究情况分析,近10年全球机器人领域的学术研究发展强劲,科技文献量呈现稳健上升趋势。美国在该领域的SCIE期刊论文发文量位居全球首位,会议论文发文量也名列前茅,而且论文被引频次较高,反映了美国在机器人领域的强大研究实力和影响力。中国在该领域的科学研究近年来表现非常活跃,SCIE期刊论文发文量位居全球第二,会议论文发文量甚至跃居第一。日本在该领域也具有较强的竞争力,SCE期刊论文和会议论文的发文量均名列前茅。

虽然中国在机器人领域的科学研究正处于高速发展时期,但也存在发文总量仍然低于美国、科技文献被引频次不高的问题,说明我国在机器人领域的科学研究上,仍需要加大科研力量并重视提升科技文献质量,从而提高机器人领域研究的全球影响力。

4.2 重视智能机器人技术研发,提升科技原始创新力

从机器人领域的专利情况分析,近10年全球机器人领域的技术研发实力增长,发明专利数量逐年上升。日本在该领域的发明专利数量位居全球首位,其次为中国、韩国、美国、德国。从专利引用情况来看,美国在该领域的专利被引总量最高,日本次之,随后是中国和韩国。从发明专利数量的年度分布趋势来看,中国在近10年处于快速上升阶段,说明机器人技术在中国得到了长足的发展。但相较于欧美国家以及亚洲地区的日本,我国仍然需要在智能机器人领域加大研发力度,重视发明专利的申请与质量,进一步提升科技原始创新力。

4.3 关注机器人在医疗领域和工业领域的应用研究

通过机器人领域SCIE期刊论文和会议论文涉及的主题分析可知,近10年机器人领域的研究热点主要集中在机器人在医疗领域的应用,以及包含工业机器人在内的机器人技术及原理两大方面。围绕机器人在医疗领域的应用,学者们关注的研究热点具体涉及前列腺、肾脏、子宫、肾及输尿管、直肠结肠等疾病的机器人外科手术的治疗。近3年呈现爆发性增长的主题有:经口腔机器人手术、机器人辅助部分切除手术、机器人甲状腺切除手术、放射外科治疗机器人、机器人妇科手术等。围绕工业机器人等其他领域的机器人技术,近3年呈现爆发性增长的主题有:体感机器人、机器人组件、机械手、软机器人等。此外,通过机器人领域的专利主题分析,近3年呈现爆发性增长的主题有:机械臂、简单结构、机械手、生产效率、劳动强度、工作效率等。这些主题在一定程度上反映了当前机器人领域的研究前沿,值得我国持续关注和跟进。

4.4 加强智能机器人领域国际交流与机构合作

通过机器人领域SCIE发文机构分析可知,欧美国家高校、研究机构和医疗机构的发文量和引用量较高。美国加州大学系统位居全球发文量首位,其次为美国克利夫兰医学中心、韩国延世大学、法国国家科学研究院、哈佛大学、佛罗里达州立大学、康奈尔大学、约翰·霍普金斯大学、伦敦大学和麻省理工学院。上海交通大学在机器人领域的发文也表现出色,位居全球第11位。中国科学院紧随其后,位居全球第14位。除了这些全球排名前列的高校和科研机构之外,还有一些高校和研究机构在近3年表现活跃,如意大利理工学院、韩国蔚山大学等,尤以中国高校居多,包括华南理工大学、北京航空航天大学、哈尔滨工程大学、北京理工大学、中山大学、东南大学。这反映了中国近年来国内高校对智能机器人领域的研究愈发重视,并呈现持续增长的势头。

而在机器人领域的发明专利方面,韩国三星电子有限公司、日本安川电机公司、日本精工爱普生公司是发明专利数量最多的前三位机构。从发明专利的引用情况来看,美国直觉外科手术公司的发明专利备受领域内的关注,其被引总量及篇均被引次数都远高于其他机构。

这些研发实力处于世界顶尖水平的高校、研究机构、医疗机构及企业,都是我国开展智能机器人领域国际交流与合作重要对象,有利于提升智能机器人研发国际化水平和影响力。

5 附录

数据来源:期刊论文数据来自Science Citation Index Expanded (SCIE);会议论文数据来自Conference Proceedings Citation Index-Science (CPCI-S);专利数据来自Derwent Innovations Index。

时间范围:2005.01.01—2015.10.28。

检索策略:见附表1。

研究领域	数据库	检索策略	检索结果
机器人	SCIE	TI=(robot*)	28 015
	CPCI-S	TI=(robot*)	34 862
	TI	TI=(robot*)	48 911

附表1 机器人研究领域检索策略

英文	中文
robotics	机器人学
mobile robots	移动机器人
radical prostatectomy	根治性前列腺切除术
robotic surgery	机器人外科手术
laparoscopy	腹腔镜
human-robot interaction	人机交互
humanoid robot	仿人机器人
prostate cancer	前列腺癌
robot manipulators	机械手

附表2 图12机器人领域期刊论文近10年主题共现可视化图谱中英文对照表

(续表)

英　文	中　文
learning curve	学习曲线
robotic partial nephrectomy	机器人部分切除术
minimally invasive surgery	微创手术
robotic system	机器人系统
adaptive control	自适应控制
path planning	路径规划
da vinci	达芬奇
motion planning	动作规划
stroke	中　风
rehabilitation	康　复
initial experience	初步经验
kinematics	运动学
transoral robotic surgery	经口腔机器人手术
robot control	机器人控制
partial nephrectomy	部分切除术
robot-assisted laparoscopic radical prostatectomy	机器人辅助腹腔镜前列腺癌根治术
neural network	神经式网络
simulation	模　拟
navigation	导　航
robot-assisted surgery	机器人辅助外科手术

英　文	中　文
prostate	前列腺
ischemia	缺　血
staging	分　期
ureter	输尿管
rectal	直　肠
radical cystectomy	根治性膀胱切除术
reinforcement learning	强化学习
sliding mode	滑　模

附表3　图13机器人领域期刊论文近10年引文聚类图中英文对照表

（续表）

英　文	中　文
stroke	中　风
biped robot	两足机器人
mobile robot	移动机器人
transoral	经口腔

英　文	中　文
mobile robot	移动机器人
robot	机器人
humanoid robot	仿人机器人
human-robot interaction	人机交互
robot manipulators	机械手
path planning	路径规划
neural network	神经式网络
industrial robot	工业机器人
robotic system	机器人系统
obstacle avoidance	避　障
autonomous mobile robot	自主移动机器人
simulation	模　拟
genetic algorithm	遗传算法
robotic arm	机械手
motion planning	动作规划
motion control	运动控制
biped robot	两足机器人
multi-robot system	多机器人系统
parallel robot	并联机器人
robot control	机器人控制
navigation	导　航
robot navigation	机器人导航
mobile robot navigation	移动机器人导航
kinematics	运动学
localization	定　位

附表4　图14机器人领域近10年会议论文主题共现可视化图谱中英文对照表

（续表）

英 文	中 文
fuzzy control	模糊控制
adaptive control	自适应控制
reinforcement learning	强化学习
control	控制
control system	控制系统
image processing	图像处理
autonomous robots	自主机器人
visual servoing	视觉伺服

附表5 图16机器人领域专利文献主题分布图中英文对照表

英文主题词	中文主题词
robot arm	机械手臂
robot system	机器人系统
industrial robot	工业机器人
mobile robot	移动机器人
main body	主体
welding robot	焊接机器人
cleaning robot	清洁机器人
robot hand	机器手
control device	控制器
connecting rod	连杆
robot body	机器人本体
walking robot	行走机器人
underwater robot	水下机器人
control apparatus	控制器
controlling robot	控制机器人
mechanical arm	机械臂
moving robot	移动机器人
robot controller	机器人控制器
servo motor	伺服电机
upper end	上端
machine frame	机架

(续表)

英文主题词	中文主题词
control unit	控制单元
robot cleaner	机器人清洁器
controlling method	控制方法
main portion	主体
driving mechanism	驱动机制
driving wheel	驱动轮
driving motor	驱动电动机
motor vehicle	机动车辆
rotating shaft	旋转轴
output shaft	从动轴
driving device	驱动装置
end effector	末梢执行器
humanoid robot	仿人机器人
robot apparatus	机器人装置
control system	控制系统

英文	中文
USA	美国
PEOPLES R CHINA	中国
JAPAN	日本
SOUTH KOREA	韩国
ITALY	意大利
ENGLAND	英国
GERMANY	德国
FRANCE	法国
CANADA	加拿大
SPAIN	西班牙
TAIWAN	中国台湾
AUSTRALIA	澳大利亚
INDIA	印度
SWITZERLAND	瑞士

附表6 图18机器人领域近10年国家/地区发文网络图谱中英文对照表

(续表)

英　文	中　文
SINGAPORE	新加坡
BELGIUM	比利时
NETHERLANDS	荷　兰
SWEDEN	瑞　典
POLAND	波　兰
MEXICO	墨西哥
IRAN	伊　朗
ISRAEL	以色列
RUSSIA	俄罗斯
AUSTRIA	奥地利
GREECE	希　腊
TURKEY	火　鸡
BRAZIL	巴　西
ROMANIA	罗马尼亚

附表7　图23机器人领域近10年机构发文网络图谱中英文对照表

英　文	中　文
Seoul Natl Univ	韩国首尔大学
Mayo Clin	美国梅奥诊所
Univ Penn	宾夕法尼亚大学
MIT	麻省理工学院
Harbin Inst Technol	哈尔滨工业大学
Shanghai Jiao Tong Univ	上海交通大学
Univ N Carolina	北卡罗来纳大学
Cornell Univ	康奈尔大学
Korea Univ	高丽大学
Beihang Univ	北京航空航天大学
Ohio State Univ	俄亥俄州立大学
Univ Calif Irvine	加利福尼亚大学欧文分校
Harvard Univ	哈佛大学
Henry Ford Hosp	亨利福特医院
Univ Toronto	多伦多大学

(续表)

英　文	中　文
Univ Tokyo	日本东京大学
Vanderbilt Univ	范德堡大学/范德比尔特大学
Stanford Univ	斯坦福大学
Cleveland Clin	美国克利夫兰医学中心
Univ Michigan	密歇根大学
Nanyang Technol Univ	南洋理工大学
Chinese Acad Sci	中国科学院
Carnegie Mellon Univ	卡内基梅隆大学
Univ London Imperial Coll Sci Technol & Med	帝国理工学院/伦敦帝国学院
Johns Hopkins Univ	约翰·霍普金斯大学
Univ So Calif	南加利福尼亚大学/南加州大学
Yonsei Univ	韩国延世大学
Korea Adv Inst Sci & Technol	韩国先进科技学院/韩国科学技术院
Univ Illinois	伊利诺伊大学

材料基因组全球发展态势

宋海艳　汤莉华　杨翠红
黄文丽　马　君　李泳涵

1　引言

1.1　材料基因组提出及背景

材料基因组（the materials genome）是近年来材料学科和制造领域非常活跃和热门的方向，它的提出和研究，源于美国总统奥巴马于2011年6月发表的主题演讲"先进制造业伙伴关系"（Advanced Manufacturing Partnership, AMP），其中明确提出"材料基因组计划"（The Materials Genome Initiative, MGI）。作为一个国家性"运动"，材料基因组工程由白宫科技政策办公室联合国防部、能源部、商务部、国家科学基金会、工程院、科学院等机构联合实施[1]，其基本理念是期望变革材料传统研发模式及思维方式，实现快速、低耗、创新发展新材料。

在白宫科技政策办公室发布的《具有全球竞争力的材料基因组计划》（Materials Genome Initiative for Global Competitiveness）白皮书中，阐述了材料创新基础设施的三个平台，即计算工具平台、实验工具平台和数字化数据（数据库及信息学）平台，强调该基础设施是材料设计与制造的"加速器"，可以将先进材料的发现、开发、制造和使用的速度提高一倍，从而加速美国在清洁能源、国家安全、人类健康与福祉以及下一代劳动力培养等方面的进步，保持和提升美国新材料的技术优势，促进其制造业的复兴（见图1）[2]。从中可以看出，材料基因组是期望集成计算工

---

[1] 赵继成.材料基因组计划简介[J].自然杂志,2013,36(2): 89–104.
[2] Materials genome initiative for global competitiveness [EB/OL].2011.[2015-08-30].https://www.whitehouse.gov/sites/default/files/microsites/ostp/materials_genome_initiative-final.pdf.

具、实验工具和数据库来加快材料的设计与应用。

1.2 材料基因组研究领域

材料基因组以多学科交叉、多尺度跨层次算法发展、多软件集成及第一性原理计算为科学基础,通过高通量自动流程计算、高通量材料组合设计实验及材料设计数据库协同运作,

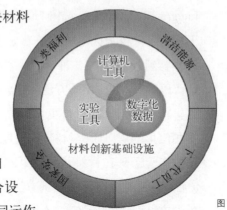

图1 材料创新基础设施内涵

最终形成集材料设计、合成、性能检测、性能改进于一体的先进材料研发体系,缩短研发周期,加快新型材料发展与应用。根据材料基因组的内涵,从两个方向概括其研究领域。

1.2.1 材料计算方法与实验工具

材料基因组期望像生物学的"基因"作用一样,通过材料的成分、结构和性能研究,发现"影响材料性质的本质因素",其基本思路是通过建模与计算,实现对材料成分设计、结构预测、加工制备以及服役行为和过程的定量描述,揭示材料化学因素和结构因素与材料性能和功能之间的相关机制和内在规律,为创新材料、实现按需设计材料提供科学基础[①]。使得材料基因组的研究虽然建立在计算材料学的基础上,具有较好的学科发展基础,但仍需要从材料的显微组织及原子排列入手研究材料的性能,特别是要寻找和建立材料从原子排列到相的形成到显微组织的形成到材料宏观性能与使用寿命之间的相互关系,以加快材料研发速度,降低材料研发的成本,提高材料设计的成功率。在这部分,材料理论的计算与模拟,以及高通量快速的实验方法是材料基因组成功的关键。正因为材料基因组基于计算材料,因此,早期启动的AIM项目(2000年,Accelerated Insertion of Materials,加速材料应用)和ICME报告(2008年,

---

① 屠海令.新材料产业培育与发展研究报告[M].北京:科学出版社,2005:91.

Integrated Computational Materials Engineering，集成计算材料工程）为材料基因组的实施奠定了研究基础和可行性。而且，计算材料所研究的各种计算工具如第一性原理、分子动力学、CALPHAD方法、相场方法、相场模拟、多尺度计算等方法也通过材料基因组工程取得更多进展。与此同时，材料领域已经开发和使用的用以研究材料成分、结构、缺陷、显微结构和性能的多种实验工具在材料基因组中进一步得到应用，如扩散多元节方法、高通量材料性能测试方法、三维微观结构的表征、组合材料学方法、组合化学等，为材料基因组的预测成分－相－结构－性能的理论体系提供大量的实验结果和理论验证[①]。

1.2.2 材料数据库

依据数据的生产来源，材料数据分计算数据、实验数据和生产数据3大类，在发展过程中形成了其独有的特点，主要表现在材料数据的可靠性要求高、材料数据之间的关联性强，影响因素复杂、材料数据获取过程复杂、材料数据分散而且具有很强的知识产权属性[②]。为此，材料数据的分析与挖掘成为材料领域科学发现的新途径，材料数据库可谓是一个有效的解决方式。拥有一个高度共享和智能便捷的材料性能数据库是开展材料基因组工作的另一重要基础设施。材料基因组计划启动后，与之相关的材料数据库、材料数字化数据、材料信息学以及相关的数据应用显得更为重要，一方面，材料领域的数据库非常分散，没有一个通用的国际标准把分散的数据库集中起来；另一方面，大量的实验数据在保存中，需要保留元数据及数据原始信息，以判断数据的可靠性，加之开放数据库和商用数据库之间的利益权衡等都有待进一步的深入研究。当前，美国NIST正在积极促成一个国际通用的材料数据库标准，来整合各种来源和类型的材料数据库。此外，材料数据是材料设计计算与模拟的基

---

① 赵继成.材料基因组计划简介[J].自然杂志,2013,36(2): 89-104.
② 尹海清,刘国权,姜雪,等.中国材料数据库与公共服务平台建设[J].科技导报, 2015,33(10): 50-59.

础,充分利用数据库的信息来加速材料设计,来满足材料设计的需求,据此材料信息学成为一个非常重要的研究方向之一,这就需要更多借鉴计算机科学和信息学的方法,加强材料数据库及材料信息学技术的自主开发,如数据标准制定,数据共享协议制定,数据内容建设,数据分析与数据挖掘技术,以及数据库管理和使用机制等①。材料基因组就是要建设材料模型和性能数据库来实现快速设计新材料的目的。

2 主要国家发展战略要点

以美国为首、欧盟及其成员国(包括英国、法国、德国)以及日本、中国等在国家发展战略中将加速材料研发与制造作为发展重点,均在材料基因组的研究中有所投入并取得了进展。

2.1 美国②

"材料基因组计划"最早由美国于2011年6月提出,旨在将应用于能源、交通、安全和食品消费等领域的先进材料的"研发周期缩减50%、成本锐减",以实现国家安全、人类健康和福利、清洁能源系统以及基础设施和消费类产品的国家目标。

2014年12月,美国发布了《材料基因组计划战略规划》,公布了9大关键材料研究领域下的61个发展方向。9大关键材料研究领域包括:生物领域、催化剂、树脂基复合材料、关联材料、电子和光子材料、能源材料、轻质结构、有机电子材料、聚合物,其中树脂基复合材料、关联材料、电子和光子材料、储能材料以及轻质结构材料这5类材料涉及37个重点方向,对国家安全影响重大。根据材料基因组计划的任务宗旨,美国国防部(DOD)、能源部(DOE)、国家航空和航天局、国家标准技术研究院(NIST)、美国国立卫生研究院、国家科学基金会(NSF)、美国地质调查局、内政部等联邦政府机构联合众多高校、企业、

---

① 汪洪,向勇,项晓东,等.材料基因组——材料研发新模式[J].科技导报,2015,33(10):13–19.
② Materials Genome Initiative[EB/OL].[2015–8–29].https://www.mgi.gov.

科研院所部署了多个大型项目,开展相关的研究活动,迄今投资已超过10亿美元[①]。

2.1.1 美国国防部(DOD)

国防部是以保卫国家国防安全为主要任务的联邦政府机构,关注如何通过材料基因组计划,促进与增强集成计算材料工程(ICME)对未来作战系统的负担能力以及长期计算创新能力。

国防部重点投资:① 开发进一步加速国家先进材料能力所需的基础工具;② 建立通信基础设施支持大量理论、计算和实验数据的存储和共享;③ 利用先进工具集合数据库培养下一代科学家和工程师。目前,国防部、能源部国家核安全管理局(NNSA)和国防实验室部正在加大投资国家安全材料的研究,提升国家安全。许多重要材料的发展最终被转换为商业品,同时有助于增强国家的幸福感。如使用拉曼光谱原位探测燃料电池。

国防部参与的材料基因组大型项目有:合理设计先进高分子薄膜电容:多学科大学研究倡议(MURI);集成材料建模卓越中心(CEIMM);集成计算材料科学与工程(ICMSE);多学科大学研究倡议(MURI):微结构镶嵌;高能衍射显微术创新之材料变形与破坏(Innovation in High Energy Diffraction Microscopy Adds New Insights to Material Deformation and Failure);AFLOW材料数据库(Automatic Flow for Materials Discovery)

2.1.2 美国能源部(DOE)

能源部以研究国家先进能源材料为基础,进而达到降低成本和保护生态环境的目的,主导推动能源相关的先进研究和软件开发,如储能、太阳能燃料、极端条件材料、功能材料如催化剂和光伏、磁性和超导材料等。目前DOE MGI设有基础能源科学办公室(BES)、能源效率和可再生能源(EERE)办公室和化石

---

① 材料研究也有DNA?揭秘我国材料基因组工程研究[EB/OL].[2015-8-29]. http://news.xinhuanet.com/tech/2015-05/04/c_127761097.htm.

能源（FE）办公室。

能源部参与的大型项目有：能源储存研究联合中心（Joint Center for Energy Storage Research (JCESR)）；钻石的光辉（The Brilliance of Diamonds）；人工光合作用联合中心（JCAP）；集成结构材料预测科学（PRISMS）中心；材料数据库（The Materials Project）；美国能源部燃料电池技术部数据库（DOE EERE Fuel Cell Technologies Office Database）；纳米多孔材料基因组中心（The Nanoporous Materials Genome Center）。

2.1.3 美国国家航空和航天局（NASA）

美国国家航空和航天局提供进一步暴露在极端环境下运载火箭和其他基础设施材料的平台。由NASA空间技术任务理事会（STMD）开发首创、跨领域的技术，协调内外部利益相关者完成多任务。STMD的成熟技术需要NASA的航天产业作为探索基地。STMD的组合使材料基因组计划有望在材料、结构和先进制造业项目中发挥至关重要的作用。

NASA的另一个重点是开发新技术，其愿景是材料和制造的全面过程都是数字设计，目标是提供在计算上引导材料设计用于热保护系统（TPS）、结构材料和智能材料，以及超级合金、陶瓷基复合材料（CMC）和多功能材料的关系数据库。此外，NASA将与其他MGI成员机构努力协调，以刺激美国制造业降低新兴材料体系上市的时间。NASA将分别调整其材料开发领域在NASA技术领域10和12路线图。

2.1.4 国家标准技术研究院（NIST）

国家标准技术研究院NIST通过先进测量科学、标准和技术的方式促进美国革新和行业竞争力，保障国家经济安全和改善生活质量。MGI通过提供技术方法精确解决这些任务元素，以降低材料发现、优化和部署的成本。NIST所主导的"先进材料设计"（Advanced Materials by Design）项目将针对标准基础设施、参考数据库和卓越中心的发展，使材料的发现和优化计算建模和仿真更为可靠。

国家标准技术研究院主导的项目有：分层材料设计中心（CHIMAD）；材料数据管理系统（Materials Data Curation System）；理论和计算材料科学中心（CTCMS）；先进材料设计数据和计算工具：结构材料的应用-钴基高温合金（Data and Computational Tools for Advanced Materials Design: Structural Materials Applications-Cobalt Based Superalloys）；材料数据管理系统(Materials Data Curation System)。

2.1.5 美国国立卫生研究院（NIH）

美国国立卫生研究院是美国进行和支持医学研究的主要联邦机构，使命是探索生命本质和行为学基础知识，并充分运用这些知识延长人类寿命，以及预防、诊断和治疗各种疾病和残障。NIH重点关注材料、特别是生物材料的进步，有着巨大的生物学和医学潜在价值，有可能开拓医疗保健的新纪元。例如，联邦机构的研发投资，已产出可用于研究和了解健康和疾病的生物过程的高级材料、工具和仪表。NIHMGI的研发帮助开拓了检测、诊断和治疗常见和罕见疾病的新范式，最终研发新的治疗和诊断的生物标记物、测试和设备。

2.1.6 美国国家科学基金会（NSF）[①]

美国国家科学基金会支撑基础科学和工程研究，任务是通过资助基础研究计划，改进科学教育，发展科学信息和增进国际科学合作等办法促进美国科学的发展，以促进国民健康、繁荣和福利。据NSF网站数据统计，2012—2015年，NSF对材料基因组计划的核心资助项目达74项，累计金额近4 000万美元（见图2）。其中，2012年、2013年，NSF的资助项目分别为13项、14项，2014年剧增至27项，2015年前10个月，项目资助也已达20项。与2012年、2013年相比，2014年、2015年材料基因核心项目投资金额翻了近3倍多。在这些资助项目中，资助金额少于或等于5

---

① National Science Foundation.About Awards［EB/OL］.［2015–10–08］.http://www.nsf.gov/awards/about.jsp

万美元的有13项，大部分资助额在10万～50万美元，达36项，50万～100万美元11项，大于100万美元的有12项（见图3）。NSF材料基因资助立项单位近90%都分布在各大院校（见表1）。

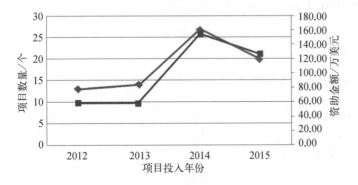

图2　美国NSF对材料基因组相关项目投入图

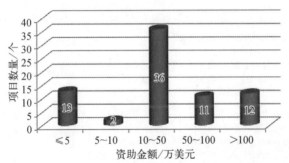

图3　美国NSF对材料基因组相关项目数量与金额投入图

项目名称	立项单位	资助金额/(美元)	起止时间
Workshop on the Materials Genome Initiative, and the Synergy Between Computation and Experiment	University of Chicago	221 945.00	2012—2015
Workshop: Materials by Design: Industry/University Collaborations and the Materials Genome Initiative	Brown University	20 000.00	2012—2014
Geomaterials Genome Project Conference	Florida International University	32 500.00	2012—2014
Collaborative Research: Scientific Software Innovation Institute for Advanced Analysis of X-Ray and Neutron Scattering Data (SIXNS)	University of Washington	100 000.00	2012—2014
DMREF: Collaborative Research-Programmable peptide-based hybrid materials	University of Delaware	1 000 000.00	2012—2016

表1　美国NSF资助的材料基因组在研重点项目

(续表)

项目名称	立项单位	资助金额/(美元)	起止时间
DMREF/GOALI: Computational and Experimental Discovery and Development of Additives for Novel Polymer Morphology and Performance	Massachusetts Institute of Technology	420 000.00	2012—2016
DMREF: Multifunctional Interfacial Materials by Design	University of Wisconsin-Madison	1 600 000.00	2012—2016
DMREF: Engineering Organic Glasses	University of Wisconsin-Madison	1 100 000.00	2012—2016
DMREF: Collaborative Research-Programmable peptide-based hybrid materials	University of Pennsylvania	500 000.00	2012—2016
Synthesis and Characterization of Zeolite-Like Mixed Conductors	Virginia Polytechnic Institute and State University	290 153.00	2012—2016
Collaborative Research: Scientific Software Innovation Institute for Advanced Analysis of X-Ray and Neutron Scattering Data (SIXNS)	Columbia University	100 000.00	2012—2014
Collaborative Research: Scientific Software Innovation Institute for Advanced Analysis of X-Ray and Neutron Scattering Data (SIXNS)	California Institute of Technology	489 685.00	2012—2015
2012 NSF Ceramic Grantees Workshop, June 13—14, Arlington VA	American Ceramic Society	24 600.00	2012—2013
Collaborative Research: NanoMine: Data Driven Discovery for Nanocomposites	Northwestern University	249 999.00	2013—2016
Collaborative Research: NanoMine: Data Driven Discovery for Nanocomposites	Rensselaer Polytechnic Institute	120 000.00	2013—2016
Designing Materials to Revolutionize and Engineer our Future (DMREF) Grantees' Workshop	University of Virginia Main Campus	21 868.00	2013—2014
DMREF-A Combined Experiment and Simulation Approach to the Design of New Bulk Metallic Glasses	University of Wisconsin-Madison	1 550 000.00	2013—2017
Non-Classical Precipitation Mechanisms in Titanium Alloys	Ohio State University	361 295.00	2013—2016

(续表)

项目名称	立项单位	资助金额/(美元)	起止时间
Non-Classical Precipitation Mechanisms in Titanium Alloys	University of North Texas	241 032.00	2013—2016
GOALI: Microstructure-Sensitive Design of Multiphase Structural Alloys	Georgia Tech Research Corporation	719 530.00	2013—2016
SI2-SSE: Multiscale Software for Quantum Simulations in Materials Design, Nano Science and Technology	North Carolina State University	500 000.00	2013—2016
Modeling and Theory-Driven Design of Soft Materials	Materials Research Society	4 000.00	2013—2014
Symposium EEE: Towards a lab-to-classroom Initiative	Materials Research Society	14 200.00	2013—2014
The Dark Reaction Project: A Machine Learning Approach to Materials Discovery	Haverford College	299 998.00	2013—2016
DMREF: Design Knowledge Base of Low-Modulus Titanium Alloys for Biomedical Applications	Ohio State University	1 000 000.00	2013—2016
MRI: Development of a Miniature, High Temperature, Multiaxial Testing Equipment for Advanced Materials and Engineering Research	North Carolina State University	438 951.00	2013—2016
Development of computational techniques for predicting the free energetics of crystalline polymorphs and complex molecules	New York University	420 000.00	2013—2016
III: Small: Collaborative Research: Robust Materials Genome Data Mining Framework for Prediction and Guidance of Nanoparticle Synthesis	Colorado School of Mines	250 000.00	2014—2017
III: Small: Collaborative Research: Robust Materials Genome Data Mining Framework for Prediction and Guidance of Nanoparticle Synthesis	University of Texas at Arlington	250 000.00	2014—2017
Support for Materials Genome Initiative (MGI) Accelerator Network Workshop	Georgia Tech Research Corporation	15 001.00	2014—2015
Workshop on Combinatorial Approaches to Functional Materials	University of South Carolina at Columbia	50 000.00	2014—2015

(续表)

项目名称	立项单位	资助金额/(美元)	起止时间
DMREF/Collaborative Research: Theory-Enabled Development of 2D Metal Dichalcogenides as Active Elements of On-Chip Silicon-Integrated Optical Communication	George Washington University	255 331.00	2014—2017
DMREF/Collaborative Research: Theory-Enabled Development of 2D Metal Dichalcogenides as Active Elements of On-Chip Silicon-Integrated Optical Communication	Stanford University	240 000.00	2014—2017
DMREF/Collaborative Research: Theory-Enabled Development of 2D Metal Dichalcogenides as Active Elements of On-Chip Silicon-Integrated Optical Communication	University of California-Riverside	255 000.00	2014—2017
Collaborative Research: GOALI: Experimentally-Validated Computational Approach to Developing and Predicting Kinetics in Anisotropic Systems	University of Florida	250 367.00	2014—2017
Collaborative Research: GOALI: Experimentally-Validated Computational Approach to Developing and Predicting Kinetics in Anisotropic Systems	University of Illinois at Urbana-Champaign	199 633.00	2014—2017
Bond Tension, Surface Structure and Adsorption on Bottle-Brush Tethered Polymer Layers	University of Akron	271 749.00	2014—2017
Student Travel: 7th International Conference on Multiscale Materials Modeling	Stanford University	10 000.00	2014—2015
CAREER: Solute Effects on the Oxidation Behavior of Ni Alloys	University of Michigan Ann Arbor	200 000.00	2014—2019
CSUSB Center for Materials Science	University Enterprises Corporation at CSUSB	2 095 736.00	2014—2019
Track-2: The Smart MATerial Design, Analysis, and Processing (SMATDAP) consortium: Building next-generation polymers and the tools to accelerate cost-effective commercial production	Louisiana Board of Regents	3 251 051.00	2014—2017

(续表)

项目名称	立项单位	资助金额/(美元)	起止时间
DMREF/Collaborative Research: Chemoresponsive Liquid Crystals Based on Metal Ion-Ligand Coordination	Kent State University	503 622.00	2014—2018
Simulating Non-equilibrium Processes over Extended Time- and Length-Scales using Parallel Accelerated Dynamics	University of Toledo	200 000.00	2014—2017
DMREF/Collaborative Research: Accelerated Development of Next Generation of Ti Alloys by ICMSE Exploitation of Non-Conventional Transformation Pathways	Ohio State University	605 974.00	2014—2017
Collaborative Research: Design of Low-Hysteresis High-Susceptibility Materials by Nanodomain Engineering	Ohio State University	201 859.00	2014—2017
Collaborative Research: Design of Low-Hysteresis High-Susceptibility Materials by Nanodomain Engineering	Massachusetts Institute of Technology	200 000.00	2014—2017
ICAM — Institute for Complex Adaptive Matter	University of California-Davis	300 000.00	2014—2016
Track-2: The Smart MATerial Design, Analysis, and Processing (SMATDAP) consortium: Building next-generation polymers and the tools to accelerate cost-effective commercial production	Mississippi State University	2 699 753.00	2014—2017
US-EU Workshop on Computational Materials Science, Spring 2014	University of Chicago	27 481.00	2014—2016
DMREF/Collaborative Research: Accelerated Development of Next Generation of Ti Alloys by ICMSE Exploitation of Non-Conventional Transformation Pathways	University of North Texas	499 026.00	2014—2017
DMREF/Collaborative Research: Chemoresponsive Liquid Crystals Based on Metal Ion-Ligand Coordination	University of Wisconsin-Madison	1 091 071.00	2014—2018
DMREF: Integrated Computational Framework for Designing Dynamically Controlled Alloy-Oxide Heterostructures	University of California-Santa Barbara	1 200 000.00	2014—2017

（续表）

项目名称	立项单位	资助金额/（美元）	起止时间
International Workshop: Estimation of Time or Cycles to Failure of Aging Components and Systems	University of South Carolina at Columbia	14 923.00	2014—2015
REU Site: Leveraging Computational Tools for Enhancing Engineering Innovation	University of Alabama Tuscaloosa	346 153.00	2014—2017
Participant Support for Foundations of Molecular Modeling and Simulation: Molecular Modeling and the Materials Genome (FOMMS 2015)	Northwestern University	22 000.00	2015—2016
DMREF: Collaborative Research: The Synthesis Genome: Data Mining for Synthesis of New Materials	University of Massachusetts Amherst	363 945.00	2015—2018
DMREF: Collaborative Research: The Synthesis Genome: Data Mining for Synthesis of New Materials	Massachusetts Institute of Technology	692 585.00	2015—2018
US-Japan Materials Genome (MG) Workshop to be held at the International Congress Center "Epochal Tsukuba"	Northwestern University	19 999.00	2015—2015
Bioengineering Single Crystal Growth	Northwestern University	160 000.00	2015—2018
Quantitative Determination of Dislocation Core Structure and Mobility Using Atomic Resolution Microscopy and Multiscale Modeling: Application to High Entropy Alloys	Ohio State University	343 560.00	2015—2018
DMREF: Accelerating the Discovery and Development of Nanoporous 2D Materials (N2DMs) and Membranes for Advanced Separations	Georgia Tech Research Corporation	998 543.00	2015—2019
Molecular Modeling of Failure in Polymer Nanocomposites	University of Pennsylvania	325 300.00	2015—2018
CAREER: Mesoscale Modeling of Defect Structure Evolution in Metallic Materials	University of Connecticut	500 000.00	2015—2020
CAREER: In-situ Advancements for Study of Multi-axial Micromechanics of Solid Materials	Colorado School of Mines	500 000.00	2015—2020

(续表)

项目名称	立项单位	资助金额/(美元)	起止时间
DMREF: Accelerating the Development of High Temperature Shape Memory Alloys	Texas A&M Engineering Experiment Station	1 467 133.00	2015—2018
DMREF: Collaborative Research: Extreme Bandgap Semiconductors	University of Michigan Ann Arbor	300 000.00	2015—2018
DMREF: Collaborative Research: Extreme Bandgap Semiconductors	Stanford University	310 000.00	2015—2018
DMREF: Collaborative Research: Extreme Bandgap Semiconductors	Cornell University	840 000.00	2015—2018
Advanced Nanomaterials for Energy Research and Applications (ANERA)	Delaware State University	999 240.00	2015—2018
NSF-SIAM Symposium on the Mathematical and Computational Aspects of Materials Science	Society For Industrial and Applied Math (SIAM)	17 387.00	2015—2015
RII Track-1:Louisiana Consortium for Innovation in Manufacturing and Materials (CIMM)	Louisiana Board of Regents	4 000 000.00	2015—2020
Elastic and inelastic scattering studies of supercooled metallic glass-forming liquids — the connection between ordering and fragility	Washington University	250 873.00	2015—2018
Electrokinetics in Liquid Crystals	Kent State University	400 000.00	2015—2018
Open-System Quantum Many-Body Entangled Dynamics of Ultracold Molecules	Colorado School of Mines	97 674.00	2015—2018

2.1.7 美国地质调查局(USGS)、内政部(DOI)

美国地质调查局主要负责自然灾害、地质、资源、地理、环境、生物信息方面的科学研究、监测、收集、分析、解释和传播。USGS是发现、评估和生产矿产资源联邦信息的主要来源,其中包括如何以及在哪里可以找到周期表的所有元素。

内政部和美国地质调查局参与的大型项目:非常规国内来源关键和/或战略元素确定的新方法(Innovative methods to identify critical and/or strategic elements from unconventional domestic sources);土壤六价铬定量创新方法的开发与应

用（Development and application of innovative methods for quantification of hexavalent chromium in soils）

2.1.8　近5年美国材料基因组计划实践活动大事记

根据负责单位，分联邦机构和非联邦机构活动两部分。

1）联邦机构相关实践活动

（1）2011年：

美国启动"材料基因组计划"；建立了Materials Explorer、Phase Diagram、Lithium Battery Explorer、Reaction Calculator、Crystal Toolkit、Structure Prediction等基础数据库，并保持软件升级与数据更新[1]。

（2）2012年：

国防部投资1 700万用于材料研发、性能预测与优化。

能源部投资1 200万美元集成计算工具、实验工具和数据于一体，研发高技术＆高性能材料；同时，开展BES项目（基础能源项目），以一所大学和国家实验室为平台，致力于预测理论和仿真建模。

国家科学基金会宣布"材料设计——革命与构筑（DMREF）"计划，以及与NSF相关的计划包括21世纪空间基础设施建设计划（CIF21）以及先进大数据科学与工程的核心技术等；此外，和能源部（DOE）宣布未来将投资2 500多亿用于材料科研项目基金[2]。

美国材料信息协会（ASM International）创立计算材料数据网络（Computational Materials Data Network），其咨询团队由美国国家标准和技术研究院、美国材料信息学会、NASA马歇尔太空飞行中心、惠普公司、剑桥大学等单位的材料科学与工程领

---

[1] 冯瑞华,姜山.国外材料计算学研究战略与计划分析[J].科技管理研究,2014（3）：34–39.

[2] Cyrus Wadia, Meredith Drosback. $ 25M in Research Awards to Advance Administration's Materials Genome Initiative[EB/OL].[2015–09–10].http://www.whitehouse.gov/blog/2012/06/06/advanced-materials-giving-soldiers-decisive-edge-combating.

域专家组成（ASM International, 2012b）。

（3）2013年：

国防部建立轻质和现代金属工艺研究院（Lightweight and Modern Metals Manufacturing Institute），加强金属工艺制造，开展基础项目研究。

能源部选择Argonne National Laboratory并让其牵头，完成Joint Center for Energy Storage Research，按照MGI理论，研发并设计新电解液取代锂离子电池；未来5年内将斥资1.2亿美元建立了关键材料研究院（CMI）[①]，致力于采用新型革新清洁能源技术研发。

国家标准技术研究院和芝加哥团队合作成立材料分级设计（CHiMaD）中心。

MGI联合网络和信息技术的研究和发展计划（NITRD），确保MGI大数据的研发活动。

白宫宣布斥资2亿在联邦机构建立3所新制造革新研究院（New Manufacturing Innovation Institutes）——美国制造、轻质和现代金属革新研究院和下一代动力电子革新研究院。

（4）2014年：

国防部联合DOE和NSF资助来自200家公司、大学、国家实验室的500多名科学家，致力于材料革新、研发材料计算和检测新工具。

功能材料组合方法工作平台[②]（Combinatorial Approaches to Functional Materials Workshop）正式成立。该平台由Applied Materials Inc、the University of South Carolina、NIST以及OSTP共同组建，以期通过高通量实验来实现MGI的目标。

[①] CyrusWadia. Materials Innovation for the 21st Century[EB/OL].[2015-09-01]. https://www.whitehouse.gov/blog/2013/01/14/materials-innovation-21st-century.
[②] Charina L Choi, et al. Workshop on Combinatorial Approaches to Functional Materials[EB/OL].[2015-09-01].http://www.appliedmaterials.com/company/news/events/workshop-on-combinatorial-approaches-to-functional-materials.

国家标准技术研究院投资2500万美元,集中用于新兴工业部门(仿生材料、有机光伏材料、先进陶瓷、结构用新型聚合物和金属合金)先进材料研发。

在NNMI平台建设基础上,国防部带领两个研究院,集中解决数字化制造、设计革新以及轻量化和现代金属制造的问题,并主导开展"下一代动力电子制造"课题研究①。

奥巴马宣布出资1.48亿美元建立先进制造业中心,重点研发用于国防、航空等领域的先进轻型金属材料。

(5) 2015年:

白宫宣布近期将向公众开放多个材料学数据库,以此促进新材料的研发与合成。

政府发起了一项与材料基因组计划有关的材料科学和工程学数据挑战赛,旨在开发利用公开数据库研发新材料的创新型方法。

2) 非联邦机构MGI相关实践活动

(1) 2012年:

来自多材料学科和制造领域的31家组织机构单位签署Orlando Materials Innovation Principles。作为一个团队,共同研发和应用新IT工具、开发可供数据和知识共享的开放模型。

康涅狄格大学和康涅狄格州预计在先进材料领域和MGI计划扶持下投资1.7亿美元,成立工业园②;密歇根大学预计未来5年内投资3000万美元,成立计算机科学与工程研究院、新高性能计算资源,研发和优化材料制备工艺;麻省理工学院和劳伦斯伯克利国家实验室开放公众数据库,数据库拥有相关材料1.5万多种。

---

① Cyrus Wadia, Meredith Drosback. Materials Genome Initiative Turns Three, Continues Path to Revitalize American Manufacturing[EB/OL].[2015-09-10]. http://www.Whitehouse.gov/blog/2014/06/19/materials-genome-initiative-turns-three-continues-Path-revitalize-american-manufacturing.

② Executive Office of the President. Fact Sheet: Progress on Materials Genome Initiative[EB/OL].[2015-09-10]. Executive Office of the President of the United States.

国家添加剂制造革新研究院（National Additive Manufacturing Innovation Institute: America Makes）成立。

美国国家军队实验室开展"The Enterprise for Multiscale Research of Materials"课题，进行新电子和电磁设备极端动态环境下的材料设计与应用。

来自职业机构的67万名职工代表联名签署以支持MGI决议[①]。

（2）2013年：

The University of Wisconsin, Madison 和the Georgia Institute of Technology宣布将投资约1 500余万美元创建材料革新研究院（New Institutes in Materials），同时将联合密歇根大学共建材料革新加速网络化平台（A Materials Innovation Accelerator Network）[②]。

密歇根大学继续投资2 000万美元建设致力于研究集成计算材料的新密歇根大学中心（UM中心），以及软材料（soft-matter）建模与仿真"集成实验室（assembly lab）"，并且对话Georgia Tech 和UW–Madison，共同建立全国材料革新加速网络化建设（National Materials Innovation Accelerator Network），将其作为MGI的一个组成部分；哈佛大学建设清洁能源材料数据库；MIT等高校就如何正确定位MGI、考虑材料革新和产品商业化等问题开展网上免费培训课程；乔治科技学院宣布于2013年投资1 000万美元建立新材料研究院（IMat）跨学科研究院所。投资部分金额用来建成性能更为强大的数据革新生态系统（A Stronger Materials Innovation Ecosystem）。

JCESR[③]（Joint Center For Energy Storage Research）研发最优锂电系统，成为MGI计划实施高效性的有力证明；军队

---

① The Minerals, Metalsand Materials Society (TMS). Results of the Materials Genome Initiative Strategic Scoping Session［EB/OL］.［2015–09–10］.http://www.newswise.com /institutions/newsroom/2238.

② 刘俊聪, 王丹勇, 李树虎等. 材料基因组计划及其实施进展研究［J］.情报杂志, 2015, 34（1）：61–66.

③ U.S. Energy Information Administration.Annual Energy Review 2010［EB/OL］.［2015–10–09］.http://www.eia.gov/totalenergy/data/annual.

研究实验室（ARL）建设材料选择与分析工具（MSAT），包含胶黏剂数据库和复合材料数据库。此外，还有MIUL数据库、MUA数据库、NASA技术标准项目等。

(3) 2014年：

白宫2014财年计划中提到投资10亿美元用于商业部建立美国国家制造创新网络计划（NNMI）①。

NNMI分别成立下一代动力电子制造革新研究院（Next Generation Power Electronics Manufacturing Innovation Institute）、数字化制造和设计革新研究院（Digital Manufacturing and Design Innovation Institute）、轻质和现代金属制造革新研究院（Lightweight and Modern Metals Manufacturing Innovation Institute）。

康奈尔大学、杜克大学等合力研发并提供高通量数据研发开放软件和相关数据；南卡罗来纳州大学将免费提供相关课程培训，并即将开放有关高通量计算网络教程。

2.2 欧盟及其成员国

欧盟以轻量、高温、高温超导、热电、磁性及热磁和相变记忆存储六类高性能合金材料需求为牵引，于2011年启动了第7框架项目"加速冶金学"（accelerated metallurgy, ACCMET）计划②。考虑到计算材料学目前尚不具有预测所有材料性能的能力，项目组织了包括材料需求与制造企业、仪器设备商、政府机构、大学、大科学装置（如欧洲同步辐射光源ESRF）等几十家单位参与，共同开发以激光沉积技术为基础的适用于块体合金材料研发的高通量组合材料制备与表征方法，对数以万计的合金成分进行自动化筛选、优化与数据积累，旨在将合金成分研发周期由传统冶金学方法所需的5～6年缩短至1年以内。

---

① Materials Research Society [EB/OL]. [2015-09-01]. http://www.mrs.org/article.aspx?id=2147502751.
② CORDIS. Thermoelectric energy converters based on nanotechnology [EB/OL]. [2015-09-10]. http://cordis.europa.eu/project/rcn/98971_en.html.

欧洲科学基金会下的"研究网络计划"中多个项目涉及材料模拟,其中2011年开展的"材料从头计算模拟先进概念计划"(Advanced Concepts in ab-initio Simulations of Materials (Psi-k2))①,致力于"从头计算"的计算方法,"对原子层级的材料进行自由参数计算,且该计算方法适用于所有凝聚态系统"。同时,欧盟成员国旗下的英国科学与技术设施委员会、剑桥大学材料及冶金系、英国爱丁堡大学凝聚态物理研究组、英国苏塞克斯大学理论化学与计算材料研究组、法国国家科学研究中心、德国马普学会、苏黎世联邦理工学院、瑞士联邦材料科学和技术研究所、曼彻斯特大学实验室等都从计算方法、材料设计、材料实验、材料数据库建设开展了材料基因研究工作。2012年,欧洲科学基金会又推出总投资超过20亿欧元的2012—2022欧洲冶金复兴计划②,将高通量合成与组合筛选技术列为其重要内容,以加速发现与应用高性能合金及新一代其他材料。2014年1月31日,欧盟科研创新计划"地平线2020"③在英国正式启动,"地平线2020"科研规划的预算在第七个框架计划基础上增加了36%,达800亿英镑,实施时间为2014—2020年,囊括了包括框架计划在内的所有欧盟层次重大科研项目。

2.2.1 英国

英国科学与技术设施委员会④(Science and Technology Facilities Council, STFC)的化学部、计算科学工程部、冶金和材料部等都开展了材料基因的相关研究与项目合作。化学部、冶金和材料部共同资助了"Material Systems for Extreme

---

① European Science Foundation.[EB/OL].[2015–8–29].http://www.esf.org/index.php?id=7762.
② Jarvis D. Metallurgy Europe: A renaissance programme for 2012—2022[R]. Strasbourg: EFS, 2012.
③ European Commission Horizon 2020.[EB/OL].[2015–09–10].http://ec.europa.eu/programmes/horizon2020.
④ Science and Technology Facilities Council.[EB/OL].[2015–10–13].http://www.stfc.ac.uk/.

Environments",金额高达 8 000 000 英镑,该项目致力于研究材料操作系统中材料的加工、微观结构、属性在极端环境下是如何相互影响、相互作用的,以期通过设计,制备性能理想的材料。冶金和材料部还与利物浦大学联合开展 Integration of Computation and Experiment for Accelerated Materials Discovery 项目研究,资助金额为 6 650 590 英镑,用于结构、性能预测、测量和材料合成的日常集成计算和实验,发现新材料。计算科学工程部也与英国工程和自然科学研究委员会开展了表面界面合作计算项目、全球同步加速器研究理论网络开发方法、平面波赝势方法与高性能计算机等。

英国爱丁堡大学凝聚态物理研究组就材料缺陷、非平衡相变、分子物理等计算材料物理领域展开积极研究[1]。剑桥大学的材料科学与冶金系基本涵盖了所有主要领域的研究课题,设有陶瓷基复合材料、金属基复合材料和聚酯基复合材料 3 个科研组[2]。著名的卡文迪什实验室一直以来都进行着关键性基础研究工作,从多方面影响材料科学的发展。英国苏塞克斯大学[3]理论化学与计算材料研究小组主要进行富勒烯等大分子的密度泛函模拟、金属离子系统、原子与分子碰撞理论等研究。

2.2.2 法国

法国国家科学研究中心[4]对实际材料的变形进行了创新性的研究,引入位错动力学模型,用于研究材料的疲劳、蠕变等,并已在晶体辐射损伤缺陷对材料强度的影响以及塑性形变局域化等的形成机制方面取得重大成就,进一步增进了位错集体行为的深入了解。

---

[1] 冯瑞华,姜山.国外材料计算学研究战略与计划分析[J].科技管理研究,2014(3):34-39.
[2] University of Cambridge[EB/OL].[2015-10-13].http://www.cam.ac.uk/.
[3] University of Sussex[EB/OL].[2015-10-13].http://www.sussex.ac.uk/.
[4] Centre national de la recherche scientifique[EB/OL].[2015-10-11].http://www.cnrs.fr/.

2.2.3 德国

德国马普学会①涉及材料基因研究的机构主要有化学研究所、固体物理和材料研究所、钢铁研究所、冶金研究所,从事非晶态固体材料、陶瓷材料等领域研究。2011年,学会里的动态结构研究小组成功利用强红外激光脉冲照射将稀土氧化物陶瓷材料转变为高温超导体。钢铁研究所②在计算材料设计方面的主要研究有:多尺度从头计算,半导体纳米结构电子和光学性能多尺度模拟,金属储氢第一性原理研究,表面和相图中被吸附相的从头计算研究,铁铝合金第一性原理研究,生物钛合金相稳定和机械性能研究,铁结构与磁性的从头计算,铁材料中C—C相互作用的第一性原理研究,形状记忆合金温度效应的从头计算研究等③。

2.3 日本

日本一直致力于材料计算模拟研究与材料开发相结合的研究,有着自己的显著特色。MGI启动后,日本也启动了类似的科学计划,计划在玻璃、陶瓷、合金钢等领域建设材料数据库和知识库④⑤,同时尝试建立专家系统以提高、促进其协调创新能力⑥。

日本产业技术综合研究所、日本理化学研究所、日本国立材料科学研究所等研究机构,东京大学、东北大学等大学也都成立了计算材料科学实验室相继开展材料基因的相关研究。日

---

① MaxPlanckInstitutFur Polymerforschung[EB/OL].[2015–10–13].http://www.mpip-mainz.mpg.de.
② 冯瑞华,姜山.国外材料计算学研究战略与计划分析[J].科技管理研究,2014(3):34–39.
③ Monnet G, Devincre B, Kubin L P. Dislocation study of prismatic slip systems and their interactions in hexagonal close packed metals: application to zirconium. Acta Mater, 2004(52): 4317–4328.
④ NIMS Materials Database[EB/OL].[2014–12–11].http://mits.nims.go.jp/index_en.html.
⑤ JSTDatabase[EB/OL].[2012–10–11].http://sti.jst.go.jp/en/database.html.
⑥ European Science Foundation[EB/OL].[2015–8–29]. http://www.esf.org/index.php?id=7762.

本理化学研究所RIKEN①（RIkagaku KENkyusho/Institute of Physical and Chemical Research）于2010年7月成立了先进计算科学研究所（AICS），致力于计算模拟基础上的科学预测，维护计算机的使用环境，重点推进计算科学和计算机科学的学科合作项目，使各界研究人员能够共享使用，推进新材料等领域先进知识的共享，解决全球问题。计算材料科学中心重点开展纳米材料等新型材料的合成与模拟研究。日本国立材料科学研究（NIMS）②专门从事材料研究，主要进行材料的合成、表征和应用的研究，包括金属、半导体、超导体、陶瓷、有机材料、纳米材料等。2011年开展了第三期中期项目（3rd Mid-Term Program）的研究，优先关注3个重点研发领域：能源材料、环境材料和资源场材料、先进关键技术领域、纳米材料领域，解决2个研究挑战，即响应社会需求、研发先进材料；在创新材料研发上有所突破。东京大学③材料基因研究的所属机构主要有物性研究所和计算材料科学实验室，前者主要进行新材料的设计、合成与表征研究；后者致力于从头计算、分子动力学和紧束缚方法在计算材料科学、计算凝聚态物理的研究。

2.4 中国

中国对于"材料基因组计划"的突破，主要研发以计算为主的"基于集成计算的材料设计基础科学问题"和以实验为主的"高温合金材料设计与制备的基础研究"等项目。随着美国MGI的推出，扩大和加强了中国和其他国家对MGI的战略研讨，围绕材料高通量的制备、设计和表征方法等方面，近年也启动了以"集成高通量实验与计算的钛合金快速设计"④为代表的973

---

① Riken［EB/OL］.［2015–10–13］.http://www.riken.jp.
② JP National Institute for Materials Science［EB/OL］.［2015–10–13］.http://www.nims.go.jp/.
③ The University of Tokyo［EB/OL］.［2015–10–13］.http://www.u-tokyo.ac.jp/.
④ 浙江省科学技术厅［EB/OL］.［2015–8–29］.http://www.zjkjt.gov.cn/news/node01/detail0105/2014/0105_51963.htm.

项 目 名 称	立项单位	资助金额/元	起止时间
基于材料基因特征的非晶合金三维原子堆垛构型与热稳定性关系研究	钢铁研究总院	15万	2014—2014
材料基因组计划高通量材料集成计算关键技术和服务平台研究	中科院计算机网络信息中心	84万	2015—2018
高辐照容忍性锆基陶瓷的辐照损伤、热物理性能演变与计算模拟	中科院上海硅酸盐研究所	80万	2015—2018
核能用锆化合物陶瓷的协调设计、制备科学与相关机理研究	中科院上海硅酸盐研究所	290万	2016—2020
SiC磁性基因的设计与表征及其在陶瓷定向制备中的基础研究	中科院上海硅酸盐研究所	63万	2016—2019

表2 中国NSFC资助的材料基因组在研项目①

计划、863计划和国家自然科学基金项目（NSFC）等研究。其中，NSFC自MGI启动后资助的材料基因组相关项目见表2。

面对材料基因组计划带来的挑战与机遇，在诸多著名专家学者主导下，我国一些高校和科研院所、企业积极行动、参与推进"材料基因组工程"的研究，推进中国版材料基因组计划，从2011年第S14次香山科学会议研究中国应对材料基因组计划的策略，到2012年，启动"材料科学系统工程发展战略"——中国版材料基因组计划重大咨询研究项目，再到2013年，中国科学院召开"材料基因组计划"咨询项目研讨会，以及2014年签署的《宁波材料基因工程项目合作协议》，迈出了中国版材料基因组计划的重要一步。2015年，新材料国际发展趋势高层研讨会专门设立了材料基因组科学技术论坛，借此共同探索材料学科最新的发展趋势，展示国内对材料基因组的研究成果。可以说，材料基因组得到学术界的高度关注和重视，各界广泛开展会议研讨。

同时，我国相继成立了中科院上海硅酸盐研究所"无机材料基因科学创新中心"②、北京航空航天大学"集成计算材料科

---

① 国家自然基金科学委员会［EB/OL］.［2015–10–8］.http://isisn.nsfc.gov.cn/egrantindex/funcindex/prjsearch-list.
② 上海硅酸盐所成立"无机材料基因科学创新中心"［EB/OL］.(2015–01–23)［2015–12–02］.http://www.sic.ac.cn/xwzx/tpxw/201501/t20150127_4305466.html.

学与工程中心"、复旦大学"先进材料实验室"、华中科技大学"先进材料设计实验室"、"上海材料基因组工程研究院"、上海大学"材料基因组工程研究院"、上海交通大学"材料基因组联合研究中心"、北京科技大学"材料基因工程北京市重点实验室"[①]、香港"纳米及先进材料研究院"等一系列机构和组织开展材料基因组方面工作。

3 科学研究及技术发展全景展示

分别围绕材料计算与实验工具、材料数据库研究领域,根据Web of Science的Science Citation Index Expanded (SCIE)和Derwent Innovations Index (DII) 检索,借助TI、TDA、CiteSpace分析工具,从材料基因组的研发趋势、主要国家发展态势、主要研究机构(专利权人)、高频及新出现的主题词年度变化分析(技术布局分析)等方面进行分析。

3.1 领域发展概况

从材料基因组相关的计算方法、实验工具和数据库领域成果产出来看,1997年至今,SCIE论文总产出为6 338篇,1963年至今,共计4 194族发明专利,随年份变化各领域的研究产出呈稳定增长趋势(见图4、图5、图6和图7),与论文产出相比,发明

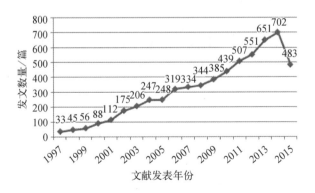

图4 计算方法和实验工具相关研究-年度趋势-论文

---

① 北京科技大学.材料基因工程北京市重点实验室通过认定[EB/OL].(2015-05-22)[2015-12-02].http://news.ustb.edu.cn/xinwendaodu/2015-05-22/60429.html.

专利产出波动比较多。从研究领域看，材料数据库无论在研究论文还是发明专利产出，受到材料基因组计划的促动和影响更为明显。

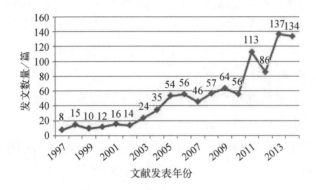

图5 材料数据库相关研究-年度趋势-论文

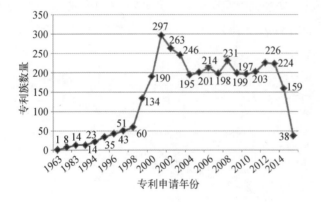

图6 计算方法和实验工具相关研究-年度趋势-专利

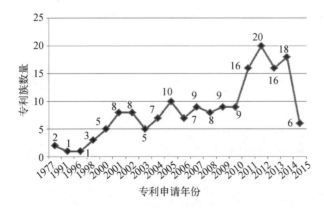

图7 材料数据库相关研究-年度趋势-专利

3.1.1 计算方法与实验相关成果分析

根据SCIE论文产出和作者数量生成论文生命周期图（见图8），得到如下推论：材料计算方法和实验工具相关研究在1997—2005年处于缓慢增长期，2007—2008、2011—2012年发文作者数量快速上升，2013—2014年发文作者数量增长趋势趋缓。2005—2006、2012—2013年论文产出量有比较大的提升，目前相关研究处于成长期。

发明专利方面，依据DII发明专利产出和专利权人数据生成专利生命周期图（见图9），结合发明专利族数量及生命周期数据，可以看到，1963—2014年，发明专利总体呈上升趋势。其中，1963—1997年是专利技术发展的萌芽阶段，发明专利族数量较少；1997—2001年处于高速增长期，发明专利的申请在此期间显著增加，由1997年的51件增至2001年的297件，专利权人数量由81人上升为733人，达到峰值。2001—2007年间，发

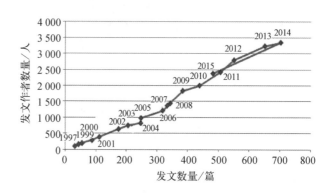

图8 计算方法和实验相关研究－技术生命周期－论文

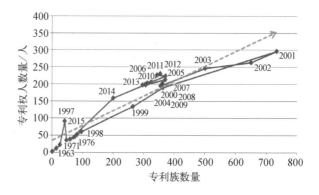

图9 计算材料与实验工具相关研究－技术生命周期图－专利

明专利族数量逐渐回落,增速放缓。之后,2008—2014年间,随着既定研究领域专利技术的日渐成熟,以及专利申请方向的拓宽,材料计算与实验工具领域内的专利产出开始出现缓慢降低趋势,发明专利申请数量及专利权人数量相对稳定,2013年与2014年分别为224件和159件,专利研发逐渐进入平稳发展期(注:2015年数据尚不完整,暂不作分析)。

3.1.2　材料数据库相关成果分析

根据SCIE论文产出和作者数量生成论文生命周期图(见图10),得出如下推论:材料数据库相关研究在1997—2004年处于缓慢增长期,2005—2015年论文产出量和发文作者数量整体提升较快,尽管2007、2012、2014年这3年有所回落,但从总的趋势看,材料数据库相关研究亦处于成长期。

根据发明专利族数量与专利权人形成技术生命周期图(见图11),结合发明专利申请年度态势分布,发现:1998—2014

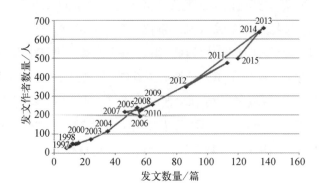

图10　材料数据库相关研究-技术生命周期-论文

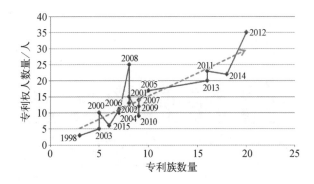

图11　材料数据库相关研究-技术生命周期-专利

年,材料数据库方面的发明专利族数量呈持续增长趋势。其中,1998—2001年材料数据库发明专利产出处于高速增长期,并于2001年以8件发明专利达到该时期峰值;2001—2010年,专利发展相对平稳;2010—2012年再次呈现出高速发展态势,发明专利族数量与专利权人数量上升较快,于2012年达到峰值;2013年、2014年专利数量稍有回落(注:2015年数据尚不完整,暂不作分析)。

3.2 主要国家科技实力分析

3.2.1 计算材料与实验工具相关分析

从2005—2015年各国材料基因组计算方法和实验相关研究领域论文发表数量(见图12)可以看出,美国发文量占比为32.28%,遥遥领先于其他国家,坐实了该领域发文的霸主地位。发文量位列随后的3个国家分别是德国(11.03%)、中国(8.19%)、英国(6.29%),第五、第六位依次是日本(4.84%)、法国(4.20%)。其他国家的发文均低于发文总量的3.00%,其中,韩国、加拿大、荷兰和意大利分别位列第7～10位。

从2005—2015年材料基因组计算方法和实验工具研究领域同族发明专利申请量(见图13)看到,美国以1 472族发明专利位居首位,占据全球专利总数的36.56%,处于绝对领先地位。世界知识产权组织以1 410族发明专利位居第二,前两名国家(及机构)所持发明专利合计占据世界专利总数的71.58%。德

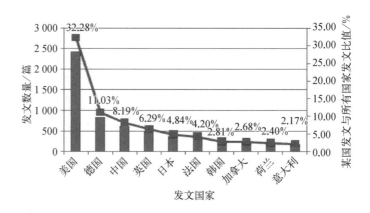

图12 计算方法和实验工具相关研究－国家/地区分布－论文

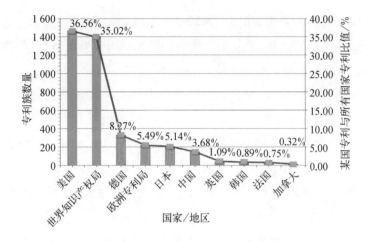

图13 计算材料与实验工具相关研究-国家/地区分布-专利

国、欧专局、日本分别持有发明专利333、221、207族，位列第3、4、5名，合计占据全球专利总数的14.31%。中国以148族发明专利位居世界排名第6位，占据世界总额3.68%。排名第7～10位的国家分别为英国（1.09%）、韩国（0.89%）、法国（0.75%）、加拿大（0.32%），占比份额均小于世界专利总量的2%。

3.2.2 材料数据库相关分析

从2005—2015年各国材料基因组数据库相关研究领域论文发表数量（见图14）可以看出，跟计算方法和实验相关研究领域论文发表数量相比，前4名排序没有变化，具备较强科技实力的国家有美国（28.69%）、德国（9.23%）、中国（6.82%）、英国（6.25%），从第四名开始科技实力国家排名有些许变化，西班牙

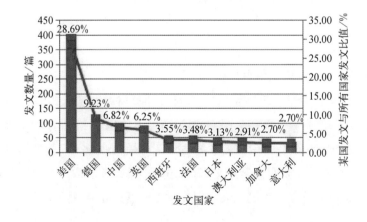

图14 材料数据库相关研究-国家/地区分布-论文

469

(3.55%)位列第五,法国(3.48%)第六,日本(3.13%)第七。其他国家的发文均低于发文总量的3.00%,其中,澳大利亚、加拿大、意大利位列第8～10位。

从2005—2015年各国材料数据库相关研究领域发明专利申请量来看(见图15),美国仍是材料基因组研究领域申请数量最高的国家,发明专利49族,占总数的29.17%,处于绝对领先地位;其次是中国,发明专利44族,占全球专利总数的26.19%,发展势头强劲;日本位列第三名,发明专利26族,占据世界总数的15.48%,前3名国家专利合计119族,超过世界份额总量的70%,处于绝对优势地位。发明专利第四至第六位分别是世界知识产权组织、韩国、欧专局,专利数量分别为21、15、5族。苏联、中国台湾、加拿大、德国专利数量均为2族,均占据世界总额的1.19%,位居第7～10位。

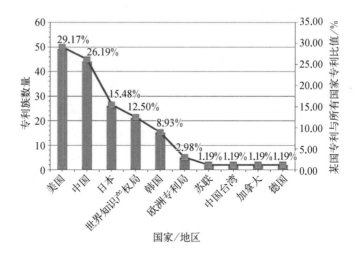

图15 材料数据库相关研究-国家/地区分布-专利

3.3 主要机构竞争力分析

基于2005—2015年材料基因组计算材料和实验以及材料数据库相关研究中各个国家的论文产出,整理出排名前10位机构数据,如图16所示。美国麻省理工学院以发文157篇位居第一,德国鲁尔波鸿大学发文120篇位居第二,其次依次是中国科学院和美国宾夕法尼亚大学以发文106篇并列第三。从国家分

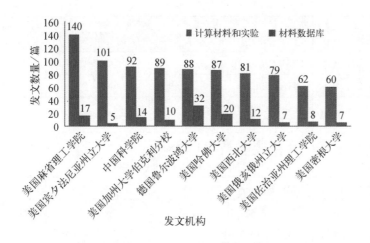

图16 材料基因组相关研究-前10位机构分布-论文

布看，前10位机构中，美国有8所（麻省理工学院、哈佛大学、宾夕法尼亚大学、加州伯克利分校、西北大学、俄亥俄州立大学、佐治亚州理工学院、密歇根大学），中国和德国各有1所（中科院、鲁尔波鸿大学）。从发文量来看，美国麻省理工学院在计算材料和实验方面优势显著，德国鲁尔波鸿大学在材料数据库方面占有优势。

同时，基于TDA数据分析工具对1963—2014年间各国计算材料和实验工具研究领域发明专利族申请数量的检索分析，整理出发明专利申请排名前10位机构数据，如表3所示，美国加利福尼亚大学（UNIV CALIFORNIA）以416族发明专利位居第一，其次是日本日立公司（HITACHI LTD）与美国麻省理工学院（MASSACHUSETTS INST TECHNOLOGY），发明专利申请量分别为243族与211族。从国家前10位机构分布看，美国共计8所，分别为：加利福尼亚大学（UNIV CALIFORNIA）、美国麻省理工学院（MASSACHUSETTS INST TECHNOLOGY）、国际商业机器公司（INT BUSINESS MACHINES CORP）、杜邦公司（DU PONT DE NEMOURS & CO E I）、惠普公司（HEWLETT-PACKARD CO）、AFFYMETRIX公司（AFFYMETRIX INC）、斯坦福大学（UNIV LELAND STANFORD JUNIOR）、摩托罗拉公司（MOTOROLA INC）等；日本有2所机构，即：日立公司

表3 计算方法与实验工具相关研究–前10位机构分布–专利

排名	国家/地区	机构（英文）	机构（中文）	专利数量（族）
1	美国	UNIV CALIFORNIA	加利福尼亚大学	416
2	日本	HITACHI LTD	日立公司	243
3	美国	MASSACHUSETTS INST TECHNOLOGY	麻省理工学院	211
4	美国	INT BUSINESS MACHINES CORP	国际商业机器公司	187
5	美国	DU PONT DE NEMOURS & CO E I	杜邦公司	185
6	美国	HEWLETT-PACKARD CO	惠普公司	181
7	日本	CANON KK	佳能公司	176
8	美国	AFFYMETRIX INC	AFFYMETRIX公司	164
9	美国	UNIV LELAND STANFORD JUNIOR	斯坦福大学	160
10	美国	MOTOROLA INC	摩托罗拉公司	151

（HITACHI LTD）、佳能公司（CANON KK）。总体而言，美国在研究材料基因组的计算方法和试验数据上发展相对成熟，优势最为明显。

从材料数据库发明专利族的申请量来看，排名前10名的机构如表4所示，位列前3名的分别是美国国际商业机器公司（INT BUSINESS MACHINES CORP）、北京理工大学（BEIJING TECHNOLOGY INST）、中国国家电网公司（STATE GRID CORP CHINA），分别持有专利6族、3族、3族。在前10位机构的国家分布上，中国共计4所，分别为：北京理工大学（BEIJING TECHNOLOGY INST）、中国国家电网公司（STATE GRID CORP CHINA）、山东合成技术有限公司（SHANDONG SYNTHESIS ELTRN TECHN CO LTD）、西安电子科技大学（UNIV XIDIAN）；美国、日本、韩国分别各有2所机构位居世界前10。就全局来看，中国在材料基因组的数据库方面做了大量研究，其研究成果与发明专利族数量在世界全局中均占有重要地位，同时，美国、日本、韩国也具有巨大的发展优势与发展潜力。

排名	国家/地区	机构（英文）	机构（中文）	专利数量
1	美国	INT BUSINESS MACHINES CORP	国际商业机器公司	6
2	中国	BEIJING TECHNOLOGY INST	北京理工大学	3
3	中国	STATE GRID CORP CHINA	国家电网公司	3
4	韩国	CHEM I NET CO LTD	化学化工国际有限公司	2
5	韩国	KOREA FOOD & DRUG ADMINISTRATION	韩国食品药品管理局	2
6	美国	MICROSOFT CORP	微软公司	2
7	日本	NEC CORP	日本电气公司	2
8	中国	SHANDONG SYNTHESIS ELTRN TECHN CO LTD	山东合成技术有限公司	2
9	日本	TOYOTA JIDOSHA KK	丰田公司	2
10	中国	UNIV XIDIAN	西安电子科技大学	2

表4 材料数据库相关研究-前10位机构分布-专利

3.4 论文研究主题分析

采用论文关键词和国际专利分类号（IPC）作为分析依据，对材料基因组相关的计算方法和实验工具，以及数据库的研究领域及专利申请技术领域布局进行分析，了解相关的研究分布和技术现状。

3.4.1 计算方法和实验工具方面

根据论文作者关键词进行计算方法和实验工具的研究领域分析（见表5），主要涉及的研究方向有材料理论的计算与模拟中的相图计算方法、相场方法、相场模拟、多尺度计算等，主要涉及的研究原理或技术是高通量、相场模型、组合化学、微流体、微观结构、多尺度建模等。

序号	研究主题（英文）	研究主题（中文）	文献数量
1	high throughput	高通量	412
2	phase field models	相场模型	250
3	combinatorial chemistry	组合化学	185
4	phase field	相场	180

表5 计算方法和实验工具研究-作者关键词分布-论文

(续表)

序号	研究主题(英文)	研究主题(中文)	文献数量
5	CALPHAD	相图计算	150
6	microfluidics	微流体	114
7	thin films	薄膜	93
8	microstructure	微观结构	93
9	multi scale modeling	多尺度建模	85
10	phase diagram	相图	84
11	thermodynamics	热力学	72
12	diffusion	扩散	49
13	combinatorial	组合	48
14	simulation	模拟	47
15	grain growth	晶粒生长	45
16	mass spectrometry	质谱分析	43
17	solidification	凝固	42
18	phase transformation	相变	39
19	heterogeneous catalysis	多相催化	35
20	proteomics	蛋白质组学	34
21	fracture	断裂	34
22	computer simulation	计算机模拟	34
23	microarray	微阵列	32
24	homogenization	均质化	31
25	precipitation	沉淀	30
26	combinatorial materials science	组合材料科学	30
27	materials science	材料科学	28
28	catalysis	催化	28
29	nanoparticles	纳米粒子	28
30	kinetics	动力学	27
31	modeling	建模	27
32	mechanical properties	机械性能	26
33	molecular dynamics	分子动力学	25
34	polymers	聚合物	25
35	fluorescence	荧光	25

(续表)

序号	研究主题（英文）	研究主题（中文）	文献数量
36	coarsening	晶粒粗化	24
37	finite element method	有限元方法	24
38	materials design	材料设计	22
39	X-ray diffraction	X射线衍射	22
40	data mining	数据挖掘	21

与此同时，借助CiteSpace的词频探测技术和算法，通过对词频的时间分布，探测出其中频次变化率较高的词（burst term），通过这些词频的变动趋势，来判定前沿技术领域和技术发展趋势。因材料基因组计划提出于2011年，特选取2010—2015年出现的高burst值词，对近5年材料基因组领域的热点词进行探测，结果如表6所示。burst值最高的词为nanoparticles，说明纳米技术是近年来材料基因组的重要前沿领域之一；同时，RNA序列、生物材料、药物传递、室温、基因组等领域，也代表了材料基因组领域的技术发展前沿。

关键词	Burst值	爆发起始年	爆发结束年	1997—2015
nanoparticles	13.836 7	2013	2015	
rna-seq	7.213 4	2013	2015	
biomaterials	4.569 9	2012	2013	
drug-delivery	4.200 9	2012	2015	
room-temperature	4.130 4	2012	2015	
genome	3.994 1	2013	2015	
microstructure evolution	3.786 7	2013	2015	
particles	3.598 3	2012	2013	
deformation	3.577 7	2013	2015	
spectroscopy	3.234 6	2010	2012	
microfluidics	3.220 6	2013	2015	
crystal-structure	3.031 7	2010	2012	

表6　2010—2015年材料基因组领域高Burst值热点词

从发明专利产出的国际分类来看，计算方法和实验方面发明专利数量分布较多的技术类别是G01N（借助于测定材料的化学或物理性质来测试或分析材料），共计1 117族；C12Q（包含酶或微生物的测定或检验方法）发明专利505族、B01L（化学或物理方法），发明专利339族；B01J（通用化学或物理实验室设备），发明专利336族，详见表7。细分领域中，包含酶或微生物的测定或检验方法（带有条件测量或传感器的测定或试验装置，如菌落计数器）（C12Q-0001/68）这一技术的发明专利数量最多。

排名	IPC大类	细分技术领域	IPC小类	专利数量
1	化学、冶金	包含酶或微生物的测定或检验方法	C12Q-0001/68	505
2	作业、运输	化学或物理方法	B01L-0003/00	339
3	作业、运输	通用化学或物理实验室设备	B01J-0019/00	336
4	物理	借助于测定材料的化学或物理性质来测试或分析材料	G01N-0033/53	287
5	物理	借助于测定材料的化学或物理性质来测试或分析材料	G01N-0033/543	274
6	物理	借助于测定材料的化学或物理性质来测试或分析材料	G01N-0033/50	264
7	化学、冶金	有机高分子化合物：仅用碳-碳不饱和键反应得到的高分子化合物	C08F-0010/13	249
8	物理	借助于测定材料的化学或物理性质来测试或分析材料	G01N-0019/02	177
9	化学、冶金	有机高分子化合物：仅用碳-碳不饱和键反应得到的高分子化合物	C08F-0010/13	122
10	物理	借助于测定材料的化学或物理性质来测试或分析材料	G01N-0017/15	115

表7 计算方法与实验工具-国际专利分类排名（IPC）

3.4.2 材料数据库方面

对材料数据库的研究论文进行作者关键词分析（见表8），发现主要涉及的研究原理或技术是数据挖掘、机器学习、支持向量机、分类、高通量等。

序号	研究主题（英文）	研究主题（中文）	文献数量
1	Data mining	数据挖掘	197
2	machine learning	机器学习	122
3	Support Vector Machines	支持向量机	45
4	Classification	分类	34
5	High-throughput	高通量	33
6	Neural networks	神经网络	29
7	combinatorial materials science	组合材料科学	21
8	materials informatics	材料信息学	19
9	clustering	团簇	15
10	text mining	文本挖掘	14

表8 材料数据库相关研究–作者关键词分布–论文

对材料数据库的发明专利进行IPC技术领域分析，发现主要集中于物理与化学冶金两个领域（见表9），如电数字数据处理（G06F）、专门适用于行政、商业、金融、管理、监督或预测目的的数据处理系统或方法（G06Q）、通用化学或物理实验室设备（C12Q）、借助于测定材料的化学或物理性质来测试或分析材料（GO6K）等。细分领域中，系电数字数据处理（特别适用于特定功能的数字计算设备或数据处理设备或数据处理方法）（G06F–0017/30）以37族发明专利位列第一。

排名	IPC大类	细分技术领域	IPC小类	专利数量
1	物理	电数字数据处理	G06F–0017/30	37
2	物理	专门适用于行政、商业、金融、管理、监督或预测目的的数据处理系统或方法	G06Q–0050/00	15
3	物理	专门适用于行政、商业、金融、管理、监督或预测目的的数据处理系统或方法	G06Q–0010/00	14
4	物理	电数字数据处理	G06F–0019/00	12
5	物理	数据识别；数据表示；记录载体；记录载体的处理	G06K–003/00	9
6	物理	电数字数据处理	G06F–0012/01	8
7	物理	电数字数据处理	G06F–0017/27	7

表9 材料数据库–国际专利分类排名（IPC）

(续表)

排名	IPC大类	细分技术领域	IPC小类	专利数量
8	物理	专门适用于行政、商业、金融、管理、监督或预测目的的数据处理系统或方法	G06Q–0050/22	7
9	化学、冶金	包含酶或微生物的测定或检验方法	C12Q–0001/68	6
10	物理	电数字数据处理	G06F–0017/00	6

4 研究总结与发展建议

4.1 研究总结

材料基因组计划的提出，显著促进了材料计算方法、实验工具以及材料数据库的研究与发展，当前材料基因组仍处于快速发展的阶段。通过上述调研和数据分析，得到以下结论：

（1）材料基因组成为各国的重点研究领域。美国把材料基因的研发提升到国家战略的高度，各大联邦机构联合众多企业、高校、科研院对材料基因研究和材料数据库进行了大量的投入，力图在全国范围内促成材料基因研究的热潮。欧盟出台了一系列的政策支持材料基因的研究，投入了大量的资金支持研发，欧盟各成员国在欧盟政策指导下，依据各国国情相继成立研究机构，在高性能合金材料、材料模拟、冶金等材料基因领域开展了深入的研究。中国对材料基因的研究也越来越重视，先后启动多项重大项目，建立多个研究机构，各高校也相继成立材料基因研究院，重点支持新材料、高通量计算与材料预测、高通量材料组合设计实验、材料数据库等方面的研究。

（2）从论文产出情况来看，1997—2015年总体数量保持着逐渐上升的趋势。在1997—2004年相关研究处于缓慢增长期，2005—2015年论文产出量和发文作者数量整体提升较快。从发文国家来看，具备较强科技实力的国家有美国、德国、中国、英国、日本、法国、韩国、加拿大、荷兰和意大利。美国发表论文最多，中国位列第三，但发文数量仅约为美国的四分之一。发文量最多的前10所机构中，美国有8所（麻省理工学院、哈佛大学、宾夕法尼亚大学、加州伯克利分校、西北大学、俄亥俄州立大学、佐治亚州理工学院、密歇根大学），中国和德国各有1所（中科院、鲁尔波鸿大学）。

（3）从论文的主题分析来看，计算方法和实验以及数据库相关研究主要涉及方向有材料理论的计算与模拟中的相图计算方法、相场方法、相场模拟、多尺度计算、材料数据库、材料数字化数据、材料信息学等，主要涉及的研究原理或技术是高通量、相场模型、组合化学、微流体、微观结构、多尺度建模、数据挖掘、机器学习、支持向量机等。

（4）从发明专利的申请变化趋势来看，材料基因组相关领域总体呈增长趋势，其中，计算材料与实验工具方面，在2001年达到高峰；数据库方面，发明专利申请整体增长，并在2001年、2012年达到不同时期的峰值。就发明专利产出的地域分布而言，以美国为首，发明专利族数量在计算方法、实验工具、数据库等方面均占据世界总额的1/3左右，充分显示了美国在材料基因组研究方面的先进水平。发展较快的还有日本、中国、德国、韩国、加拿大、英国、中国台湾等，这些国家与地区全部位列两个领域内发明专利产出的前10名。在计算方法与实验工具、数据库两个领域内专利排名Top10的机构中，美国加利福尼亚大学(UNIV CALIFORNIA)和美国国际商业机器公司(INT BUSINESS MACHINES CORP)分列两个领域的第一位。整体上看，美国在材料基因组的数据库方面做了大量研究，其研究成果与发明专利族数量在世界全局中均占据重要地位，同时，日本、中国、韩国、德国、英国等国的优势比较明显，且具有巨大的发展潜力。

（5）从发明专利的技术布局来看，材料基因组的发明专利产出集中在物理、作业与运输、化学与冶金等方面。各类化学与物理分析方法、电数字数据处理、有机高分子化合物等是这一研究领域内的技术热点。

4.2 发展建议

鉴于材料制造对先进技术、高端制造以及国民经济的支撑作用,许多国家都加大了材料理论与计算设计方面研究的人力和财力的投入。与之相比,尽管我国近几年在计算材料研究上取得了发展,但新材料的研发、产业技术水平与发达国家仍有较大差距。根据上述分析与结论,结合新材料产业发展的新动向,提出我国材料基因组发展的建议和对策。

(1)加强政策导向研究和行业指导。从各国发展来看,特别是美国、欧盟和日本,材料基因组的研究都上升到了国家战略高度,从政策到资金,从项目到人员,无不是全局的规划和投入,而且更是在政策和研究环境上提供引导和指导。与此相比,我国材料基因组尽管备受关注,但相关的研究尚未达到国家或行业整体层面。同时,在我国《新材料产业"十二五"规划》中,提到一些亟待解决的问题,如自主开发能力薄弱、大型材料企业创新动力不强、关键新材料保障能力足、产业发展模式不完善、缺乏统筹规划和政策引导、基础管理工作缺乏等[1],这些也不同程度影响到对材料基因组的规划和投入。因此,为更好地促进材料基因组的研究,需要加强政策导向研究,并加强行业指导,为材料基因组的研究和开发创造更加有利的环境和条件。此外,在当今重视绿色能源、绿色制造的大环境下,新材料对环境性的友好性显得日益重要,为此,可以从低排放、低消耗等角度走绿色发展道路,促进自然与社会和谐发展。

(2)提升材料基因组研究成果质量。从论文与发明专利产出分析结果来看,我国材料基因组的研究还需要进一步提升研究质量。主要表现在:一方面,我国的研究成果数量不多。

---

[1] 工业和信息化部.新材料产业"十二五"发展规划[EB/OL].(2012–01–04)[2015–10–30].http://www.miit.gov.cn/n11293472/n11293832/n11293907/n11368223/14470388.html.

材料基因组由美国发起，美国的研究也走在了前列。从国家和地区排名来看，美国发表论文最多，中国位列第三，但发文数量仅约为美国的1/4。专利布局来看，大部分专利为美国专利，占据世界总额的1/3左右。另一方面，从代表性研究机构来看，主要分布在美国、日本、德国、英国，我国突出的研究机构较少，还处于跟进研究的阶段。从这个角度来说，我国材料基因组还需要注重研究质量，或者以重点材料或重要机构作为示范，加强研究和建设。可以结合国家急需、战略需要、有良好基础的材料作为突破点，抢占研究制高点，凝聚我国的研究优势，形成产业优势，随后再进一步推广和普及。

（3）支持跨领域研究与大型合作项目建设。材料基因组创新基础设施包括材料计算方法、实验工具和材料数据三个方面，涉及计算材料、高通量材料实验、组合材料学、组合化学、三维表征、数据挖掘、机器学习、材料信息学等具体的研究领域，最终要形成集材料设计、合成、性能检测、性能改进于一体的先进材料研发体系，其多学科交叉特征显著。为此，需要在研究布局和研究力量上，支持跨领域的研究设计和投入，促进不同科研机构之间的互联与合作。可以通过多学科、跨领域的大型合作项目，进一步吸引相关优秀的研究机构和企业力量强强联合，从产业链条上形成创新合力，促进材料基因组研究的长远发展。我国已经成立的中科院上硅所"无机材料基因科学创新中心"、北京航空航天大学"集成计算材料科学与工程中心"、复旦大学"先进材料实验室"、"上海材料基因组工程研究院"、上海大学"材料基因组工程研究院"、上海交通大学"材料基因组联合研究中心"、北京科技大学"材料基因工程北京市重点实验室"等机构和组织的建设，形成了一定的研究和建设基础，可谓是好的起点。

附录　检索策略与检索结果

数据源：论文数据主要是WOS中的Science Citation Index

Expanded(SCIE)数据库(1997—);专利数据主要是WOS中的Derwent Innovations Index(DII)数据库(1963—)

时间范围:全部年份

检索字段:主题字段

研究主题	数据库	检 索 式	检索结果
计算方法实验工具	SCIE	(ICME or CALPHAD or "Calculation of phase diagrams" or "phase diagram calculation" or "high throughput computing" or "high throughput experiment*" or "high throughput" or "multi scale modeling" or "multi scale simulation" or "diffusion multiple" or "combinatorial chemistry" or "combinational chemistry" or "phase field model*" or "phase field method*" or "microstructure prediction") and material*	5 294
	DII	or "Integrated Computational Materials Engineering" or "high throughput material*" or "materials chip*" or "combinatorial materials chip*" or "combined Materials chip*" or "computational materials design" or "calculating materials design" or "multi scale material*" or "materials genome" or "combinatorial material*" and chip* or "computational material*" and design or "calculating material*" and design or "combined Material*" and chip*	4 026
材料数据库	SCIE	("data mining" or "machine learning") and material* or "materials database*" or "materials informatics" or "materials librar*"	1 044
	DII		168

致谢

从检索词的补充与确定到报告内容的修改与完善,该报告得到上海交通大学材料基因组联合研究中心的大力支持,以张澜庭教授为首,曾小勤、朱虹、孔令体、张鹏、段华南、孙东科等老师,从专业角度给予了许多指导和帮助,在此致以衷心的感谢!

量子信息全球发展态势

1 引言

量子信息诞生于20世纪末,由物理科学中的量子力学、量子光学、量子材料化学和信息科学中的计算机科学、通信科学等多个学科相互渗透融合而成,包括量子计算、量子通信和量子密码等多个研究方向[①]。

1.1 量子信息的发展历程

1935年E·爱因斯坦、P·波多尔斯基和R·罗森为论证量子力学的不完备性提出了EPR思想实验,被称为EPR悖论。1964年贝尔在局域隐变量理论的基础上推导出贝尔不等式。1982年法国学者Aspect首次通过实验证明了Bell不等式可以违背。随后一大批科学家都进行了不同程度的实验探究,最终确定量子力学的思想是成立的。这一思想的确立激起了大量研究人员对量子信息的研究,包括量子密钥分配、量子浓缩编码、量子隐形传态、量子纠错码、量子计算机等众多领域[②]。同年,理查德·费曼提出利用量子体系实现通用计算的想法,量子计算机设想横空出世[③]。1985年,英国牛津大学的David Deutsch明确提出了量子计算机的概念,并推导出量子图灵机模型。1993年,Lloyd提出用电磁脉冲诱导弱相互作用原子链的共振跃迁来实现量子计算机[④]。同年,Bennett提出了量子隐形传态

范秀凤　付佳佳　仲汇慧
申雅琪　王 一　陈 琛
蒋丽丽

---

① 古卫芳.关于量子信息思想发展史的研究[D].山西大学,2007.
② 咸志鹏,李明铭.从量子力学的两大悖论看量子[EB/OL].[2013-05-31]/[2015-09-21].http://wenku.baidu.com/view/a7741e1d6c175f0e7dd13700.html.
③ 廖国红.颠覆常规理念:有关量子计算的9大事[EB/OL].[2013-07-19]/[2015-09-21].http://news.xinhuanet.com/info/2013-07/19/c_132556459_7.html.
④ 邓富国.量子通信理论研究[D].清华大学,2004.

方案①。1994年，美国的Peter Shor提出了量子质因子分解算法，极大缩短了量子计算机解决问题的时间②。1995年，Cirac和Zoller提出用激光操纵离子阱中囚禁冷离子来实现量子计算③。随后，Monroe等人利用离子阱技术在实验上实现了控制非门④。1996年，Gershenfeld和Chuang利用核磁共振建立了最早的量子计算机⑤。此时Grover提出了快速搜索量子算法。随后，Chuang等人⑥在核磁共振（NMR）上首先实现了两个量子比特的Grover量子搜索算法。Ding等人用固态NMR演示了Grover算法⑦。进入21世纪以后，量子信息由最初的算法转向了技术操作的研究。量子离物传态、量子密集编码⑧、量子纠错编码、三粒子纠缠态等都已利用核磁共振技术实现。

1.2 量子信息的细分技术

量子信息科学主要包括量子通信和量子计算，而量子信息科学的基础则是量子态的制备、变换、传输、存储以及测量⑨。在实验研究中，科学家们拓展了很多领域作为研究量子信息科

---

① 孙振武，金华，王相虎，等.量子信息学的理论基础与研究进展［J］.上海电机学院学报，2008，01：56–61.

② 王凯宁.量子计算加速性能证明多世界解释吗？［J］.南京工业大学学报（社会科学版），2015，01：90–94.

③ Lloyd S. A potentially realizable quantum computer[J]. Science, 1993, 261:1569.

④ Cirac J I and Zoller P. Quantum computations with cold trapped ions[J]. Phys. Rev. Lett., 1995,74: 4091.

⑤ Gershenfeld NA and Chuang I L.Bulk spin resonance quantum computation[J]. Science, 1997, 275: 350.

⑥ Chuang I L,Gersehenfeld N and Kubinec M. Experimental implementation of fast quantum searching[J]. Phys. Rev. Lett., 1998, 80: 3048.

⑦ Ding S W, McDowell C A,Ye C H, et al. Quantum computation based on magic-angle-spinning solid state nuclear magnetic resonance spectroscopy[J]. Eur. Phys. J. B, 2001, 24(1): 23–35.

⑧ Fang X M, Zhu X W, Feng M, et al. Experimental implementation of dense coding using nuclear magnetic resonance[J]. Phys. Rev. A, 2000, 61(2): 022307.

⑨ 彭亮.基于新型高亮度纠缠源的多光子量子信息处理实验研究［D］.中国科学技术大学，2011.

学的平台系统,例如:光学体系、量子点、核磁共振体系、腔量子电动力学体系和原子系统等。我国在重大科学研究计划"十二五"专项规划中对量子信息的技术做了如下细分,包括基于光子的量子信息处理、基于固态系统的量子信息处理、基于冷原子(离子)、分子的量子信息处理、量子仿真、量子通信与信息安全、量子信息理论等6项。具体细分技术如表1所示。

技术名称	二级技术细分	具 体 内 容
量子信息	基于光子的量子信息处理	制备单光子源,研究用于量子信息的各种优质光源,在频谱、亮度、纠缠度以及可控性等方面获得突破。探索基于连续和分离变量的光子系统的量子信息处理技术,研究非经典光子源的测量、基于各种光学测量的量子态的重构和新型单光子探测器件集成等。开展实现量子信息在光子与物质界面间的相干控制研究。
	基于固态系统的量子信息处理	研究固态系统中的退相干机制及抑制机理,基于量子点的固体量子信息元器件和量子芯片。研制基于量子点的高品质单光子源和确定性纠缠光源,探索基于量子点的新型量子存储。研究基于超导约瑟夫森结微纳结构的量子信息处理,与腔共振耦合的超导量子比特等。研究基于掺杂的固态和分子团簇体系的量子信息,以及各种量子计算方案及关键技术。
量子信息	基于冷原子(离子)、分子的量子信息处理	研究冷原子系统中的量子信息存储,制备基于确定性原子操控的量子寄存器,发展量子关联和纠缠带来的超越标准量子及极限的测量技术。研究极性分子的囚禁、冷却、控制和探测,集成分子芯片和基于极性分子间偶极相互作用的量子信息处理。研究基于原子分子操控的量子计量,以及原子(离子)、分子在受限空间中的量子特性及量子信息处理。
	量子仿真	在参数可控的各种量子系统中,实现多体系统的有效相互作用,模拟关联体系等复杂系统,研究相关量子行为。发展有效控制量子多体系统的新方法。
	量子通信与信息安全	研制量子中继器。研究卫星的量子通信和扩展量子通信距离的有效中继方法。研究远距离绝对安全的实用化量子通信。建立城域和城际的多节点光纤量子通信网络,实现大规模网络化的量子通信。发展与量子通信相关的理论,研究各种窃听和反窃听以及提高安全性的方法,推动量子通信协议标准的制定。
	量子信息理论	研究与量子信息过程物理实现相关的理论,量子纠缠理论,量子算法与复杂性,退相干机制和抑制方法,量子编码,量子信道容量,量子编程和新型量子计算途径等。

表1 量子信息的细分技术

2 主要国家发展战略要点

近年来,量子信息科学技术不断发展,量子的相干性和纠缠性等特征给信息科学领域带来新的研究前景。在信息全球化的背景下,美国、欧盟和中国等国家对量子信息技术的发展做出了战略性的布局,并投入大量的资源进行量子信息理论和关键技术的研究和探索。

2.1 美国

美国较早对量子信息进行研究,并最先把量子通信列入国家战略、国防和安全的研发计划中。美国在量子通信发展中侧重于技术研发和应用,尤其是量子密码通信方面,技术水平已达到世界领先水平。从1992年开始,美国科学基金会(National Science Foundation, NSF)已经资助相关项目1 093项,累计资助金额约9.06亿美元[①](见图1)。资助的项目包括量子信息算法的探索、实验室的更新、研究所的建设、实验器件的制备等。

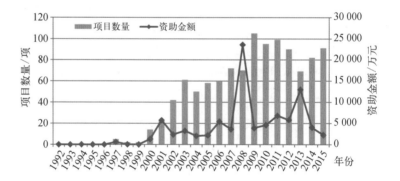

图1 美国NSF对量子信息相关项目投入

美国国防部先进研究项目局(Defense Advanced Research Projects Agency, DARPA)从20世纪90年代开始资助量子计算的相关研究。90年代末到2013年,DARPA在国防研究科学、电子学技术和通信技术等领域开展大规模的量子信息研究。2001年的《量子信息科学与技术计划》(QuIST)开启了全方位研究量子信息科学相关的新技术,2005年启动《重点量子系

---

① National Science Fundation[EB/OL].[2015-09-21].http://www.nsf.gov/awardsearch/simpleSearchResult?queryText=quantum+information+&ActiveAwards=true.

统计划》(FoQus),2007年更名为《量子纠缠科学与技术计划》(QUEST),2008年再次更名为《量子信息科学计划》(QIS)。

2.2 欧盟及其成员国

20世纪90年代初,欧洲各国就认识到量子信息处理和通信技术在未来发展中的巨大潜力。从欧盟第五框架开始,持续对欧洲乃至全球的量子通信研究给予重点支持[1]。2008年9月,发布关于量子密码的商业白皮书,启动量子通信技术标准化研究,成立"基于密码的安全通信工程"。同年10月,来自12个欧盟国家的41个小组投入1 471万欧元,成立了"基于量子密码学的全球安全通信网络开发项目"(SECOQC)[2]。2010年,欧盟更新了欧洲未来5年和10年的量子通信研发目标,并在《欧洲研究与发展框架规划》中专门提出了《欧洲量子科学技术》计划和《欧洲量子信息处理与通信》计划,大力推进量子信息技术的发展。同年,在《量子信息处理和通信:欧洲研究现状、愿景与目标战略报告》中提出将重点发展量子中级和卫星量子通信,实现千公里量级的量子密钥分发,欧洲空间局则计划在国际空间站上的量子通信终端与一个或多个地面站之间建立自由空间量子通信链路,演示量子密钥全球分发的可行性[3]。2013年3月,欧盟举办量子技术应用高层圆桌会议,会议肯定了欧盟在超级计算机、安全可靠的信息通讯、准确测量及感应装置、超精细航天导航量子钟等众多科技领域具有突破的潜力,并希望在未来2~10年内获得革命性的技术突破,并形成相当规模的新兴产业[4]。同一年,欧盟启动"欧盟2020发展战略",并于12月11日正式启用新的研究

---

[1] 莫玲.基于专利分析的欧盟量子通信技术发展现状研究[J].淮北师范大学学报(自然科学版),2015,02:47-52.
[2] 国外量子通信产业发展的现状及趋势[EB/OL].[2015-09-21].http://d.ahwmw.cn/szjggw/skjqbs/?m=article&a=show&id=322313.
[3] 量子通信:无法破译的密码[EB/OL].[2013-06-18]/[2015-09-21][2015-09-21].http://news.xinhuanet.com/newmedia/2013/06/18/c_124669658.html.
[4] 欧盟举办量子技术应用高层圆座会议[EB/OL].[2013-04-16]/[2015-09-21][2015-09-21]http://www.most.gov.cn/gnwkjdt/201304/t20130415_100815.html.

框架——"地平线2020"（Horizon 2020）。研究框架中对未来和新型技术（FET）投资26.96亿欧元，基金支持"量子模拟"项目的探索，旨在量子物理与量子技术基础之上，采用新的工具解决理论科学和应用科学中的问题，为"石墨烯"和"人脑计划"两个FET旗舰计划提供欧盟方面的支持[1]。

英国将量子信息技术上升到国家战略层面。量子技术战略顾问委员会（QTSAB）的建立为量子技术的发展提供了一个明确的重点，以协调各领域的合作。英国将在未来10年投资支持量子信息相关学术界和工业界，以共同促进英国量子技术生态系统的发展；继续投资支持充满活力的英国量子研究基地和设施；使本行业能够享用先进设备，为本国大学配置先进的设施；支持行业创新型人才培养，以满足未来的行业需求；鼓励人才、创新以及思想观念在企业和政府机构之间自由流动；驱动有效的规章制度的完善；保持英国在量子器件、组件、系统上的优势，同时继续维持量子技术全球范围内的优势地位。认为国家量子信息技术战略将是确保英国的量子技术研究和科研技术基地建设取得国际重要影响力的重要环节，并有利于加强与其他国家的合作[2]。2014年英国政府的长期经济计划，将2.7亿英镑资金投入量子计算的研究。在未来5年，资金将被分配到五分之一的量子技术中心。量子技术网络是英国政府的重要战略，量子中继器的发展已经初见成效，量子计算的加密和解密技术以及量子信息通信安全问题得以密切关注[3]。

2.3 日本

日本政府将量子技术视为本国占据一定优势的高新科技领域重点发展，重点引导相关前沿技术研发。从2001年开始，日本先后制定了以新一代量子信息通信技术为对象的长期研究战略

---

[1] 欧盟"地平线2020"计划[EB/OL].[2015-09-21].http://www.cstec.org.cn/ceco/zh/ceco.aspx.
[2] Quantum Technology Strategy[EB/OL].[2015-09-21].http://www.epsrc.ac.uk/newsevents/pubs/quantumtechstrategy.
[3] 英国政府的长期经济计划[EB/OL].[2015-09-21].http://www.hpcwire.jp/archives/3506.

和量子信息通信技术发展路线图,计划通过高强度的研发投入,采取"产官学"联合攻关的方式推进研究开发,进行量子通信的关键技术如超高速计算机、光量子传输技术和无法破译的光量子密码技术攻关和实用化、工程化探索。2011年8月19日,日本政府公布了第四期《科学技术基本计划》,信息与通信技术的重要性得到了肯定,日本将加强量子科学技术的尖端测量解析技术的发展,如纳米技术和光学和量子科学与技术;促进先进的信息和通信技术发展,如仿真和电子学。2014年日本教育部科学计划白皮书,多处涉及量子信息技术,充分强调了量子信息的重要性。在发展基础科学,促进交叉学科以及跨领域发展中多有涉及量子信息相关领域。同年,教育部强化支持科学技术发展的重要政策中也包含"发展基础技术以开发光量子科学重点研究基地"的拥有竞争的基金支持政策①。日本邮政省将把量子信息确定为21世纪国家的战略项目,日本的NICT也启动了一个长期支持计划。日本国立信息通信研究院计划在2020年实现量子中继,到2040年建成极限容量、无条件安全的广域光纤与自由空间量子通信网络。

2.4 中国

1998年,国家自然科学基金委员会批准资金16万元,用于中国科学技术大学"量子纠缠态的特性、制备和应用"研究项目的进行。1999年,中国科学院设立了"中国科学院量子信息重点实验室"。2001年开始,科技部"973""863"项目逐渐加大对量子信息领域的科学资助。2006年,国务院在《国家中长期科学和技术发展规划纲要》中部署了量子调控研究四个重大科学研究计划,将量子信息的研究推向了新的高度。2011年,科技部印发《国家"十二五"科学和技术发展规划》,规划强调推动量子调控研究等六个重大科学研究计划的实施,力争在未来五年内取得重大突破。2012年,科技部下发了《量子调控研究国家重大科学研

---

① 日本科学技术白皮书[EB/OL].[2015-09-21].http://www.mext.go.jp/b_menu/hakusho/hakusho.html.

究计划"十二五"专项规划》,重点强调了量子信息是要突破的重点之一。图2中显示国家自然科学基金(NSFC)对量子信息相关项目的资金投入情况,总体上是上升的趋势,累计资助项目321项,累计资助金额高达18 801.1万元。在2014年NSFC投资了52个与量子信息相关的项目,总投资金额超过了3 900万元。

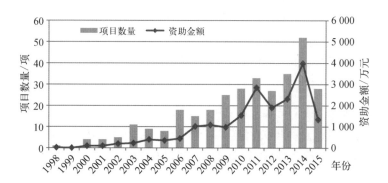

图2　NSFC对量子信息相关项目的资金投入

NSFC资助项目中(见表2)量子信息领域资助项目主要集中在量子光学、量子计算、量子通信和量子精密测量等方面的理论、实验以及器件的研究。资助金额大于等于100万元的项目有35项。其中"聚集体的经典和量子统计物理的前沿问题研究""量子光学与光量子器件研究""基于光子与冷原子的量子信息物理和技术"、"聚集体的经典和量子统计物理的前沿问题研究"4个项目资助最多,均达到600万元。

2001年以来,我国相继成立了"中国科学院量子信息重点实验室"、"南京大学人工微结构与量子调控协同创新中心"、"清华大学量子信息中心"和山西大学"量子光学与光量子器件国家重点实验室"等一系列量子信息科学研究机构和组织。目前,我国的量子信息技术研究已经走在世界的前列。其中,中科院量子科学实验室潘建伟团队,在量子隐形传送、远距离量子保密通信、冷原子量子存储技术等研究均处于世界领先水平。该团队牵头组织了中科院战略先导专项"量子科学实验卫星",计划在2016年左右发射量子科学实验卫星,在此基础上将实现高速的星地量子通信并连接地面的城域量子通信网络。

表2 中国NSFC对量子信息相关项目资助情况

项目名称	依托单位	资助金额/万元	起止时间
聚集体的经典和量子统计物理的前沿问题研究	中国科学院理论物理研究所	600	2012—2014
量子光学与光量子器件研究	山西大学	600	2012—2014
基于光子与冷原子的量子信息物理和技术	中国科学技术大学	600	2013—2015
聚集体的经典和量子统计物理的前沿问题研究	中国科学院理论物理研究所	600	2015—2017
量子光学与光量子器件研究	山西大学	550	2009—2011
基于量子关联的精密测量研究	中国科学技术大学	460	2014—2017
量子信息科学与技术	中国科学技术大学	400	2015—2019
光学超晶格中纠缠光子的制备、调控、探测和应用研究	南京大学	355	2012—2015
算子空间、量子概率与量子信息的交叉研究	武汉大学	280	2015—2019
通讯、密码及量子信息之复杂性问题研究	清华大学	260	2011—2014
交互计算理论中心	清华大学	250	2014—2016
半导体上转换红外单光子探测研究	上海交通大学	240	2013—2016
准相位匹配在光参量、量子信息和电磁波调控上的应用	南京大学	200	2006—2009
与凝聚态物理有关的交叉学科	南京大学	200	2008—2011
量子光学	山西大学	200	2008—2011
基于超冷极性分子系统的单光子量子信息处理	山西大学	200	2010—2013
量子信息科学	中国科学技术大学	200	2010—2013
电子自旋共振扫面隧道显微镜的研制	中国科学院物理研究所	200	2011—2013
量子信息学及其量子物理基础问题研究	浙江大学	200	2011—2014
连续变量量子信息网络研究	山西大学	190	2008—2011
非经典光场与原子相互作用的量子行为	山西大学	160	2005—2008
量子信息传输与量子中继器实验研究	中国科学技术大学	160	2008—2011
交互计算理论中心	清华大学	150	2011—2013

(续表)

项目名称	依托单位	资助金额/万元	起止时间
集成光学量子信息操作	中国科学技术大学	130	2016—2018
超晶格与量子阱物理	中国科学院半导体研究所	120	2004—2007
光子–原子联合量子调控与精密测量	华东师范大学	120	2012—2015
谐振器中的超导量子比特和微机械振子耦合系统	南京大学	105	2015—2018
基于线性光学和原子系统的量子信息研究	中国科学技术大学	100	2005—2006
量子信息	中国科学技术大学	100	2013—2015
连续变量量子信息网络	山西大学	100	2014—2016
固态量子信息	北京计算机科学研究中心	100	2014—2016
面向量子网络的非简单并窄带偏振纠缠光源的实验研究	中国科学技术大学	100	2015—2018
连续变量四用户量子秘密共享的理论及实验研究	山西大学	100	2015—2018
噪声环境下的量子安全直接通信理论与实验研究	清华大学	100	2015—2018
给予结晶固体中邮寄单分子的高效率量子光源实验研究	华中科技大学	100	2015—2018

3 量子信息论文分析

为全面了解量子信息研究领域发展状况，从1997年至今、最近10年间（2005—2014）、最近3年间（2012—2014）发表的核心期刊论文和专利申请数量两方面进行数据统计和定量分析，检索策略详见6附录中附表。

3.1 领域发展概况

在量子信息研究领域，1997至今SCIE论文总产出量为26 262篇。这段时期，随年份变化量子信息研究论文数量呈稳定增长趋势（见图3）。

具体看量子信息六大细分技术方向的发文年度变化（见图

4),量子仿真与量子信息理论两个方向发展最早,1997年的发文量均超过100篇;基于光子的量子信息处理、基于固态系统的量子信息处理、基于冷原子(离子)、分子的量子信息处理、量子通信与信息安全4个方向在1997年均处在起步阶段。比较1997至今六大方向的发展速度,量子信息理论增长最快;量子仿真和基于光子的量子信息处理两个方向也呈现较快的发展速度;量子通信与信息安全、基于固态系统的量子信息处理两个方向发展较慢,基于冷原子(离子)、分子的量子信息处理方向增长最缓慢。比较2010年至今的六大方向的发文量,从高到低依次是量子信息理论、量子仿真、基于光子的量子信息处理、量子通信与信息安全、基于固态系统的量子信息、基于冷原子(离子)、分子的量子信息处理。

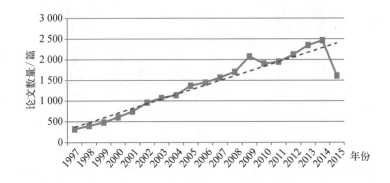

图3 量子信息研究领域论文发表量年度趋势分布

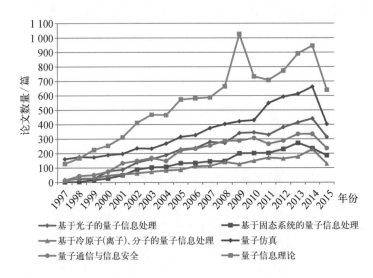

图4 量子信息细分技术论文发表量年度分布

3.2 主要国家科技实力分析

从2005—2015年各国量子信息研究领域论文发表数量（见图5）可以看出，具备较强科技实力的国家有美国、中国、德国、英国、日本、意大利、加拿大和法国。其中，美国与中国论文发文量占比分别是25.5%、22.9%，遥遥领先；第三至第五位依次是德国（12.4%）、英国（8.6%）、日本（7.1%），第六至第八位分别是意大利（5.8%）、加拿大（5.6%）、法国（5.5%）。其他国家的发文均低于发文总量的4.0%。

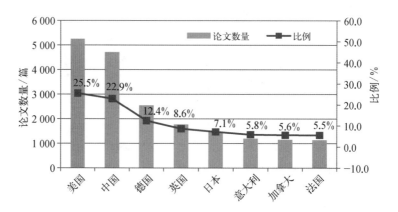

图5 量子信息研究主要国家论文产出

关于Top8国家的发表论文影响力（见图6），超过25次篇均被引的国家有德国（27.36次）、英国（27.09次）、美国（26.34次），位于20～25次之间的国家有法国（23.85次）、加拿大（21.55次）、意大利（20.04次），日本篇均被引17.83次，中国为9.10次。

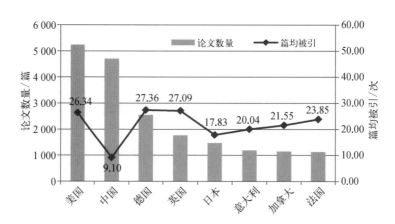

图6 量子信息研究主要国家论文影响力

图7给出了量子信息领域论文发表数量排名前5位国家（美、中、德、英、日）在6个细分技术方向上的研究优势。美国、德国、英国、日本在量子仿真、量子信息理论方向投入更多的关注，而中国在基于光子的量子信息处理、量子通信与信息安全、量子信息理论三个方向关注相对较多。总体而言，美国在量子信息研究领域发展最全面。

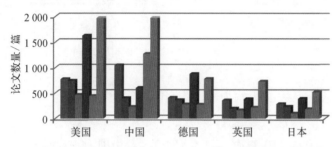

图7　量子信息研究主要国家论文优势技术领域

从国家近3年活跃度来看，图8显示量子信息研究论文发文活跃国家依旧是以上8个国家，但顺序有所变动。中国取代美国，成为发文量最多的国家；加拿大超越意大利，排名上升一位。比较八国2005—2011年与2012—2014年两个时期的发文占比变化（见图9），也可以看出，中国与加拿大在近3年的发文量占比相对较高，反映中国与加拿大近3年在量子信息领域投

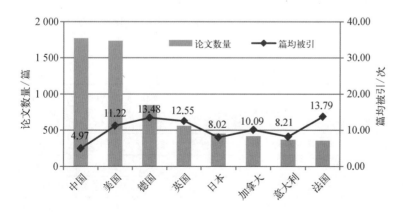

图8　近3年量子信息研究主要国家论文发文量与发文影响力

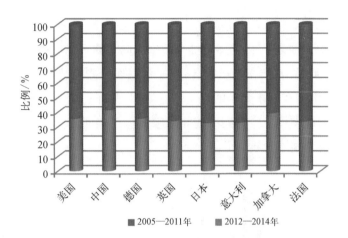

图9 近3年量子信息研究主要国家论文产出百分比

入更多。从发文影响力看，发表论文篇均被引从高到低依次是法国（13.79次）、德国（13.48次）、英国（12.55次）、美国（11.22次）、加拿大（10.09次）、日本（8.02次）、中国（4.97次）。

3.3 主要机构竞争力分析

基于2005—2015年全球量子信息研究论文的发文，整理出论文产出排名前15位机构数据，如表3所示。中国科学院以583篇发文量居第一位，其次是中国科学技术大学与加拿大的滑铁卢大学。从国家分布看，前15位机构中，中国有3所，美国3所，英国2所，加拿大、新加坡、俄罗斯、日本、澳大利亚、德国、奥地利各1所。从发文影响力看，Top15机构中，德国马克斯普朗克量子光学研究所篇均被引第一，达到48.42次；其次是因斯布鲁克大学（45.19次）、哈佛大学（45.17次）、马里兰大学（43.00次），此外牛津大学、麻省理工学院、昆士兰大学的论文篇均被引都在30次以上。

表3 量子信息研究论文发表排名前15位机构

排名	机构名称	发文量	被引次数	篇均被引	所属国家
1	中国科学院	583	7 275	12.48	中国
2	中国科学技术大学	487	7 283	14.95	中国
3	滑铁卢大学	379	8 729	23.03	加拿大
4	新加坡国立大学	354	6 024	17.02	新加坡

(续表)

排名	机构名称	发文量	被引次数	篇均被引	所属国家
5	麻省理工学院	307	10 622	34.60	美国
6	清华大学	305	3 821	12.53	中国
7	俄罗斯科学院	287	1 855	6.46	俄罗斯
8	牛津大学	279	9 881	35.42	英国
9	哈佛大学	275	12 421	45.17	美国
10	东京大学	272	5 382	19.79	日本
11	剑桥大学	246	6 466	26.28	英国
12	昆士兰大学	244	8 246	33.80	澳大利亚
13	马克斯普朗克量子光学研究所	236	11 428	48.42	德国
14	马里兰大学	234	10 062	43.00	美国
15	因斯布鲁克大学	233	10 530	45.19	奥地利

图10显示发文量排名前10位的机构在量子信息研究领域的技术优势。中国科学技术大学与中国科学院在基于光子的量子信息处理和量子通信与信息安全方向优势显著；中国科学院和哈佛大学在基于固态系统的量子信息处理与基于冷原子（离子）、分子的量子信息处理方向占优势；中国科学院与俄罗斯科学院在量子仿真方向发文占优势；滑铁卢大学在量子信息理论方向发文超200篇，位居第一，此外，中国科学院、新加坡国立大学、中国科学技术大

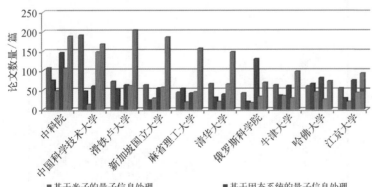

图10 前10位机构在量子信息研究各方向论文产出分布

学、麻省理工学院的在量子信息理论方向发文均在150篇之上。

分析Top15机构之间的合作关系，总体合作频繁。最紧密的合作关系有：新加坡国立大学与牛津大学（47篇），中国科学院与中国科学技术大学（43篇），哈佛大学与麻省理工学院（34篇），中国科学院与清华大学（30篇）等。图11显示2005—2015年Top15机构间的主要合作网络，呈现4个比较紧密的合作群：新加坡国立大学–牛津大学–剑桥大学，中国科学院–清华大学–中国科学技术大学，麻省理工学院–哈佛大学–滑铁卢大学，因斯布鲁克大学–马克斯普朗克量子光学研究所–哈佛大学。而东京大学、俄罗斯科学院分别与Top15其他机构的合作程度低。

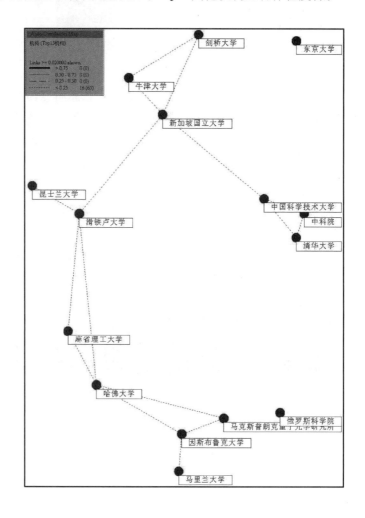

图11　Top15机构主要合作网络

从机构近3年的表现来看(见表4),中国科学院以207篇的发文量排名第一位,新加坡国立大学、中国科学技术大学分别位列第二、第三,滑铁卢大学以148篇发文量排列第四。与2005—2015年发文量前15位机构相比,仅昆士兰大学与马里兰大学退出。新上榜机构有苏黎世联邦理工学院(第9位)和北京邮电大学(第12位),显示出这两所机构近3年在量子信息领域投入更多的关注。从发文影响力看,Top15机构中,马克斯普朗克量子光学研究所以39.55次篇均被引遥遥领先,哈佛大学第二(22.45次),其次是因斯布鲁克大学(17.89次)与牛津大学(17.85次)。

表4 近3年量子信息研究主要机构论文产出

排名	机构名称	发文量	被引次数	篇均被引	所属国家
1	中科院	207	1 234	5.96	中国
2	新加坡国立大学	159	1 382	8.69	新加坡
3	中国科学技术大学	151	1 410	9.34	中国
4	滑铁卢大学	148	1 437	9.71	加拿大
5	清华大学	112	827	7.38	中国
6	俄罗斯科学院	109	264	2.42	俄罗斯
7	哈佛大学	106	2 380	22.45	美国
8	麻省理工学院	103	1 347	13.08	美国
9	苏黎世联邦理工学院	100	1 267	12.67	瑞士
10	牛津大学	92	1 642	17.85	英国
11	因斯布鲁克大学	90	1 610	17.89	奥地利
12	北京邮电大学	84	342	4.07	中国
13	东京大学	82	499	6.09	日本
14	剑桥大学	78	835	10.71	英国
15	马克斯普朗克量子光学研究所	77	3 045	39.55	德国

3.4 研究主题分析

对2005—2015年近10年的论文进行主题词分析(见表5),近10年量子信息主要涉及的研究方向有量子计算、量子通信、

表5 2005—2015年量子信息研究的主要主题分布

序号	研究主题（英文）	研究主题（中文）	文献数量
1	quantum entanglement	量子纠缠	1 353
2	quantum computing	量子计算	825
3	quantum teleportation	量子态隐形传输	396
4	quantum information	量子信息	381
5	quantum communication	量子通信	352
6	quantum cryptography	量子密码	276
7	quantum optics	量子光学	269
8	quantum algorithms	量子算法	190
9	quantum dots	量子点	182
10	decoherence	消相干	150
11	quantum simulation	量子模拟	148
12	quantum key distribution	量子密钥分配	124
13	cavity qed	腔量子电动力学	113
14	quantum theory	量子论	102

量子密码、量子光学等，主要涉及的研究原理或技术是量子纠缠、量子隐形传输、退相干、量子密钥分配和量子算法等。

从量子信息近3年的主要研究主题词来看（见表6），量子纠缠原理广泛运用于量子信息、量子通信和量子光学等研究，另外在量子信息的研究中运用了量子密码、量子态隐形传输、退相干、量子密钥分配、量子仿真/模拟、保真度/逼真度、分子动力学和冷原子等研究；量子计算主要集中于量子算法、量子模拟、量子水印和粒子群算法等研究；量子通信主要针对量子纠缠及纠缠浓度和量子密码的研究。

表6 2012—2014年量子信息研究的核心主题和相关主题分布

序号	核心技术		相关技术		文献数量
	英文	中文	英文	中文	
1	quantum entanglement	量子纠缠	Quantum Discord [31]; Quantum Information [26]; Quantum Communication [19]; Decoherence [11]	量子不和谐；量子通信；量子信息；退相干	364

(续表)

序号	核心技术 英文	核心技术 中文	相关技术 英文	相关技术 中文	文献数量
2	quantum computating/ quantum computation	量子计算	Quantum Algorithms [9]; Computational Complexity [5]; Query Complexity [4]; Quantum Information [5]; Entanglement [3]; Quantum Simulation [3]; Quantum Circuit [3]; Quantum Watermarking [3]; Quantum Walk [3]; Algorithm Design [3]; Particle Swarm Optimization [3]	量子算法；计算复杂性；查询的复杂性；量子信息；纠缠；量子模拟；量子电路；量子水印；量子游走；算法设计；粒子群算法	160
3	quantum information	量子信息	Entanglement [16]; Quantum Entanglement [10]; Quantum Communication [7]; Quantum Cryptography [7]	纠缠、量子纠缠；量子通信；量子密码	132
4	quantum communication	量子通信	Quantum Cryptography [20]; Entanglement [11]; Entanglement Concentration [11]	量子密码；量子纠缠；纠缠浓度	116
5	quantum cryptography	量子密码	Quantum Communication [20]; Quantum Key Distribution [15]; Quantum Secret Sharing [9]; Quantum Secure Direct Communication [9];	量子通信；量子密钥分发；量子秘密共享；量子安全直接通信	98
6	quantum decoherence	量子退相干	Quantum Entanglement [17]; Non-Inertial Frames [7]; Quantum Discord [3]; Quantum Brownian Motion [2]; Entanglement Relativity [2]; Quantum Correlations [2]; Phase Damping [2]	量子纠缠、非惯性系；量子不和谐；量子布朗运动；纠缠相对论；量子相关性；相阻尼	73
7	quantum teleportation	量子态隐形传输	Fidelity [9]; Quantum Information [6]; Entanglement [6]	富达；量子信息；纠缠	63
8	quantum dots/ quantum dot	量子点	Nanowire [5]; Quantum Optics [3]; Single Photon Source [3]; Quantum Information [3]; Nanostructures [2]	纳米线；量子光学；单光子源；量子信息；纳米结构	53
9	quantum discord	量子不和谐	Quantum Entanglement [17]; Entanglement [14]; Decoherence [4]; Quantum Correlation [4];	量子纠缠；纠缠；退相干；量子关联	44

(续表)

序号	核心技术 英文	核心技术 中文	相关技术 英文	相关技术 中文	文献数量
10	quantum optics	量子光学	Quantum Entanglement [6]; Quantum Information [6]; Entanglement [5]; Quantum Communication [5]	量子纠缠；量子信息；纠缠；量子通信	44
11	quantum key distribution	量子密钥分配	Quantum Cryptography [15]; Quantum Communication [3]; Security [2]; Continuous Variable [2]; Quantum Information [2]; Entanglement [2]; Quantum Hacking [2]; Quantum Communications [2]; Privacy Amplification [2]; Chi-Type Entangled State [2]	量子密码；量子通信；量子安全；连续变量；量子信息；纠缠；量子黑客；量子通信；保密放大；智型纠缠态	43
12	quantum simulation	量子模拟	Quantum Information [4]; Quantum Computation [3]; Optical Lattice [2]; Quantum Computing [2]	量子信息；量子计算；光晶格；量子计算	38
13	quantum algorithms	量子算法	Quantum Computation [9]; Quantum Walks [4];	量子计算；量子行走	33
14	entanglement concentration	纠缠浓度	Quantum Communication [11]; W State [4]; Entanglement [4]	量子通信；W态；纠缠	29
15	molecular dynamics	分子动力学	Graphene Flake [2]; Docking [2]; Virtual Screening [2]; Graphene [2]; quantum mechanics/molecular mechanics [2]; Quantum Chemical Calculations [2];	石墨鳞片；对接；虚拟筛选；石墨烯；量子力学/分子力学；量子化学计算	29
16	cold atoms	冷原子	Quantum Information [3]; Spin-Orbit Coupling [2]; Few-Body Physics [2]; Feshbach Resonance [2]; Optical Lattice [2]; Bose-Einstein Condensates [2]	量子信息；自旋-轨道耦合；少体物理；费什巴赫谐振；光晶格；玻色-爱因斯坦凝聚	27
17	fidelity	保真度/逼真度	Quantum Teleportation [9]; Entanglement [3]; Quantum Communication [2]; Survival Function [2]; Quantum Signaling Network [2]	量子隐形传态；纠缠；量子通信；生存函数；量子信令网	27

(续表)

序号	核心技术 英文	核心技术 中文	相关技术 英文	相关技术 中文	文献数量
18	quantum information theory	量子信息理论	Communication Complexity [3]; Quantum Cryptography [2]; Quantum Computation [2]	通信复杂性; 量子密码; 量子计算	25
19	simulation	模拟	Modeling [4]; Model [2]; Quantum Chemistry [2]; Artificial Neural Network [2]; Quantum [2]; Graphene [2]	建模; 模型; 量子化学; 人工神经网络; 量子; 石墨烯	25
20	teleportation	隐形传输	Entanglement [10]; Decoherence [3]; Quantum Communication [2]; Von Neumann Measurement [2]	纠缠; 退相干; 量子通信; 冯·诺依曼测量	25

注：[x] 为引用该主题词的文献数量。

利用TDA工具对2012—2014年近3年的论文进行分析（见表7），在量子信息的研究中出现了很多理论、方法和控制器件。在量子计算研究中有格罗弗算法、非平衡格林函数、量子退火、几何量子计算、线性熵、Shor算法、幺正变换、Deutsch-Jozsa量子算法；密度泛函计算等；在量子模拟的研究中有量子蒙特卡罗模拟、杰恩斯-Cummings模型、海森堡模型和分子模拟等；量子信息研究中运用的器件有量子级联激光器、光检测器、Microtoroidal谐振器等。

频次	主题词（英文）	主题词（中文）
19	Grover's Algorithm	格罗弗的算法
13	Coherent State	相干态
11	Geometric Quantum Discord	几何量子不和谐
10	Nonequilibrium Green's Function	非平衡格林函数
9	Quantum Annealing; Adiabatic Quantum Computing	量子退火；绝热量子计算
8	Linear Entropy	线性熵
7	Quantum Monte Carlo Simulations; Quantum Measurement; Asymmetric Quantum Codes	量子蒙特卡罗模拟；量子测量；非对称量子纠错码

表7　2012—2014年量子信息研究中新出现的研究主题

(续表)

频次	主题词（英文）	主题词（中文）
6	Spin Squeezing; Single Photon; Quantum Tunneling; Quantum Simulations; Quantum Gravity; Quantum Fisher Information; Quantum Cascade Laser; Photodetectors; Optical Lattices; Non-Inertial Frame; Nonclassical Light; Molecular Modeling; Linear Optics; Jaynes-Cummings Model; Entanglement Witness	自旋压缩；单光子；量子隧道；量子模拟；量子引力；量子Fisher信息；量子级联激光器；光检测器；光晶格；非惯性系；非经典光；分子模拟；非线性光学；杰恩斯-Cummings模型；纠缠见证
5	Unitary Transformation; Topological Order; Topological Insulators; Shor's Algorithm; Quantum State; Quantum Entropy; Evolutionary Algorithms; GHZ-Like State; Image Segmentation; Partially Entangled State; Entanglement Distribution; Coherent Control	幺正变换；拓扑顺序；拓扑绝缘体；Shor算法；量子态；量子熵；进化算法、GHZ样状态；图像分割；部分纠缠态；纠缠分发；相干控制
4	Time-Dependent Density Functional Theory; Swarm Intelligence; Surface Hopping; Spin Ladder; Single Sign-On; Reaction Mechanism; Quantum-Mechanical Simulation; Quantum Watermarking; Quantum Programming Language; Quantum Key Agreement; Quantum Image Processing(QIP); Quantum Efficiency; Quantum Cloning; Positive Operator-Valued Measurement; Ping-Pong Protocol; Photon Echo; Parametric Down Conversion; Optical Vortex; Open Quantum System; Nanoelectronics; Microtoroidal Resonator; Laser Spectroscopy; Ion Trap; Ingan; Inas; Heisenberg Model; Game Theory; Frustrated Total Internal Reflection(FTIR); Entanglement-Assisted Quantum Error Correction; Entanglement State; Deutsch-Jozsa Algorithm; Entangled Photon Pair; Density Functional Calculations; CSS Construction; CRYSTAL Code; Constacyclic Codes; Channel Capacity; Adversary Method	时间密度泛函理论；群体智能；表面跳频；自旋梯；单点登录；反应机理；量子力学模拟；量子水印；量子程序设计语言；量子密钥协议；量子图像处理；量子效率；量子克隆；正算值测量；乒乓协议；光子回波；参量下转换；光学涡旋；开放量子系统；纳米电子；Microtoroidal谐振器；激光光谱；离子阱；InGaN；InAs；海森堡模型；博弈论；受抑全内反射；纠缠辅助量子纠错；纠缠态；Deutsch-Jozsa量子算法；纠缠光子对；密度泛函计算；CSS结构；晶体编码；常循环码；信道容量；对手法

4 量子信息专利分析

4.1 技术发展概况

在量子信息研究领域，1997—2013年专利产出1 790个专利族。这段时期，专利产出总体为逐年增长趋势（见图12）。

4.2 专利国家分析

而从专利申请数量来看（见图13），2005—2015年美国和中国仍是量子信息研究领域专利申请量最高的国家，分别为

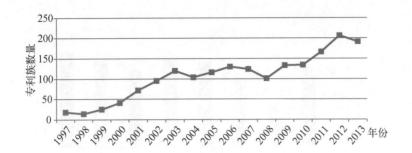

图12 量子信息研究领域专利申请量年度趋势分布

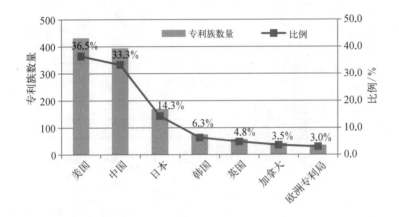

图13 量子信息研究主要国家专利申请量

432个专利族和394个专利族,占总数的36.5%、33.3%,处于领先地位;其次是日本,专利共169个专利族,占全球专利总数的14.3%;第四至第七位分别是韩国、英国、加拿大、欧洲专利局,专利量分别为75、57、42、35个专利族,占全球专利的6.3%、4.8%、3.5%和3.0%。其他国家的专利数量均低于专利总量的2.0%。

分析量子信息研究主要国家授权专利占比,从图14可以看出,法国、英国和韩国排名前三位,分别占75.0%、73.2%和66.8%。

分析近3年量子信息研究专利申请量活跃的国家,中国取代美国,成为专利申请数量最多国家;加拿大超越英国,排名上升一位(见图15)。比较7国2005—2011年与2012—2014年两个时期的专利数量占比变化(见图16),也可以看出,中国与加拿大在近3年的专利量占比相对较高。

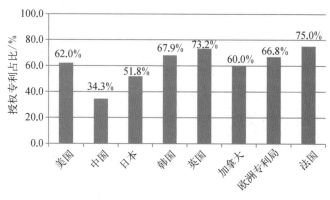

图14 量子信息研究主要国家授权专利占比

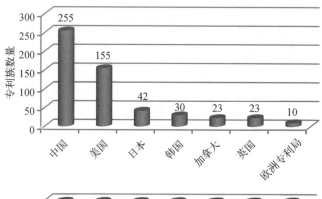

图15 近3年量子信息研究主要国家活跃度-专利

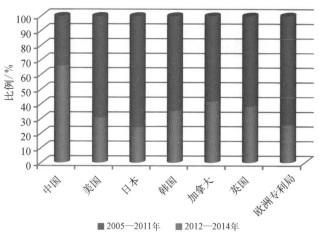

图16 近3年量子信息研究主要国家产出百分比-专利

4.3 专利申请机构分析

表8显示量子信息研究领域申请专利数量排名前15位的机构。日本的东芝公司和电话电报公司专利数量分别是59和48个专利族,遥遥领先。其次是美国国际商业机器股份有限公

司、中国安徽量子通信技术有限公司、韩国电子通信研究院、加拿大D-Wave系统公司和日本电气公司，专利量均超过了20个专利族。美国的惠普公司和哈佛大学、中国的华为技术有限公司、国家电网、西安电子科技大学、北京航空航天大学和浙江大学以及日本的科技局和三菱电机公司的专利数量都达到了10个专利族。从国家分布来看，前15位机构中，中国有6所，日本有5所，美国有3所，韩国、加拿大各1所。关于授权情况，美国惠普公司以100%位列第一，日本科技局以92.3%排名第二，韩国电子通信研究院以87.0%位列第三。

排名	地区	机构	专利数量	授权专利占比/%
1	日本	东芝公司	59	78.0
2	日本	电话电报公司	48	64.6
3	美国	国际商业机器股份有限公司	24	66.7
4	中国	安徽量子通信技术有限公司	23	69.6
5	韩国	电子通信研究院	23	87.0
6	加拿大	D-Wave系统公司	22	54.5
7	日本	电气公司	22	68.2
8	美国	惠普公司	18	100.0
9	美国	哈佛大学	14	21.4
10	中国	华为技术有限公司	14	64.3
11	中国	国家电网	14	28.6
12	中国	西安电子科技大学	13	30.8
13	日本	日本科技局	13	92.3
14	中国	北京航空航天大学	12	16.7
15	中国	浙江大学	11	45.5
15	日本	三菱电机公司	11	63.6

表8 量子信息研究专利数量排名前15位机构

分析近3年量子信息研究领域专利产出的机构排名，日本的东芝公司、电话电报公司分别以17和13个专利族排名第一、第二位。美国哈佛大学、中国安徽量子通信技术有限公司和国家电网以11个专利族并列第三位。与2005—2015年专利产出前16位机构相比,韩国电子通信研究院、日本的电气公司、三菱电机公司和日本科技局、美国惠普公司、中国浙江大学未再入榜,新上榜的机构有中国的山东量子科技研究公司、南京邮电大学和哈尔滨工程大学、日本冲电气工业和韩国三星电子有限公司(见图17)。

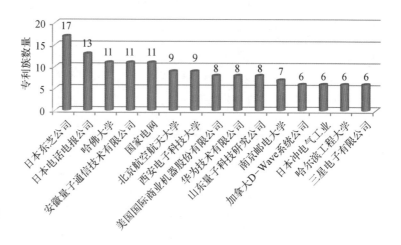

图17　近3年量子信息研究领域主要机构专利产出

4.4　专利技术布局分析

根据DII专利数据库的德温特分类体系,位于前10位的技术主题均属于T01电子计算机和电话和W01数据传输系统,其中电子计算机(T01)包括量子系统(T01–M06Q)、量子计算(T01–E05Q)、数据加密和解密(T01–D01)、应用软件产品(T01–S03)、编码和信息理论(T01–D02)、图像数字化/编码/压缩(T01–J10D)、搜索和检索(T01–J05B3)、比较数码值/随机发生器(T01–E04)等方向;电话和数据传输系统(W01)包括列块压缩编码算法寄存器/存储器(W01–A05A)和量子密码(W01–A05E)(见表9)。

利用TI软件聚类分析功能获取量子信息研究领域专利地图(见图18)。量子信息研究领域的研究热点集中在量子计算的器件及方法、量子数据处理、量子计算、量子算法、量子计算的应用。这些技术表现出较清晰的时间变化特征,1997—2005年(红点),量子信息研究领域的技术集中在量子计算的器件及

序号	德温特手工代码	技术说明（英文）	技术说明（中文）	专利数量
1	T01–M06Q	Quantum System	量子系统	202
2	T01–E05Q	Quantum Computing	量子计算	170
3	W01–A05A	Blockwise Coding Using Registers/Memories	列块压缩编码算法寄存器/存储器	117
4	T01–D01	Data Encryption and Decryption	数据加密和解密	111
5	T01–S03	Claimed Software Products	应用软件产品	107
6	T01–D02	Coding and Information Theory	编码和信息理论	85
7	W01–A05E	Quantum Cryptography	量子密码	83
8	T01–J10D	Image Digitisation/Coding/Compression	图像数字化/编码/压缩	73
9	T01–J05B3	Search and Retrieval	搜索和检索	55
10	T01–E04	Comparing Digital Values; Random Number Generators	比较数码值；随机数发生器	51

表9　量子信息专利主要技术方向

方法：分束器、约瑟夫森结，量子计算：量化、编码，量子数据处理：信息传输、量子态等方面；2006—2015年（绿点）近10年较之前专利数量有了大幅增长，在每个技术热点上均有布局，特别在量子计算的应用（基材、激光、光纤、雪崩光电二极管）、量子理论（光子纠缠、激磁）和量子计算（模拟）等方向布局集中。

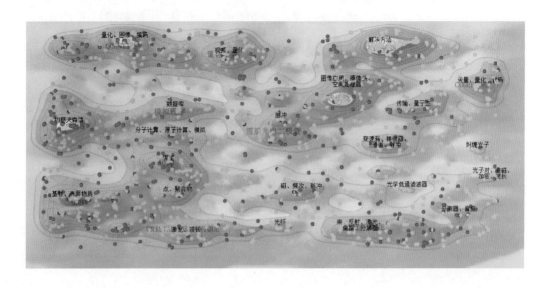

图18　量子信息研究领域专利地图（红点：1997—2005年；绿点：2006—2015年）

5 研究总结与发展建议

5.1 研究总结

量子信息这门科学技术领域经过20多年的发展，目前已经成为一门逐渐成熟的学科，并在未来仍具有巨大的发展潜力和市场前景。通过前文的调研和分析，总结如下：

（1）各国对量子信息技术都保持高度的重视，制定了一系列针对量子信息研究领域的发展计划。其中美国对量子信息科学的研究投入巨大，包括NSF、DARPA在内的众多机构，对量子信息技术都有大量的资助。欧盟在政策、资金和技术上对量子信息研究也有大力的支持。中国在量子信息科学研究中投资也越来越多，并且将量子信息列入国家的发展规划纲要，相继建立多个研究机构，重点支持量子光学、光量子器件、量子信息理论以及量子通信与信息安全方面的研究。

（2）从论文产出情况来看，1997—2015年总体数量保持着逐渐上升的趋势。2005—2015年，美国发表论文最多，中国紧随其后，发文数量超出第三名德国近一倍。从发表论文影响力分析，主要发文国家中，德国、英国、美国篇均被引名列前茅，中国偏低。美国在量子信息各方向的研究最全面，中国在基于光子的量子信息处理、量子通信与信息安全、量子信息理论三个方向成绩斐然。在发文机构中，中科院、中国科学技术大学、滑铁卢大学发文数量最多，而影响力较高的机构分别是马克斯普朗克量子光学研究所、因斯布鲁克大学和哈佛大学。Top15机构之间合作频繁，呈现4个比较紧密的合作群体。分析2012—2014年论文产出，中国和加拿大发文量提升幅度较大，反映了这两个国家对量子信息研究的重视程度逐渐加深。

（3）分析论文研究主题，近10年量子信息领域主要关注的主题有量子纠缠、量子计算、量子信息、量子通信以及量子密码。近3年对格罗弗算法、相干态、几何量子不和谐、非平衡格林函数、以及量子退火和绝热量子计算的研究热度逐渐提升。

（4）从专利申请量来看，1997—2013年量子信息领域的专利申请总量总体呈增长趋势。量子信息专利申请仍以美国为首,中国排名第二。分析授权专利占比,法国、英国和韩国位居前三。在专利排名前15位申请机构中,中国有6所,日本有5所,日本的两所机构东芝公司和电话电报公司分列第一、第二位。近3年,中国的申请专利数量最多,研究也较为活跃。其中安徽量子通信技术有限公司、国家电网、北京航空航天大学、西安电子科技大学、华为技术有限公司、山东量子科技研究公司、南京邮电大学和哈尔滨工程大学等8所研究机构专利申请量均排名前列,充分显示了近年来中国在量子信息领域上技术进步。

(5)分析专利技术布局,量子信息领域的专利集中在电子计算机和电话和数据传输系统两大类。近10年申请专利的技术多集中在量子计算的应用(基材、激光、光纤、雪崩光电二极管)、量子理论(光子纠缠、激磁)和量子计算(模拟)等方向。

5.2 发展建议

结合前文的分析总结,提出如下发展建议,希望能对我国量子信息的发展提供参考。

(1)注重量子信息理论研究与实践相结合,推进研究技术的实用化和产业化。中国在量子信息理论方向的研究处于领先的地位,特别是中科院和中国科技大学在量子信息理论方面的研究论文比较突出。2009年5月由中国科学技术大学组建安徽量子通信技术有限公司,从分析报告中可以看到在专利技术方面其位于全球第四、中国第一的地位,公司目前拥有中国最多的量子通信领域技术专利,自主研发的系列化产品涵盖量子通信网络设备、终端设备、核心器件、科学仪器,以及系统性的管控和应用软件等,并提供信息安全整体解决方案。作为产业先行者已建成世界首个规模化城域量子通信网络"合肥城域量子通信试验示范网";将量子通信网络化技术在金融领域开拓应用,公司与中国科学技术大学、新华社联合建成"金融信息量子通信验证网";并以成熟可靠的系统性解决方案多次为国家重大活动提供通信安全保障等。国家电网和华为技术有限公司作为企业比较注重专利技术申请保护，但在理论研究方面比较薄弱。

（2）集中优势力量，创建协同创新平台，推动量子信息技术研发及应用。从21世纪初，我国为了推动量子信息研究，中国科学院在2001年批准建立"中国科学院量子信息重点实验室"为重点实验室，2001年10月国家科技部依托山西大学建立"量子光学与光量子器件国家重点实验室"，2011年6月清华大学建立"清华大学量子信息中心"，自2012年5月国家出台《量子调控研究国家重大科学研究计划"十二五"专项规划》之后，2012年12月南京大学牵头，联合中国科学技术大学、复旦大学、浙江大学、中国科学院合肥物质科学研究院等机构成立《人工微结构与量子调控协同创新中心》，2015年7月中科院将所属的中国科大量子信息技术研究团队在上海建立"中国科学院量子信息与量子科技前沿卓越创新中心（上海）"以及中国科学院-阿里巴巴量子计算实验室。

从研究论文和专利成果的产出可以看出，中科院量子信息重点实验室及其组建安徽量子通信技术有限公司科研论文产出中国第一，在世界上也处于领先的位置。其新组建的"中国科学院量子信息与量子科技前沿卓越创新中心（上海）"以政产学研为格局的协同创新中心，集原始创新、应用研发、成果转化、国际一流人才为一体的国际一流的量子信息科技研发基地，必将推动量子信息技术研发及应用。

（3）继续保持优势领域研究，加强薄弱环节的资助研究。在量子信息涉及的六个主要方向中，中国注重于量子信息原理、基于光子的量子信息处理和量子通信与信息安全这三个方向的研究，在冷原子（离子）、分子的量子信息处理、量子模拟/仿真、固态系统的量子信息处理方面的还较为薄弱。今后利用量子信息的科学理论和逐步发展起来的量子操纵技术来推动量子信息处理技术，以使科学与技术之间形成良性的发展关系。

6 附录

数据来源：论文部分来自 Science Citation Index Expanded (SCIE)；专利部分来自 Derwent Innovations Index (DII)

时间范围：SCIE (1997.01.01—2015.09.08)；DII (1963.01.01—2015.09.08)

检索策略见附表。

主要技术细分	检 索 策 略	检索结果 SCIE	检索结果 DII
基于光子的量子信息处理	TS= ("quantum information" or "quantum comput*" or "quantum communication" or "quantum cryptography") and (photon or photons or "single-photon" or "single-photon source")	4 296	354
基于固态系统的量子信息处理	TS= (("quantum information" or "quantum comput*" or "quantum communication" or "quantum cryptography") and solid-state) or (solid-state and decoherence) or (solid-state and ("quantum dot" or "quantum dots") and ("quantum information" or "quantum comput*" or "quantum communication" or "quantum cryptography")) or (("quantum dot" or "quantum dots") and ("single-photon source" or deterministic entangle*)) or (("quantum dot" or "quantum dots") and ("quantum memory" or "quantum register")) or ("Josephson junction" and ("quantum information" or "quantum comput*" or "quantum communication" or "quantum cryptography")) or ("superconducting qubits" or "superconducting qubit")	2 481	131
基于冷原子（离子）、分子的量子信息处理	TS= (("cold atom" or "cold atoms" or "cold ion" or "cold ions") and quantum) or (molecular and ("quantum information" or "quantum comput*" or "quantum communication" or "quantum cryptography"))	1 986	72
量子仿真	TS=quantum near/2 simulat*	6 719	136
量子通信与信息安全	TS= "quantum teleportation" or "quantum communication"	3 827	318
量子信息理论	TS= (("quantum information" or "quantum comput*" or "quantum communication" or "quantum cryptography") near/2 theory) or ("quantum entangle*") or (quantum near algorithm) or (quantum near/3 complexi*) or ("quantum decoherence") or ("quantum cod*") or (capacity "quantum channel*") or ("quantum programming")	10 554	839

附表　量子信息研究检索策略

高温超导电力技术全球发展态势

付佳佳　范秀凤　申雅琪
仲汇慧　王　一　陈　琛

1　引言

高温超导（high-temperature superconductivity）是一种物理现象，指一些具有较其他超导物质相对较高的临界温度的物质在液态氮的环境下产生的超导现象。高温超导技术的发展以高温超导材料和低温制冷技术的发展为基础，其应用以在电力、通信行业的应用为主，其他涉及高新技术装备和军事装备方面的应用。随着高温超导材料和超导技术的发展，许多科学家认为，超导电力技术将是21世纪具有经济战略意义的高新技术，是电网技术发展的一个重要方向，高温超导技术也被认为将在一定程度上决定一个国家智能电网的竞争力，因此，对于超导产业而言，对高温超导材料技术和电力技术应用发展趋势的研究将为该产业的发展提供良好的导向作用。①

1.1　高温超导技术的发展历程

1911年荷兰物理学家海克·卡末林·昂内斯（Heike Kamerlingh Onnes）首先在汞中发现超导现象，即将汞冷却到4.15 K的低温条件下其电阻突然变为零，这一温度称之为超导临界温度（T_c）。限定超导电性具有3个重要参量，即临界温度（T_c）、临界磁场（H_c）和临界电流密度（J_c）。临界温度在23 K以下的为低温超导材料（金属、合金和化合物）和临界温度77 K以上为高温超导材料（金属氧化物）。

高温超导材料经过了一个从简单到复杂，即由一元系到二

---

① 金建勋, 郑陆海. 高温超导材料与技术的发展及应用[J]. 电子科技大学学报, 2006, S1: 612–627.

元系、三元系直至多元系的过程,每一次发展都对高温超导电力应用技术的发展产生了重要影响。①

1.1.1 低温金属超导体(NbTi,Nb3Sn线材)

Nb_3Sn 和 NbTi 是低温金属超导体材料的代表,1954年贝尔实验室发现 Nb_3Sn 超导材料②,青铜法加工工艺是 Nb_3Sn 商业化生产的主要制造工艺。Nb3Sn 在磁约束核聚变(MFE)和高能物理(HEP)的研究中发展迅速,另外也应用于医疗和科学仪器方面的研究,如用于医学诊断的核磁共振波谱仪(NMR)和核磁共振成像仪(MRI)的研究与应用③;1961年报道发现 NbTi 合金超导体④,具有良好的中低磁场超导性能,且塑性好、强度高,主要用于核磁共振成像系统(MRI)和磁悬浮列车等。⑤因此 Nb_3Sn 和 NbTi 在制备工艺和实际应用均已完全成熟,尤其在全球医疗和科学仪器方面,如医学诊断的核磁共振成像仪(MRI)及用于谱线分析的核磁共振仪(NMR)等均已实现商品化的生产工艺和运用。

1.1.2 第一代高温超导带材(Bi系带材)

Bi系超导线材又称第一代高温超导带材,根据临界温度不同分为3种超导相:Bi–2201($Bi_2Sr_2CuO_6$)、Bi–2212($Bi_2Sr_2CaCu_2O_8$)、Bi–2223($Bi_2Sr_2Ca_2Cu_3O_{10}$),其中 Bi–2201 制备需要以液氦作为制冷剂才能达到较低的临界温度,难度相对较高,所以研究较少;Bi–2212 和 Bi–2223 超导材料的制备方法主要是浸涂法(dip coating process, DCP)和粉末套装法(powder in tube, PIT)。Bi系高温超导材料主要应用领域分为强电和弱电应用,在强电领域主要超导变压器、超导电缆、超导感应加热器、超导

---

① 刘湘月.高温超导材料的发展进程与应用[J].黑龙江科技信息,2015,12:74.
② Matthias B T, Geballe T H, Geller S, etc. Superconductivity of Nb_3Sn [J]. Physical Review, 1954, 95 (6): 1435.
③ 梁明,张平祥,卢亚锋等.磁体用 Nb_3Sn 超导体研究进展[J].材料导报,2006,20(12):1–4.
④ Hulm J K, Blaugher R D. Superconducting solid solution alloys of the transition elements[J]. Physical Review, 1961, 123 (5): 1569–1580.
⑤ 李建峰,张平祥,刘向宏,等.磁体用NbTi超导体的研究进展[J].材料导报,2009,23(3):90–93.

储能器和超导磁体等；在弱电领域主要是超导滤波器和超导量子干涉仪等①。

1.1.3 第二代高温超导带材（Y系，YBCO材料）

Y系超导线材又称第二代高温超导带材（也称为高温超导涂层导体），与Bi系超导线材相比具有较高的不可逆场，在强磁场中能够承载较大的临界电流；Y系超导体制备技术主要建立在薄膜外延生长技术上故也称为高温超导涂层导体。

由于Y系超导体晶体间结合较弱，利用传统的粉末套装法（PIT）工艺难以制备Y系超导线材，第二代高温超导带材在结构上主要由金属基带、多层隔离层、YBCO超导层和保护层等组成；主要的制备工艺有：轧制辅助双轴织构基带技术（RABTiTS）、离子束沉积技术（IBAD）和倾斜衬底技术（ISD），YBCO带材也尝试应用于超导电力装置，如超导储能、超导限流器和变压器等。②

1.1.4 新型高温超导材料

2001年初发现超导临界温度达到39 K的二硼化镁（MgB_2）超导体，③二硼化镁（MgB_2）线带材的加工工艺主要有：粉末装管法（PIT）、连续粉末成型法（CTFF）和中心镁扩散工艺（IMD），改进工艺提高线带材在磁场下的临界电流密谋和上临界场是MgB_2超导材料的研究突破点，利用化学掺杂是一种便捷有效地提高超磁通钉扎能力的方法。二硼化镁（MgB_2）线带材也应用于MRI医学诊断系统。

2008年发现临界温度高达55 K的铁基超导体材料，④铁基超导体的晶界弱，连接效应小，一般采用成本较低的粉末装管

---

① 王醒东,张立永,刘勇,等.Bi系超导材料的结构、制备及其应用[J].浙江化工,2012,06：27–30.

② 马衍伟.实用化超导材料研究进展与展望[J].物理,2015,10：674–683.

③ Nagamatsu J, Nakagawa N, Muranaka T, etc. Superconductivity at 39 K in magnesium diboride[J]. Nature, 2001, 410 (6824): 63–64.

④ Kamihara Y,Watanabe T,Hirano M, etc. Iron-based layered superconductor La[O_1-xFx] FeAs (x = 0.05-0.12) with Tc = 26 K[J]. Journal of the American Chemical Society, 2008, 130 (11): 3296–3297.

法（PIT）的工艺进行带材制备。目前，铁基超导材料在高场MRI、NMR和高场超导储能系统（SMES）等具有应用优势，今后利用PIT先位法进行铁基超导线带材研究将成为产业化的研究重点。

1.2 高温超导电力的细分技术

高温超导技术在电力中的应用主要分为电力技术和非电力技术的应用。电力技术包括高温超导电缆、电机、发电机、限流器、变压器和超导储能装置，非电力技术以谐振器、过滤器、磁悬浮、超导磁共振成像、量子干涉仪和其他超导加速器、磁分离器、感应加热器和太赫兹等技术。具体细分技术如表1所示。

技术名称	二级技术细分	具 体 内 容
高温超导电力应用技术	电力技术	电缆
		电机
		发电机
		限流器
		变压器
		储能系统
	非电力技术	谐振器
		滤波器
		磁悬浮
		超导磁共振成像
		量子干涉仪
		其他：超导加速器、超导磁分离器、感应加热器、太赫兹

表1 高温超导电力应用技术的细分技术

1.2.1 电力技术

超导技术越来越成为一种不可替代的具有经济战略意义和巨大发展潜力的高新技术，将会对国民经济和人类社会的发展产生巨大推动作用。特别值得指出的是：高温超导线带材可制备成各类器件，包括超导储能、变压器、电缆、限流器等广泛用于先进电网之中，可望提升电力工业的发展水平和促进电力业的重大变革。因此,世界主要发达国家均把超导电力技术视为具有经济战略意义的高新技术。超导电力技术的根本原理是利用超导体在特殊情况下可以达到零电阻这一特性,研制各种超导设备。

1) 电缆

高温超导材料具有零电阻和电流密度高的特点,因此高温超导电缆的电流损耗低、截流能力大,传输容量比常规电缆高3～5倍。在结构上采用液氮作为冷却液,能够使电缆产生的磁场集中于内部,也不会产生漏油等情况,避免环境污染和产生火灾隐患。城市的发展使用电负荷也日益增加,现在往往采用地下电缆将电能输入城市负荷中心,利用高温超导作为地下输电电缆可以发挥其大容量和低损耗输电的优势。

2) 电机

最早超导电机的研究重点是单极直流电动机,主要用于船舶的推进系统。随着超导技术的发展、超导材料性能的提高和电机交流调速技术的成熟,推动了超导交流电动机如超导同步电动机的研究探索。随后超导线材和块材等应用到直线发动机中,研究出各种类型的能够将电能直接转换成直线运动的高温超导直线电动机,如美国用YBCO块材超导磁体研制的直线材超导磁体电动机(LBSCM)主要应用于电磁飞机弹射系统(EMALS)。其他还有诸如高温超导磁阻、磁滞和永磁电动机等。①

3) 发电机

超导发电机依据临界温度分为低温超导(low temperature superconductor, LTS)发电机和高温超导(high temperature superconductor, HTS)发电机;依据磁通方向,又可分为径向磁通电机和轴向磁通电机两种。超导发电机基本由:超导励磁绕组、支架结构、冷却回路、低温恒温器、电磁屏蔽、电枢绕组、交流定

---

① 郑陆海,金建勋.高温超导电机的发展与研究现状[J].电机与控制应用,2007,03:1-6.

子绕组、机座铁芯、定子绕组支架、轴承和机壳①组成。在工业领域的应用主要是风力和水力发电,在军事上用于舰船和航空器上的电驱动电源空运驱逐系统、自保系统和激光束武器等。

4)限流器

超导限流器是当通过超导体的电流超过其临界值时,瞬间电阻增加限制短路电流,直到最终被与超导体串联的断路器动作而消除故障的设备。按照动作原理可分为失超型超导限流器(SFCL)和不失超型限流器;按照结构特点不同,分为电阻型、饱和铁芯型、变压器型、磁屏蔽型、三相电抗器型和桥路型②。

超导限流器具有检测、触发和限流的功能,广泛应用在发电厂、输电网和变电站等,在关键节点和线路、大型变压器、大容量发电机组和电力系统网络之间安装超导限流器,可以提高电路电网的安全性和稳定性,减少事故风险性。

5)变压器

根据绕组所用的带材发展历程可分为低温超导变压器和高温超导变压器,高温超导变压器主要结构为铁芯、超导绕组、低温容器、引线和其他附件组成。超导变压器与常规变压器相比,采用超导材料替代铜来做变压器绕组,并将超导绕组浸在液氮环境中运行,具有重量减轻、噪声减小但能提高电力传输效力的优点。③

6)超导储能系统

超导储能装置是利用超导线圈产生的电磁场将电磁能形式储存起来,需要时再将电磁能通过整流逆变器返回电网。由于超导线圈无焦耳热损耗,电流密度高于常规线圈,故能够长时

---

① 赵朝会,李进才.超导发电机的研究现状及发展前景[J].上海电机学院学报,2013,06:314–321.
② 应立.高温超导带材在10 kV电阻型超导限流器中的交流损耗研究[D].上海交通大学,2013.
③ 付珊珊,诸嘉慧,丘明,陈晓宇,郑晓东,马国蕾.高温超导变压器绕组的研究现状与设计技术展望[J].低温与超导,2014,10:36–41.

间无损耗高密度高效率地储存电磁能。

超导储能系统核心部件是超导线圈,另外有低温冷却系统、磁体保护系统、变压器、变流器和控制系统等组成部件。超导储能系统的核心技术在于超导材料,大致可分为低温、高温和室温超导材料。[①]

1.2.2 非电力技术

1) 谐振器和滤波器

高温超导薄膜的微波表面电阻(R_s)低于正常金属,利用这一特性可以制备各种微波无源器件,如谐振器和滤波器等。高温超导滤波器主要包括高温超导滤波放大电路、深度制冷系统、精确控制系统、真空绝热系统4个部分。[②][③]目前广泛应用于无线移动通信、气象雷达探测、射电天文观测、空间技术应用、引力波探测和高能物理等领域的研究。[④]

2) 超导磁悬浮

超导磁悬浮列车是在车轮旁边安装小型超导磁体,通过列车前进时超导磁体向轨道产生的强大磁场,使列车上浮并通过周期性地变换磁极方向获得推进力。超导磁铁是由超导材料制成的超导线圈构成,超导材料在相当低的温度下电阻为零,而且可以传导普通导线无法比拟的强大电流。

3) 超导核磁共振成像(NMRI)

核磁共振成像是将核磁共振(NMR)原理和计算机断层扫描(CT)技术结合起来的检测装置,其核心部件是磁体系统,利用超导磁体可产生比常规磁体更强的主磁场,而且其稳定性、均匀性和成像效果好,已经广泛应用于核磁共振成像医学仪器。

---

① 墨柯.超导储能技术及产业发展简介[J].新材料产业,2013,09: 61–65.
② 季来运.高温超导滤波器系统及其应用[J].电子产品世界.2008,(2): 137–140.
③ 汤宇龙,张祥昆.高温超导滤波器国内外研究进展[J].空间电子技术,2010,01: 96–100.
④ 王三胜,范留彬.高温超导谐振器技术及其应用研究综述[J].航天器环境工程,2012,04: 379–383.

4）超导量子干涉仪（SQUID）

超导量子干涉仪是目前探测磁信号最灵敏的传感器，而且还能探测一切可以转化为磁场的物理量，如电流、电压、电阻、电感、磁场梯度、磁化率等，如用于电测量和磁测量的SQUID检流计、SQUID微微伏计、SQUID磁强计、SQUID磁场梯度计、SQUID磁化率仪；以及SQUID温度遥测器和显微镜等超导量子干涉仪。[1]

5）其他非电力技术

高温超导电力技术还应用非电力产品的其他领域，如高能粒子加速器、磁分离器、感应加热器和太赫兹等方面。目前已利用超导磁体研制出超导回旋加速器、超导同步加速器、超导对撞机和超导直线加速器等。超导磁分离器是使用超导磁体作为磁分离磁场源，超导磁体几乎不消耗电能，只需很小的维持低温条件的电能就能获得强磁场。[2]

2 主要国家发展战略要点

2.1 美国

世界上超导电力技术研究的带头国家是美国。1999年，开始推进世界上最大规模的SPI研究计划，以发展超导电力技术及相关技术。计划的研究内容包括超导电缆、超导变压器、超导电机、超导磁悬浮飞轮储能、超导限流器等项目的研究。[3] 2001年，美国能源部宣布，计划在未来的3～4年内资助7个高温超导项目，项目总经费为1.17亿美元。其中6个项目使用Bi系列高温超导材料。[4] 2003年，美国总统科学技术顾问委员会发布报告"能源效率调查和建议"，提出将超导技术应用到电力系统

---

[1] 金建勋,郑陆海.高温超导材料与技术的发展及应用[J].电子科技大学学报, 2006,S1: 612–627.
[2] 安德越.高温超导太赫兹检测器[D].南京大学,2015.
[3] 蔡传兵,刘志勇,鲁玉明.实用超导材料的发展演变及其前景展望[J].中国材料进展,2011,03: 2011,03: 1–8,35.
[4] 刘庆,董宁波.投资1.17亿美元推进高温超导产品市场化——美国能源部宣布新一轮高温超导计划[J].新材料产业,2001,10: 19–20.

的各个方面。同年7月，美国能源部提出了"美国电网2030计划"，计划提出10年内实现数十公里超导电缆，20年内安装长距离的超导电缆，到2030年建立超导骨干网。① 2008年4月，美国纽约长岛电力局（LIPA）和美国超导公司联合宣布世界上第一条高温超导电缆在商业电网中投入运行。随即，纽约市宣布启动名称为Project Hydra的计划，即"九头蛇计划"，这一计划的启动对美国开展国家统一电网的超导技术开启了新的大门。2009年，美国经济复兴计划决定投入45亿美元加速部署智能电网，在打造智能电网的进程中计划使用超导输电技术，未来20年将累计投资1 650亿美元。② 2011年，美国能源部下属的能源办公室（ARPA-E）给予420万美元资金，支持来自瑞士的ABB和几个合作伙伴一起建立一个3.3 kWH的概念性超导磁项目，以实现兆瓦级的应用。③

2.2 欧盟

1997年，欧盟开展了超导电性欧洲网10年计划（1997—2006），计划涉及14个欧洲国家的42个学术机构和21个工业中心，共同建立欧洲区域研究平台。2007年，欧洲基金会发布了2007—2012年超导纳米科学与工程项目计划，涉及15个欧洲国家、68个研究团队。主要研究纳米尺度超导电性演变、混合纳米系统的超导性、纳米结构超导体和SN/SM混合纳米系统的受限通量以及磁通量子、超导器件基本原理研究等。一些大的公司如ABB、西门子、NEXAN等也积极投资于这方面的研究，以争取未来的市场。欧盟发布了 *Strategic Energy Technologies Plan, SET-Plan*、*A European Strategy for Sustainable, Competitive and Secure Energy Strategy*、*EEGI Roadmap for Public Consultation*，

---

① 鲁宗相，蒋锦峰.解读美国"Grid2030"电网远景设想[J].中国电力企业管理，2004,05: 37–40.
② 哲伦.美国智能电网计划[J].资源与人居环境，2011,06: 43–45.
③ 美国能源部探索超导磁储能应用于电网储能[EB/OL].[2015.12.24]. http://news.bjx.com.cn/html/20110401/276390.shtml.

旨在协调和指导各成员国智能电网发展步伐。在电网基础设施建设中提到：利用新技术（如HVDC）扩展欧盟电网，使其更有效率；研发新的输电线路结构，提高输电容量，减低电磁干扰；利用高温超导等新技术重建或者加强现有高压线路；研发介入分布式电源后提高电能质量的方法和设备；研究电网资产管理和规划新方法，提高电网资产利用率。

欧洲超导材料的研发工作由德国牵头，英国、法国、意大利、西班牙、芬兰等国积极参与。欧洲已有20个国家共计90多个组织投入到第二代高温超导带材的研究中，形成了良好的合作网络。其中，德国2020高科技战略中将智能电网作为战略重点，将进一步为与能源和气候有关的信息与通信技术的研发提供资助。大力推动跨行业的合作，旨在探索能源和信息通信技术之间的建立新合作，高温超导电力技术作为智能电网建设的重要环节，也受到充分重视。2012年德国卡尔斯鲁尔技术研究院（KIT）、德国能源企业RWE公司和法国的电缆制造企业Nexans公司，正在德国西部城市埃森进行高温超导（THS）输电试验项目——"Ampa City"。计划在德国埃森市中心地段铺设长度为1 km的高温超导输电电路，目前这是世界上最长的高温超导电缆试验线路。[1]

2.3 日本、韩国

日本在20世纪90年代实施了SuperGM等超导电力技术研究计划，并成立了国际超导技术研究中心（ISTEC），积极开展超导电力技术的研究工作。2003年，日本政府为了保持其超导材料技术在国际的领先优势，设立了为期5年的第二代高温超导带材研发国家计划，总投资超过1.5亿美元，目标研发出高性能和低成本带材。该计划完成后，在2008年日本政府开始新一轮的高温超导带材的批量化制备计划，目标为开发3 000条10 km长，工程临界电流I_e=50 kA/cm^2（77 K，自场）的第二代高温超

---

[1] 德国建世界最长高温超导输电试验线路[J].中国科技产业,2012,03：108.

导带材,并开展较大规模示范。2011年8月,日本政府公布了第四期《科学技术基本计划》,计划规定:有效利用能源,减少资源的风险,减少对环境的影响,创建新的材料和功能。在此基本计划指导下,日本重视发展高温超导电力技术以实现能源的有效利用,减少对环境的不利影响,以实现节能环保的功效。2015年,日本科学省纳米科技材料科学技术委员会发布JST-CRDS报告,报告中确定了39个发展的主要领域,其中将发展高温超导作为环境能源产业的重要领域。2015年日本教育部科学计划白皮书中多处涉及高温超导电力技术,充分强调了高温超导电力技术的重要性以及广泛前景。在交通领域,高温超导磁石技术成为修建新干线的关键技术。其中在医疗领域中,超导技术也可用在医院MRI的精密检查,并具有广泛前景[1][2]。

2011年7月,韩国科技部成立了超导应用技术中心(CASI),主要任务是发展促进和利用商业化超导技术,负责管理"应用超导技术发展先进能源系统"(DAPAS)计划的实施。[3]DAPAS计划主要研究开发高温超导电缆、限流器、变压器和电动机等超导能源设备。该计划确定了第二代高温超导带材的研发的3阶段:2001—2003年,发展HTS电缆和系统技术;2004—2006年,改进技术,发展原型设备;2007—2010年,实现现场测试,发展带材的产业化。

2.4 中国

国家"863"专项计划对我国超导带材制备、超导强电应用、超导弱电应用方面有了相应的指导。"973计划"围绕促进我国从"材料大国"向"材料强国"转化和建立新材料产业等目标,对超导材料的发展做了进一步的部署。1998年中科院电工所

---

[1] 日本科学技术基本计划[EB/OL].[2015-09-21].http://www.mext.go.jp/a_menu/kagaku/kihon/main5_a4.htm.

[2] 日本科学技术白皮书[EB/OL].[2015-09-21].http://www.mext.go.jp/b_menu/hakusho/hakusho.htm.

[3] 冯瑞华.国外超导材料技术研究政策和方向[J].低温与超导,2008,08:22-30.

研制出我国第一根高温超导电缆,1999年我国第一台微型超导储能样机问世;2002年新型高温超导限流器被成功研制;2003年研制出交流高温超导电缆系统;2003年,研制出我国第一台高温超导变压器;并先后研制出高温超导电缆、高温超导限流器、高温超导储能系统和高温超导变压器。在我国2006—2020年《国家中长期科学和技术发展规划纲要》中高温超导技术被列为前沿技术,是新材料技术的发展方向之一。2011年,《国家十二五科学和技术发展规划》中对其指出,要抢占超导材料等前沿材料制高点。2013年,中国科学院物理研究所、中国科技大学"40 K以上铁基高温超导体的发现及若干基本物理性质的研究"获年度国家自然科学一等奖,标志着我国高温超导技术已走向世界前列。2015年5月,国务院颁布《中国制造2025》,规划中指出:大力推动重点领域突破发展中,突破高温超导材料等级关键元器件和材料的制造及应用技术;在新材料中高度关注超导材料、生物基材料和纳米材料等前沿材料提前布局和研制。图1中显示NSFC对高温超导电力技术相关项目的资金投入情况,总体上是上升的趋势,累计资助项目987项,累计资助金额高达64 777.25万元。

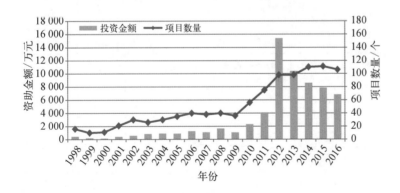

图1　NSFC对高温超导电力技术项目资助情况

在NSFC资助项目中(见表2)高温超导领域资助项目主要集中在中国科学院物理研究所、清华大学、南京大学等高校和科研院所。资助金额大于等于300万元的项目有22项。其中"太赫兹超导阵列成像系统""多通道超导单光子探测器""新型非常规超导材料的探索和机理研究""新型层状超导和热电材料的设计、制备与结构性能关系研究"4个项目资助最多,均达到1 000万元。

序号	项目名称	依托单位	资助金额/万元	起止时间
1	太赫兹超导阵列成像系统	中国科学院紫金山天文台	6 000	2012—2016
2	多通道超导单光子探测器	南京大学	4 900	2013—2017
3	新型非常规超导材料的探索和机理研究	中国科学技术大学	2 000	2012—2016
4	新型层状超导和热电材料的设计、制备与结构性能关系研究	中国科学院物理研究所	1 000	2015—2017
5	极低温−电−磁多环境场超导材料力学性能测试设备研制	兰州大学	850	2014—2018
6	新型非常规超导材料的探索	中国科学技术大学	780	2012—2016
7	高精度超导重力仪的研制	中国科学院电工研究所	586.23	2016—2020
8	ADS极低beta超导CH原型腔的物理和实验研究	中国科学院近代物理研究所	500	2011—2014
9	非常规超导体合成以及输运性质和热力学等性质研究	浙江大学	440	2012—2016
10	新型非常规超导材料的自旋动力学与超导微观机制的研究	中国人民大学	440	2012—2016
11	超导量子态的精密测量	复旦大学	400	2013—2015
12	适合容错量子计算的高性能超导量子比特的研制与调控	浙江大学	370	2015—2019
13	超导托卡马克装置关键科学与技术研究	中国科学院合肥物质科学研究院	350	2016—2020
14	原子尺度厚超导薄膜及其面内超晶格中的宏观量子态的探测和调控	中国科学院物理研究所	350	2012—2015
15	超导材料晶体结构和电子结构研究	中国科学院物理研究所	340	2012—2016
16	高温超导体的超导机理和奇异正常态的角分辨光电子能谱研究	中国科学院物理研究所	320	2014—2018
17	新型超导量子比特及相关宏观量子现象的研究	中国科学院物理研究所	320	2014—2017

表2 NSFC对高温超导相关项目资助情况

（续表）

序号	项目名称	依托单位	资助金额/万元	起止时间
18	超导量子比特的优化与混合量子器件的研究	北京计算科学研究中心	320	2014—2017
19	反铁磁体系量子态的高压调控和与其相关的超导电性的研究	中国科学院物理研究所	320	2014—2017
20	基于高临界温度超导器件的多频段太赫兹探测器的特性	中国科学院紫金山天文台	320	2012—2016
21	非常规超导体量子相干效应和新颖磁通态研究	南京大学	310	2016—2020
22	非常规超导体薄膜生长及原位角分辨光电子能谱	中国科学院物理研究所	310	2013—2017

3 高温超导电力技术论文分析

为全面了解量子信息研究领域发展状况，从1997年至今和最近3年间（2012—2014）发表的核心期刊论文和1987年至今的专利申请情况两方面进行数据统计和定量分析，检索策略详见6。

3.1 领域发展概况

超导技术的研究起始于20世纪50年代，但前期研究成果的产出量不高，从1986年高温超导材料YBCO的发现，高温超导技术得到了迅猛发展。全球高温超导电力应用技术1997年至今SCIE数据库中的论文总产出量为3 710篇，从图2可以看到，论文产出总趋势呈现出曲折上升的态势，总体发展趋势向好。

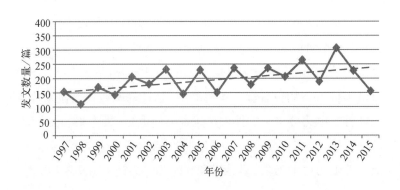

图2 高温超导电力技术论文发表量年度趋势分布

具体看高温超导电力应用技术领域内各细分技术的发文年度变化（见图3a、图3b），电力技术中超导电缆领域论文产出（尤其是2011—2013年）增长幅度较大，超导电机次之，而超导发电机、限流器、变压器和储能系统技术的发展趋势大致相同，在经历的过程中小幅上升；而非电力技术的几个技术方向均曲折波动。

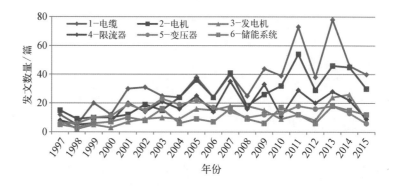

图3a 主要电力技术论文产出年度分布

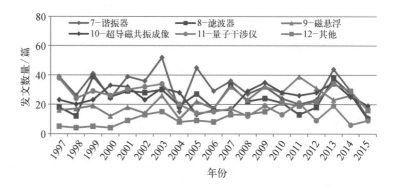

图3b 主要非电力技术论文产出年度分布

将所有细分方向分成早期（1997—2004）和近期（2005—2015）两个时间段，对比分析电力技术和非电力技术的热点变迁情况。SCIE早期论文数量（蓝色）占论文总量的36%，在图中横坐标36%的位置画一条基准线，超过基准线代表技术热点的迁移。电力技术中的技术热点主要向电机、发电机、电缆、限流器发展，储能系统与变压器不是近期的研究热点（见图4a）。而在非电力技术当中，磁悬浮和其他非电力技术（包含太赫兹、电磁加速器、磁分离器和热感应加热器等)技术等方向都是近期研究热点,量子干涉仪、超导磁共振成像、滤波器、谐振器等技术发展不是近年来的研究热点(见图4b)。

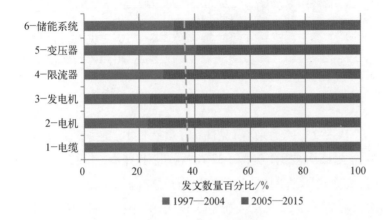

图4a 电力技术热点变迁图

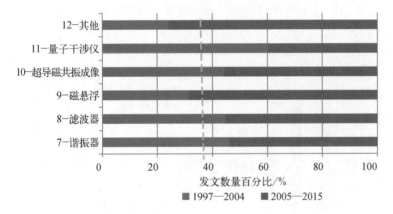

图4b 非电力技术热点变迁图

3.2 主要国家分析

从1997—2015年各国高温超导电力技术领域论文发表数量(见图5)可以看出,具备较强科技实力的国家有日本、美国、中国、德国、韩国等。其中,日本与美国论文发文量占比分别是21.1%、21.0%,遥遥领先;第三至第五位依次是中国(15.6%)、德国(10.5%)、韩国(9.1%),第六至第十位分别是英国(6.9%)、俄罗斯(4.7%)、法国(3.9%)、意大利(3.8%)、瑞士(3.0%)。其他国家的发文均低于发文总量的3.0%。

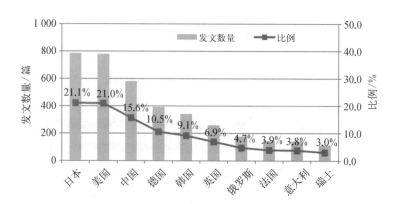

图5 高温超导电力技术主要国家论文产出

从发文影响力来看（见图6），虽然日本、美国发文量接近，但论文篇均被引，美国（22.78次）高出日本（11.65次）近一倍，充分说明了美国的论文产出质量之高。其次是德国（15.14次）、法国（14.02次）、英国（13.43次）。中国、韩国的论文篇均被引分别是5.46次、5.34次，相对较低，说明这两个国家的核心技术论文、关键技术节点论文产出不多。

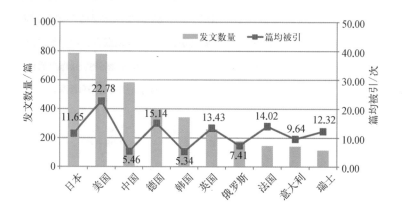

图6 高温超导电力技术主要国家论文影响力

图7给出了发文量Top5国家在高温超导电力技术应用领域各细分技术方向上的发文分布。日本的论文产出主要在超导电缆、电机、超导磁共振成像、量子干涉仪等技术方向，谐振器、滤波器、磁悬浮等技术方向的产出也较多；美国的论文产出主要在超导磁共振成像、电缆、谐振器、电机等方向；中国投入较多关注度的方向是磁悬浮、滤波器和谐振器。德国论文

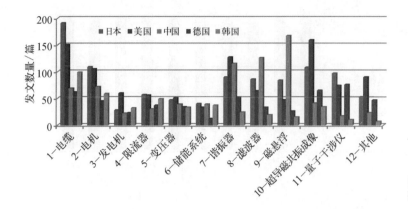

图7 高温超导电力技术主要国家优势技术领域

主要产出方向是量子干涉仪、超导磁共振成像和超导电缆；韩国的论文产出中，电缆技术方向最多，其次是电机与限流器技术方向。

从国家近3年（2012—2014年）活跃度来看，图8显示高温超导电力技术领域研究论文发文Top10国家依然是以上10个国家，但顺序有所变动。中国取代日本，成为发文量最多的国家；排名上升的国家有韩国、瑞士、意大利。从10个国家1997—2011年与2012—2014年两个时期的发文变化（见图9）也可以看出，中国、瑞士和韩国在近3年的发文量占比相对较高，反映这3个国家近3年在高温超导领域投入更多。考虑论文影响力，德国、瑞士、英国和美国的论文篇均被引相对较高。中国虽然发文量最高，但是篇均被引却很低，说明我国虽然论文数量产出较高，但是论文的质量还有待提高。

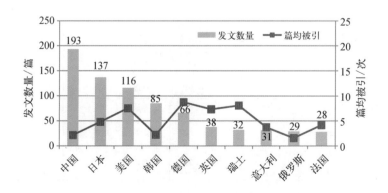

图8 近3年高温超导电力技术主要国家发文量及其影响力

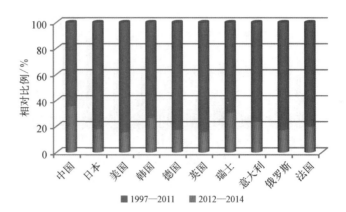

图9 近3年高温超导电力技术主要国家论文产出百分比

3.3 主要机构分析

基于1997—2015年全球高温超导电力技术应用领域研究论文的发文，整理出论文产出排名前15位机构数据，如表3所示。中科院以133篇发文量居第一位，其次是西南交通大学与韩国电气技术研究所。从国家分布看，前15位机构中，日本有4所（日本国际超导产业技术研究中心、东京大学、住友电气工业株式会社和东北大学），中国有3所（中科院、西南交通大学、清华大学），美国3所（麻省理工学院、Los Alamos国家实验室、橡树岭国家实验室），韩国2所（韩国电气技术研究所、延世大学），德国、俄罗斯、英国各1所。从发文影响力看，这15位机构中，东京大学以篇均被引41.05次位居榜首，其次分别是Los Alamos国家实验室（32.77次）、麻省理工学院（30.75次）、剑桥大学（22.41次）和橡树岭国家实验室（19.04次）。

表3 高温超导电力技术Top5机构论文产出及影响力

排名	机构	发文量	被引次数	篇均被引	所属国家
1	中科院	133	681	5.12	中国
2	西南交通大学	109	933	8.56	中国
3	韩国电气技术研究所	92	370	4.02	韩国
4	麻省理工学院	80	2 460	30.75	美国
5	日本国际超导产业技术研究中心	78	589	7.55	日本

(续表)

排名	机构	发文量	被引次数	篇均被引	所属国家
6	东京大学	77	3 161	41.05	日本
7	清华大学	70	266	3.80	中国
8	卡尔斯鲁厄理工学院	68	876	12.88	德国
8	俄罗斯科学院	68	353	5.19	俄罗斯
10	Los Alamos国家实验室	65	2 130	32.77	美国
11	住友电气工业株式会社	62	567	9.15	日本
12	剑桥大学	61	1 367	22.41	英国
13	橡树岭国家实验室	55	1 047	19.04	美国
14	东北大学（日本）	52	448	8.62	日本
15	延世大学	51	225	4.41	韩国

图10显示Top10机构在各细分技术方向的发文分布。中科院在滤波器、电缆、谐振器技术方向较有优势；西南交通大学在磁悬浮技术方面的优势非常明显；韩国电力技术研究所的优势方向是电缆与电机；麻省理工学院在超导磁共振成像方向发文较多；日本国际超导产业技术研究中心在量子干涉仪和电缆

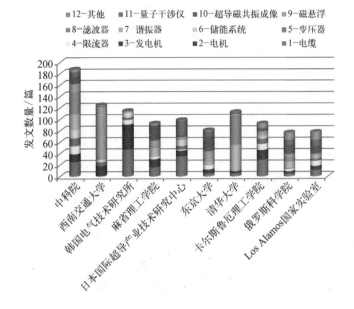

图10 Top10机构在高温超导电力技术各方向论文产出分布

方向有相当的研究产出；东京大学主要研究方向是磁悬浮与超导磁共振成像；清华大学优势技术方向是滤波器与谐振器；卡尔斯鲁厄理工学院主要研究方向是电缆和电机；而俄罗斯科学院和Los Alamos国家实验室在各方向产出均表现一般。

图11显示发文量Top15机构之间的发文合作情况。合作关系主要体现在国家与地区内：日本国际超导产业技术研究中心与住友电气工业株式会社，东京大学与日本东北大学；美国的Los Alamos国家实验室与橡树岭国家实验室存在合作关系；韩国的延世大学与韩国电气技术研究所。麻省理工学院的国外合作相对较多，与日本东北大学、韩国延世大学都有多次合作。

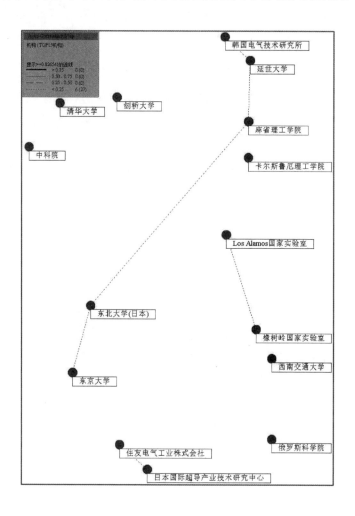

图11 Top15机构主要合作网络

从机构近3年（2012—2014）的发文表现来看（见表4），中科院以42篇的发文量排名第一位，西南交通大学和清华大学以31篇、30篇分列第二、第三。与总体发文量比较，近3年清华大学发文上升，韩国电气技术研究所排名下降。此外，国立昌原大学、韩国电力研究院、冈山大学、电子科技大学近三年进入Top10机构。从发文影响力看，德国卡尔斯鲁厄理工学院表现最突出，篇均被引8.70次，其次是麻省理工学院，篇均被引4.82次。

排名	机构	发文量	被引次数	篇均被引	所属国家
1	中科院	42	77	1.83	中国
2	西南交通大学	31	71	2.29	中国
3	清华大学	30	70	2.33	中国
4	麻省理工学院	22	106	4.82	美国
5	卡尔斯鲁厄理工学院	20	174	8.70	德国
6	国立昌原大学	18	18	1.00	韩国
7	韩国电力研究院	17	16	0.94	韩国
7	韩国电气技术研究所	17	21	1.24	韩国
7	冈山大学	17	51	3.00	日本
7	电子科技大学	17	56	3.29	中国

表4 近3年Top10机构论文产出与发文影响力

3.4 论文研究主题分析

表5对1997年至今的研究论文进行主题词分析，高温超导研究中涉及的电流方面的研究主要有：交流电损失、临界电流、故障电流和临界电流密度等；电力技术方面的研究有：超导故障电流限制器、高温超导变压器、超导电机、约瑟夫森结、超导电缆、超导线圈、高温超导电缆和薄膜等；在非电力技术研究方向有：磁悬浮带通滤波器、高温超导滤波器、超导滤波器、介质谐振器、微带滤波器、核磁共振、超导量子干涉器件等节能产品；另外涉及氧化钇钡铜（Yttrium Barium Copper Oxide，YBCO）、Bi-2223带材、高温超导磁体、加速腔和超导磁铁、辐射硬磁铁、永久磁铁和超导磁带等高温超导材料。

序号	研究主题（英文）	研究主题（中文）	文献数量
1	high-temperature superconductors（HTS）	高温超导体	1 168
2	Alternating-current (AC) losses	交流电损失	124
3	magnetic levitation (maglev)	磁悬浮	123
4	Fault current limiters (FCLs)	故障电流限制器	103
5	HTS magnets	高温超导磁体	99
8	superconducting cables	超导电缆	84
8	YBCO	氧化钇钡铜	77
8	Finite element method (FEM)	有限元法	75
9	Critical current	临界电流	75
12	Bandpass filters (BPFs)	带通滤波器	64
12	Coated conductors (CC)	涂层导体	64
12	superconducting quantum interference device (SQUIDs)	超导量子干涉器件	62
13	nuclear magnetic resonance (NMR)	核磁共振	57
16	Bi–2223	Bi–2223	55
16	superconducting fault current limiters (SFCLs)	超导故障电流限制器	55
16	cryogenics	低温学	55
17	high temperature superconductive bulk (HTS)	高温超导散装	52
18	HTS transformer	高温超导变压器	48
19	superconducting devices	超导设备	43
21	filters	过滤器	41
21	levitation force	悬浮力	41
22	power cables	电力电缆	39
24	Josephson junctions	约瑟夫森结	34
24	superconducting coils	超导线圈	34
30	Acceleration cavities and magnets superconducting	加速腔和超导磁铁	33
30	normal-conducting	正常导电	33
30	permanent magnet devices	永磁设备	33
30	wigglers and undulators	扭摆磁铁和波荡	33
30	high temperature superconducting (HTS) cable	高温超导电缆	33
30	thin films	薄膜	33

表5 高温超导电力技术的主要主题分布

(续表)

序号	研究主题（英文）	研究主题（中文）	文献数量
31	radiation hardened magnets	辐射硬磁铁	32
34	HTS cable	高温超导电缆	31
34	HTS filter	高温超导滤波器	31
34	fault current	故障电流	31
36	superconducting magnet energy storage (SMES)	超导磁储能	30
36	superconducting films	超导薄膜	30
42	permanent magnets (PM)	永久磁铁	29
42	superconducting filters	超导滤波器	29
42	microwave filters	微波滤波器	28
42	surface resistance	表面电阻	28
42	current leads (CLs)	电流引线	28
42	superconducting magnetic energy storage (SMES)	超导磁储能	28
43	superconducting tapes	超导磁带	27
44	critical current density (superconductivity)	临界电流密度	26
46	partial discharge	局部放电	22
46	dielectric resonators	介质谐振器	22
49	energy storage	能量储存	21
49	liquid nitrogen	液态氮	21
49	superconducting thin films	超导薄膜	21
52	magnetic field	磁场	20
52	superconducting motor	超导电机	20
52	microstrip filters	微带滤波器	20

表6对高温超导近3年的主要研究主题词来看，高温超导研究的核心技术有：AC损耗、氧化钇钡铜（Yttrium Barium Copper Oxide，YBCO）高温超导带材、涂层导体、磁悬浮、临界电流、超导材料、正常导通、永磁器件、抗辐射磁铁、扭摆磁铁和波荡、加速腔和超导磁铁等；近3年在高温超导的相关技术中新出现了核聚变反应堆、微带线、钇钡铜氧化物（YBaCuO）、多路转换器、特高压直流输电、双工器和航天器接口等新技术。

序号	文献数量	核心技术 英文	核心技术 中文	相关技术 英文	相关技术 中文
1	162	High temperature superconductors	高温超导	superconducting magnets [7]; Fusion reactors [5]; AC loss [5]; superconducting devices [5]; microstrip [4]; bandpass filter (BPF) [4]; Critical current [4]; power cable connecting [4]; YBCO [4]; magnetic levitation [3]; yttrium barium copper oxide [3]; Accelerator magnets [3]; Finite element method [3]; fusion [2]; Flux pinning [2]; YBaCuO [2]; SQUID [2]; Control volume method [2]; Josephson junction [2]; power cable [2]; High field magnet [2]; Spacecraft interface [2]; diplexer [2]; multiplexer [2]; HVDC transmission [2]; magnetic levitation (maglev) [2]; HTS power cable [2]; normal zone propagation velocity [2]; FEM[2]	超导磁体；核聚变反应堆；AC损耗；超导器件；微带；带通滤波器；临界电流；连接电源线；YBCO；磁悬浮；钇钡铜氧化物；加速器磁铁；有限元法；融合；磁通钉扎；YBaCuO；SQUID；控制体积法；约瑟夫森结；电力电缆；高场磁铁；航天器接口；双工器；多路转换器；特高压直流输电；磁悬浮；高温超导电力电缆；正常区传播速度；FEM
2	32	AC loss	AC损耗	power cable [4]; coated conductor [3]; High temperature superconductors [3]; magnetic field [2]	电力电缆；涂覆导体；高温超导体；磁场
4	25	YBCO	氧化钇钡铜	Finite element method [3]; fusion [2]; Flux pinning [2]; YBaCuO [2]; SQUID [2]; Control volume method [2]; Josephson junction [2]; power cable [2]; High field magnet [2]; Spacecraft interface [2]	有限元法；融合；磁通钉扎；YBaCuO；SQUID；控制体积法；约瑟夫森结；电力电缆；高场磁铁；航天器接口

表6　2012—2014年高温超导电力技术的核心主题和相关主题分布

（续表）

序号	文献数量	核心技术		相关技术	
		英文	中文	英文	中文
4	25	coated conductor	涂层导体	AC loss [3]; superconducting fault current limiters [2]; high-temperature superconducting (HTS) cable [2]; Roebel cable [2]; YBCO [2]; power cable [2]; High voltage [2]	AC损耗；超导故障电流限制器；高温超导电缆；罗贝尔线电缆；YBCO；电力电缆；高电压
5	19	magnetic levitation	磁悬浮	levitation force [4]; High temperature superconductors [3]; Bulk high temperature superconductor [2]; Growth anisotropy effect [2]; simulation [2]; Spherical solenoid magnet [2]	悬浮力；高温超导体；大容量高温超导；生长各向异性的影响；仿真；球形电磁体
6	18	Critical current	临界电流	high-temperature superconductors [4]; dc superconducting cable [2]; dc power transmission [2]; Bi-2223 [2]; flux deflection [2]	高温超导体；直流超导电缆；直流电力传输；Bi-2223；磁通偏转
7	16	Superconductor	超导材料	Transformer [2]; Thermal radiation [2]; Disturbance [2]; Fault current limiter [2]; short circuit [2]; Stability [2];	变压器；热辐射；扰动；故障电流限制器；短路；稳定性
11	15	normal-conducting	正常导通	permanent magnet devices [15]; radiation hardened magnets [15]; wigglers and undulators [15]	永磁器件；抗辐射体；扭摆磁铁和波荡
11	15	permanent magnet devices	永磁器件	normal-conducting [15]; radiation hardened magnets [15]; wigglers and undulators [15]	正常导通；抗辐射体；扭摆磁铁和波荡
11	15	radiation hardened magnets	抗辐射磁铁	normal-conducting [15]; permanent magnet devices [15]; wigglers and undulators [15]	正常导通；永久磁铁装置；扭摆磁铁和波荡
11	15	wigglers and undulators)	扭摆磁铁和波荡）	normal-conducting [15]; permanent magnet devices [15]; radiation hardened magnets [15]	正常导通；永久磁铁装置；抗辐射体

(续表)

序号	文献数量	核心技术 英文	核心技术 中文	相关技术 英文	相关技术 中文
13	14	Acceleration cavities and magnets superconducting	加速腔和超导磁体	normal-conducting [14]; permanent magnet devices [14]; radiation hardened magnets [14]; wigglers and undulators [14]; Acceleration cavities and magnets superconducting[14]	正常导通;永久磁铁装置;抗辐射体;扭摆磁铁和波荡;加速度腔和磁体超导
13	14	superconducting magnets	超导磁体	high-temperature superconductors [7]; Fusion reactors [6]; power cable connecting [5]	高温超导体;核聚变反应堆;连接电源线

注:[x]是引用该主题词的文献数量。

利用TDA工具对2012—2014年近3年的论文进行分析(见表7),近3年在高温超导的研究中出现了很多材料、控制器件和分析方法。在高温超导材料研究中有REBCO高温超导带材、氧化钇钡铜(YBCO)、宽阻带、超导直流电缆;冷绝缘高温超导(CD)高温超导电缆;三轴高温超导电力电缆、堆叠带状电缆;球形螺线管磁体;小型核磁共振磁体和永久磁铁等;高温超导控制器件研究有:stub-loaded谐振器(SLR);双频带通滤波器;Double-strip谐振器;静电加速器;开口环谐振器;可调滤波器;双工器和约瑟夫森混合器等;在高温超导研究中运用的研究方法有:有限元分析、淬火模拟、数值模拟和电路仿真等。

频次	主题词(英文)	主题词(中文)
8	REBCO	REBCO高温超导带材
7	finite-element analysis (FEA)	有限元分析(FEA)
6	Wind power generation	风力发电
5	stub-loaded resonator (SLR); wide stopband; Cold dielectric high-temperature superconducting (CD HTS) cable; Stability analysis	stub-loaded谐振器(SLR);宽阻带;冷绝缘高温超导(CD)高温超导电缆;稳定性分析
4	varactor; Quench simulation; trapped field magnets; numerical modelling; yttrium barium copper oxide; tri-axial HTS power cable	变容二极管;淬火模拟;囚场磁体;数值模拟;氧化钇钡铜;三轴高温超导电力电缆

表7 2012—2014年高温超导电力技术中新出现的研究主题

(续表)

频次	主题词（英文）	主题词（中文）
3	Bulk high-temperature superconductors; nonlinear dynamical systems; cavity resonance; Energy transfer efficiency; Thermal radiation; heat loss; Dual-band bandpass filter; Temperature distribution; Instrumentation for particle accelerators and storage rings; longitudinal magnetic field effect	大容量高温超导体；非线性动力系统；空腔共振；能量转移效率；热辐射；热损失；双频带通滤波器；温度分布；仪器对粒子加速器和储存环–低能量；纵向磁场效应
2	Ac-Josephson effect; Double-strip resonator; H-formulation; self-field effects; Closed-cycle thermosyphon; Superconductor tape; superconducting dc cable; flux deflection; Current injection; Circuit simulation; voltage recovery; stacked tape cable; inductive pulsed power supply; helium-neon mixture; transverse edge effect; electrostatic accelerators; polypropylene laminated paper; split-ring resonators (SRRs); tunable filter; renewable energy; tensile loading; offshore wind turbine; Eccentric distance; Spherical solenoid magnet; Three-phase induction motor; Growth anisotropy effect; dual band; diplexer; micro thrust measurement; Compact NMR magnet; YBCO coils; Hardware and accelerator control systems; permanent magnet (PM); Josephson mixer; HVDC transmission	Ac-Josephson效果；Double-strip谐振器；H-formulation；self-field效果；闭循环热虹吸；超导带；超导直流电缆；磁偏转；电流注入；电路仿真；电压恢复；堆叠带状电缆；感应脉冲电源；氦氖激光器混合物；横向边缘效应；静电加速器；聚丙烯复合层压纸；开口环谐振器；可调滤波器；可再生能源；拉伸加载；离岸风力涡轮机；偏心距离；球形螺线管磁体；三相感应电动机；生长各向异性效应；双波段；双工器；微推力测量；小型核磁共振磁体；氧线圈；硬件和加速器控制系统；永久磁铁；约瑟夫森混合器；特高压直流输电

4 高温超导电力技术专利分析

4.1 技术发展概况

在DII数据库中检索得到全球高温超导电力技术专利族总数为1 315个。图12是高温超导电力应用技术相关专利申请量年度变化趋势图。高温超导电力技术相关专利的申请起始于1987年，从1995年开始出现明显增长，1997年后平稳增长，2012年到达顶峰。总体来看，近20年高温超导电力应用技术的研究广受关注，发展迅猛。

4.2 专利国家分析

从图13可以看到全球高温超导电力技术位于前10位的分别是美国、中国、日本、德国、韩国等，美国共343个同族专利，占

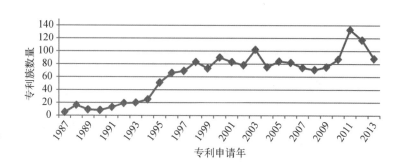

图12　高温超导电力技术专利申请量年度趋势分布

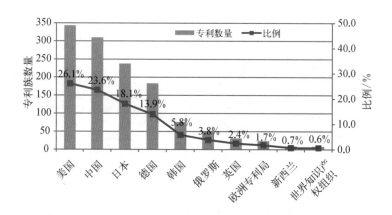

图13　高温超导电力技术主要国家专利申请量

总数的26.1%，明显处于领先的地位，其次是中国，共310个同族专利，占总数的23.6%，日本位列第三，共238个同族专利，占全球专利总数的18.1%，德国和韩国以13.9%和5.8%的占比位列第四、第五位。由此可见，在高温超导电力应用技术领域这5个国家占有主导的研究地位。

从图14可以看出，在高温超导电力技术的各细分技术方向中，美国在超导技术的各个应用领域的技术都具备相当的实力，说明美国对高温超导电力技术的研究比较全面，具有扎实的研究基础。中国在滤波器、电机和电缆技术方面占有较大优势，谐振器和变压器技术也是中国主要的研究方向。日本在电机、电缆、发电机、滤波器、磁悬浮、超导磁共振成像和量子干涉仪等技术领域也占有相当的比例。超导电机是德国的研究重点，限流器和发电机也占一定比重。韩国在滤波器技术方面具有一定研究。

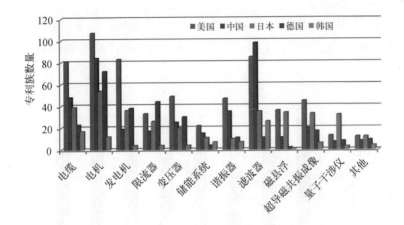

图14 主要国家高温超导技术领域分布图

从表8排名前10位的专利权国家的保护区域分布中可以看出，美国在各国均有完备的专利布局。大部分国家均主要选择在本国进行专利保护，其次主要是申请世界知识产权组织或者欧洲专利组织的专利保护，比如德国、英国和新西兰等国家。还有一部分会选择在美国申请专利保护，比如日本和德国在美国申请专利保护的数量分别占到专利数量的16.0%和38.8%。中国和俄罗斯基本只申请了本国的专利保护。

国家	专利数量（专利族）	US	CN	JP	WO	EP	DE	KR	AU	CA	RU
美国	343	330	55	88	134	91	32	46	62	38	4
中国	310	1	310	1							
日本	238	38	7	233	15	22	16	6	2	3	
德国	183	71	29	47	80	82	178	30	19	12	5
韩国	76	13	1	7	5	2	1	75			
俄罗斯	50				1						49
英国	31	10	7	10	15	14	5	6	9	1	1
欧洲专利局	23	17	2	9	4	23	5	8	2	2	
新西兰	9	4		1	6	5	1	5			
世界知识产权组织	8	4		2	8	4	1	2	1		

表8 高温超导电力应用技术前10国家的专利保护区域

从图15可以看出,高温超导电力技术领域授权专利占比排名前3位的是韩国、美国和英国,分别为80.3%、79.0%和71.0%。

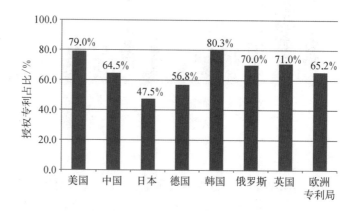

图15 高温超导电力技术主要国家授权专利占比

4.3 专利申请机构分析

表9是全球高温超导电力应用技术相关专利的Top15申请机构,从表中可以看出,列于第一位的专利权机构是德国的西门子公司,共80个专利族。其次是美国超导公司和日本的住友电气工业有限公司,以41和31个专利族排名第二、第三位。美国通用电气公司、超能公司、日本的ZH铁道崇光技术研究所、瑞士的ABB研究公司、超导体技术公司、耐克森和日本的东芝株式会社均超过了20个专利族。关于授权情况,韩国电子科技研究协会以87.5%的比例位列第一,美国超导体技术公司以87%的比例排名第二,耐克森以85.7%的比例位列第三。

排名	机构	专利数量	授权专利占比/%
1	西门子公司	80	50.0
2	美国超导公司	41	82.9
3	住友电气工业有限公司	31	54.8
4	通用电气公司	26	84.6
5	超能公司	25	80.0
5	ZH铁道崇光技术研究所	25	68.0
7	ABB研究公司	24	66.7

表9 高温超导电力技术专利数量排名前15位机构

(续表)

排名	机构	专利数量	授权专利占比/%
8	超导体技术公司	23	87.0
9	耐克森公司	21	85.7
10	东芝株式会社	20	50.0
11	日立公司	19	36.8
12	杜邦公司	16	68.8
12	韩国电气研究院	16	87.5
14	西南交通大学	15	66.7
15	国际超电导产业技术研究所	14	57.1

图16是高温超导电力应用技术研究中重要专利产出机构的优势技术领域。西门子公司在电机、发电机和限流器技术领域具备相当的实力。超导公司在电缆、电机和发电机技术方面占有优势。住友电气工业有限公司在电缆、限流器和量子干涉仪技术领域占有相当的比例。通用电气公司在电机、发电机和核磁共振成像技术领域具备一定实力。超能公司在变压器和发电机技术领域占据一定比例。磁悬浮是ZH铁道崇光技术研究所研究的重点，超导体技术公司主要研究滤波器技术领域。

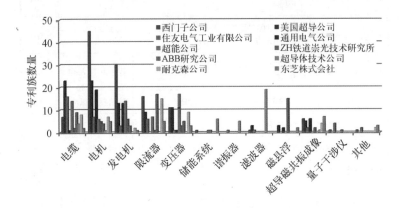

图16 重要申请机构的优势技术领域

4.4 专利技术布局分析

从表10可以看出，近10年高温超导相关专利位于前10位的专利技术中主要有超导器件（U14–F02B\U14–F）、约瑟夫森结元件（L04–E09）；其次是电缆（X12–D06A）、超导线圈（X12–C01D4、X12–C05）、磁体（X12–C05A）、波导和波导器件使用超导材料（W02–A08J）、超导薄膜/厚膜（U14–F02A）和超导器件/设备冷却（X12–C02A3）等。

序号	手工代码	技术说明（英文）	技术说明（中文）	专利族数量
1	U14–F02B	SUPERCONDUCTIVE DEVICES	超导器件	387
2	X12–D06A	CABLES OR LINES	电缆或线路	148
3	X11–H05	SUPERCONDUCTING MACHINES	超导机	146
4	X12–C05	SUPERCONDUCTING COIL	超导线圈	126
5	L03–A01C	SUPERCONDUCTORS	超导体	124
6	X12–C05A	FOR MAGNETS	磁体	101
7	L04–E09	SUPERCONDUCTIVE DEVICES (JOSEPHSON JUNCTION ELEMENTS)	超导器件（约瑟夫森结元件）	82
8	W02–A08J	WAVEGUIDES AND WAVEGUIDE DEVICES USING SUPERCONDUCTING MATERIALS	波导和波导器件使用超导材料	82
9	U14–F01	MATERIALS FOR SUPERCONDUCTIVE DEVICES	材料的超导器件	76
10	U14–F02A	SUPERCONDUCTIVE THIN/THICK FILM	超导薄膜/厚膜	69
11	X12–C02A3	SUPERCONDUCTING DEVICE/ EQUIPMENT COOLING	超导器件/设备冷却	67
12	X12–C01D4	SUPERCONDUCTING COILS, MAGNETS	超导线圈，磁体	65
13	W02–A05A2	STRIPLINE; MICROSTRIP	带状线；微带	59
14	A12–E16	SUPERCONDUCTOR APPLICATION	超导应用	58
15	S01–E02A2	MRI	核磁共振	58
16	S03–E07A	MRI	核磁共振	58
17	X12–C01E	POWER AND DISTRIBUTION TRANSFORMERS	电力和配电变压器	46
18	U14–F02C	CIRCUITS USING SUPERCONDUCTIVE DEVICES	利用超导器件电路	45
19	X11–J01B	ROTATING PARTS	旋转部件	45

表10 高温超导电力技术专利主要技术方向

(续表)

序号	手工代码	技术说明（英文）	技术说明（中文）	专利族数量
20	X13–C03B1	SUPERCONDUCTING CURRENT LIMITER	超导限流	44
21	U14–F	SUPERCONDUCTIVE DEVICES	超导器件	41
22	S01–E02A8E	QUANTISED SPIN MEASURING DEVICE DETAILS–MAGNETS	量化SPIN测量装置–磁体	40

5 研究总结与发展建议

5.1 研究总结

5.1.1 论文情况分析

（1）从高温超导电力技术领域发文情况看，该领域研究呈曲折上升的发展趋势，总体发展趋势向好。在细分技术方向中，高温超导电缆方面的论文产出位居榜首，谐振器、电机、超导磁共振成像、滤波器、磁悬浮、量子干涉仪次之，而超导磁分离器、感应加热器等技术领域论文产出相对较少。总体来看，高温超导电力技术中的技术热点主要向超导电机、发电机、电缆和限流器方向迁移；而在非电力技术当中，磁悬浮和其他非电力技术（包含太赫兹、电磁加速器、磁分离器和热感应加热器等）技术等方向都是近期研究热点。

（2）从主要国家的发文情况来看，日本在高温超导电力应用技术领域的发文量稳居全球首位，美国紧随其后，中国位居第三。但美国始终保持较高水平，其文献被引频次最高，在全球范围内拥有较高的影响力。相较于美国和日本，中国的文献被引频次较少，需要提高文献质量和业界影响力。在高温超导细分技术的发文分布中，日本主要涉及超导电缆、电机、超导磁共振成像等技术方向；美国在超导磁共振成像、超导电缆、谐振器、超导电机等方向优势显著；中国投入较多关注度的方向是磁悬浮、滤波器和谐振器。德国在量子干涉仪与超导磁共振成像技术中产出较多；韩国主要分布在超导电缆和超导电机技术中。

就近3年的发文量来看，中国位居各国之首，说明高温超导电力应用技术领域的研究在中国正处于上升期，发展势头很好。韩国、瑞士、意大利三国的发文占比也有提高，说明这几个国家对高温超导研究的关注度逐渐提升。

（3）在机构分布中，中科院、西南交通大学、韩国电力技术研究所在高温超导电力应用技术领域内发文总量领跑全球，但篇均被引次数偏低，说明其技术领域内的影响力有待提高。东京大学、麻省理工学院和Los Alamos国家实验室的篇均被引次数较高，说明这几个机构的论文质量相对较高。在近3年的发文中，国立昌原大学、韩国电力研究院、冈山大学、电子科技大学上升趋势迅猛。德国卡尔斯鲁厄理工学院在近3年的发文影响力上表现突出。中科院在滤波器方向较有优势；西南交通大学在磁悬浮技术方面的优势非常明显；韩国电力技术研究所的优势方向是超导电缆与电机；麻省理工学院在超导磁共振成像方向发文较多；日本国际超导产业技术研究中心在量子干涉仪和电缆方向有相当多的研究产出。麻省理工学院为中心与日本东北大学、韩国延世大学都有多次合作。

（4）对论文的研究主题进行分析，高温超导研究中涉及的电流方面的研究主要有交流电损失、临界电流、故障电流和临界电流密度等；电力技术方面的研究有：超导故障电流限制器、高温超导变压器、超导电机、约瑟夫森结、超导电缆、超导线圈、高温超导电缆和薄膜等；在非电力技术研究方向有磁悬浮带通滤波器、高温超导滤波器、超导滤波器、介质谐振器、微带滤波器、核磁共振、超导量子干涉器件等节能产品。

近3年的主要研究主题词来看，也出现了冷绝缘高温超导（CD）高温超导电缆；三轴高温超导电力电缆、堆叠带状电缆、球形螺线管磁体、小型核磁共振磁体、stub-loaded谐振器（SLR）、双频带通滤波器、Double-strip谐振器、有限元分析、淬火模拟、数值模拟和电路仿真超导材料、技术与方法。

5.1.2 专利情况分析

高温超导电力技术相关专利的申请起始于1987年,从1995年开始出现明显增长,1997后平稳增长,2012年到达顶峰。总体来看,近20年高温超导电力应用技术的研究广受关注,发展迅猛。

从国家的角度看,美国在高温超导技术领域的专利申请量处于遥遥领先的地位,中国、日本紧随其后,德国、韩国次之,这5个国家的申请量占总体申请量的87.5%。由此可见,在高温超导电力应用技术领域这5个国家占有主导的研究地位。其中,美国在各个细分领域的技术都具备相当的实力,说明美国对高温超导电力应用技术的研究比较全面,具有扎实的研究基础。中国在滤波器、电机和电缆技术方面优势明显。日本在电机、电缆、发电机等技术领域也占有相当的比例。此外,美国、德国、英国的专利在各个主要国家和组织中均有申请,而中国专利主要申请国家是本国,说明我国专利的国际保护意识急需提升。

从专利申请机构分析,德国西门子公司的专利申请数量位居榜首,其次是美国超导公司和日本的住友电气工业有限公司,中国只有西南交通大学的专利数量较多。西门子公司在电机、发电机技术领域遥遥领先;超导公司在电缆、电机技术方面优势明显;通用电气公司在超导电机领域具备一定实力;超能公司在变压器和发电机技术领域占据一定比例;ZH铁道崇光技术研究所研究的重点是磁悬浮技术,超导体技术公司在滤波器技术领域方面一枝独秀。

从专利技术布局分析来看,专利数量最多的技术主要有超导器件、约瑟夫森结元件、电缆、超导线圈、磁体、波导和波导器件使用超导材料、超导薄膜/厚膜和超导器件/设备冷却等。

5.2 发展建议

结合前文的分析总结,提出如下发展建议,希望能对我国高温超导电力技术的发展提供参考。

5.2.1 把握技术热点变迁趋势,调整战略布局

从论文产出和专利申请情况来看,高温超导电力应用技术的研究热点正在由超导谐振器、滤波器、磁悬浮技术、电缆、变压器向超导电机、发电机、限流器和超导电磁加速器、热感应加热器、磁分离器等非电力技术领域变迁,而中国的技术优势领域还在磁悬浮技术(西南交通大学)、超导电缆(中科院)谐振器和滤波器(清华大学、中科院)等方向。因此,我国应该关注与把握学术热点变迁趋势,调整战略中心。

5.2.2 提升发文质量,提升国际影响力

从论文产出情况看,国内机构和个人近3年来活跃度很高,发文数量具有明显优势,普遍来看,国内机构发文被引次数与国外机构(尤其是美国)相比还具有显著差异,建议从强调论文产出数量转向提升论文质量,提升在技术领域内的国际影响力。一方面选择适合自己特色的技术路线,一方面关注国际行业动态发展趋势,吸取他国之长,保持未来发展的潜力和竞争力。

5.2.3 加强外部和内部合作,寻求良好发展模式

从高位超导电力应用技术高影响力机构来看,发展较好的机构均有比较稳固的合作团队。如日本既有企业和大学、研究机构之间有密切合作,也有和美国、韩国之间的合作,清华大学、西南交通大学各自是机构内部不同院系的密切合作。因此,建议我国加大对这些机构的关注力度,一方面适当地考虑与外部机构的合作,一方面可适度加强我国相关机构之间以合作与交流,以整体提高竞争优势。

6 附录

数据来源:论文数据来自 Science Citation Index Expanded (SCIE);专利数据来自(DII)。

时间范围:全部时间。

检索策略:见附表。

研究领域	检 索 策 略	检索结果 SCIE	检索结果 DII
高温超导电力技术（总）	TS=("high temperature superconduct*" and (cable* or motor* or machine* or generator* or "fault current limiter*" or "current limiter*" or FCL or sfcl or transformer* or resonat* or filter* or accelerator* or MRI or "magnetic resonance imaging" or NMR or "induct* heat*" or terahertz or THz or "quantum interference device*" or QUID or SQUID)) or ("high temperature superconduct*" and magnet* and (separator* or "energy storage" or levitat*))	3 710	1 315
S1 电缆	TS=("high temperature superconduct*" and cable*)	644	245
S2 电机	TS=("high temperature superconduct*" and (motor* or machine*))	495	377
S3 发电机	TS=("high temperature superconduct*" and generator*)	222	201
S4 限流器	TS=("high temperature superconduct*" and ("fault current limiter*" or "current limiter*" or FCL or sfcl))	339	156
S5 变压器	TS=("high temperature superconduct*" and transformer*)	268	149
S6 储能系统	TS=("high temperature superconduct*" and magnet* and "energy storage*")	188	65
S7 谐振器	TS=("high temperature superconduct*" and resonat*)	592	125
S8 滤波器	TS=("high temperature superconduct*" and filter*)	450	280
S9 磁悬浮	TS=("high temperature superconduct*" and magnet* and levitat*)	424	93
S10 超导加速器	TS=("high temperature superconduct*" and accelerator*)	108	20
S11 超导磁分离器	TS=("high temperature superconduct*" and magnet* and separator*)	19	14
S12 超导磁共振成像	TS=("high temperature superconduct*" and (MRI or "magnetic resonance imaging" or NMR))	483	142
S13 感应加热器	TS=("high temperature superconduct*" and "induct* heat*")	8	6
S14 太赫兹	TS=("high temperature superconduct*" and (terahertz or THz))	130	13
S15 量子干涉仪	TS=("high temperature superconduct*" and ("quantum interference device*" or QUID or SQUID))	387	73

附表　高温超导研究检索策略

脑科学全球发展态势

杨 眉　董文军　董 珏
李 婷

1　引言

脑科学，从狭义角度讲是神经科学，是为了了解神经系统内分子水平、细胞水平、细胞间的变化过程，以及这些过程在中枢功能控制系统内的整合作用进而阐明脑和神经系统疾病发病机制进行的研究[1][2]；从广义角度讲是研究脑的结构和功能的科学，还包括认知神经科学、脑与信息系统交互等交叉领域。

自20世纪60年代起，细胞、分子生物学研究的迅速崛起，从细胞和分子水平研究脑和神经系统的工作机理逐渐成为脑科学发展的主要趋势。进入21世纪，随着计算生物学、大脑成像技术等方面的迅猛发展，脑科学与其他学科的交叉融合成为新浪潮的又一亮点。随着全球人口老龄化时代的到来，帕金森病、多系统萎缩、阿尔茨海默症、脊髓小脑共济失调、运动神经元病等神经系统变性疾病的发病率呈逐年上升趋势，日益威胁着人类的健康，给社会带来严重的负担。脑科学领域的研究之所以愈来愈受国际社会的重视，不仅对人类认识自然与认识自身具有重大的科学意义，还将为整个人类社会带来深远影响。

综合多国发展规划和调研报告的研究重点，脑科学领域主要包含5个方面：① 脑功能的细胞和分子机理（神经发育、神经干细胞分化等）研究；② 脑重大疾病的发生发展机理及治疗方法（神经性疾病和精神性疾病）；③ 成瘾机制研究；④ 人类智

---

[1] 徐萍,王小理,阮梅花,等.脑科学领域国际发展态势分析[M].国际科学技术前沿报告2012.北京：科技出版社,2012,8：132-133.
[2] 杨雄里.对脑科学发展态势和前景的思考[J].科学中国人,2014,23：28-32.

力与脑的高级认知功能（行为、认知和系统神经科学）；⑤ 脑与信息系统交互研究（脑机接口）。

2 主要国家发展战略

1989年，美国率先推出全国性的脑科学计划，并将20世纪最后10年（1990—1999）命名为"脑的十年"（Decade of the Brain），在全球掀起脑科学研究的第一次热潮，欧共体、日本等国家与地区紧随其后，分别推出"欧洲脑的十年"、"脑科学时代"。进入21世纪，脑科学研究在政策关注度和资助经费方面经历了短暂的回落。然而，随着交叉学科新兴概念的提出和新技术的发展，脑科学研究的第二轮热潮席卷全球，各国及地区纷纷推出脑科学研究的中长期发展规划，力求抢占科技制高点。

2.1 美国

美国在脑科学领域的研究起步早，投入高。经过长期的发展和积累，美国在此领域具有很强的基础研究和技术实力，各类规划不仅关注脑的结构与功能、脑部疾病的发生发展机理等基础研究，还非常重视相关技术的开发。

2004年，美国国立卫生研究院（National Institutes of Health, NIH）提出"神经科学研究蓝图"框架计划，通过整合15家NIH研究所或中心的资源与专家力量，展开脑科学领域的交叉性研究，期冀开发新工具、创建共享研究资源、培养跨学科研究人员。2009年，"蓝图"推出大挑战项目——"人脑连接组学"项目（Human Connectome Project, HCP），旨在通过系统收集数百个个体的脑成像数据，利用先进的脑成像技术绘制健康成人大脑的线路图，深入了解形成大脑功能的连接方式，并开辟人类神经系统研究的新途径。2011年，"蓝图"推出的"神经治疗网络"行动计划，主要用于资助神经疾病药物、开展新药临床试验[①]。

---

① 阮梅花,王小理,王慧媛,等.中美脑科学领域比较分析[J].生命科学,2014(06): 665-673.

同年，美国神经科学学会（Society for Neuroscience，SFN）提出了"神经科学10年计划：从分子到脑健康"，该计划重点研究基础神经科学以及与疾病相关的神经科学。

2013年，美国正式启动"使用先进革新型神经技术的人脑研究"（Brain Initiative）计划，希望引入新技术与新方法，用全新角度理解人类大脑的工作进程，研究人类大脑中神经元是如何相互作用的，并据此对大脑工作原理进行更深层次的阐述。与此同时，此计划也将为医学工作者在开发治疗如阿尔兹海默症、帕金森症等脑部疾病的有效疗法上提供最直接的帮助。美国国立卫生研究院（NIH）继2014年对该计划投入4 600万美元资助后，又于2015年10月1日开启了第二轮8 500万美元的资助计划①。

2014年和2015年，美国国家科学基金会（National Science Foundation，NSF）均将认知科学和神经科学研究纳入"理解脑"计划（*Understanding the Brain*），推动科学理解脑在行为和语言活动中的复杂性。此外，在美国2015财年及2016财年提交国会预算请求中涉及的研究重点包括大脑神经技术和诊断隐藏脑损伤。

2.2 欧盟及其成员国

作为脑科学研究的主力军，欧盟一直致力于研发新的大脑疾病的治疗方法，并能建立一套全新的、革命性的信息通信技术（information and communications technologies，ICT）。2011年，欧盟研究者发起"欧盟人脑计划"（*The Human Brain Project*，*HBP*）的预研究项目（HBP–PS），为期一年（2011年5月至2012年4月），汇聚神经认知学、医学和计算科学领域的专家一同开发一种新的ICT，为将来研究大脑并在此基础上开展各项应用做基础，且该计划于2013年入选欧盟旗舰型"未来和新兴技术"（Future and Emerging Technologies，FET）项目之一。作为一项预计耗时10年、投资近12亿欧元、联合欧洲26个国家以及数百

---

① National Institution of Health.NIH BRAIN Initiative［EB/OL］.［2015–12–10］. http://www.braininitiative.nih.gov/index.htm.

个研究室,且致力于发展一个汇集多ICT平台系统的项目,HBP将极大加速人类在人脑结构及其功能方面的理解,助推人类更好的研究大脑疾病并发现更优化治疗方案,同时也会帮助人类开发基于人脑机理的革命性的信息通信技术[①]。在联盟的整体推动之下,英国、法国和德国也做出相应的布局与规划。

2.2.1　英国

作为英国最大、全球第二大的生物医学研究基金会,维康信托(Wellcome Trust)在2010年发布了其10年发展战略——《绝佳的机遇:英国维康信托基金会2010—2020年战略计划》(*Strategic Plan for 2010—2020: Extraordinary Opportunities*),该计划将"理解人类大脑"列为五大挑战领域之一,支持研究以提高对大脑功能的理解,并支持探寻治疗大脑以及精神疾病的更有效的方法。此项研究面临的挑战是,不仅需要描绘神经细胞如何起作用以及如何在复杂网络中相互作用,才能促使特定的认知和行为功能,还需一种可以将基础和临床生物学,与社会科学、人文科学以及艺术相互联系的有效整合方法[②]。

2.2.2　法国

2009年,法国在重新调整科技领域布局时,将神经科学列为十大主题领域之一。2010年,法国国家生命科学与健康联盟(Alliance Nationanle Pour Les Sciences de la vie et de al Santé,AVIESAN)的神经科学、认知科学、精神学和神经病学主题研究所(ITMO)发布战略报告,并指出该所神经科学领域的主要研究围绕三大主题,分别是:① 大脑系统、感觉、认知和行为;② 神经发育、表观遗传学、神经塑性与神经系统修复;③ 转化研究与治疗研究。而两大跨学科研究主题为理论与计

[①] An Overview of the Human Brain Project[EB/OL].[2015–12–10].https://www.humanbrainproject.eu/discover/the-project/overview;jsessionid=1953i8qibzrv413b2tay1x4ab6.

[②] Strategic Plan 2010—20 Extraordinary Opportunities[EB/OL].[2015–12–11].http://www.wellcome.ac.uk/About-us/Strategy/Previous-strategic-plans/index.html.

算神经科学、神经流行病学与医学—经济学研究[1]。

2.2.3　德国

德国将生命科学界定为"引领性先进学科",而"计算神经科学"是生命科学研究的前沿学科之一。从2004—2014年,德国联邦教育与研究部(BMBF)在计算神经科学领域启动9个计划:① 伯恩斯坦计算神经科学中心一期工程;② 伯恩斯坦神经认知科学基础研究重点项目;③ 伯恩斯坦新技术研究重点项目;④ 国家"国际神经信息学合作团队"网站;⑤ 伯恩斯坦计算神经科学奖;⑥ 伯恩斯坦计算神经科学合作项目;⑦ 伯恩斯坦计算神经科学青年研究团队;⑧ 伯恩斯坦计算神经科学协调项目;⑨ 伯恩斯坦计算神经科学中心二期工程。2004年,BMBF启动国家伯恩斯坦计算神经科学研究网的建设工作,该研究网包括4个分研究中心:① 伯恩斯坦柏林研究中心,负责神经信号确认与变异领域研究;② 伯恩斯坦弗莱堡研究中心,负责认知动态过程领域研究;③ 伯恩斯坦哥廷根研究中心,负责适应性认知领域研究;④ 伯恩斯坦慕尼黑研究中心,负责时间与空间认知领域研究[2]。

2.3　日本

自20世纪90年代起,日本就大力推进脑科学领域的研究。以"了解脑、保护脑和创造脑"为主导目标和核心内容的"脑科学时代"计划从1996年推出并于1997年实施,日本期冀能在实施该计划的20年后促其在脑科学领域的研究水平达到世界水平[3]。

2014年,日本宣布了"大脑研究计划"(Brain/MINDS, Brain Mapping by Integrated Neurotechnologies for Disease Studies),

---

[1] 徐萍,王小理,阮梅花,等.脑科学领域国际发展态势分析[M].国际科学技术前沿报告2012.北京:科技出版社,2012.8:132–133.

[2] 王志强.德国在生命科学前沿领域的研发与创新[J].全球科技经济瞭望,2010,25(8):39–48.

[3] 杜久林,杨雄里.日本"脑科学时代"计划纲要简介[J].生命科学,1997,9(6):292–295,v.

该计划为期10年,由日本理化学研究所(RIkagaku KENkyusho/Institute of Physical and Chemical Research, RIKEN)主导完成,旨在通过对狨猴这种灵长类动物的大脑研究来加快帕金森病、老年性痴呆、人类精神分裂症等人类疾病的研究[①]。同年,日本政府发布的"颠覆性技术激励范式变革计划"(ImPACT),将脑部信息的可视化及控制技术、基于量子网络相连的人工大脑的高度智能化社会列为其创新研究开发推进课题[②]。

2.4 韩国

韩国于20世纪90年代末就已发布其第一轮脑科学计划——脑科学研究推进计划(1998—2007)。而第二轮脑科学研究推进计划(2008—2017)于2007年12月正式发布,倾向于加强脑科学与其他领域间的合作,进而提出脑认知、脑融合这两个新的发展领域[③]。

2013年,韩国教育科学技术部宣布成立脑科学研究院,该院是依据韩国在1998年5月出台的《脑科学研究促进法》成立的国立科研机构,采取开放型的研究体系,汇集韩国国内产学研各界在脑科学研究领域的科研力量,并给予人才引进和使用方面最大独立性和自主权。该院将致力于脑认知、脑医学和脑药学等领域的科学研究,以应对韩国所面临的老龄化社会问题,发展国家的医疗福利事业,并使韩国在2017年跻身世界脑科学研究强国之列[④]。

2.5 中国

中国在脑科学领域的研究起步较晚,自20世纪90年代后期起,逐步开始资助脑科学相关研究。

---

① Brain/MINDS brochure [EB/OL]. [2015-12-10]. http://brainminds.jp/en/overview/brochure.
② 革新的研究開発推進プログラム(ImPACT)[EB/OL]. [2015-12-10]. http://www8.cao.go.jp/cstp/sentan/about-kakushin.html.
③ 徐萍,王小理,阮梅花,等.脑科学领域国际发展态势分析[M].国际科学技术前沿报告2012.北京:科技出版社,2012.8: 137–138.
④ 任真.韩国将成立脑科学研究院[J].科学研究动态监测快报,2013,4: 7.

2006年，国务院发布的《国家中长期科学和技术发展规划纲要（2006—2020）》中，"脑科学与认知科学"被列入基础研究科学前沿问题之一，强调要加强研究脑功能的细胞和分子机理，脑重大疾病的发生、发展机理，脑发育、可塑性与人类智力的关系，学习记忆和思维等脑高级认知功能的过程及其神经基础，脑信息表达与脑式信息处理系统，人脑与计算机对话等[①]。"十二五"规划期间，《国家"十二五"科学和技术发展规划》《国家基础研究发展"十二五"专项规划》《医学科技发展"十二五"规划》《"十二五"生物技术发展规划》《国家自然科学基金"十二五"规划》等多个规划也分别将"脑科学与认知科学"列入重点方向。2014年，科技部发布的《国家重点基础研究发展计划和重大科学研究计划2015年度项目申报指南》将"脑细胞和神经回路成像"列入综合交叉学科领域重要支持方向，支持研究对脑细胞和神经回路进行成像研究的新方法和新工具，探索脑功能、脑疾病的形成机制[②]。同年发布的《国家高技术研究发展计划（863计划）2015年度项目申报指南》将"脑神经功能重塑及临床应用关键技术"研究列入生物和医药技术领域征集项目，并下设5个研究方向，分别是：① 活体多尺度结构成像与功能识别关键技术与装置研究；② 高分辨率光遗传调控新技术与新器件研发；③ 神经损伤后重建的周围神经移位新技术；④ 脑神经多模态定量化关键技术；⑤ 视神经炎诊断、视神经功能评价设备的开发[③]。

2015年3月27日，由上海科委主导，十多家单位共同参与的

---

① 国家中长期科学和技术发展规划纲要（2006—2020）[EB/OL].［2015-12-11］.http://www.most.gov.cn/kjgh/kjghzcq/.
② 国家重点基础研究发展计划和重大科学研究计划2015年度项目申报指南[EB/OL].［2015-12-11］.http://program.most.gov.cn/htmledit/CFC828AD-B2B5-61E6-171D-FAD56CB48C0B.html.
③ 国家高技术研究发展计划（863计划）2015年度项目申报指南[EB/OL].［2015-12-11］.http://program.most.gov.cn/htmledit/639A0448-5482-4F63-42C4-95368125A2F8.html.

"上海脑科学与类脑智能发展愿景"项目顺利启动,未来主要目标在如下几个方面:解析复杂数据、模拟脑工作,探究记忆、学习、决策等原理,模拟智能交互,大数据挖掘,智能医疗诊断等方面①。

3　脑科学研究及技术发展全景展示

为全面了解脑科学研究领域发展状况,从最近10年间(2005—2014)发表的核心期刊论文和专利申请数量两方面进行数据统计和定量分析,检索策略详见6。

期刊论文选取近10年所有相关学科(Neuroscience、Psychiatry、Clinical neurology和Neuroimaging)的SCIE期刊论文(文献类型为article、review和letter)共计364 575篇,其中高被引论文2 815篇。

专利数据由于药物和保健品之间存在很多重叠,为了挑选出对脑重大疾病有显著疗效的治疗药物和方法,从2005—2014年间所有相关IPC分类号的专利申请(352 995项)当中筛选出主分类号为核心类目的专利,涉及127 850项专利申请,可归并为36 100个专利族②,其中发明专利34 859族,后续的分析均从专利族的角度进行分析。

3.1　领域发展概况

考察脑科学领域科学研究和技术应用的总体趋势,以发表期刊论文数量的年度分布情况(见图1)揭示科学研究发展趋势,专利申请数量的年度分布情况(见图2)揭示技术应用趋势。统计显示,最近10年间期刊论文及发明专利申请数量呈现出稳定增长的总趋势,个别年份有较大攀升但随后即趋于稳定(发明专利申请在2008年出现大幅攀升,实用新型专利申请在2009年出现大幅攀升)。

---

① 中国"脑科学计划"近期将上线优势究竟在何处?[EB/OL].[2015-12-11]. http://www.kejixun.com/article/201511/138578.html.
② 由于专利从申请到公开会有2～3年的时滞,因此2013—2014年的数据不完整,仅供参考。

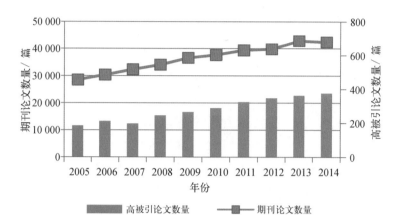

图1 脑科学领域期刊论文数量年度分布

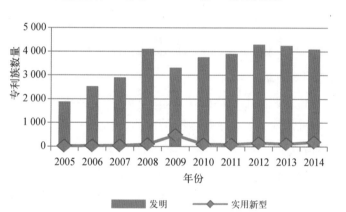

图2 脑科学领域专利申请数量年度分布

3.2 主要国家科技实力分析

国家科技实力主要体现为研究实力和技术实力两个方面，本节以期刊论文产出数量来表征研究实力，发明专利申请数量表征技术实力。在研究实力方面（见图3），美国遥遥领先于其他国家，发表期刊论文130 761篇，约占发文总量的36%；德国和英国处于第二梯队，中国和主要发达国家的差距较大。在技术实力方面（见图4），中国发明专利申请量14 612件，位居第一；第二梯队依次是美国（4 159）、日本（2 416）和韩国（1 337），俄罗斯、法国和德国处于第三梯队，瑞典、加拿大和丹麦属于第四梯队。

近3年（2012—2014）发表期刊论文和发明专利申请数量前5位的国家，如图5所示，期刊论文的国家分布相对分散，除美国外其他各国期刊论文百分比没有特别大的落差；发明专利申

下篇 科技前沿与态势分析

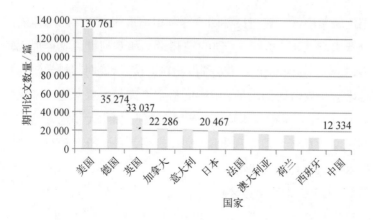

图3 脑科学领域主要国家期刊论文产出

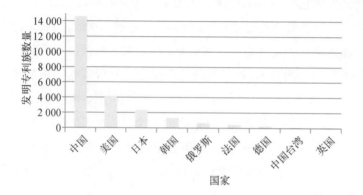

图4 脑科学领域主要国家专利产出

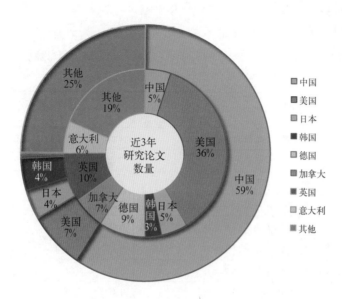

图5 近3年论文与专利产出主要国家分布

请比较集中,中、美、日、韩四方专利申请量约占90%。总体国家分布表现为3种类别:美国的期刊论文和专利申请数量都比较多,日本和韩国的论文和专利占比较为接近,说明其科学研究和技术应用发展较为均衡;中国的科学研究与主要发达国家差距较大,但比较重视技术应用;英国、德国、加拿大和意大利的期刊论文数量较多但专利申请较少,表明其科学研究较有优势但技术应用相对发展缓慢。

3.3 主要机构竞争力分析

机构竞争力主要包括研究实力和技术实力两方面。其中,研究实力包括研究活跃度和研究影响力两方面,研究活跃度以期刊论文数量来表征,研究影响力采用总被引次数、高被引论文数量及高被引论文百分比来表征;技术实力包括技术活跃度和技术影响力两方面,技术活跃度以发明专利申请和授权数量来表征,技术影响力以发明专利总被引次数和授权率来考察。

脑科学领域研究活跃度最高的20个机构如表1所示,60%的机构位于美国,包括10所高等学校和2个医疗相关机构,表明美国在脑科学领域拥有雄厚的研究实力。英国有3家机构位列其中,伦敦大学的论文产出和高被引论文数均处于首位,伦敦大学学院和伦敦国王学院分别位于第四和第六位。加拿大有两家高等学校进入前20位,其中多伦多大学论文产出位居第三;法国、澳大利亚和荷兰各有1个机构位列其中,论文产出均超过3 000篇。

表1 脑科学领域主要机构信息(基于期刊论文)

排名	国家/地区	机构	论文数量	高被引论文数	高被引论文百分比/%
1	英国	伦敦大学	14 013	358	2.6
2	美国	哈佛大学	12 653	313	2.5
3	加拿大	多伦多大学	7 256	132	1.8
4	英国	伦敦大学学院	7 248	158	2.2
5	法国	法国国家健康与医学研究院	6 485	91	1.4
6	英国	伦敦国王学院	6 337	198	3.1
7	美国	哥伦比亚大学	5 923	161	2.7

（续表）

排名	国家/地区	机构	论文数量	高被引论文数	高被引论文百分比/%
8	美国	约翰霍普金斯大学	5 799	108	1.9
9	美国	加州大学洛杉矶分校	5 401	148	2.7
10	美国	美国国家卫生研究院	5 358	199	3.7
11	美国	梅奥诊所	4 799	119	2.5
12	美国	宾夕法尼亚大学	4 773	164	3.4
13	美国	加州大学旧金山分校	4 763	111	2.3
14	美国	匹兹堡大学	4 574	125	2.7
15	美国	耶鲁大学	3 997	100	2.5
16	美国	加州大学圣地亚哥分校	3 873	119	3.1
17	澳大利亚	墨尔本大学	3 837	108	2.8
18	荷兰	阿姆斯特丹自由大学	3 448	95	2.8
19	加拿大	麦吉尔大学	3 442	77	2.2
20	美国	斯坦福大学	3 372	99	2.9

脑科学领域发明专利申请总量位于前20位的机构见表2（根据授权率降序排列）。从国家分布看，日本有4家，中国3家，美国和瑞士各3家，丹麦2家。其中，法国的赛诺菲-安万特的授权发明专利最多，美国的雅培实验室授权率最高，瑞典的阿斯利康的发明专利总被引次数最高。中国有3家机构位列其中。

排名	国家/地区	机构	发明专利数量	授权发明数量	总被引次数
1	美国	雅培实验室	121	91	644
2	比利时	詹森药业公司	176	132	1 540
3	法国	赛诺菲-安万特	258	192	1 003
4	瑞士	F.霍夫曼罗氏公司	181	125	1 155
5	德国	勃林格殷格翰公司	68	44	441
6	瑞士	诺华制药有限公司	110	59	742
7	丹麦	伦贝克公司	116	61	514
8	丹麦	丹麦制药公司 NeuroSearch	146	68	490

表2 脑科学领域主要机构信息（基于发明专利）

(续表)

排名	国家/地区	机构	发明专利数量	授权发明数量	总被引次数
9	日本	武田药品有限公司	169	67	900
10	日本	盐野义制药股份有限公司	72	28	913
11	美国	惠氏	130	50	665
12	英国	葛兰素集团有限公司	215	75	1 179
13	中国	复旦大学	103	33	42
14	日本	大日本住友制药有限公司	127	38	249
15	瑞典	阿斯利康	256	75	2 019
16	日本	大正制药有限公司	107	31	251
17	中国	中国药科大学	75	20	16
18	美国	加州大学系统	106	28	132
19	中国	北京冠五洲生物科学研究院	570	52	23
20	瑞士	蒙多生物技术实验室	297	18	151

4 新兴研究领域分析

人类大脑活动复杂多样，脑科学研究领域分支众多、难以尽述。其中，精神分裂症的分子遗传学研究、光遗传和脑机接口3个分支是各国脑科学研究领域中都非常关注的新兴研究主题。本节即选取这3个领域进行进一步深入分析。

4.1 新兴研究领域发展概况

为考察3个新兴研究领域科学研究和技术应用的总体趋势，以期刊论文年度分布情况（见图6）揭示科学研究发展趋势，专利申请与授权数量年度分布情况（见图7）揭示技术应用发展趋势。综合来看，精神分裂症的分子遗传学科学研究起步最早，2005年的期刊论文产出超过400篇，发明专利超过300项；此后论文产出稳步增长，2010—2014年持续保持较高的发文量（超过700篇/年），但发明专利却在2008年以后呈下降趋势。脑机接口领域在2005—2014年间论文产出平稳增长，2011年增幅最大，在2014年论文产出达506篇；发明专利申请

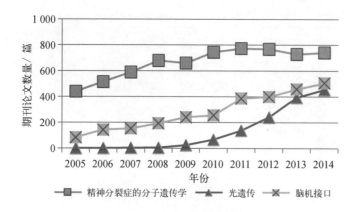

图6 各细分技术领域期刊论文年度分布

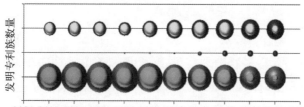

图7 各细分技术领域发明专利年度分布

在2008年之后逐年上升,但增幅低于论文产出。光遗传领域在2010—2014年间论文产出增长迅速,2014年论文产出达到455篇,但发明专利数量较少,说明这一领域尚处于科学研究阶段,并未进入技术应用时期。

4.2 新兴研究领域热点主题分析

为考察新兴研究领域的热点主题,了解各领域的发展动态,应用CiteSpace和TI对2005—2014年间期刊论文及发明专利中出现的主题词进行聚类分析。

领域1:精神分裂症的分子遗传学研究

期刊论文主题聚类见图8,论文研究主题聚合为3个主题簇,分别是:簇#0,以慢性疲劳综合征、重性抑郁障碍、DISC1基因、单核苷酸多态性、双相情感障碍、分裂情感性障碍、抑郁症等为中心词;簇#1,以迟发性运动障碍、联合分析、药理学为中

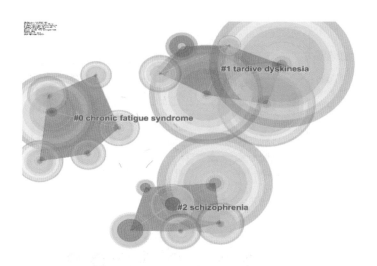

图8 精神分裂症的分子遗传学领域期刊论文主题聚类

心词;簇#2,以精神分裂症、易感基因、染色体6p22.3的基因,肌养素结合蛋白dysbindin基因等为中心词。图9展示了专利热点主题地形图,图中可见4个明显的白色山峰,分别是"焦虑症\情绪障碍\应激障碍"、"脑\创伤\多发性硬化症"、"诊断精神分裂症"、"脂肪\核酸\多不饱和"。相关主题词可以划分为四大类:慢性心境障碍(焦虑症\情绪障碍\应激障碍、狂躁症\精神病\急性应激障碍、焦虑症\恐慌\贪食症),神经精神状况(妄想症\恐慌\焦虑症、注意缺陷多动障碍、双相情感障碍\妄想\分裂障碍),Kearns-Sayre综合征(脑\创伤\多发性硬化症、细胞\脊\多发性硬化症),微生物和酵母(脂肪\核酸\多不饱和、基因\防止\准备\涉及\表达、蛋白\细胞\充足\表达\异源、宿主细胞)。

期刊论文的热点主题主要包含高频词和突变词(见表3)。其中,高频词都是自2005年起就已经出现,并且与学科领域密切相关。突变词代表在某一年受到较多关注的研究主题,在图8中以红色光圈表示。例如,在2010年"常见变异体"吸引了较多研究者的关注,其突变值为30.87;而在2011年,"全基因组关联"成为研究热点。近3年出现的突变词多集中在基因研究方面,主要包括CACNA1C基因、精神分裂症易感基因ZNF804A、基因拷贝数变异和罕见变种等。

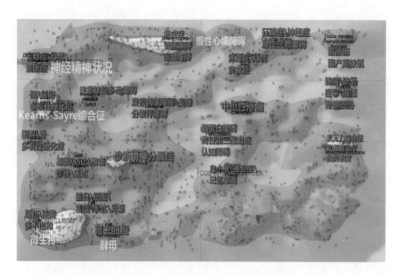

图9 精神分裂症的分子遗传学领域专利主题聚类

高频词			突变词			近3年突变词	
频次	关键词	年份	突变值	关键词	年份	突变值	关键词	年份
4 779	Schizophrenia 精神分裂症	2005	30.87	Common variant 常见变异体（基因变体）	2010	7.49	CACNA1C 钙通道基因	2013
1 485	Association 联合分析	2005	20.29	Linkage disequilibrium 连锁不平衡	2005	7.41	Rare variant 罕见变种	2013
1 438	Bipolar disorder 双相情感障碍	2005	17.34	Family based association 基于联合的同族	2005	7.02	ZNF804A 精神分裂症易感基因	2014
1 250	Polymorphism 多态性	2005	16.01	Genome-wide associa 全基因组关联	2011	4.71	Copy number variant 基因拷贝数变异	2012
820	Gene 基因	2005	13.22	Pedigree 血统	2005			
552	Metaanalysis 元分析	2005	12.06	Haplotype 单倍型	2005			

表3 精神分裂症的分子遗传学领域科学研究热点主题

领域2：光遗传

与领域1相比，光遗传领域的研究主题较为分散（见图10），聚合为12个主题聚类簇：簇#0，光时空控制（活细胞、哺乳动物细胞、磷酸酶）；簇#1，锌指核酸酶（基因转移、突变体）；簇#2，前脑基底（胆碱能中间神经元、基底核、γ-氨基丁酸能神经元);簇#3,勒伯尔先天性黑蒙(LCA);簇#4,荧光(表面蛋白、生物素连接酶、光子显微镜);簇#5,失眠(标记PCR、下丘脑食欲素神经元);簇#6,激光光刺激(大鼠桶状皮层、躯体感觉皮层、海马神经元);簇#7,颞叶癫痫(阿尔茨海默病);簇#8,介导的基因转移(焦虑、神经保护);簇#9,肌细胞;簇#10,移动(HB9、中枢模式发生器、躯体感觉皮层、伽马);簇#11,光敏黄色蛋白。图11对光遗传的专利技术热点主题进行聚类,形成5个明显的山峰:"神经网络\神经细胞"、"分散\发光信号\粒子\光偏转"、"光\发射\末节"、"神经调节\超声\控制信息\大脑活动\神经症治疗"。另外还有一些小的聚类如"光刺激生物电信号输送装置传感器"、"瞄准设置\目的设置超声换能器的\深脑部神经调节使用超声波刺激\TDCS"、"鸟苷酸环化酶激活\感光功能障碍"等。

光遗传领域期刊论文热点主题包括高频词、突变词和高中心度词(见表4)。近年来突变值较大的有毫秒级、神经电路等。高中心度的主题包含可兴奋细胞、离子通道、转基因小鼠、视紫红质、光控、神经回路、癫痫和颞叶癫痫等。

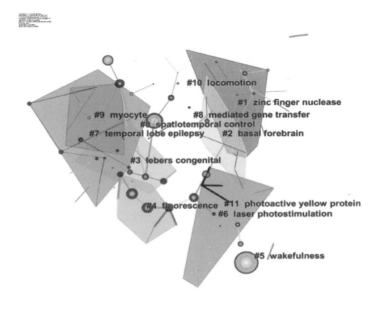

图10 光遗传领域论文主题聚类

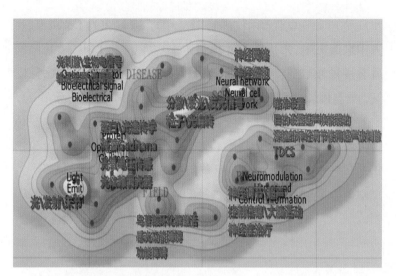

图11 光遗传领域专利主题聚类

高 频 词			高 突 变 词			高中心度词		
频次	关 键 词	年份	突变值	关 键 词	年份	中心度	关 键 词	年份
371	optogenetics 光遗传学	2009	7.4	millisecond timescale 毫秒级	2010	1.3	excitable cell 可兴奋细胞	2006
249	in vivo 在活体内	2009	4.47	neural circuitry 神经回路	2009	0.99	ion channel 离子通道	2005
160	neuron 神经元	2009	4.44	channel 信道	2007	0.92	transgenic mice 转基因小鼠	2007
124	channelrhodopsin2 光敏感通道（ChR2）	2007	3.71	remote control 遥控	2006	0.89	rhodopsin 视紫红质	2008
115	activation 激活	2007	3.6	ion channel 离子通道	2005	0.76	optical control 光控	2008
108	transgenic mice 转基因小鼠	2007	3.47	excitable cell 可兴奋细胞	2006	0.59	neural circuitry 神经回路	2009
105	rat 大鼠	2010	2.82	Çelegan Ç线虫	2008	0.56	epilepsy 癫痫	2009
103	optical control 光控制	2008	2.48	green algae 绿藻	2008	0.51	temporal lobe epilepsy 颞叶癫痫	2013

表4 光遗传领域科学研究热点主题

领域3：脑机接口

脑机接口领域期刊论文热点主题可聚类为2个主题聚类簇（见图12）：簇#0，以EEG信号为基础的拼写系统、P300中文输入系统、贝叶斯LDA为中心词；簇#1，以脑机接口BCI、常见的空间格局和脑电图为中心词。图13展示了脑机接口的专利热点主题地形图,形成5个明显的山峰:脑机接口(BCI)、神经网络合成神经系统、神经刺激系统、脊髓电刺激和视网膜刺激,以及2个岛屿:广泛性焦虑症和多发性硬化症。

期刊论文热点高频主题词均出现在2005年,主要包括脑计算机接口、脑电图、脑机接口和运动想象;突变主题词主要包括运动信号、升压比特率、遥测、脑机接口、大脑皮层、神经假体、心理修复等(见表5)。

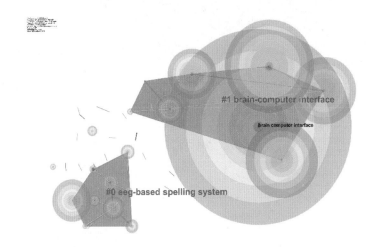

图12 脑机接口领域论文主题聚类

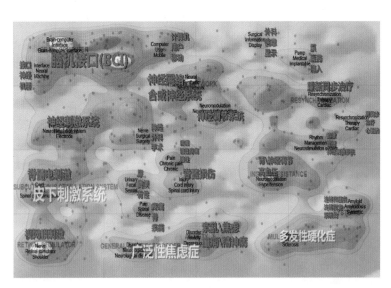

图13 脑机接口领域专利主题聚类

高频词			突变词		
频次	关键词	年份	突变值	关键词	年份
1 839	brain-computer interface, BCI 脑计算机接口	2005	8.67	movement signal 运动信号	2006
487	electroencephalogram, EEG 脑电图	2005	6.63	boosting bit rate 升压比特率	2006
278	brain machine interface, BMI 脑机接口	2005	6.61	telemetry 遥测	2009
252	motor imagery 运动想象	2005	6.17	brain-computer interface, BCI 脑计算机接口	2005
			6.04	cerebral cortex 大脑皮层	2005
			5.59	Neuroprosthesis 神经假体	2006
			5.16	mental prosthesis 心理修复	2005

表5 脑机接口领域期刊论文主题聚类

领域4：近3年新增研究主题

2012—2014年间，3个细分技术领域涌现出很多新的研究主题，表6列出了出现频次排名前10位的主题词。

表6 近3年（2012—2014）新增高频主题词

领域	论文				专利		
	关键词	频次	释义		IPC类部	频次	IPC类部名称
精神分裂症的分子遗传	polygene score	6	多基因系		A61K-0039/125	5	（含有抗原或抗体的医药配制品）··小RNA病毒科，例如嵌环状病毒属
	miR185	5	miR185（microRNA标记物）				
	Coffin-Siris syndrome	4	侏儒-指甲发育不全综合征				
	Mendelian randomization	4	孟德尔随机化法		A61B-0005/16	5	（用于诊断目的的测量）··心理术装置（使用教具的入G09B 1/00至G09B 7/00）；测试反应的时间
	progranulin plasma levels	3	颗粒蛋白前体血浆水平				
	aggresome	3	聚集小体				
	allelic association study	3	等位基因关联研究		A61K-0047/12	4	（以所用的非有效成分为特征的医用配制品，例如载体、惰性添加剂）··羧酸；它们的盐或酐
	rs2251219/rs694539/rs1800795	3	rs2251219/rs694539/rs1800795				
	CNNM2	3	镁离子转运蛋白CNNM2				

(续表)

领域	关键词	频次	释义	IPC类部	频次	IPC类部名称
光遗传	dentate gyrus	22	齿状回	A61B-0005/00	3	用于诊断目的的测量
光遗传	sensory processing	19	感觉过程	A61N-0001/05	3	··植入或插入躯体内用的,例如心脏电极
光遗传	lateral habenula	13	外侧缰核	G01N-0033/50	2	··生物物质(例如血、尿)的化学分析;包括了生物特有的配体结合方法的测试;免疫学试验
光遗传	pattern separation	13	模式分离	A61B-0005/04	2	·测量人体或人体各部分的生物电信号
光遗传	prelimbic cortex	10	前额叶皮层	A61B-0005/0478	2	···专门适用于脑电图术的电极
光遗传	ventral hippocampus	8	腹侧海马	A61B-0005/055	2	··包含电磁共振[EMR]或核磁共振[NMR]的,例如磁共振成像
光遗传	Cardiac optogenetics	7	心光遗传学	G02B-0006/36	2	(光导;包含光导和其他光学元件)·机械连接装置
光遗传	cocaine self-administration	7	可卡因自身给药	A61K-0048/00	2	含有插入到活体细胞中的遗传物质以治疗遗传病的医药配制品;基因治疗
光遗传	metabotropic glutamate receptors	7	代谢型谷氨酸受体	A61N-0001/30	2	(电疗)···离子透入或阳离子电泳用的器械
脑机接口	false discovery rate	8	错误发现率	A61N-0007/02	3	(超声波疗法)·局部的超声波发热
脑机接口	subcortical stroke	6	皮层下脑卒中	A61B-0006/00	3	(诊断;外科;鉴定)用于放射诊断的仪器,如与放射治疗设备相结合的
脑机接口	unresponsive wakefulness syndrome	5	反应迟钝的觉醒综合症	A61B-0006/03	3	(用于放射诊断的仪器,如与放射治疗设备相结合的)··用电子计算机处理的层析X射线摄影机
脑机接口	covert visuospatial attention	5	隐蔽的视觉空间的关注	A61B-0018/02	3	(向人体或从人体传递非机械形式的能量的外科器械、装置或方法)·采用冷却,例如,致冷技术
脑机接口	semantic conditioning	4	语义条件	A61B-0018/02	3	
脑机接口	gold nanoparticles	4	金纳米颗粒	H02J-0007/02	3	(用于电池组的充电或去极化或用于由电池组向负载供电的装置)·由变换器从交流干线为电池组充电的
脑机接口	fuzzy synchronization likelihood	4	模糊同步似然	H02J-0007/02	3	

4.3 新兴研究领域主要国家科技实力分析

国家科技实力主要体现为研究实力和技术实力两个方面,本节以发表期刊论文数量(第一国家)来表征研究实力(见图14),以发明专利申请数量表征技术实力(见图15)。综合来看,新兴研究领域主要集中在美国、中国、德国、英国、日本、韩国和法国。其中,美国在3个细分技术领域的期刊论文和发明专利都占据绝对优势地位;中国在精神分裂症的分子遗传学研究和脑机接口两个领域的论文(均位于第三位)和专利产出比较均衡,在光遗传领域的研究较为薄弱;德国在3个细分技术领域的论文产出较为均衡,专利较少;日本和英国在精神分裂症的分子遗传学研究领域投入更多的关注,其论文产出分别为582篇和494篇;韩国在精神分裂症的分子遗传学研究和脑机接口两个领域的专利产出较为均衡。

近3年论文产出和发明专利最为活跃的国家(见图16和图17)依然是美、中、德、英、日、韩、法,美国仍旧占据绝对优势。

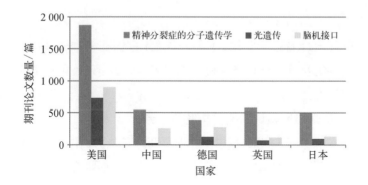

图14 各细分技术领域期刊论文产出国家分布

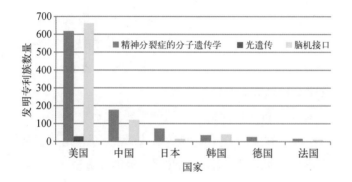

图15 各细分技术领域发明专利国家分布

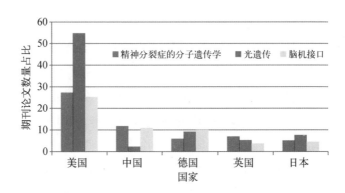

图16 近3年主要国家期刊论文产出占比

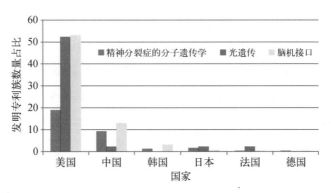

图17 近3年主要国家发明专利产出占比

其他各国排名有所变化,主要表现在:中国在精神分裂症的分子遗传学及脑机接口领域的论文总量均跃居第二,韩国的发明专利超越日本。

4.4 新兴研究领域主要机构竞争力分析

本节考察3个细分技术领域的机构竞争力,主要包括研究实力和技术实力两方面。其中,研究实力包括研究活跃度和研究影响力两方面,研究活跃度以期刊论文数量(第一机构)来表征,研究影响力采用总被引次数、高被引论文数量及高被引论文百分比来表征;技术实力包括技术活跃度和技术影响力两方面,技术活跃度以发明专利申请和授权数量来表征,技术影响力考察发明专利总被引次数和授权率。

领域1:精神分裂症的分子遗传学研究

在精神分裂症的分子遗传学领域,发表期刊论文数量排名前10位的机构见表7,从国家分布看,美国数量最多(4家),英国其次（3家），加拿大2家，中国1家。从研究活跃度来看，上海交通大学、美国国家心理健康研究所、伦敦国王学院居前三位。在研究影响力方面，美国国家心理健康研究所和英国的卡迪夫大学总被引和高被引论文都比较多，加拿大和中国机构的高被引论文数量少。排名前10的机构当中，仅有加拿大的2家机构（成瘾与心理健康中心与多伦多大学）之间存在合作关系。

排名	国家/地区	机构	论文数量	总被引次数	高被引论文数	高被引论文百分比/%
1	中国	上海交通大学	121	3 117	1	0.8
2	美国	美国国家心理健康研究所	113	6 427	8	7.1
3	英国	伦敦国王学院	106	3 743	2	1.9
4	加拿大	成瘾与心理健康中心	103	1 650	0	0.0
5	英国	卡迪夫大学	94	4 543	8	8.5
6	加拿大	多伦多大学	72	1 791	0	0.0
7	美国	加州大学洛杉矶分校	69	2 002	0	0.0
7	英国	爱丁堡大学	68	2 446	1	1.5
9	美国	哈佛大学	63	2 161	0	0.0
10	美国	弗吉尼亚联邦大学	63	1 935	1	1.6

表7 精神分裂症的分子遗传学领域主要机构信息（基于期刊论文）

从发明专利申请数量排在前20位的机构当中选取授权率排在前10位的专利权人（见表8），美国占据了一半（5家），瑞士2家，比利时、丹麦和西班牙各1家。其中，美国的默克集团以85项发明专利位居榜首；比利时的詹森药业公司授权率高达82%，专利总被引次数1 027次，在技术领域具有较高影响力。从合作关系来看，前10位的机构有7家与其他机构存在合作。但Top10机构间的合作关系不多，仅有瑞士F·霍夫曼罗氏公司和美国基因泰克公司有3项合作专利，主要分布于3个方面：治疗中枢神经系统疾病和阿尔茨海默氏病，诊断神经退行性病症，抑制或激活神经元或其部分变性。其他合作关系较多的公司如比利时詹森药业公司与瑞士ADDEX制药和美国强生子公司ORTHO-

MCNEIL–JANSSEN制药有较多的合作，主要集中在焦虑症和阿尔茨海默氏病方面的诊断和治疗方面。美国基因泰克公司的主要合作对象来自美国、加拿大和瑞士。美国马泰克生物公司主要合作对象来自美国、加拿大，主要集中在核酸分子编码、不饱和脂肪酸等针对阿尔茨海默氏病和痴呆的治疗产品方面。

表8 精神分裂症的分子遗传学领域主要机构信息（基于发明专利）

排名	国家/地区	机构	发明专利数量	授权发明数量	总被引次数
1	比利时	詹森药业公司	57	47	1 027
2	瑞士	F.霍夫曼罗氏公司	28	22	132
3	美国	马泰克生物公司	29	22	743
4	美国	雅培	26	19	391
5	美国	Targacept公司	17	11	61
6	丹麦	伦贝克公司	36	20	124
7	瑞士	诺华制药有限公司	32	17	308
8	美国	默克集团	85	45	631
9	西班牙	LABORATORIOS DEL DR. ESTEVE S.A.	65	32	230
10	美国	基因泰克公司	17	8	111

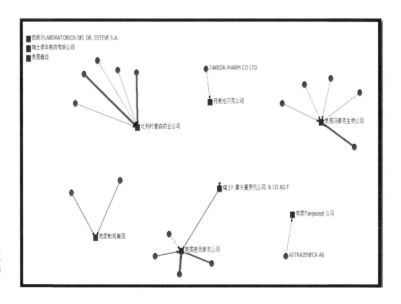

图18 精神分裂症的分子遗传学领域发明专利主要机构合作关系

领域2：光遗传

该领域期刊论文产出排名前10位的机构见表9，除英国伦敦大学学院外均为美国的高校（8个）或研究所（1个）。其中，斯坦福大学优势明显，论文数量、总被引次数和高被引论文数量均位列榜首；各机构之间鲜有合作关系。光遗传领域的专利申请量不多，但美国在该技术领域仍然一枝独秀。在第一机构发明专利申请前9位的机构中（见表10），美国占据超过半数的席位（6家）；加拿大、韩国和列支敦士登各有1家。从合作关系来看，列支敦士登技术研究发展基地有限公司对外的合作关系较多，合作者多为个人；加拿大奥图马投影公司与DORIC LENSE公司有关于高传输光电机械组件方面的合作专利；美国斯利兰-斯坦福大学初级学院与柏林洪堡大学有合作申请，用于调节细胞的膜电位，治疗心脏、肠胃、内分泌、神经系统或精神疾病。

排名	国家（地区）	机构	论文数量	总被引次数	高被引论文数	高被引论文百分比/%
1	美国	斯坦福大学	76	8 666	25	32.9
2	美国	麻省理工学院	43	2 510	10	23.3
3	美国	哈佛大学	35	804	1	2.9
4	美国	加州大学旧金山分校	21	1 100	5	23.8
5	美国	加州大学伯克利分校	20	632	4	20.0
6	英国	伦敦大学学院	19	484	2	10.5
6	美国	北卡罗来纳大学	19	565	3	15.8
8	美国	杜克大学	18	565	2	11.1
8	美国	弗吉尼亚大学	18	307	0	0.0
10	美国	霍华德·休斯医学研究所	17	903	3	17.6

表9 光遗传领域主要机构信息（基于期刊论文）

排名	国家/地区	机构	发明专利数量	授权专利数量	总被引次数
1	美国	利兰-斯坦福大学初级学院	5	3	79
2	加拿大	奥图马投影公司	4	2	1
3	美国	MTI	3	2	2

表10 光遗传领域主要机构信息（基于发明专利）

(续表)

排名	国家/地区	机 构	发明专利数量	授权专利数量	总被引次数
4	韩 国	科学技术研究所	2	2	2
5	列支敦士登	技术研究发展基地有限公司	2	1	0
6	美 国	克利夫兰临床基金会	1	1	0
7	美 国	德克萨斯系统大学	1	1	0
8	美 国	美敦力公司	1		19
9	美 国	Neurotrek公司	1		1

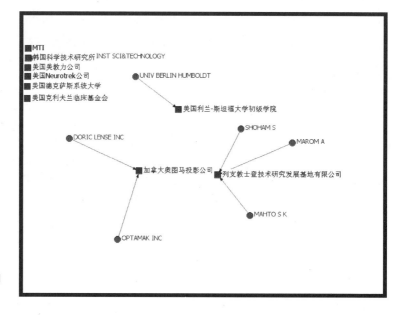

图19 光遗传领域发明专利主要机构合作关系

领域3：脑机接口

期刊论文数量排名前10位的机构见表11，格拉茨技术大学、蒂宾根大学、华盛顿大学发文排名居前三位。其中，美国有5家（华盛顿大学、密歇根大学、纽约州卫生部、杜克大学、斯坦福大学），德国有3家（蒂宾根大学、柏林工业大学、弗赖堡大学），奥地利（格拉茨技术大学）和中国（电子科技大学）各有1家，各研究机构之间少有合作。在研究影响力方面，德国蒂宾根大学、奥地利格拉茨技术大学、美国纽约州卫生部和杜克大学表现抢眼。表12对脑机接口领域第一机构发明专利进行数量和授权率的综合排名。在前10位的机构中，美国有8家，韩国和中国各有1家。韩国延世大学产研合作基地、美国Advanced Neuromodulation和美国NeuroPace公司发明专利授权率居前三位，美国美敦力公司发明专利申请数量位居第一。从合作关系来看，各机构多倾向于和本国机构合作，比如：韩国延世大学与韩国加图立大学、朝鲜大学、三育大学合作较多，主要集中于通过纳米线输出从神经纤维获得的电信号；美国美敦力公司和美国NeuroPace公司合作申请通过施加低频刺激信号刺激通路治疗帕金森氏病的发明；美国NEURONEXUS技术公司和美国GREATBATCH公司合作申请波导插入或植入神经系统的接口设备进入脑组织治疗神经系统疾病。

排名	国家（地区）	机构	论文数量	总被引次数	高被引论文数	高被引论文百分比/%
1	奥地利	格拉茨技术大学	66	2 306	0	0.0
2	德国	蒂宾根大学	65	2 784	3	4.6
3	美国	华盛顿大学	49	1 796	0	0.0
4	德国	柏林工业大学	41	1 450	1	2.4
5	美国	密歇根大学	39	1 412	1	2.6
6	美国	纽约州卫生部	36	2 171	1	2.8
7	中国	电子科技大学	35	415	0	0.0
7	美国	杜克大学	34	1 558	2	5.9
9	美国	斯坦福大学	33	1 923	1	3.0
10	德国	弗赖堡大学	28	952	0	0.0

表11 脑机接口领域主要机构信息（基于期刊论文）

排名	国家/地区	机构	发明专利数量	授权专利数量	总被引次数
1	韩国	延世大学产研合作基地	10	9	17
2	美国	Advanced Neuromodulation	16	12	51
3	美国	NeuroPace公司	31	21	151
4	美国	GREATBATCH公司	33	22	109

表12 脑机接口领域主要机构信息（基于发明专利）

(续表)

排名	国家/地区	机构	发明专利数量	授权专利数量	总被引次数
5	美国	美敦力公司	93	59	983
6	美国	特拉华州Searete有限责任公司	8	5	51
7	美国	心脏起搏器公司	31	18	135
8	美国	高通公司	23	13	95
9	中国	西安交通大学	9	5	7
10	美国	NEURONEXUS技术公司	8	4	105

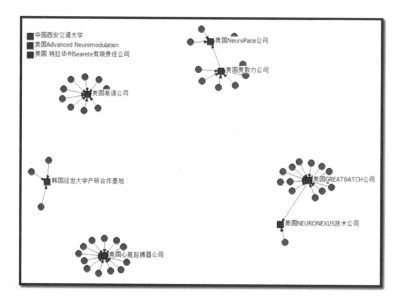

图20 脑机接口领域发明专利Top10机构合作关系

5 研究总结

5.1 总体发展趋势

从期刊论文和专利申请情况来看，国际上在脑科学领域的成果产出近10年间呈现出稳定增长的趋势。期刊论文的国家分布相对分散，除美国外，各国期刊论文数量相对均衡；而专利申请集中于中、美、日、韩四国（专利申请量约占90%）。美国、中国、德国、英国、加拿大、意大利、日本和法国是脑科学领域的主要国家。对比各主要国家的研究情况，美国的期刊论文和专利申请数量都比较多,处于领先地位;日本和韩国的论文和专利占比较为接近,说明其科学研究和技术应用发展较为均衡;中国的期刊论文数量较少而专利申请较多,说明科学研究与主要发达国家差距较大,但比较重视技术应用;英国、德国、加拿大和意大利的期刊论文较多但专利申请较少,表明其科学研究较有优势但技术应用相对发展缓慢。

5.2 精神分裂症的分子遗传学研究领域

精神分裂症的分子遗传学研究起步早,2005年的论文产出超过400篇,发明专利超过300项;此后论文产出稳步增长,2010—2014年持续保持较高的发文量(超过700篇/年),但发明专利在2008年以后呈下降趋势。

论文研究主题集中在慢性疲劳综合征、迟发性运动障碍、易感基因等,近3年出现的突变词多集中在基因研究方面;技术热点主题侧重于创伤引发的脑部疾病和疾病诊断。

美国在该领域占据绝对领先地位,科学研究和技术实力都遥遥领先,有4家科学研究机构跻身全球Top10,5家关注技术的机构进入全球Top10。英国、中国、日本和德国的科学研究实力相当,但英国和德国的技术实力弱于中国和日本,韩国和法国也具备一定的技术实力,但科学研究实力较弱。中国有1家机构(上海交通大学)跻身全球Top10机构,近3年(2012—2014)的期刊论文数量跃居第二。

从事科学研究的Top10机构当中,美国国家心理健康研究所和英国的卡迪夫大学总被引和高被引论文数量都比较多,机构的研究影响力较大,加拿大和中国机构的高被引论文数量少;加拿大的成瘾与心理健康中心与多伦多大学之间存在合作关系,其他Top10机构间合作较少。关注技术发明的Top10机构当中,美国的默克集团以85项发明专利位居榜首,比利时的詹森药业公司授权率高达82%,专利总被引次数1 027次,在技术领域具有较高影响力;各机构间合作较少,但有7家机构与其他机构存在合作关系。

5.3 光遗传研究领域

光遗传领域起步较晚,但在2010—2014年间论文产出增长迅速,但发明专利数量较少,说明这一领域尚处于科学研究阶段,并未进入技术应用时期。研究主题主要聚焦光遗传学控制、高分辨率的神经元的刺激、活体内的离子通道、神经活动、联想恐惧学习、基因治疗、胚胎干细胞光敏黄蛋白等,技术主题侧重于神经网络、神经细胞、发光信号、光偏转、神经调节与控制信息、大脑活动、神经症治疗等。

美国在该领域占据绝对优势地位,其近3年的科学研究与技术发明占比均超过50%,说明其科学研究与技术应用并重;科学研究机构有9个进入全球Top10,技术机构有6家进入全球Top10。德国、日本和英国的期刊论文产出较多,中国在10年间和近3年的期刊论文产出都比较少,表明在光遗传领域的研究基础较为薄弱。德国和英国的科学研究较强,但技术应用进展缓慢。

在科学研究机构中,斯坦福大学优势明显,论文数量、总被引次数和高被引论文数量均位列榜首;各机构之间鲜有合作关系。技术机构当中,美国利兰-斯坦福大学初级学院的发明专利数量和总被引次数都是最多的,美国美敦力公司的专利被引次数也较多。

5.4 脑机接口研究领域

脑机接口领域在2005—2014年间论文产出平稳增长,2011年增幅最大,在2014年论文产出达506篇;发明专利申请在2008年之后逐年上升,但增幅低于论文产出。研究主题主要聚焦拼写与输入系统、脑与计算机接口、空间格局和脑电图等,技术热点主题聚焦神经网络合成神经系统、神经刺激系统、脊髓电刺激和视网膜刺激等。

美国在该领域占据绝对优势地位,其科学研究和技术应用比较均衡,有5家科学研究机构进入全球Top10,8家技术机构进入全球Top10。德国、中国、英国、日本、韩国和法国是该领域实力较强的国家。德国和英国侧重于科学研究，因此其期刊论文较多而发明专利申请较少；韩国的技术应用较好但科学研究基础薄弱；中国的论文和专利产出比较均衡，有1家科学研究机构（电子科技大学）和1家技术机构（西安交通大学）进入全球Top10，近3年的期刊论文数量跃居第二。

科学研究机构中，奥地利格拉茨技术大学、德国蒂宾根大学的研究活跃度和影响力都比较高，各研究机构之间少有合作。技术领域前10位的机构中，美国美敦力公司发明专利申请数量和被引次数都是最高的，韩国延世大学产研合作基地、美国Advanced Neuromodulation和美国NeuroPace公司发明专利授权率较高，各机构多倾向于和本国机构合作。

6 附录

数据来源：论文数据来自Science Citation Index Expanded（SCIE）和（ESI）；专利数据来自（TI）。

时间范围：2005.01.01—2014.12.31。检索策略见附表。

研究领域	数据库	检 索 策 略	检索结果
脑科学	SCIE	WC=(neuroscience or psychiatry or clinical neurology or neuroimaging) 文献类型：ARTICLE、REVIEW、LETTER	364 575
	TI	IC=(A61P0025 or C12N0005079 or A61B000503 or A61B00050476 or A61K003530 or A61B00050478) AND ADB>=(20050101) AND ADB<=(20141231);	352 995
精神分裂症的分子遗传学研究	SCIE	TS=(Schizophrenia and Genetics or Schizophrenia and ("linkage analy*" or "association stud*" or "whole genome linkage scan" or "linkage disequilibrium analysis" or "linkage disequilibrium map*" or "genome scan*" or "candidate gene detect*") or Schizophrenia and Gene* and ("signal* pathway*" or "position* clon*" or polymorphism or Chromosome) or Schizophrenia and ("Susceptib* gene*" or "Genetic variat*")) 文献类型：ARTICLE、REVIEW、LETTER	6 641

附表　脑科学研究检索策略

(续表)

研究领域	数据库	检 索 策 略	检索结果
精神分裂症的分子遗传学研究	TI	ALLD=((Schizo* and Gene*) or (Schizo* and ("linkage analy*" or "association stud*" or "whole genome linkage scan" or "linkage disequilibrium analysis" or "linkage disequilibrium map*" or "genome scan*" or "candidate gene detect*")) or (Schizo* and ("Susceptib* gene*" or "Genetic variat*"))) AND IC=(A61P0025 or A61B000503 or A61B00050476 or A61K or A61B00050478 or C07K0014 or C12N or C12Q or G01N or C07H0021) AND ADB>=(20050101) AND ADB<=(20141231);	3 199
光遗传	SCIE	TS =(Optogenetic* or "genetic* target*" and ("optical control*" or "control with light*" or "optical stimulat*")) 文献类型：ARTICLE、REVIEW、LETTER	1 330
	TI	ALLD=(Optogenetic* or "genetic* target*" and ("optical control*" or "control with light*" or "optical stimulat*")) AND IC=(A61P0025 or A61B000503 or A61B00050476 or A61K or A61B00050478 or C07K0014 or C12N or C12Q or G01N or C07H0021 or G06F or A61N or A01K or G02B0006) AND ADB>=(20050101) AND ADB<=(20141231);	48
脑机接口	SCIE	TS=("Brain Machine Interface*" or "Brain Computer Interface*" or "Brain Neural Computer Interact*" or "Neural Prosthese*" or "Neuroprosthetic Device*" or "Neural Interface System*" or "Neural Engineering") 文献类型：ARTICLE、REVIEW、LETTER	2 819
	TI	ALLD=((Brain* ADJ Interface*) or (Brain ADJ Neur* ADJ Interact*) or "Neural Prosthese*" or (Neur* ADJ Device*) or (Neur* ADJ System*) or (Neur* ADJ Engineering) or "Brain Machine Interface*" or "Brain Computer Interface*" or "Brain Neural Computer Interact*" or "Neural Prosthese*" or "Neuroprosthetic Device*" or "Neural Interface System*" or "Neural Engineering") AND IC=(A61P0025 or A61B0005 or C07K0014 or C12N or C12Q or G01N or C07H0021 or G06F or A61N or A01K OR A61F000272 OR G06K0009) AND ADB>=(20050101) AND ADB<=(20141231);	1 230

致谢

上海交通大学脑科学交叉研究中心李卫东和吕宝粮两位老师对本章内容进行审阅并提出宝贵意见，谨致谢忱。

智慧城市全球发展态势

1 引言

2009年,IBM公司首次将"智慧地球"的理论具体落实到"智慧城市"建设实践。在IBM提出"智慧城市"概念之前,国外部分国家已经开始智慧城市建设的探索。1990年在美国旧金山国际会议上,提出"智慧城市,快速系统,全球网络"的议题,会后正式出版的文集成为早期研究智慧城市的代表性文献。智慧城市概念立即引起了国内外各界人士的极大关注,全球掀起智慧城市建设热潮。据统计,截止到2014年,全球有300多个城市正在进行智慧建设,主要集中在美国、欧洲的瑞典、爱尔兰、西班牙、德国,以及亚洲的日本、中国、新加坡、韩国,其中,欧洲和亚洲是智慧城市建设较为积极的地区[①]。

汤莉华　杨翠红　黄文丽
李泳涵　马　君　宋海艳
张　亮

智慧城市概念提出之初,国内外学者从不同的角度讨论其内涵,有的从技术角度,有的从生态、环境角度,有的从制度、管理角度等。随着智慧城市概念的逐步发展,智慧城市的内涵与外延也日趋明朗化,简单概括起来,智慧城市是运用信息和通信技术手段感测、分析、整合城市运行核心系统的各项关键信息,从而对包括民生、环保、公共安全、城市服务、工商业活动在内的各种需求做出智能响应。

智慧城市经常与数字城市、感知城市、无线城市、智能城市、生态城市、低碳城市等区域发展概念相交叉。"智慧城市"与"智能城市"最大的区别在于,"智慧城市"强调人的因素、体现

---

① 侯远志,焦黎帆.国内外智慧城市建设研究综述[J].产业与科技论坛,2014,13(24):94–97.

人文关怀,只有人才能谈得上智慧,而物只能谈智能水平①。智慧城市是城市发展与演进的更高阶段,在数字城市和智能城市的基础上,强调通过动态感知,来实现对城市各个构成要素的动态管理,以人为本和实现可持续发展是其内在的核心价值。

有两种驱动力推动智慧城市的逐步形成,一是以物联网、云计算、移动互联网为代表的新一代信息技术,二是知识社会环境下逐步孕育的开放的城市创新生态。前者是技术创新层面的技术因素,后者是社会创新层面的社会经济因素。2009年新一代信息技术的发展为城市信息化、现代化建设提供了新方向和新趋势,特别是物联网、云计算概念的提出,打破了传统城市发展思维,实现以知识、技术、信息等创新要素为增长动力的"智慧"运行,即智慧城市理念的提出。

作为城市化的高级阶段,智慧城市是以科技智慧为支撑、以管理智慧为保障、以人文智慧为目标的城市信息化系统工程②,也是以大系统整合、物理空间和网络空间交互的、公众广泛参与、城市管理更加精细、城市环境更加和谐、城市经济更加高端、城市生活更加宜居、城市文化更加繁荣为特征的城市创新发展模式。根据不同的智慧类型,智慧城市可以分为三大类:

一是以数字科技为中心的**科技型智慧城市**。科技型智慧城市强调通过信息通信技术的广泛充分应用,提升城市信息化水平,它较多地是关注新技术的应用,主要是以科研人员为主体,以实验室为载体实现技术的创新发展。因此,这种智慧城市主要是以自然科学为基础,强调物质世界的"真"智慧。

二是以管理服务为中心的**管理型智慧城市**。管理型智慧城市强调以技术实现更高效的城市管理,主要是以政府为主体,以服务政府为目的。这种智慧城市主要是以管理学、经济学等社

---

① Deakin M. Al Waer H. From intelligent to smart cities[J]. Intelligent Buildings International, 2011, 3(3): 140–152.
② 刘士林.新常态下的智慧城市建设探析[J].中国国情国力,2015(6): 47–48.

会科学为基础,强调政府管理在"真"的基础上获得"善"智慧。

三是以人文科学为基础的**人文型智慧城市**。人文型智慧城市强调提升城市的人文关怀和文化精神,是以城市居民为主体,强调居民体验,实现居民满意幸福。这种智慧城市主要是以人文科学为基础,强调在"真"和"善"的基础上获得终极的城市生活之"美"。目前,当代社会最关心也最需要的就是人文型智慧城市。[①]

2 主要国家发展战略要点

近年来,在全球范围内,"智慧城市"整体上已进入规划和建设阶段,它的发展给信息技术、环境保护等科学领域带来了新的机遇和挑战。以此为契机,美国、欧盟、东亚、中东等国家和地区,都对智慧城市的发展做出了战略性的布局,在信息技术、信息基础设施等关键领域投入大量的资源,以期拉动本国或地区经济的持续发展与繁荣。

2.1 美国

2008年以来,美国政府将智慧城市建设上升到国家战略的高度,加快了智慧城市的实践研究,不断加大信息技术在城市管理、服务和运行中的应用,着力打造基于信息技术和数字化的"智慧城市"。

1)智慧城市建设相关政策

美国政府制定了一系列政策,投入了大量的资源大力发展信息技术,重点投资与建设基础设施、智能电网等领域,从信息基础设施建设、国家税收政策保障、知识产权保护、数据开发等方面来架构智慧城市发展实践的平台。

早在20世纪90年代,克林顿政府就曾耗资2000亿~4000亿美元,计划用20年时间建成美国国家信息高速公路基础设施。于1993年、1994年分别颁布"国家信息基础设施行动计划"(*The National Information Infrastructure: Agenda for Action*)和"全

---

① 刘士林.智慧城市建设更应追求"真善美"[N].人民日报,2015–05–31(5).

球信息基础设施行动计划(GII)";1996年10月启动"下一代因特网"(*Next Generation Internet*)①研究计划。1999年启动"21世纪的信息技术:对美国未来的一项大胆投资(IT2)"(*Information Technology for the Twenty-first Century: A Bold Investment for the America's Future*)②,还计划通过加强基础研究来促进信息技术的发展,然后利用最先进的信息技术加强和加速所有科学和工程领域的研究,以及研究信息革命对社会和经济的影响。

2009年1月7日,IBM与美国智库机构信息技术与创新基金会(ITIF)联合提交"*The Digital Road to Recover: A Stimulus Plan to Create Jobs, Boost Productivity and Revitalize America*"计划,提出通过信息通信技术(ICT)投资智能电网、智能医疗、宽带网络三个领域。同年美国政府总统奥巴马宣布,实施智能电网拨款项目(*Smart Grid Investment Grant Program, SGIG*),以此带动整个美国地区的智慧电网发展③;后又出台《经济复苏和再投资法》(*Recovery and Reinvestment Act*)④。在此法案中,提出以信息技术改造能源效率(energy efficiency),投入500亿美元改造电力系统,发展智能电网;500亿美元用于发展住宅节能化、节能家具、建筑物能源使用管理系统以及建设现代化公共基础设施;72亿美元用于宽带建设,其中包括宽带技术机会计划(*Broadband Technology Opportunities Program*)和乡村公共服务计划(*Rural Utilities Service Program*);医疗领域投资约190亿美元用于加速健康信息技术(*health information technology*)的推广和加强个人隐私权的保障。2010年3月美国

---

① 下一代因特网[EB/OL].(2000-7-19)[2015-11-10].http://www.people.com.cn/GB/channel5/29/20000719/150651.html.
② 曹军.IT~2计划:美国对未来的大胆投资[J].电子展望与决策,2000(3):18-19.
③ 陈伟清,谭云,孙栾.国内外智慧城市研究及实践综述[J].广西社会科学,2014(11):141-145.
④ The American Recovery and Reinvestment Act of 2009: Information Center[EB/OL].[2015-10-22].https://www.irs.gov/uac/The-American-Recovery-and-Reinvestment-Act-of-2009:-Information-Center.

联邦通信委员会（FCC）正式对外公布了未来10年美国的高速宽带发展计划,将目前的宽带速度提高25倍,到2020年以前,让1亿户美国家庭互联网传输的平均速度从现在的每秒4兆提高到每秒100兆[①]。2011年出台"2011年电子政府法案",紧接着又发布了"关于信息系统保护的国家计划"。2013年7月,美国联邦地理数据委员会（FGDC）发布新的美国国家科技数据基础设施（NSDI）战略规划草案（2014—2016）[②],战略目标十分明确:发展国家共享服务功能、确保联邦地理空间资源的可说明与有效管理,实现对国家地理空间社区的领导。

2）美国国家科学基金会（NSF）对智慧城市建设相关研究项目的投资

随着美国智慧城市的进一步发展与规划,美国NSF也做出积极应对,对智慧城市建设的相关基础研究进行了直接的资助[③]。近4年来,NSF对智慧城市建设直接资助的项目达到22项,资助金额为1 000万美元,资助项目数量及金额在2015年达到一个峰值（见图1）；对智慧城市建设至关重要的基础设施研究"下一代因特网"和"智能电网"的项目资助分别达到98项

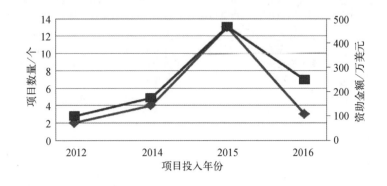

图1 美国NSF对智慧城市相关项目投入分布

---

① 各国"智慧城市"发展现状［EB/OL］.(2012–03–28)［2015–10–22］.http: //www.smarthomecn.com/html/2012-03/17715p3.html.

② One Hundred Eleventh Congress of the United States of America［EB/OL］.［2015–10–22］.http: //www.gpo.gov/fdsys/pkg/BILLS-111hr1enr/pdf/BILLS-111hr1enr.pdf.

③ National Science Foundation.http: //www.nsf.gov/［DB/OL］.［2015–10–22］.http: //www.nsf.gov/awards/about.jsp.

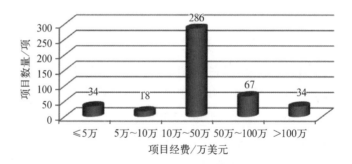

图2　美国NSF对智慧城市相关项目投入数量与金额

和319项，累计资助金额分别为5 400万和1.36亿美元。其中，资助金额少于或等于5万美元的有34项，5万～10万18项，大部分资助额在10万～50万美元，达286项，50万～100万美元67项，大于100万美元的有34项（见图2）。

3）智慧城市建设实践

美国各大城市结合城市特点与定位，开始了一系列的智慧城市实践活动，成效显著。

城市/项目	建设内容特点
迪比克市	首个智慧城市：利用物联网技术，在一个有6万居民的社区里将各种城市公用资源（水、电、油、气、交通、公共服务等等）连接起来，监测、分析和整合各种数据以做出智能化的响应，更好的服务市民
波尔德市	首个智慧电网城市：变电站升级，使之能够远程监控，并进行实时的信息收集和发布，使消费者能够对家庭能源进行自动化操作；建立新的测量系统；波尔德市的家庭可以和电网互动，并且安装了智能电表，可以了解实时电价，合理安排用电
圣何塞市	智能道路照明工程：其控制网络技术不受灯具的约束，有效地为各种户外和室内照明市场带来节能、降低运行成本、实施远程监控以及提高服务质量等益处
弗罗里达	智慧电网：建成美国第一个完整的智能电网系统，系统采用新型智慧电表，在电线杆和电线上安装无线射频通信设备，能够实时监控电网的性能和运行状况，诊断停电故障并实现电力改道，帮助电力更快恢复

表1　美国部分智慧城市及其建设内容①②③

---

① 陈伟清,谭云,孙栾.国内外智慧城市研究及实践综述[J].广西社会科学,2014（11）:141–145.

② 周丽君,帅萍.美国哥伦布市的智慧城市建设[J].中国测绘,2013（6）:24–27.

③ 安邦.智慧城市的国际实践[J].新重庆,2014（3）:48.

(续表)

城市/项目	建设内容特点
哥伦布市	全球7大智慧城市之一：良好的智慧生态基础、合理的信息基础设施部署、可持续发展的"绿色哥伦布"理念与实践、开放创新的协作环境2008年被《福布斯》杂志评为全美排名第一的新兴科技城市，2012年被《商业周刊》评为全美50个最佳居住城市之一，2013年被全球智慧论坛（Intelligent Community Forum）列入"全球7大智慧城市"之一，是美国唯一入选的城市。2015年，再次评选为"全球7大智慧城市"
奥克兰	自然资源保护协会（NRDC）"智慧城市"项目：拥有水力发电、精明增长模式、可充电的停车点、温室气体减排等种种优势。2009年该市100%的能源供应均来自可再生能源，还使用了各种创新节能的办法，比如像使用太阳能驱动的停车计时器等

2.2 欧盟

欧洲各国信息化建设较早，信息技术、信息基础设施比较完善、信息法规比较完整，同时具有良好的工业化基础和城市化发展水平。欧洲在建设理念和发展主题上更具有特色，立足环境可持续发展、社会以人为本、经济持续增长，更加关注信息技术在城市公共交通、理疗服务、生态环境、智能建筑等民生领域的应用，目标是通过信息共享和低碳战略来推动城市低碳、绿色与可持续发展。

2.2.1 智慧城市建设相关政策

在智慧城市发展计划和政策领域，欧盟出台了一系列措施大力促进智慧城市的发展。2002—2005年，欧洲实施了"电子欧洲"行动计划，2006—2010年间完成了第三阶段的信息社会发展战略。在这个基础上，欧洲各城市开始了智慧城市的实践。

十多年来，欧盟启动了"欧洲理智能源计划"（Intelligent Energy for Europe）、"欧洲能源计划"（The European Strategic Energy Technology Plan, SET-Plan），并于2006年发起欧洲Living Lab（ENoll）组织及Living Lab（生活实验室）计划，推动智慧城市的建设[①]。2009年颁布了"欧洲智慧城市计划"（European

---

① 安邦.智慧城市的国际实践[J].新重庆，2014（3）：48.

Initiative on Smart Cities）①，给出了2010年到2020年的"计划路线图"（Indicative Road Map），主要内容涉及战略目标、具体目标、为实现目标所采取的行动、公共及私人投资以及关键绩效指标。2010年5月"Fireball协同行动"②启动。该行动从"未来互联网研究和实验"、以用户为中心的欧洲城市开放创新网络、侧重点不一的智慧城市试点项目三方面进行协同，实行资源、信息及经验的共享，探索未来互联创新模式，制定城市未来互联创新路线图与行动方案，促进智慧城市的发展。2011年欧盟推出"智慧城市和社区计划"（Smart Cities and Communities Initiative）③，计划2012年投入8 100万欧元用于支持交通和能源的试点项目，力争通过对能源的可持续利用和生产实现温室气体排放量到2020年减少40%，2050年发展低碳经济。2012年7月，欧盟发起了"智慧城市和社区的欧洲创新伙伴关系"（European Innovation Partnership on Smart Cities and Communities, EIP-SCC）④，把能源、交通和信息等领域的技术与城市需求相结合，并在特定的城市开展示范项目。如高效供热和制冷系统、智能仪表、实时能源管理、零排放建筑、智能交通等，欧盟委员会将在2013年为上述示范项目投资3.65亿欧元⑤⑥。

2.2.2 智慧城市建设实践

欧洲智慧城市建设多采取机构负责、PPP模式（政府和企

---

① European Commission.European Initiative on Smart Cities［DB/OL］.［2015-10-22］.http：//setis，ec.europa.eu /about-setis /technology-roadmap /european-initiative-on-smart-cities.
② 从智慧城市到智慧上海［EB/OL］.(2012-1-10)［2015-10-22］.http: //whb.news365.com.cn/kjwz/201201/t20120110_201836.html.
③ European Commission launches Smart Cities and Communities initiative［EB/OL］.［2015-10-22］. http：//www.covenantofmayors.eu/European-Commission-launches-Smart,220.html.
④ Smart Cities and Communities［EB/OL］.［2015-10-22］.http：//ec.europa.eu/eip/smartcities/.
⑤ 科技部.欧盟启动"智能城市欧洲创新伙伴行动"［EB/OL］.(2012-8-10)［2015-10-22］.http：//www.Most.gov.cn /gnwkjdt /201208/t20120809_96143.htm.
⑥ 倪炜瑜.欧盟委员会颁布智慧城市和社区创新伙伴关系［DB/OL］.(2012-08-13)［2015-12-21］.http：//www.Istis.sh.cn /list /list.aspx？id =7530.

业合作的模式）、多方出资的模式，在智能城市基础设施建设与相关技术创新、公共服务、交通及能源管理等领域进行了多项成功实践，各国结合自身特点与需求，定位本国智慧城市发展的方向，在打造开放创新、可持续智慧城市方面取得了较大的进展。如荷兰定位建设"可持续发展的智慧城市"、意大利发展"人文关怀的智慧城市"、英国的"数字英国（Digital Britain）"、卢森堡的"无线市政"、瑞典的"智慧交通"、芬兰致力于建设"整体而长期的智慧城市"、法国"以人为本的智慧城市"、西班牙的"可持续城市交通"、德国建设内容"务求实效、以人为本"等。

城市/国家	建设内容特点
巴塞罗那	推进电动车的普及；建设大量的电动车充电设备；智能垃圾处理与回收系统；智能LED街灯；22@ Barcelona Program创新创业与城市计划；Diognal Mar、Fab Lab虚拟社区等

表2 欧洲部分智慧城市及其建设内容①②③④⑤⑥⑦⑧⑨⑩⑪

---

① Hans Schaffers, et al. FIREBALL White Paper: Smart Cities as Innovation Ecosystems Sustained by the Future Internet［DB/OL］.(2012–05–09)［2015–12–21］.http：//www.anci.it/Contenuti/Allegati/White%20paper%20Fireball%20su%20Smart%20City.pdf.

② Smart + Connected Communities Institute. Smart Cities Exposé: 10 Cities in Transition 2012［DB/OL］.(2012–07–23)［2015–12–21］.http：//www.smartconnectedcommunities.org/docs/DOC-2182.

③ Felipe Gil-Castineira, et al. Experiences inside the ubiquitous oulu smart city［J］. IEEE COMPUTER, 2011, (6): 48–55.

④ Edinburgh Napier University, et al. Smart Cities Project Guide［DB/OL］.(2010–05–17)［2015–10–22］.http：//www.smartcities.info/files/Smart%20Cities%20Project%20Guide.pdf.

⑤ Milind Naphade, et al. Smarter Cities and their innovation challenges［J］. IEEE Computer, 2011, (6): 32–38.

⑥ Sam Allwinkle and Peter Cruickshank. Creating smarter cities: an overview［J］. Journal of Urban Technology, 2011, 18(2): 1–16.

⑦ 王广斌，崔庆宏.欧洲智慧城市建设案例研究：内容、问题及启示［J］.中国科技论坛, 2013（7）: 123–128.

⑧ 陈伟清，谭云，孙栾.国内外智慧城市研究及实践综述［J］.广西社会科学, 2014（11）: 141–145.

⑨ 杨琳.德国柏林市和弗里德里希哈芬市的智慧举措［J］.中国信息界, 2014（5）: 68–71.

⑩ 管克江.德国智慧城市行：突破城市能源瓶颈［J］.计算机光盘软件与运用, 2013（16）: 24.

⑪ 陈伟清，谭云，孙栾.国内外智慧城市研究及实践综述［J］.广西社会科学, 2014（11）: 141–145.

(续表)

城市/国家	建设内容特点
马德里	智慧交通：在各个街道的十字路口安装了一种基于互补技术、含有先进传感设备的专业交通管制系统，实现了对各个十字路口的车流量实时自动探测，利用交通控制器对车辆进行相变引导，使车辆在最短的时间内快速通过路口大大提高城市交通运作效率，减少交通拥堵
米兰	注重"人文关怀"：打造数字、移动的智慧世博；文化遗产保护
卢森堡	启动"Hot City"计划：实行无线市政，城市与居民之间建立数字化的文件和程序管理等
奥卢	能源消耗系统：远程读取住宅里的大多数仪表数据，随时动态了解能源消耗情况；建设全市范围内的WiFi网络、基于IP的无线传感器网络；开展奥卢城市生活实验室（OUL Labs）、城市相互交流项目等
斯德哥尔摩	改善交通拥堵：通过改造道路使用模式将拥堵控制在一定范围内，构建并且运行了一套先进的智能收费系统
阿姆斯特丹	制定"智能城市计划"（Amsterdam Smart City）：以降低住宅、商业设施、公共建筑物与空间、交通设施等耗能为目标，通过智能技术使城市环境更加友好、能源更加节约
哥本哈根	打造"自行车之城"：建成两条高速自行车道，2025年成为全球第一个二氧化碳零排放之都
里斯本	以提高城市生活质量为中心：重视市民诉求，力求实现公共机构、私人企业、大学、研发中心、协会以及地方政府之间充满活力的合作、创造与决策过程，采取参与式预算（Participatory Budgeting），开展生活实验室项目
维也纳	智慧城管：制定"城市供暖和制冷计划"，使能源需求降低10%，建立智慧排污系统
柏林	电动汽车与节能住宅：提出"2020年电动汽车行动计划（Action Plan for Electro-mobility Berlin 2020）"；提倡节能住宅，在低能耗建筑的基础上发展起来的全新节能概念
法兰克福	打造"绿色之都"："环城绿带"；被动式住房；节电奖励；控制大气排放；垃圾再利用；水资源管理

2.3 日本

为应对新世纪面临的能源危机和环境安全等严峻挑战，近年来日本大力开展"智慧城市"示范工程建设，竭力打造节能环保型城市，以使自身能够在经济、交通、能源、环境、安全等层面，建设宜居且可持续发展的城市。日本先后于2001年、2006年推出"e-Japan"、"u-Japan"计划。"e-Japan"（2001—2005）战略目标是推进宽带平台使用，使日本2006年后成为全球最先进的ICT国家；"u-Japan"（2006—2010）旨在打造"任何人、任何地方、任何时间"都可以上网的环境，实现"基于电脑终端通信的电子向导社会"。2009年，日本又推出至2015年的中长期信息技术发展战略"i-Japan（智慧日本）战略2015"，从"以人为本"出发，着眼于应用数字化技术，大力发展电子政府和电子地方自治体，推动医疗、健康和教育的电子化，打造普遍为国民所接受的数字化社会，提升国家的竞争力，参与解决全球性的重大问题，确保日本在全球的领先地位。

日本从 e-Japan 到 u-Japan 再到 i-Japan 实现三级跳，将新一代信息技术应用到城市的建设中，从而带动智慧城市的发展。日本智慧城市建设采取政府与民间企业共同主导的经营模式。政府部门支持智慧城市建设，日本内阁府、环境省、文部科学省、经济产业省、总务省等各省负责出台并宣讲智慧城市的相关政策。这些构想大体包括未来城市环境构想、智慧社区构想和ICT智慧城镇构想3种类型。[①]

日本智慧城市着重关注硬件设施与软件设施的建设，主要包括能源、交通系统、上下水道，以及医疗、护理服务，教育服务和安全服务等领域。具体体现在分布式新能源的利用、EMS 建设以及新型交通系统建设（日本智能城市门户 Japan Smart City Portal（JSCP））。其中 EMS 包括区域能源管理系统（CEMS）和需要方能源管理系统：家庭能源管理系统（HEMS）、楼宇能源管理系统（BEMS）、工厂能源管理系统（FEMS）、电动汽车管理中（EVS）和需求响应（DR）。[②]

为推动智慧城市建设在日本的切实发展，2010年日本在多个产业经济省选出横滨市、丰田市、京都府、北九州市为国家级试点城市，试点城市根据各自发展需求与特点，完成总体规划，具体见表3。

---

① 李彬,魏红江,邓美薇.日本智慧城市的构想、发展进程与启示[J].日本研究,2015（2）:39-40.
② 冯浩,汪江平,高伟俊,等.日本智慧城市建设的现状与挑战[J].建筑与文化,2014（12）:111-112.

城 市	建 设 内 容 特 点
横滨市	横滨智慧城市项目：主要通过大量引入可再生能源和电动汽车,对家庭、建筑物和社区实施智能能源管理,同时实行各个功能区结合开展试点活动
丰田市	推出以家庭单位的能源有效利用为重点的"家庭社区型"低碳城市建设试点项目：在居民住宅内安装太阳能光伏发电、燃料电池等新能源设备,并引入混合动力车与电动汽车等清洁能源汽车。通过"智能家庭"试点,收集家庭的实际能源使用数据,研究具体的能源管理方法
京都市	能源信息化：建设"家庭纳米网",对家庭能源消费可视化管理、通过使用由电源传感器与通信网络组成带有电源控制功能的智能插座,组建按需式电源管理系统
北九州市	充分发挥该地区的社会基础设施优势：对新能源引进、区域能源优化、能源使用可视化、城市交通系统改进等方面进行实验验证;致力于解决长期困扰该地区的公害问题

表3 日本试点城市建设内容[①]

2.4 韩国

韩国遵循发展"绿色国家"、构建世界"绿色强国"的战略目标,在建设智慧城市的过程中,注重信息基础设施建设,提出新一代智慧城市理念"U-City",通过数字宽带信息网,由城市综合监控中心综合管理数字家庭、电子政务、电子教育、电子交通等,在社会各领域谋求全面发展,提高市民生活水平和便捷度。[②]与此同时,秉持绿色生态城市管理理念,有计划地有效减少温室气体排放、开发绿色技术、培育绿色产业、发展绿色国土和绿色交通,改变生活模式,提高居民生活质量。为此韩国政府出台了一系列政策与措施支持本土智慧城市建设。

2004年3月,韩国政府推出U-Korea发展战略,以网络为基础打造绿色、数字化、无缝移动连接的生态智慧型城市。2009年,提出"绿色IT国家战略",计划到2012年底建成"G速互联网",将网速提高至每秒1G字节,并为此规划投入4.2万亿韩元。截至2009年底,韩国网速和宽带覆盖率均居全球首位,互联网网

[①] 成建波.智慧城市的国际战略比较[J].现代产业经济,2013(4):66-72.
[②] 云朋.未来智慧生态城市探索——韩国仁川自由经济区研究[J].北京规划建设,2014(01):50.

速平均传输速率达20.4 M/s，家庭宽带覆盖率达95%。2009年韩国政府公布了《韩国型智能电力网蓝图》，2010年韩国知识经济部发布了"智能电网发展路线2030"，将韩国智能电网发展规划为2009—2012年（建设智能电网示范工程，用于技术创新与商业模式探索）、2013—2020年（智能电网基础设施建设）、2021—2030年（完成全国层面的智能电网建设）3个阶段以及智能输配电网、智能用电终端、智能交通、智能可再生能源发电和智能用电服务5个重点建设领域，总投资高达27.5万亿韩元。2012年，韩国科学技术委员提出"第三轮R&D领域发展计划（2013—2017）"，未来科学部提出"第5次国家信息化基本计划（2013—2017）"，将智能电网作为智慧城市建设的重点内容。①

基于良好的信息化基础，韩国各大城市智慧城市的发展实践项目演绎着多样性内容，构建特色不一的"智慧城市"，具体见表4。

城市	建设内容特点
首尔	推出"智能首尔2015"计划：普及智能设备，实现城市总能源消耗降低10%；智能城市连接、u–绿色业务、u–城市综合运营中心、u–雨棚公共汽车站等
仁川	将多种ubiquitous技术引入城市空间的各个领域：提出Eco-city的绿色生态城市理念，通过地下输送管道将垃圾直接输送到垃圾场的自动垃圾清理系统、绿色之家项目、城市自然公园、城市公园和设施绿地组成的梯级绿地系统等
釜山	世界上第一个"无处不在"的城市：重点集中在城市的港口物流、旅游/会展、健康、运输和灾难预防等主要基础设施和产业上；发展"u–Port"项目、建设"釜山信息高速公路"、采取基于云计算的即付即用模式、"U–安全"服务、社区儿童中心安装IPTV自修室等
松岛新城	智慧互联城市：无缝通信服务，包括宽带网络、四网服务、基于地点的服务；一卡通、智能卡、多功能设备智能化；媒体、车站等新一代信息通信智能化；医疗、安保、信息安全等智能化，交通信息、宜居环境服务、城市地理信息系统智能化；门户网站、呼叫中心、礼宾服务智能化等

表4 韩国部分智慧城市建设内容②③④

---

① 罗梓超，李萌．韩国智能电网发展分析[J]．科技创新导报，2014(32)：14-16．
② 陈桂香．国外"智慧城市"建设概览[J]．中国安防，2011(10)：100-104．
③ 中国智慧城市网[EB/OL]．(2012-11-16)[2015-12-21]．http://www.cnscn.com.cn/news/show-htm-itemid-2079.html．
④ 中国智慧城市网[EB/OL]．(2014-2-17)[2015-12-21]．http://www.cnscn.com.cn/news/show-htm-itemid-8777.html．

2.5 中国

2010年中国提出智慧城市顶层设计的概念后,于2012年陆续出台顶层设计的规划内容,住建部开始部署智慧城市建设试点工作,由政府主导的智慧城市建设更多地瞄准基本公共服务领域。

2.5.1 智慧城市建设相关政策

2011—2015年间,国务院先后颁布了《关于印发工业转型升级规划(2011—2015年)的通知》《关于大力推进信息化发展和切实保障信息安全的若干意见》《关于推进物联网有序健康发展的指导意见》《关于促进信息消费扩大内需的若干意见》《关于促进地理信息产业发展的意见》《智慧城市健康发展指导意见》等规划提高社会管理和城市运行信息化水平,加快物联网建设,引导智慧城市建设健康发展。

各部门也先后制定了多项与智慧城市相关的规划。工业和信息化部印发《信息化和工业化深度融合专项行动计划(2013—2018)》；国家测绘地理信息局颁布《测绘地理信息科技发展"十二五"规划》加快提升智能化水平、培育智能制造生产模式,出台《智慧城市时空信息云平台建设试点技术指南》建立智慧城市支撑体系；住房和城乡建设部发布《关于开展国家智慧城市试点工作的通知》[1],同时印发《国家智慧城市试点暂行管理办法》和《国家智慧城市(区、镇)试点指标体系》,管理办法包括国家智慧城市试点的申报、评审、创建过程管理和验收等方面的细则,指标体系包括保障体系与基础设施、智慧建设与宜居、智慧管理与服务及智慧产业与经济。

2013年1月,中国城市科学研究会与国家开发银行签署《"十二五"智慧城市建设战略合作协议》[2],国开行将在"十二五"后3年内,提供不低于800亿元的投融资额度支持国

---

[1] 关于开展国家智慧城市试点工作的通知[EB/OL].(2012-11-22)[2015-12-21]. http://www.mohurd.gov.cn/zcfg/jsbwj_0/jsbwjjskj/201212/t20121204_212182.html.
[2] "十二五"智慧城市建设战略合作协议[EB/OL].(2013-1-14)[2015-12-21]. http://www.360doc.com/content/13/0114/23/6913722_260211212.shtml.

内智慧城市建设。2015年11月,"十三五"规划建议明确提出,"十三五"我国将支持绿色城市、智慧城市、森林城市建设和城际基础设施互联互通。业内认为,这意味着在"十三五"期间,中国将进入智慧城市2.0时代[①]。

2.5.2 智慧城市建设投入

我国智慧城市建设自2010年开始推进,至2015年底,全国有500余个城市投入智慧城市建设。从整体投资规模来看,"十二五"期间智慧城市建设投资超过2万亿元,IT投资规模近1万亿元。"十三五"期间,我国智慧城市建设投入有望超过4万亿[②]元。

国家自然科学基金和国家社会科学基金也对智慧城市相关项目研究进行了直接投入,立项资助金额近千万,具体参见表5和表6:

项 目 名 称	立项单位	资助金额/万元	起止时间
中英"低碳城市"双边研讨会	西南交通大学	26.9	2015.1—2015.7
基于移动群智感知的物联网大数据挖掘与应用	北京航空航天大学	294	2016.1—2020.12
中英低碳城市双边(NSFC-RCUK_EPSRC)研讨会	西安建筑科技大学	80	2015.1—2018.12
基于位置数据网络建模的智慧城市智能感知信息服务模型与应用研究	华中师范大学	18	2016.1—2018.12
采用空间数据分析与地学计算方法研究基于微地理单元的城市脆弱度问题	新疆大学	52	2015.1—2018.12
促进绿色经济发展的智慧型生态城市:中欧比较研究	中国人民大学	90	2014.9—2017.8
大数据时代面向智慧城市发展的应急服务资源整合与协同配置研究	上海海事大学	62	2015.1—2018.12

表5 国家自然科学基金资助的智慧城市相关在研项目[③]

---

① 智慧城市:十三五进入2.0时代 市场规模万亿级[DB/OL].(2015-11-29))[2015-12-21].http://tech.163.com/15/1129/08/B9IUSSJQ000915BF.html.
② 毛明,符媛柯,李佳熙,等.智慧城市发展现状及趋势浅析[J].物联网技术,2015(9):85-87,90.
③ 科学基金网络信息系统[DB/OL].[2015-10-27].http://isisn.nsfc.gov.cn/egrantindex/funcindex/prjsearch-list.

(续表)

项目名称	立项单位	资助金额/万元	起止时间
面向智慧城市的智慧通信网络群体合作行为研究	浙江工商大学	24	2014.1—2016.12
智慧城市中的控制与自动国际会议	杭州电子科技大学	3	2013.8—2013.12

项目名称	项目类型	资助金额/万元	立项时间
我国智慧城市建设困境与破解机制研究	青年项目	20	2015.6
新型城镇化进程中民族地区智慧城市建设研究	西部项目	20	2015.6
广西北部湾经济区"智慧城市群"协同建设模式研究	一般项目	20	2014.6
智慧城市背景下的档案信息化研究	一般项目	20	2014.6
智慧城市与数字档案资源建设研究	青年项目	20	2014.6
智慧城市应急决策情报体系建设研究	重大项目	80	2013.11
城市社会来临背景下的中国智慧城市理论体系建构	重点项目	25	2011.12
中国城市社会来临与智慧城市设计及发展战略研究	重大项目	80	2011.10

表6 国家社科基金资助的智慧城市相关在研项目①

2.5.3 智慧城市建设实践

智慧城市理念为城市发展提供了新的思路和途径，也是未来中国新型城镇化发展目标和方向。

从中央到地方都在谋划智慧城市的建设布局。中国自"十二五"规划以来，各大城市纷纷开展智慧城市建设，提出智慧城市发展规划，以改善人居环境质量、优化生产生活方式和城市管理、提升居民幸福感。根据我国智慧城市建设"一城一策"原则，各个城市的智慧城市建设出发点也各有不同，提出了"智慧深圳"、"数字南昌"、"健康重庆"、"生态沈阳"等，以实现智

---

① 国家社科基金项目数据库［DB/OL］.［2015–10–27］.http://gp.people.com.cn/yangshuo/skygb/sk/index.php/Index/index.

慧城市建设和城市既定发展战略目标的有机统一。近年来，我国一些较发达地区和城市也在"智慧城市"的建设中取得长足发展，具体如表7所示：

城市	建设内容特点
上海	光网城市：上海率先在国内开展"光网城市"工程建设、推动公共场所无线局域网建设、积极开展三网融合、云计算、物联网等技术研发应用，并将信息技术广泛应用于城市各领域。当前上海市在公共无线局域网覆盖密度和规模、三网融合业务、高清电视、高清IPTV等信息消费水平均为全国第一
北京	世界城市：北京市围绕政府智能服务、城市智能运转、企业智能运营以及生活智能便捷等方面展开"智慧北京"建设，在卫生、教育、社保、安防等领域的信息基础设施取得了突破性进展，建成了电子政务专网、社区公共服务平台以及社会保障卡系统等项目
无锡	感知城市：基本建成了在交通、工农业、教育、电力等领域的一系列感知示范工程，成为引领全国物联网产业发展和应用先行区
深圳	安防之都：以建设一座科技、人文和生态的智慧型现代化城市为目标，加速推进"无线城市"建设；发展"云物流"，打造华南智慧物流基地；建成了综合交通运行指挥中心，实施"U交通战略"，成为国内领先的智慧交通城市；推动物联网产业在安防领域的研究应用，被誉为"国家安防之都"
香港	数字化管理处于领先地位：将射频识别（RFID）技术试验于飞机场，并贯穿于整个农业供应链；率先采用"智慧卡"，已有数百万居民通过智慧卡享受城市提供的公共交通、图书馆接入、访问接入、购物以及停车场等服务
台湾	注重数字信息化建设："智慧台湾"战略中的"i-236智慧生活科技运用计划"围绕"智慧小镇"和"智慧经贸园区"两个主轴，整合运用宽带互联网络、数字电视网络和传感网络3种网络，促进智慧技术在农业休闲、舒适便利、安全防灾、医疗照顾、节能环保、智慧便捷6大领域的应用。"智慧台湾"的建设取得了巨大的成就，如台北市、桃园县、台中市、新北市等多次在国际智慧城市的评比中获奖

表7　中国部分智慧城市建设内容①②③④⑤⑥⑦

---

① 张西增, 王新南. 智慧城市发展战略与国内外实践研究[J]. 现代商贸工业, 2013, 13: 5–7.
② 智慧城市报道：智慧城市跨越2014, 迎接2015"新常态"[R]. 办公自动化杂志, 2015, 297(04): 9–12.
③ 陈伟清, 覃云, 孙栾. 国内外智慧城市研究及实践综述[J]. 广西社会科学, 2014, 233(11): 141–145.
④ 南宁市人民政府关于印发"智慧南宁"建设总体规划（2014—2020年）的通知[EB/OL].(2014–07–23)[2015–12–21].http://www.cdpsn.org.cn/policy/dt203l40811.htm.
⑤ 全球智慧城市评比, 台北市排名13[EB/OL].(2014–11–12)[2015–12–21]. http://www.bnext.com.tw/article/view/id/34387.
⑥ 全球十大智慧城市排名[EB/OL].(2012–10–15)[2015–12–21].http://wo.poco.cn/6063584/post/id/1080573[2012–10–15].
⑦ 扎实推进智慧城市建设[EB/OL].[2015–11–5].http://www.hangzhou.gov.cn/main/zwdt/ztzj/zstjzhcsjs/.

(续表)

城市	建 设 内 容 特 点
宁波	智慧物流和智能交通:启动智慧交通、智慧健康、智慧公共服务等10大应用体系建设。在全国率先建起生猪、水产、蔬菜、牛肉、家禽等10类大宗食品的数字化"购销路线图",至今年底,将完成建设宁波肉菜流通追溯系统
杭州	数字城管:住建部首个通过验收的数字城管试点城市,逐步形成了数字城管"杭州模式",推出"贴心城管"的市民手机应用、"杭州智慧旅游"手机APP应用等
广州	力推"无线城市"建设:已建立近万个"第三代移动通信"基站,同时部署"天云计划",拟建亚太智慧城市

3 科学研究及技术发展全景展示

本文选用美国汤森路透公司Web of Science(WOS)数据库平台的SCI-EXPANDED(Science Citation Index Expanded,即科学引文索引)、SSCI(Social Sciences Citation Index,即社会科学引文索引)、A&HCI(Arts & Humanities Citation Index,即人文艺术引文索引)、CPCI-S(Conference Proceedings Citation Index-Science,即科学会议引文索引)、CPCI-SSH(Conference Proceedings Citation Index-Social Science & Humanities,即人文社会科学引文索引)5个子数据库作为学术论文数据来源,文献采集的时间范围从1997年至2015年,同时采用DII(Derwent Innovations Index,即德温特专利)数据库作为专利数据来源,文献采集的时间范围从1979年至2015年,数据采集时间是2015年11月2日。根据检索策略(参见文后附录),对智慧城市相关论文或专利进行搜索和筛选,最终获得2 119篇论文和481项专利。

所选用的文献分析工具中,除了WOS平台自带的分析功能外,本文还采用了汤森路透公司的TDA(Thomson Data Analyzer)数据分析工具、共享软件CiteSpace和微软公司的EXCEL软件,对数据进行可视化分析处理。

3.1 领域发展概况

智慧城市相关研究论文中,1997年①至今论文总产出为

---

① 尽管智慧城市的概念在2009年才诞生,但在此之前早就有引发智慧城市的技术及其相关研究,因此本项目组数据分析的起止时间与数据库收录时间一致。

2 119篇,随年份变化智慧城市的研究论文数量呈稳定增长趋势(见图3),且自2012年开始,期刊和会议论文发文数量都有较大涨幅,其中会议论文发文数量在2013年、2014年呈快速增长,增长幅度远超期刊论文发文数量。

在智慧城市研究领域,1979年①至今DII专利共计481族,期间,随着年份的变化专利族数量呈逐步增加趋势(见图4)。1979—2003年,专利族数量保持基本稳定不变,年均不超过4族,专利发明水平尚处于萌芽阶段;2003年至2008年,专利族数量平稳增加,由2003年的4族升至2008年的22族,这一阶段相关发明专利的发展呈现出成长性特点;2009—2013年,DII专

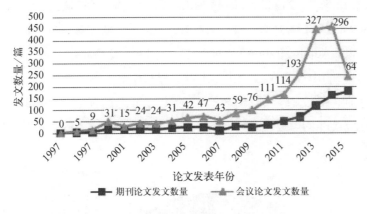

图3 期刊论文和会议论文产出量年度趋势分布

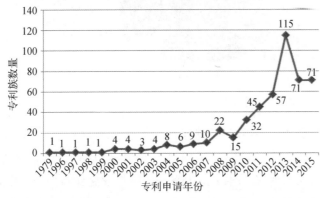

图4 智慧城市专利年度趋势分布

① 尽管智慧城市的概念在2009年才诞生,但在此之前早就有引发智慧城市的技术及其相关研究,因此本项目组数据分析的起止时间与数据库收录时间一致。

利产出数量急速上升，专利族数量以年均22族增速持续增加，于2013年达到峰值，专利产出数量计115族，这一阶段专利的研发呈现出爆发性特征；2013年至今，由于研究者投资于研发的资源投入已达到一定规模，技术的相对成熟使研发产出陷入瓶颈，专利产出数量逐渐减缓，趋于稳定，这一时期，专利研发呈现出成熟性特征。

从研究领域来看，学术论文数量占据前10位的分别是Engineering（工程学科）770篇，Computer Science（计算机科学）730篇，Environmental Sciences Ecology（环境生态学）274篇，Business Economics（商业经济学）226篇，Telecommunications（电信学科）213篇，Energy Fuels（能源燃料）167篇，Materials Science（材料科学）139篇，Urban Studies（城市研究）128篇，Public Administration（公共行政）112篇，及Transportation（交通运输）100篇（见图5）。其中工程科学和计算机科学两大类分别占发文总量的35.48%和33.64%，可见该领域是智慧城市研究关注的重要领域。

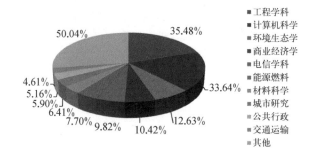

图5 智慧城市研究领域分布图

根据期刊论文和会议论文产出和作者数量生成论文生命周期图（见图6），得出如下推论：智慧城市相关研究在1997—2008年处于缓慢增长期，2008—2013年发文作者数量、发文数量均呈现快速上升，尤其是2013年，发文数量和发文作者数量呈倍数增长，出现爆发增长态势，2014年有小幅回落，目前智慧城市的相关研究仍处于成长期。

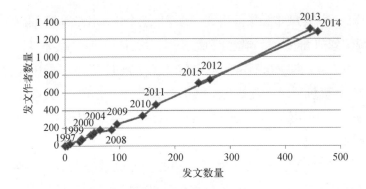

图6 智慧城市研究领域论文生命周期

依据DII专利族数量和发明人数据生成智慧城市研究领域的专利生命周期图（见图7），1979—2015年，专利产出与专利权人数量整体呈逐渐增加的发展趋势。期间，1979—2003年为专利技术研发的平稳期，智慧城市专利技术发展相对缓慢，专利族数量与专利权人数量在这5年内发展变动幅度较小；2004—2013年为专利产出的高发年，专利的发展呈现出高速增长态势，专利族数量与专利权人数量均显著增加，2004年专利产出量与专利权人数量出现一次快速上升，2005年专利产出量显著增加，2006年作者人数急剧扩大，由2003年的4人增至14人。特别需要指出的是，2013年达到专利研究近30年的峰值，专利产出数量合计117族，专利权人115人。2013年以后，专利研发开始进入稳定发展期，2014年、2015两年，随着智慧城市专利研究趋于成熟，专利族数量与专利权人数量有所回落，专利产出均为71族，生命周期逐渐趋于稳定。

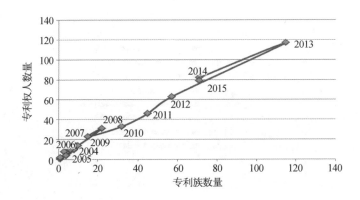

图7 智慧城市专利生命周期图

在智慧城市相关的研究，1997年至今学术论文研究细分领域位列前五的学科领域分别是工程应用、计算机科学、环境科学与生态学、商业与经济学和电信学等学科（见图8），2010年之前，计算机科学一直是智慧城市领域研究的主流，自2011年之后，工程应用领域研究异军突起，与计算机学科领域一起引领整体研究趋势。

其中，选取发文量排名前10的国际会议进行分析，结果如图9所示。其中，排名会议发文量前5位的分别是：Kyoto Meeting on Digital Cities（京都，日本）17篇，4th International Conference of Urbanization and Land Resource Utilization（天津，中国）14篇，International Conference on Construction and Real Estate Management（堪萨斯市，美国）11篇，8th International Forum on Knowledge Asset Dynamics Ifkad（萨格勒布，克罗地亚）11篇，1st International Conference on Energy and Environmental

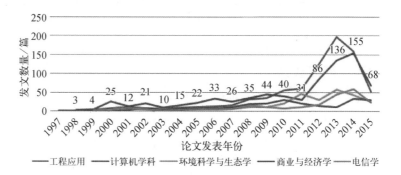

图8　细分领域论文发表量年度分布

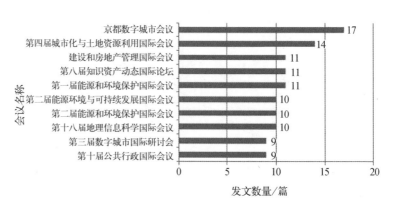

图9　智慧城市国际会议产出前10

Protection Iceep 2012（呼和浩特，中国）11篇，说明这些会议是智慧城市学科领域比较重要、有影响力的国际会议。

选取发文量排名前10位的国际会议地点进行分析，如图10所示，排名前3位的分别是武汉、北京、上海，新加坡排名第5位，日本京都排名第6位；前10位的城市中，中国占8个，由此可见，中国召开了比较多有关智慧城市的国际会议，在该领域具有突出的影响力。

3.2 主要国家科研实力分析

1997—2015年各国智慧城市相关研究论文发表数量（见图11）对比可以看出，具备较强科研实力的国家有中国、美国、意大利、英国、日本、西班牙、德国、澳大利亚、荷兰、韩国等。其中中国占绝对优势，发文量占比高达45.48%，随后依次是美国

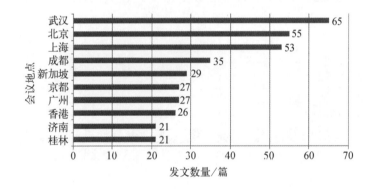

图10 智慧城市国际会议地点排名前10

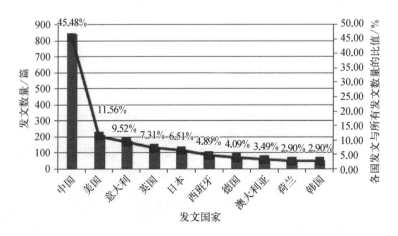

图11 主要国家论文产出对比

(11.56%)、意大利(9.52%)、英国(7.31%)、日本(6.51%)、西班牙(4.89%)、德国(4.09%),其他国家的发文均低于发文总量的4.0%。

根据主要国家和研究细分领域论文产出对比,生成优势领域对比图(见图12),由于中国的发文量占绝对优势,在主要领域(位列前五的学科领域分别是工程应用、计算机科学、环境科学与生态学、商业与经济学和电信学等学科)的发文趋势引领了整体发文的趋势,而美国、意大利、西班牙、德国等国家的计算机科学发文超过工程领域发文。

研究智慧城市的主要国家近3年(2012—2014)发文量对比(见图13)显示,多数国家近3年发文数量处于平稳增长,2013年、2014年的发文量相差不大。但是意大利、德国两个国家在2014年的发文数量出现比较大的增加,发文比

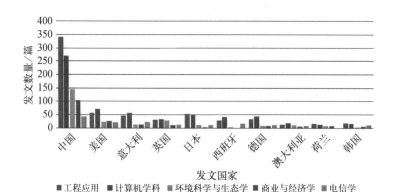

图12 主要国家优势领域对比

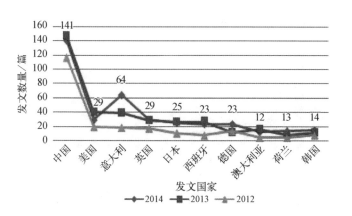

图13 主要国家近3年发文量对比

较活跃。

根据论文产出主要国家近3年（2012—2014）和近10年（2005—2014）的对比（见图14），可以看出论文产出总量位列第六的国家西班牙，比值最高占比89.06%，其次是产出总量位列第三的意大利，占比84.62%，接着是产出总量位列第十的韩国，占比82.50%，占比超过50%的国家依次还有：德国（77.05%）、日本（76.25%）、英国（占比75.76%）、澳大利亚（占比74.42%）、荷兰（占比65.79%）。近3年论文产出占比大，说明该国家在智慧城市领域的研究正处于热点期，而中国近3年与近10年占比显示，发文趋于稳定。

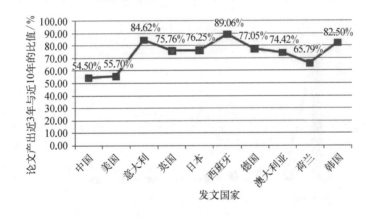

图14　主要国家论文产出近3年占近10年百分比

就国家专利产出数量而言，处于遥遥领先地位的是中国，其次是美国、韩国、日本、德国、中国台湾、加拿大、法国、英国和瑞典，如表8、图15所示。中国以347族专利位列第一，远远高于列于第二的美国，占据专利产出全球总量的73.05%，这说明中国在智慧城市研究领域内的专利发明水平位于世界先进水平；美国专利产出位居第二，共66族；Top10中其他8个国家的专利产出合计60族，只占据全球总量的12.62%。在专利引用方面，引用频次情况与产出数量情况基本一致，中国和美国依旧处于绝对优势地位，其他各国专利水平相对均衡。

表8 主要国家专利产出对比

排名	国家/地区	记录数量	占比	频次
1	中国	347	73.36%	347
2	美国	66	13.95%	111
3	韩国	25	5.29%	20
4	日本	13	3.75%	13
5	德国	6	1.27%	8
6	中国台湾	5	1.06%	5
7	加拿大	4	0.85%	4
8	法国	3	0.63%	3
9	英国	2	0.42%	1
10	瑞典	2	0.42%	1

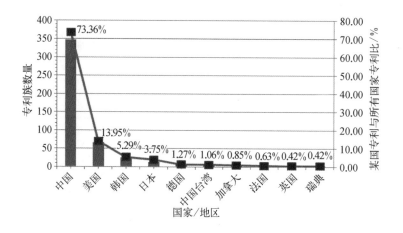

图15 智慧城市领域前10名国家（地区）专利产出分布

3.3 主要机构竞争力分析

在智慧城市相关研究中，1997年至今论文产出的位列前15的研究机构依次为中国科学院、武汉大学、京都大学（日本）、哈尔滨理工大学、代尔夫特理工大学（荷兰）、北京大学、天津商业大学、北京师范大学、米兰理工大学（意大利）、清华大学、北京航空航天大学、中国地质大学、北京交通大学、同济大学、波罗尼亚大学（意大利）、那不勒斯菲里德里克第二大学（意大利）、浙江大学（见图16），其中中国的研究机构有12所，日本有1所，意大利3所，荷兰1所，中国的研究机构占绝对优势，尤其是中国科学院,处于领先地位,武汉大学、哈尔滨理工大学分别位列第二、第四。

对比研究机构近3年论文产出,发文量位居前10的机构依次为中国科学院、武汉大学、哈尔滨理工大学、代尔夫特理工大学(荷兰)、波罗尼亚大学(意大利)、那不勒斯菲里德里克第二大学(意大利)、北京师范大学、清华大学、浙江大学、北京交通大学(见图17),以上机构均是1997年至今发文排名前15的机构,说明这些研究机构在智慧城市领域的学术研究依然保持活跃。根据论文产出主要机构近3年发文量占10年发文量的比值来看,那不勒斯菲里德里克第二大学、波罗尼亚大

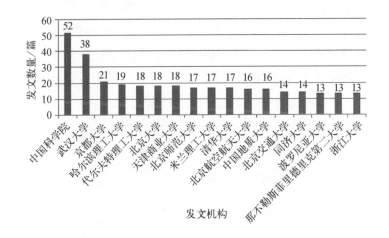

图16 论文产出排名前15位的研究机构对比

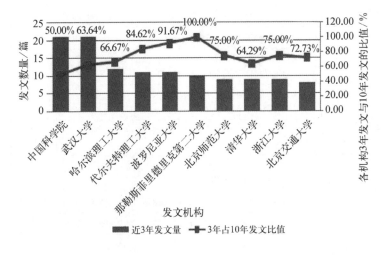

图17 近3年主要研究机构论文产出对比

学、代尔夫特理工大学的比值分别位列第一、二、三名,其余7家机构近3年发文占比也超过50%及以上,说明以上机构的研究在近3年十分活跃。

依据DII专利产出数据分析,得出专利族数量排名的前15家机构(见表9)。智慧城市研究领域中专利族数量最多的机构是美国思科技术公司与韩国三星电子有限公司,专利产出均为10族;并列第二名的是美国帕洛阿尔托研究分公司与美国施乐公司,专利产出为7族;中国东方电力试验研究有限公司与深圳先进技术研究所以6族专列并列第三名;第7~15家机构并列第四位,专利产出均为4族。从专利产出数量上来看,前15家机构中,美国机构6家,中国机构9家,韩国机构1家,表明中国、美国的研究机构在这个领域发展实力强劲。就专利权机构的布局而言,美国在前3名机构中占据50%的份额,表明美国的单个机构贡献率较高;就数量而言,中国在前15家机构中占据60%,表明中国个体机构的贡献率均衡,但专利产出总数在世界总量中处于绝对领先地位。

排名	地区	机构	专利族数量
1	美国	美国思科技术公司(CISCO TECHNOLOGY INC)	10
2	韩国	三星电子有限公司(SAMSUNG ELECTRONICS CO LTD)	10
3	美国	美国帕洛阿尔托研究分公司(PALO ALTO RES CENT INC)	7
4	美国	施乐公司(XEROX CORP)	7
5	中国	中国东方电力试验研究有限公司(EAST CHINA POWER TEST RES INST CO LTD)	6
6	中国	深圳先进技术研究院(SHENZHEN ADVANCED TECHNOLOGY RES INST)	6
7	中国	北京中辰科技开发有限公司(BEIJING OPPORTUNE TECHNOLOGY DEV CO LTD)	4
8	中国	成都金锐投资有限公司(CHENGDU JIN RUI INVESTMENT CO LTD)	4
9	美国	惠普开发有限公司(HEWLETT-PACKARD DEV CO LP)	4
10	美国	国际商业器械公司(INT BUSINESS MACHINES CORP)	4

表9 智慧城市研究领域前15位机构专利产出分布

(续表)

排名	地区	机构	专利族数量
11	中国	PAN T	4
12	中国	中国国家电网（STATE GRID CORP CHINA）	4
13	中国	国家电网上海电力分公司（STATE GRID SHANGHAI MUNICIPAL ELECTRIC）	4
14	中国	北京师范大学（UNIV BEIJING NORMAL）	4
15	中国	武汉大学（UNIV WUHAN）	4

4 研究主题分析

将检索所得2 119条题录信息导入CiteSpace中，运行软件生成智慧城市热点关键词图谱（见图18）。图中节点越大代表其出现频次越高，通常频次高的关键词可以表现出一个研究领域的热点。对高频关键词进行统计，得到智慧城市领域关键词排名前20的高频热点词列表（见表10），排名第一的关键词为"smart city（智慧城市）"，出现频次为276次；排名第二的关键词为smart grid（智能电网），出现频次为107次，eco-city（生

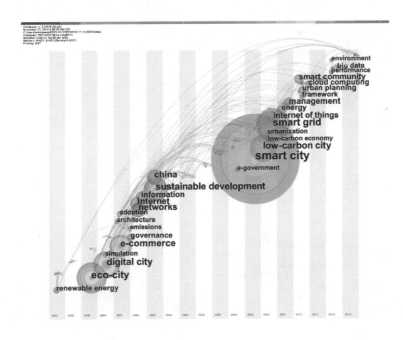

图18 智慧城市热点关键词时区图

态城市)、digital city(数字城市)、low-carbon city(低碳城市)、sustainable developmen(可持续发展)、e-commerce(电子商务)紧随其后,都是智慧城市的热点领域。结合时间轴观察热点领域出现年份,可以看出,2002年以前,研究热点digital city(数字城市)、e-commerce(电子商务)、information(信息)、networks(网络)等领域已出现;而sustainable developmen(可持续发展)、eco-city(生态城市)在2002—2009年间出现并受到关注;2009年smart city(智慧城市)概念出现,之后,low-carbon city(低碳城市)、cloud computing(云计算)、urban planning(城市规划)、big data(大数据)逐渐出现并成为关注重点。

表10 智慧城市领域高频关键词Top20

序号	关键词(英文)	关键词(中文)	频次	年份
1	smart city	智慧城市	276	2009
2	smart grid	智能电网	107	2002
3	eco-city	生态城市	102	2010
4	digital city	数字城市	89	2009
5	low-carbon city	低碳城市	85	2005
6	sustainable development	可持续发展	81	2000
7	e-commerce	电子商务	79	2001
8	networks	网络	56	2003
9	china	中国	55	2002
10	internet	因特网	53	2005
11	management	管理	44	2011
12	internet of things	物联网	41	2002
13	smart community	智慧社区	38	2010
14	information	信息	37	2002
15	energy	能量	33	2011
16	governance	治理	28	2008
17	urban planning	城市规划	28	2006
18	cloud computing	云计算	28	2001
19	renewable energy	可再生能源	27	2012
20	big data	大数据	25	2012

借助CiteSpace的词频探测技术和算法,通过对词频的时间分布,探测出其中频次变化率较高的词(burst term),通过这些词频的变动趋势,来判定前沿技术领域和技术发展趋势。对高burst值的热点词进行探测,结果如图19所示。在图20中,近5年的爆发词有:smart city(智慧城市)、low-carbon city(低碳城市)、digital city(数字城市)、low-carbon economy(低碳经济)、electronic commerce(电子商务)、eco-city(生态城市)、urban planning(城市规划)、smart grid(智能电网),说明这些主题是近年来智慧城市的重要前沿领域。

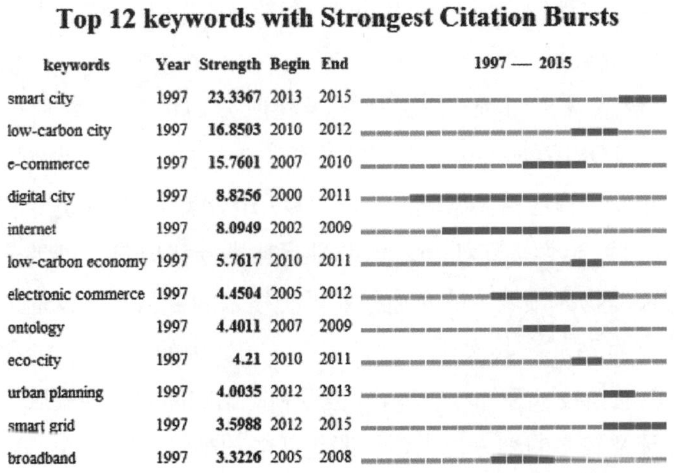

Top 12 keywords with Strongest Citation Bursts

keywords	Year	Strength	Begin	End	1997 — 2015
smart city	1997	23.3367	2013	2015	
low-carbon city	1997	16.8503	2010	2012	
e-commerce	1997	15.7601	2007	2010	
digital city	1997	8.8256	2000	2011	
internet	1997	8.0949	2002	2009	
low-carbon economy	1997	5.7617	2010	2011	
electronic commerce	1997	4.4504	2005	2012	
ontology	1997	4.4011	2007	2009	
eco-city	1997	4.21	2010	2011	
urban planning	1997	4.0035	2012	2013	
smart grid	1997	3.5988	2012	2015	
broadband	1997	3.3226	2005	2008	

图19 近5年排名居前突增关键词

采用TDA对论文作者关键词①进行统计分析发现(见图20),2014年学术论文较多关注的关键词依次有:智能城市、智能电网、物联网、云计算等,2013年较多关注的关键词有:智能城市、智能电网、生态城市、物联网、云计算、数字城市等,2012年较多关注的关键词有智能城市、智能电网、物联网、生态城市、云计算等,2011年较多关注的关键词有低碳城市、生态城

---

① WOS检索系统的关键词有两种,一种是Key Words by author(论文作者提供的关键词),一种是Key Words plus(系统从论文的引文标题中抽取的关键词),本文选择前一种关键词进行分析。

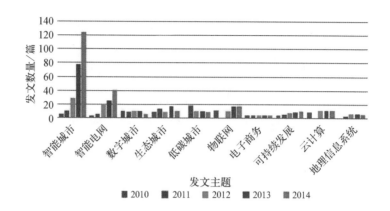

图20 近5年主要主题趋势分布

市、数字城市、智能城市等。其中，在发文量呈暴涨趋势的2013年，对发文涨幅贡献量最大的是"智能城市"和"智能电网"的相关研究成果。

智慧城市研究领域481族专利所分布的国际专利分类（IPC）TOP10如表11所示，其中，IPC分布主要集中于物理、电学、作业运输这三大领域，在IPC TOP 10分类中，物理类专利合计181族，电学类专利169族，作业运输类专利61族。就细分技术而言，物理领域中的交通控制系统技术的专利产出数量位居第一，为74族。其次还有分布在电学领域中的发电、变电和配电，电通信技术等细分领域，都是专利产出的高发技术领域。其次，涉及较多的细分技术领域还包括电动车辆动力装置、输送、测量等。

表11 智慧城市研究领域IPC排名Top10

排名	IPC大类	细分技术领域	国际专利分类号	专利族数量
1	物理	信号装置：交通控制系统	G08G-001	74
1	电学	发电、变电或配电：供电或配电的电路装置或系统	H02J-003	74
2	电学	电通信技术：数字信息的传输，例如电报通信	H04L-012	51
3	电学	图像通信（如电视）：彩色电视系统	H04N-007	44
4	物理	测量测试：无线电定向；无线电导航	G01S-019	35
5	作业、运输	一般车辆：电动车辆动力装置	B60L-003	27

(续表)

排名	IPC大类	细分技术领域	国际专利分类号	专利族数量
6	作业、运输	输送、包装、贮存：家庭的或类似的垃圾的收集或清除	B65F-009	21
7	物理	测量测试：测量变电量（电性能测试装置）	G01R-031	20
8	物理	测量测试：测量变电量（测量磁变量装置）	G01R-033	19
8	物理	计算、推算、计数：专门适用于行政、商业、金融、管理、监督或预测目的的数据处理系统或方法	G06Q-090	19
9	物理	测量距离、水准或者方位；勘测；导航；陀螺仪；摄影测量学或视频测量学	G01C-021	14
10	作业、运输	不同类型或不同功能的车辆子系统的联合控制；专门适用于混合动力车辆的控制系统；	B60W-050	13

5 研究总结与发展建议

智慧城市是城市发展的高级阶段，通过国内外政策及建设实践调研，结合文献计量分析，可以得到如下结论：

5.1 智慧城市建设与研究均进入快速发展期

从建设实践来看，智慧城市经历了1990—2007年的萌芽期和2008—2010年的建设初期，现已进入快速发展期（2011—）。欧美各国及东亚国家纷纷出台政策、投入大资金支持智慧城市建设。美国投入了大量的资源大力发展信息技术，力图从技术层面支持现代公共基础设施、智能电网、数据开发等智慧城市发展实践平台的建设，其中NSF更是对智慧城市建设基础研究进行多项直接资助。欧盟从政策、资金和技术上对生态环境、智能建筑等民生领域进行了大力的支持，以期实现智慧城市建设的绿色与可持续发展。东亚各国也都制定了一系列政策发展信息技术，支持本国智慧城市建设。日本提出"环境考虑型城市"的建设理念、韩国秉持"绿色国家"的发展理念，中国采用顶层设计的模式，从国家层面出台智慧城市建设的规划内容，资金投入逐年增加。从论文产出情况来看，1997—2015年总体数量保持着逐渐上升的趋势，智慧城市相关研究在1997—2008年处于缓慢增长期，2008—2013年发文作者数量、发文数量均呈现快速上升，尤其是2013年，发文数量和发文作者数量呈倍数增长，出现爆发增长态势，其中，"智能城市"和"智能电网"的相关研究文献量突出，2014年有小幅回落，目前智慧城市的相关研究处于成长期，其中会议论文发文数量在2013年、2014年呈快速增长，增长幅度远超期刊论文发文数量。从发文活跃度来看，多数国家近3年发文数量处于平稳增长，2013年、2014年的发文量相差不大。但是意大利、德国两个国家在2014年的发文数量出现比较大的增加，发文比较活跃。就专利申请量的发展变化而言，1979—2013年，专利申请量总体呈上升态势，且增长速度较快，于2013年达到这一时期的峰值，申请专利115族。之后，专利申请量逐渐回落。从专利产出生命周期来看，1979—2003年为专利技术研发的平稳期；2003—2013年专利产出与专利权人数量快速增加，专利发明进入高速成长期，2013年达到峰值，专利产出117族，专利权人115人。2013年以后，专利研发开始进入稳定发展期，专利族数量与专利权人数量有所回落，生命周期逐渐趋于平稳。专利申请趋势经历了由初步萌芽期向高速成长期过渡，进而转变为稳定成熟期的发展过程，说明智慧城市建设相关技术已经渐趋成熟。

5.2　中国在智慧城市领域的研究处于全球领先地位

从发文国家来看，中国、美国、意大利、英国、日本、西班牙、德国、澳大利亚、荷兰、韩国等。其中中国研究实力占据绝对优势，发文量占比高达45.48%。智慧城市主要相关研究领域（位列前5的相关领域分别是工程应用、计算机科学、环境科学与生态学、商业与经济学和电信学等学科）的发文趋势引领了整体发文的趋势。其中美国、意大利、西班牙、德国，等国家的计算机科学发文超过工程领域发文，其他国家均与整体趋势相同。从发文机构来看，发文量最多的前15位机构中，中国的研究机构有12所，日本有1所，意大利3所，荷兰1所，中国研究机构的科研实力占据绝对优势，其中中国科学院处于领跑地位。从国际会议的举办情况看，前10位的召开城市中，中国占8个，说明大部分智慧城市的国际会议都在中国的城市举办，可见中国对于智慧城市发展问题非常关注，中国是智慧城市领域重要国际会议的召开地。从专利产出数量上来看，前15家机构中，美国机构6家，中国机构9家，韩国机构1家，说明中国、美国在智慧城市领域发展迅速。就专利权机构的布局而言，美国在前3名机构中占据50%的份额，表明美国的单个机构贡献率较高；就数量而言，中国在前15家机构中占据60%，表明中国个体机构的贡献率均衡，但专利产出总数在世界总量中处于绝对领先地位。

5.3 科技型智慧城市在智慧城市研究中受到更多关注

从研究领域看，工程科学和计算机科学是智慧城市研究最关注的领域，近70%的文献来源于该领域。另外，环境生态学、商业经济学、电信学科、能源燃料等领域也是智慧城市研究较受关注的学科。利用TDA进行主题分析来看，根据作者关键词近5年（2010—2014）发文分析，较多关注的关键词依次有：智能城市、智能电网、物联网、云计算、生态城市、数字城市、低碳城市等。其中发文量呈暴涨趋势的2013年，发文涨幅贡献量最大的是智能城市和智能电网。从CiteSpace主题分析可以看出，智慧城市是排名第一的关键词智能电网，生态城市、数字城市、低碳城市、可持续发展、电子商务等也是智慧城市的重点关注领域。而从近几年的高频Burst词中，可以看出，近5年来智慧城市、低碳城市、数字城市、低碳经济、电子商务、生态城市、城市规划、智能电网是近年来的重要前沿领域。从专利的技术布局来看，智慧城市的专利主要集中于物理、电学、作业与运输等技术领域。细分领域中，交通控制系统、供电或配电的电路装置或系统、电动车辆动力装置系统等都是这一时期智慧城市研究领域的技术热点。

鉴于以上分析与研究结论，对于我国智慧城市建设与研究提出如下发展建议：

关注管理型与人文型智慧城市建设与研究。智慧城市是信息时代的城市新形态，是将信息技术广泛应用到城市的规划、服务和管理过程中，通过市民、企业、政府、第三方组织的共同参与，对城市各类资源进行科学配置，提升城市的竞争力和吸引力，实现创新低碳的产业经济、绿色友好的城市环境、高效科学的政府治理，最终实现市民高品质的生活。智慧城市的建设和研究需要突出"以人为本"的核心价值，方能实现城市建设由技术主导型向可持续方向发展。

6 附录

数据来源：论文数据来自 Science Citation Index Expanded (SCIE)、Social Science Citation Index (SSCI)、Arts & Humanities Citation Index (A & HCI)、Conference Proceedings Citation Index-Science (CPCI–S) 和 Conference Proceedings Citation Index-Social Science & Humanities (CPCI–SSH)；专利数据来自 Derwent Innovations Index (DII)。

文献时间范围：数据库收录起始年—2015.11.01。

检索策略：见附表。

附表　智慧城市研究检索策略

研究领域	数据库	检索策略	检索结果
智慧城市	SCIE、SSCI、A&HCI、CPCI-S、CPCI-SSH	#1 ts =("smart* city" or "smart* urban" or "intelligent city" or "intelligent urban" or "wisdom country" or "wisdom state" or "smart community" or "intelligent community" or "smart town" or "intelligent town" or "grid city" or "grid urban" or "digital city" or "digital urban" or "sensor city" or "sensor urban" or "wireless city" or "wireless urban" or "ecological city" or "eco-city" or "low carbon city" or "low carbon urban" or "smart citizen") #2 ts =("intelligent transport system" or "smart energy" or "intelligence energy" or "intelligence industry" or "smart industry" or intelligrid or "intelligent grid" or "smart grid" or "smart* financ*" or "intelligent logistic" or "smart logistic" or "smart* tourism" or "intelligent tourism" or "smart* parking" or "smart* stop" or "smart*	2119

（续表）

研究领域	数据库	检索策略	检索结果
智慧城市		shutdown" or "intelligent parking" or "intelligent stop" or "intelligent shutdown" or "smart library" or "intelligent library" or "smart* government" or "intelligent government" or "electronic commerce" or "electronic business" or "e-commerce" or "e-business" or "electronic government affairs" or "intelligent healthcare" or "smart* healthcare") and ts =(urban or city or town) #3 ts =("internet of things" or "web of things" or "cloud computing" or "large data" or "big data" or "mobile network" or "network mobility") and ts=("urban medical health" or "city medical health" or "urban service" or "city service" or "city plan*" or "urban plan*" or "urban management" or "urban administration" or "city management" or "city administration" or "urban environment*" or "city environment*" or "urban operation" or "city operation" or "urban livelihood" or "city livelihood" or "urban disaster prevention" or "city disaster prevention") #1 or #2 or #3 选择文献类型：PROCEEDINGS PAPER (1,448) ARTICLE (716) REVIEW (29)	2119
	DII	#1 ts=("smart* city" or "smart* urban" or "intelligent city" or "intelligent urban" or "wisdom country" or "wisdom state" or "smart community" or "intelligent community" or "smart town" or "intelligent town" or "grid city" or "grid urban" or "digital city" or "digital urban" or "sensor city" or "sensor urban" or "wireless city" or "wireless urban" or "ecological city" or "eco-city" or "low carbon city" or "low carbon urban" or "smart citizen") #2 ts =("intelligent transport system" or "smart energy" or "intelligence energy" or "intelligence industry" or "smart industry" or intelligrid or "intelligent grid" or "smart grid" or "smart* financ*" or "intelligent logistic" or "smart logistic" or "smart* tourism" or "intelligent tourism" or "smart* parking" or "smart* stop" or "smart* shutdown" or "intelligent parking" or "intelligent stop" or "intelligent shutdown" or "smart library" or "intelligent library" or "smart* government" or "intelligent government" or "electronic commerce" or "electronic business" or "e-commerce" or "e-business" or "electronic government affairs" or "intelligent healthcare" or "smart* healthcare") and ts =(urban or city or town) #3 ts =("internet of things" or "web of things" or "cloud computing" or "large data" or "big data"	481

(续表)

研究领域	数据库	检索策略	检索结果
智慧城市	DII	or "mobile network" or "network mobility") and ts=("urban medical health" or "city medical health" or "urban service" or "city service" or "city plan*" or "urban plan*" or "urban management" or "urban administration" or "city management" or "city administration" or "urban environment*" or "city environment*" or "urban operation" or "city operation" or "urban livelihood" or "city livelihood" or "urban disaster prevention" or "city disaster prevention") #1 or #2 or #3	481

致谢

上海交通大学城市科学研究院刘士林教授和张立群副教授对本章内容进行审阅并提出宝贵意见，谨致谢忱。

附 录
上海交通大学面向未来科学技术预见论坛

上海交通大学面向未来科学技术预见论坛

林忠钦常务副校长在上海交通大学面向未来科学技术预见论坛致辞
（2015年12月10日）

梅宏副校长在上海交通大学面向未来科学技术预见论坛做主题报告
(2015 年 12 月 10 日)

优秀科技预见提案报告

后记

2016年上海交通大学迎来120周年华诞，值此机会出版本书，很有意义。本书是上海交通大学科技发展战略研究与前沿探索基金课题"上海交大面向未来科学技术预见研究探索与实践"的具体成果之一。

本书编写时间紧、任务重、涉及人员多。全体参与人员发扬奉献精神，勤勉努力，只争朝夕，始终保持旺盛的热情，不断攻克工作中的各种困难和曲折。上海交通大学科研院孙丽珍、刘萍、王淑琴等对本书的组织编撰、面向未来科学技术预见活动的组织协调上倾注了大量心血，上海交通大学图书馆潘卫、杨眉、余晓蔚、范秀凤、宋海艳等对本书上篇即"科技报告篇"进行了整体构思和组织协调，潘卫、郑巧英、李芳、杨眉等审阅下篇各个报告书稿，她们这种辛勤工作、不计报酬和义务加班，体现了可贵的奉献精神；上海交大许多学院的教师学生不论在方案的征集、优秀方案的组织评选，还是科技预见论坛活动中均发挥了令人敬佩的独特作用，他（她）们是上海交通大学教师薛鸿祥、何黎明、胡永祥、钟贻森、张蓉蓉、韩海波、吕红芝、陈方、解丛君、刘芳芳、陈娟、王文娟、李韵、刘芳芳、田小华等，以及上海交通大学博士生雷航、本科生汪汛等。在此一并致谢。

书中有若干图片引自百度，欢迎读者提供图片的最原始来源，以便我们酬谢，完善我们的工作。

编著者

2016年4月